U0144909

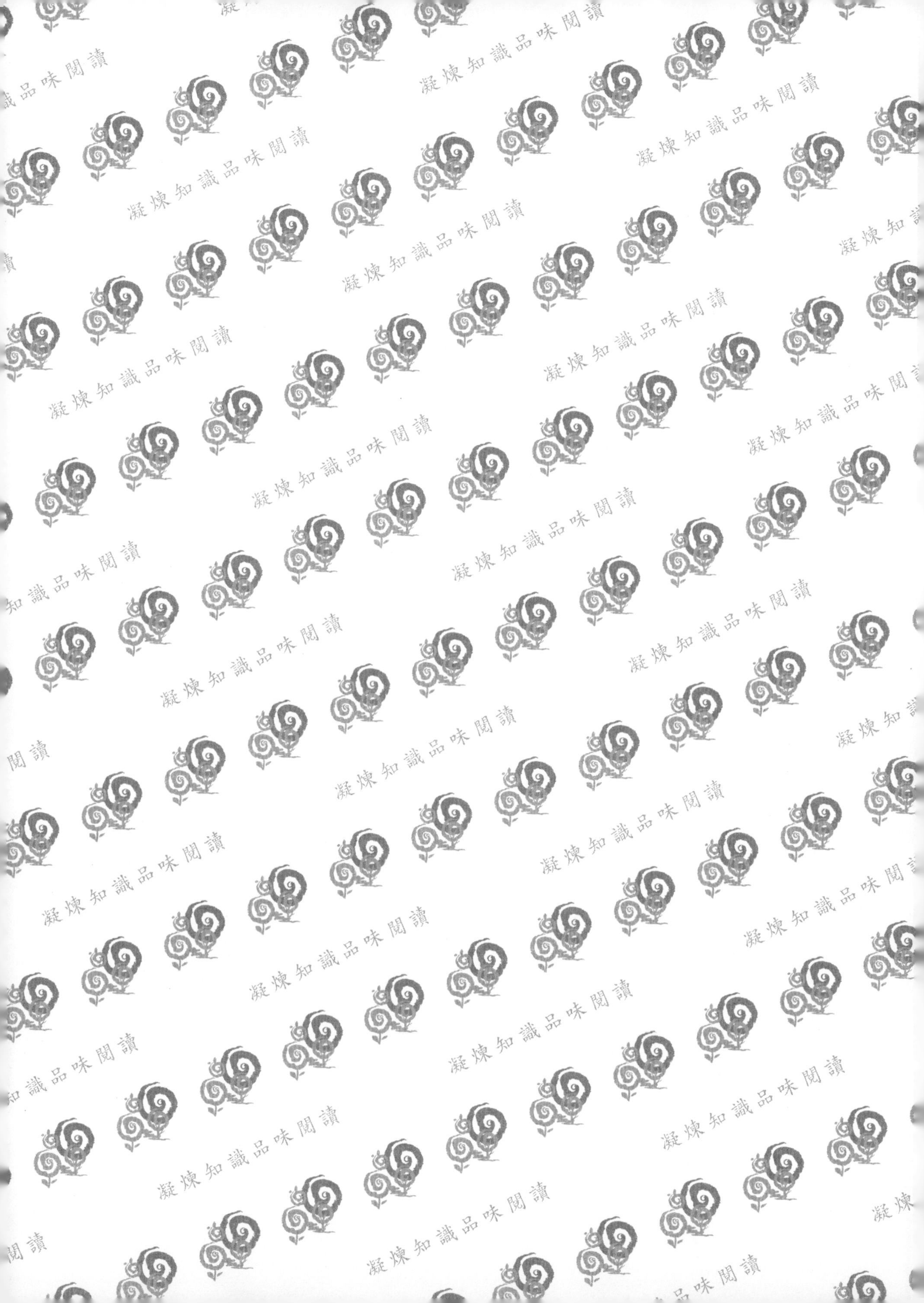

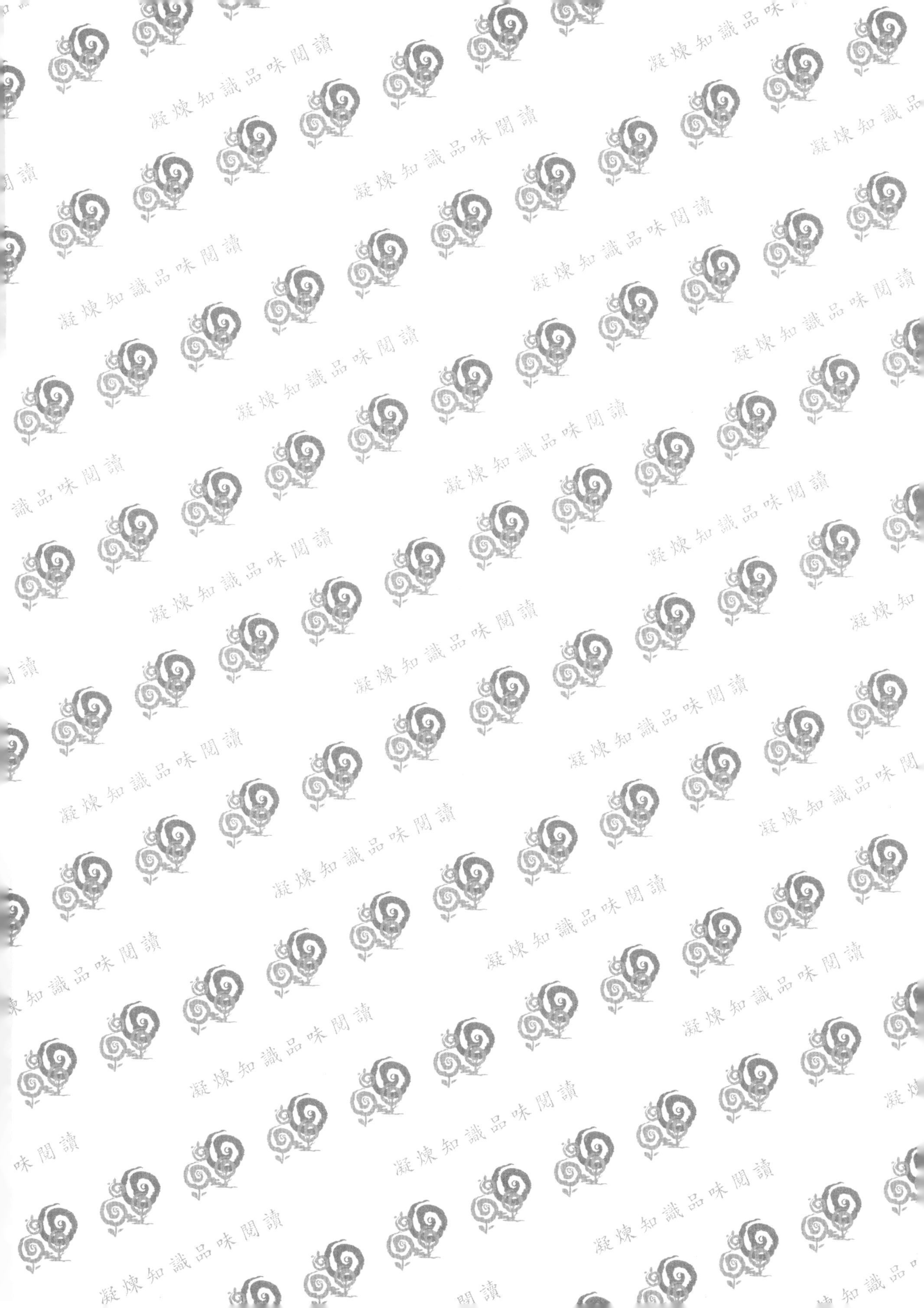

# 微控制器原理與應用

## 基於STM32 ARM Cortex-M4F處理器

Principles and Applications of Microcontroller
Based on STM32 ARM Cortex-M4F Processor

張國清 陳延華 柯松源 廖冠雄 著

五南圖書出版公司 印行

# 作者序

微控制器應用領域非常廣泛，它是物聯網、工業控制、嵌入式應用、車用電子、智慧醫療、消費性電子與通訊裝置等領域的核心。只要是具有智慧化的資訊電子產品，就一定需要微控制器技術，所以學好微控制器技術非常有用，對未來職涯的發展很有助益。那麼要如何學好微控制器呢？微控制器技術是一門實作的課程，如果僅學習理論知識而不動手操作是很難學會的。所以，學好微控制器技術必須做到理論知識與實驗操作兼顧，邊學邊做，方可達到最佳的學習效果。

本書作者在微控制器系統理論及實務經驗都相當豐富，為帶領讀者進入微控制器之應用領域，將多年教學經驗，花費許多時間，彙編成冊．本書撰寫是以意法半導體的STM32F412G-DISCO探索板為硬體開發平台，利用STM32CubeMX軟體配置微控制器外部周邊，進而生成相應的初始化程式碼，簡化了系統開發的工作，所有應用程式以C語言為基礎來開發，讀者根據本書描述的實驗步驟可輕易上手，並藉此改進和擴充，從而開發出規模更大、效能更佳、更具智慧的微控制器系統。

本書再版主要內容包括ARM Cortex-M4處理器與STM32F4微控制器簡介、 STM32CubeMX、 Keil MDK-ARM與STM-Studio開發工具的介紹、通用輸入輸出埠技術、中斷技術、串列通信技術、TFT LCD顯示與觸控控制技術、FATFS檔案系統與SD卡讀寫控制技術。本書附有完整的範例程式與詳盡的實驗步驟，帶領讀者逐步完成微控制器程式的設計撰寫，培養讀者微控制器系統的開發能力。

本書能夠付梓要感謝五南圖書與協助校正的編輯小組成員。此外，本書涵蓋的內容廣泛，書中錯誤和疏漏之處在所難免，懇請讀者不吝給予指正。

# 目錄

# ARM Cortex-M4 處理器與 STM32F4 微控制器簡介

CHAPTER 1

ARM Cortex處理器屬於ARMv7架構，如圖1-1，分爲Cortex-A、Cortex-R和Cortex-M三子系列。Cortex-A是一種應用處理器（application processor），它是針對高效能應用平台系統而設計，通常用於行動運算、智慧型手機、高能效伺服器等。Cortex-R是一種即時處理器（real-time processor），其設計強化了即時應用系統的性能與可靠度，適用於硬碟控制器、汽車傳動系統和無線通訊的基頻控制等領域。Cortex-M是一種微控制處理器（microcontroller processor），專門用於嵌入式微控制

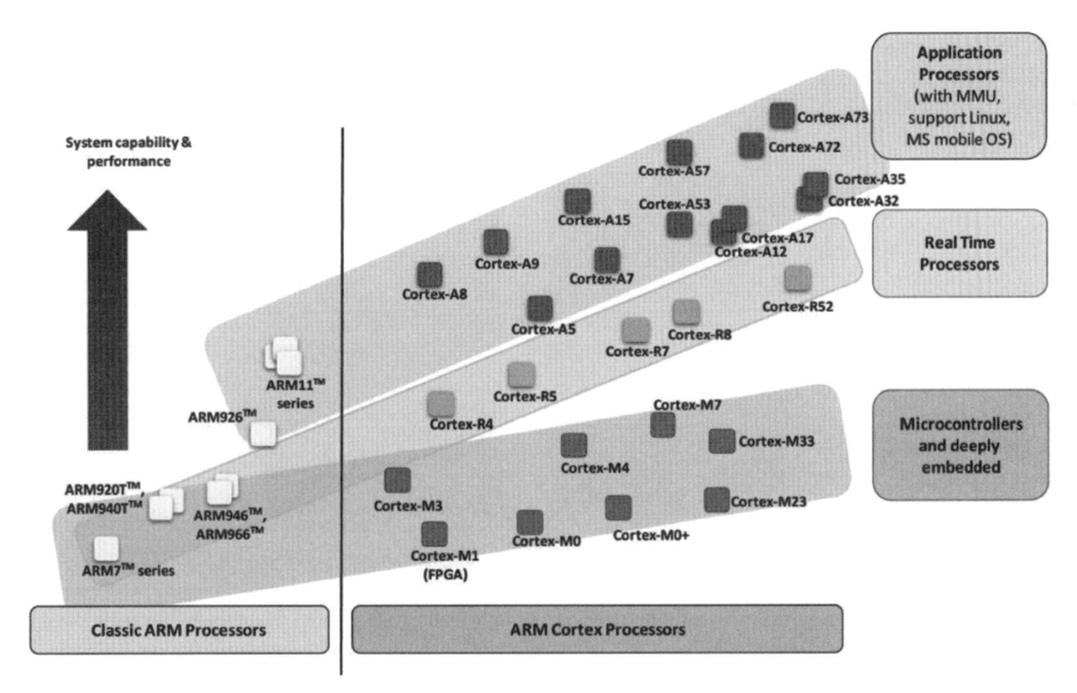


圖1-1　ARM微處理器家族演進圖（摘自ARM公司文件）

領城，具有高成本效益比的優勢，通常用於智能電表、穿戴式裝置、汽車與工業控制系統、消費電子產品和物聯網等。

本書選擇一款STMicroelectronics（意法半導體）STM32F412G-DISCO探索板作爲開發平台（如圖1-2），此探索板含有STM32F412ZGT6高效能微控制器與豐富的周邊介面，如TFT LCD觸控螢幕、LED、$I^2S$音訊編解碼器、數位MEMS麥克風、搖桿、USB OTG FS、四路SPI快閃記憶體及microSD記憶卡連接器。其中，STM-32F412ZGT6微控制器（如圖1-3）是基於高性能ARM Cortex-M4F 32位元RISC內核的高效能微控制器，工作頻率高達100 MHz，125 DMIPS性能，Cortex-M4F內核具有單精確度浮點單元（Floating Point Unit, FPU），支援多有ARM單精確度資料處理指令和資料類型，嵌入高速記憶體（1MB快閃記憶體，256 KB SRAM）。此探索板售價在台幣1000元以下，讀者可於以下網站購得。

https://www.mouser.tw/、https://www.digikey.tw/

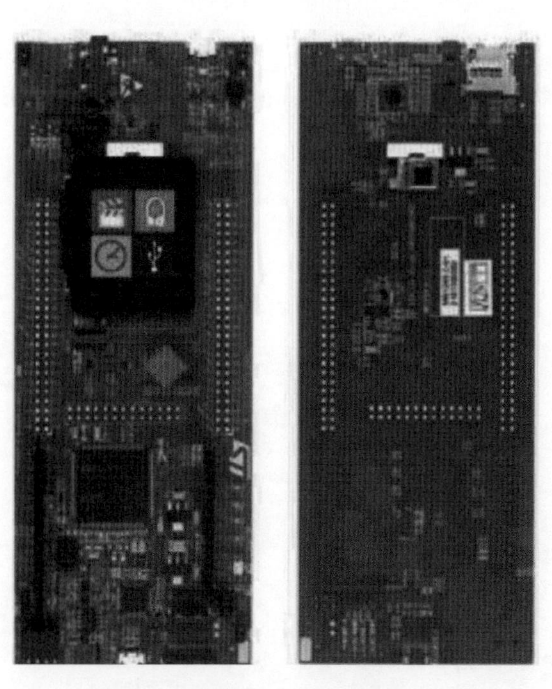

圖1-2　STM32F412G-DISCO探索板（摘自STMicroelectronics公司文件）

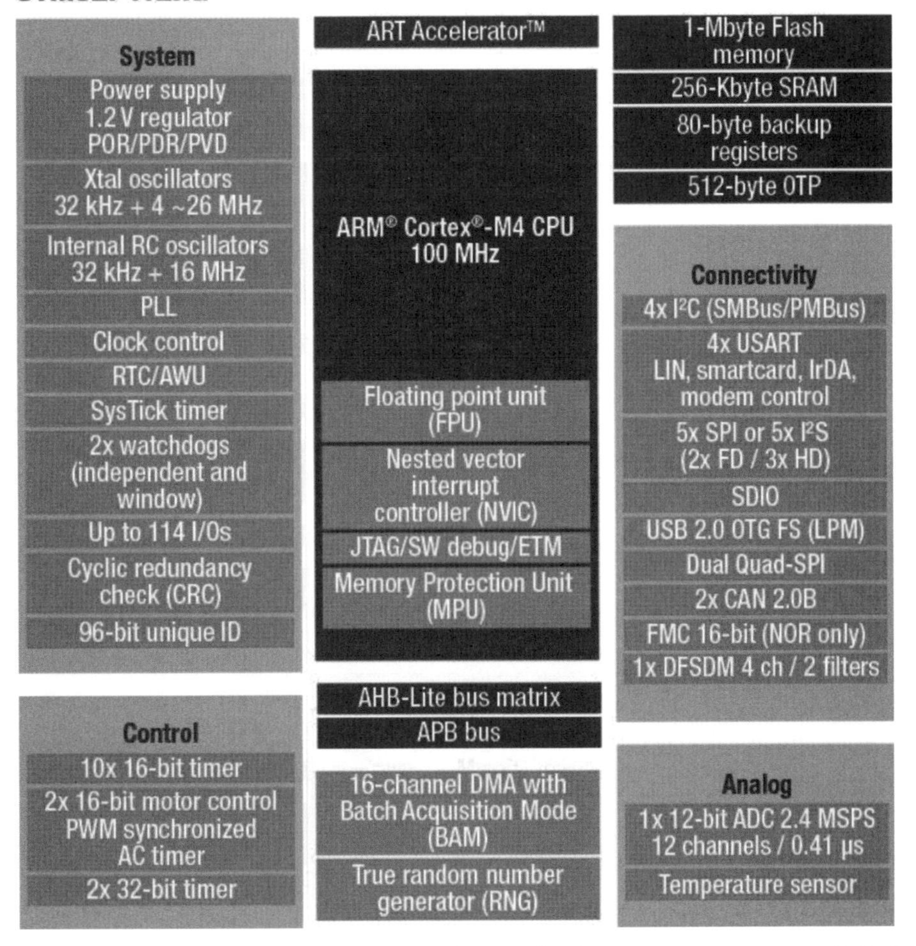


圖1-3　STM32F412ZGT6微處理器功能架構圖（摘自STMicroelectronics公司文件）

本章將介紹Cortex-M處理器家族、Cortex-M4F內核的基本結構，以及基於Cortex-M4F內核的高效能STM32F412ZGT6微處理器。

## 1-1　Cortex-M處理器家族

ARM Cortex-M架構，依照系統功能需求分成M0至M4與M7的等級，Cortex-M0用於初階8/16位元應用，Cortex-M3針對中階的16/32位元應用，Cortex-M4主打高階32位元與數位信號控制應用，而Cortex-M7是Cortex-M家族最新和最高性能的處理器內核，適合用於旗艦級消費者、工業、醫療和物聯網（IoT）設備。因此，Cortex-M

處理器家族包含各式功能的處理器類型來滿足不同的需求：

| Cortex-M處理器 | 特性描述 |
|---|---|
| Cortex-M0 | 用於低成本，超低功耗的微控制器和深度嵌入式應用的處理器。 |
| Cortex-M0+ | 針對小型嵌入式系統的最高能效的處理器，與Cortex-M0處理器接近的尺寸大小和架構，但有額外擴展的功能，如單週期I/O介面和向量表重定位功能。 |
| Cortex-M1 | 專爲FPGA中的實現設計的ARM處理器，與Cortex-M0有相同的指令集。 |
| Cortex-M3 | 針對低功耗微控制器設計的處理器，採用哈佛結構，指令匯流排和資料匯流排分開，指令與資料可並行存取，三級Pipeline，且增加了分支預測功能，大部分指令皆可依週期完成，具有硬體除法器和乘加指令（MAC）。 |
| Cortex-M4 | 具備Cortex-M3的所有功能，並且增加數位信號處理（DSP）的指令集，如單指令多資料指令（SIMD）和更快的單週期MAC操作。此外，它還有一個可選的支持IEEE754浮點標準的單精確度浮點運算單元。 |
| Cortex-M7 | 針對高階微控制器和數位訊號處理的應用開發的高性能處理器。具備Cortex-M4支持的所有指令功能，擴展支持雙精確度浮點運算與記憶體的功能，例如Cache和緊耦合記憶體（TCM）。 |

## 1-2 ARM Cortex-M4F處理器基本結構

Cortex-M4F處理器是基於ARMv7-M架構的32位元高性能處理器內核，採用三級管線（three-stage pipeline）的哈佛架構，支援Thumb-2技術的指令集，確保高代碼密度和降低程式存儲需求，該處理器提供符合IEEE754的單精確度浮點運算單元、一系列單週期乘加（MAC）指令、單指令多資料（SIMD）指令和飽和運算，以及專用的硬體除法器，大大減少數位信號分析、濾波、波形合成等功能所需要的執行週期數，用以滿足需要高效的控制和數位信號處理（DSP）功能混合的嵌入式微控制器應用的市場。

Cortex-M4F處理器基本結構如圖1-4所示，包含處理器內核、FPU、DSP、巢狀向量中斷控制器（Nested Vectored Interrupt Controller，NVIC）、記憶體保護單元（Memory Protection Unit，MPU）、匯流排介面單元和追蹤除錯單元等。

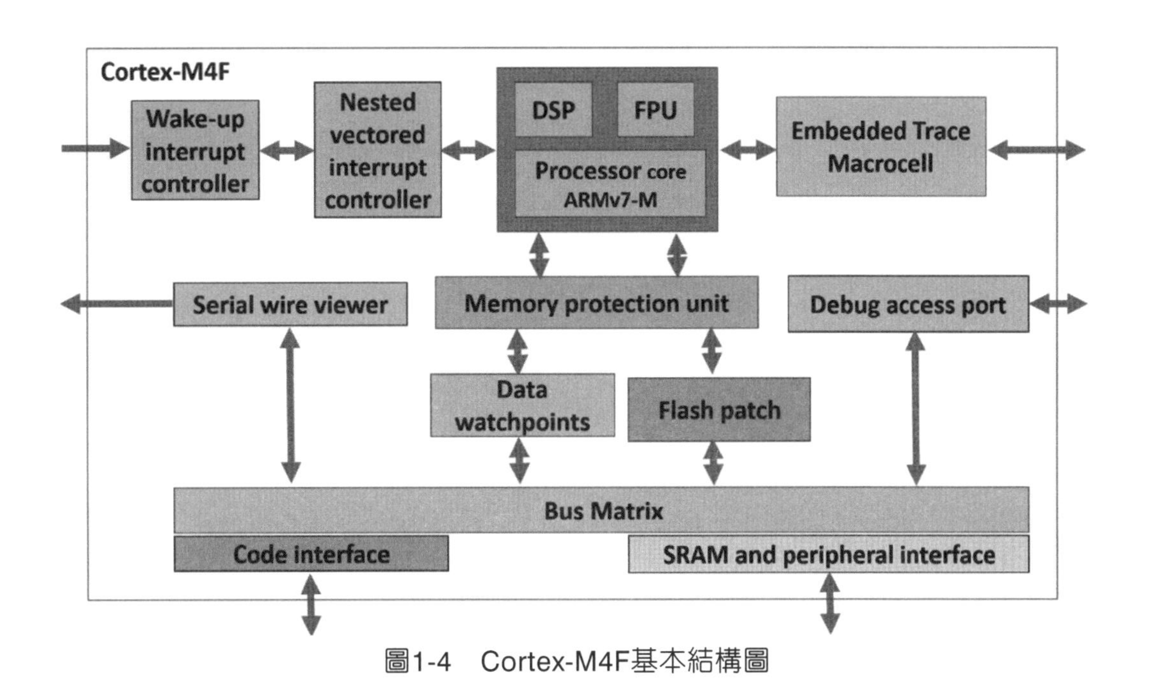


圖1-4　Cortex-M4F基本結構圖

## 1-2-1　處理器內核

### 一、處理器工作模式和軟體執行的特權級別

Cortex-M4F處理器具有兩種工作模式，如圖1-5：

1. 執行緒模式（thread mode）

用於執行應用程式軟體。處理器重置後，進入執行緒模式。

2. 處理器模式（handler mode）

用於處理異常。當處理器完成異常的處理之後返回到執行緒模式。

Cortex-M4F有兩種許可權級別：特權級（privileged）與非特權級（unprivileged）。

(1) 非特權級

在此模式下，軟體有如下限制：

① 限制存取MSR和MRS指令，且不能使用CPS指令

② 不能存取系統計時器、NVIC或者系統控制塊（system control block）

③ 限制對某些記憶體和外部周邊設備的存取

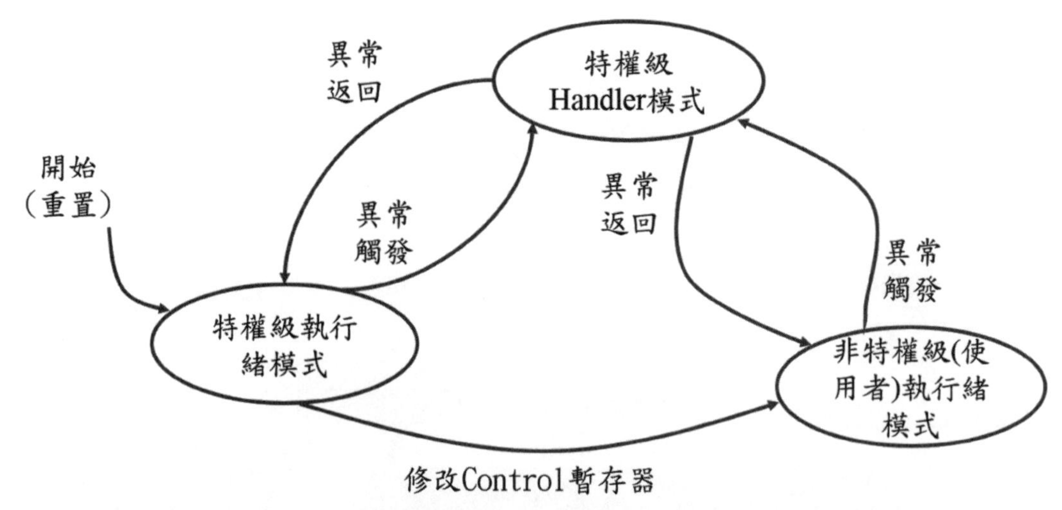


圖1-5　處理器工作模式和軟體執行的特權級別

(2)特權級

在此模式下，軟體可以使用所有的指令和存取所有的資源。

在處理模式下，軟體執行總是在特權級下。在有特權級的執行緒模式下，軟體可以設置『CONTROL暫存器』控制軟體執行是在特權級還是非特權級。在執行緒模式下，只有特權軟體可以寫CONTROL暫存器來改變軟體的特權級。在非特權級的執行緒模式下，軟體可使用SVC指令來產生一個系統呼叫（system call），把控制權轉移到特權級處理模式。

## 二、堆疊

Cortex-M4F處理器使用遞減式滿堆疊（full descending stack）是指先遞減堆疊指標，再將堆疊指標sp指向堆疊的最後一個已使用的位址或滿位置（也就是sp指向堆疊的最後一個資料項目位置）。處理器實現了兩個堆疊：主堆疊（main stack）和行程堆疊（process stack），每個堆疊的指標都包含於獨立的暫存器中。

在執行緒模式，CONTROL暫存器SPSEL位元等於0時，處理器是使用主堆疊；當SPSEL位元等於1時，使用行程堆疊。在處理模式下，處理器總是使用主堆疊。

| 處理器模式 | 程式類型 | 特權狀態 | 堆疊 |
|---|---|---|---|
| 執行緒模式（thread mode） | 一般應用程式 | 特權級或非特權級 | 主堆疊（main stack）或行程堆疊（process stack） |
| 處理器模式（handler mode） | 異常事件處理程式 | 皆爲特權級 | 主堆疊 |

## 三、內核暫存器

Cortex-M4F暫存器組如圖1-6。表1-1列出暫存器組摘要。

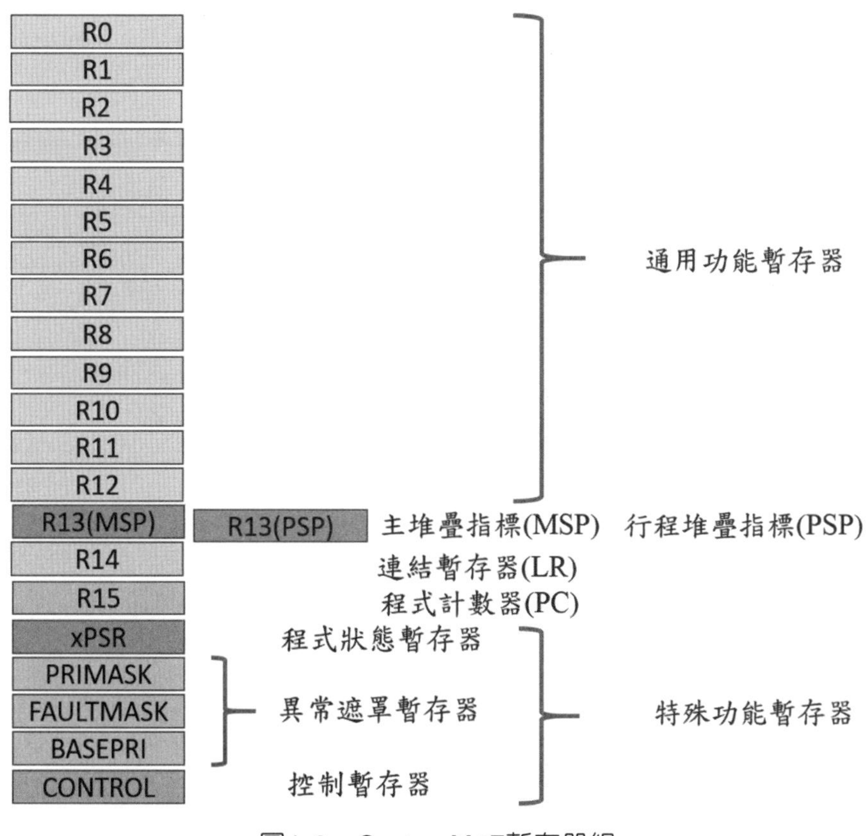


圖1-6　Cortex-M4F暫存器組

表1-1 Cortex-M4F暫存器組摘要

| 暫存器 | 讀寫型態 | 是否需特權級 | 重置值 | 描述 |
|---|---|---|---|---|
| R0-R12 | 讀寫 | 否 | unknown | 一般通用暫存器 |
| MSP | 讀寫 | 是 | | 主堆疊指標 |
| PSP | 讀寫 | 否 | unknown | 行程堆疊指標 |
| LR | 讀寫 | 否 | 0xFFFFFFFF | 連結暫存器 |
| PC | 讀寫 | 否 | 0x00000004 | 程式計數器 |
| PSR | 讀寫 | 是 | 0x01000000 | 程式狀態暫存器 |
| ASPR | 讀寫 | 否 | unknown | 應用程式狀態暫存器 |
| IPSR | 唯讀 | 是 | 0x00000000 | 中斷程式狀態暫存器 |
| EPSR | 唯讀 | 是 | 0x01000000 | 執行程式狀態暫存器 |
| PRIMASK | 讀寫 | 是 | 0x00000000 | 優先順序遮罩暫存器 |
| FAULTMASK | 讀寫 | 是 | 0x00000000 | 故障遮罩暫存器 |
| BASEPRI | 讀寫 | 是 | 0x00000000 | 基本優先順序遮罩暫存器 |
| CONTROL | 讀寫 | 是 | 0x00000000 | 控制暫存器 |

1. R0-R12：通用暫存器

2. Banked R13：兩個堆疊指標

(1)主堆疊指標（MSP）：重置後預設使用的堆疊指標，用於作業系統內核以及異常處理程式。

(2)行程堆疊指標（PSP）：用於使用者的應用程式。

在ARM程式設計中，凡是中斷程式循序執行的事件，都被稱爲異常（exception）。除了外部中斷外，當有指令執行了「非法操作」，或者存取被禁止的記憶體區間，因各種錯誤產生的fault，以及不可遮罩中斷發生時，都會中斷程式的執行，這些情況統稱爲異常。在不嚴格的上下文中，異常與中斷也可以混用。另外，程式碼也可以主動請求進入異常狀態的（常用於系統呼叫）。

3. R14：連結暫存器

當呼叫一個副程式和異常事件時，由R14儲存返回位址。在特權和非特權模式下均可存取連結暫存器。

4.R15：程式計數器（Program Counter, PC）

R15暫存器是程式計數器（PC），保存的是當前程式的位址。重置時，處理器將位址0x0000 0004處的重置向量載入到PC暫存器。重置時，該重置向量的位元0載入到EPSR（執行程式狀態）暫存器中的Thumb位元，此時該位元必須是1。

5.xPSR：程式狀態暫存器（PSR）

程式狀態暫存器（PSR）由三個功能的暫存器組合而成：

(1)應用程式狀態暫存器（application program status register，APSR），位於PSR位元欄31:27與位元欄19:16，用於保存前一個指令執行狀態的旗標值。

| 位元 | 旗標 | 功能 |
|---|---|---|
| [31] | N | 負數旗標 |
| [30] | Z | 零旗標 |
| [29] | C | 進位／借位旗標 |
| [28] | V | 溢位旗標 |
| [27] | Q | DSP溢位與飽和旗標 |
| [26:20] | - | 保留 |
| [19:16] | GE[3:0] | 大於或等於 |
| [15:0] | - | 保留 |

(2)執行程式狀態暫存器（execution program status register，EPSR），位於PSR位元欄26:24與位元欄15:10，EPSR包含Thumb狀態位元和If-Then (IT)指令或多週期載入和存儲指令（LDM、STM、PUSH、POP、VLDM、VSTM、 VPUSH、VPOP）的可中斷-可繼續指令（Interruptible-Continuable Instruction, ICI）欄位的執行狀態位元。在執行LDM、STM、PUSH、POP、VLDM、VSTM、VPUSH或VPOP指令過程中，如果出現中斷，處理器將暫時停止多週期載入和存儲指令操作，並將多週期指令操作中的下一個暫存器運算元存儲到位元15:12中。處理完中斷後，處理器返回到位元15:12指向的暫存器，然後恢復多週期載入和存儲指令操作。當EPSR保持ICI執行狀態時，位元11:10都是0。

If-Then模組在16位元的IT指令之後最多包含四條指令。該模組中的每條指令都是帶有條件的。這些指令的條件有可能都一樣，其中一些也可能和其它相反。

| 位元 | 名稱 | 功能 |
|---|---|---|
| [31:27] | - | 保留 |
| [26:25],[15:10] | ICI | 可中斷-可繼續指令位元 |
| [26:25],[15:10] | IT | IT指令執行狀態位元 |
| [24] | T | Thumb狀態位元 |
| [23:16] | - | 保留 |
| [9:0] | - | 保留 |

6. 中斷程式狀態暫存器（interrupt program status register，IPSR），位於PSR位元欄7:0，包含的是當前中斷服務程式（ISR）的異常事件類型的編號

| 位元 | 名稱 | 功能 |
|---|---|---|
| [31:9] | - | 保留 |
| [8:0] | ISR_NUMBER | 0=執行緒模式<br>1=保留<br>2=NMI<br>3=HardFault<br>4=MemManage Fault<br>5=Bus Fault<br>6=Usage Fault<br>7-10=保留<br>11=SVCall<br>12=Debug<br>13=保留<br>14=PendSV<br>15=SysTick<br>16=IRQ0<br>.<br>.<br>.<br>n+15=IRQ（n-1） |

7.PRIMASK暫存器：優先順序遮罩暫存器

PRIMASK暫存器可遮罩所有優先順序可程式設計的異常。只有NMI（不可遮罩中斷）和硬體故障是例外。當異常可能影響到關鍵任務執行時間時應該被禁止。此暫存器只能在特權模式下存取。

8.FAULTMASK暫存器：故障遮罩暫存器

FAULTMASK暫存器可遮罩除NMI外的所有異常。當異常可能影響到關鍵任務執行時間時應該被禁止。該暫存器只能在特權模式下存取。

9.BASEPRI暫存器：基本優先順序遮罩暫存器

BASEPRI暫存器定義了異常處理的最小優先順序。當BASEPRI暫存器是非零值時，它將會禁止所有異常優先順序比BASEPRI暫存器低或相等的異常。當異常可能影響到關鍵任務執行時間時應該被禁止。該暫存器只能在特權模式下存取。

10. CONTROL暫存器：控制暫存器

當處理器處於執行緒模式時，CONTROL暫存器控制使用的堆疊和軟體執行的特權等級，並指示FPU是否處於啓動狀態。該暫存器只能在特權模式下存取。

| 位元 | 名稱 | 功能 |
|---|---|---|
| [31:3] | - | 保留 |
| [26:2] | FPCA | 0=FPU狀態爲關閉<br>1=FPU狀態爲開啓 |
| [1] | SPSEL | 0=選擇主堆疊指標MSP<br>1=選擇行程堆疊指標PSP |
| [0] | nPRIV | 0=特權級的執行緒模式<br>1=非特權級的執行緒模式<br>Handler模式永遠是特權級 |

## 1-2-2 異常處理模型和巢狀向量中斷控制器NVIC

ARM Cortex-M4F處理器的巢狀向量中斷控制器（NVIC）在handler模式對所有的異常進行優先順序劃分和處理。當異常發生時，處理器狀態被自動存儲到堆疊，當中斷服務程式（ISR）結束時又自動被恢復。中斷向量的讀取與狀態保存並行，高效率進入中斷。

表1-2列出了所有的異常處理程式類型，分爲系統處理程式（system handlers）、故障處理程式（fault handlers）、中斷處理程式（interrupt service routines）。系統處理程式包含：NMI、PendSV、SVCall、SysTick。故障處理程式包含：HardFault、MemManage fault、Usage Fault、Bus Fault。IRQx爲中斷處理程式。在表1-3中列出Cortex-M4F中斷向量表。

表1-2　異常類型

| 異常編號 | IRQ編號 | 異常類型 | 優先順序 | 向量位址 |
|---|---|---|---|---|
| 1 | | 重置 | -3（最高） | 0x00000004 |
| 2 | -14 | NMI | -2 | 0x00000008 |
| 3 | -13 | HardFault | -1 | 0x0000000C |
| 4 | -12 | MemManage fault | 可程式設計 | 0x00000010 |
| 5 | -10 | Bus fault | 可程式設計 | 0x00000014 |
| 6 | -9 | Usage fault | 可程式設計 | 0x00000018 |
| 7-10 | - | 保留 | - | |
| 11 | -5 | SVCall | 可程式設計 | 0x0000002C |
| 12-13 | - | 保留 | - | |
| 14 | -2 | PendSV | 可程式設計 | 0x00000038 |
| 15 | -1 | SysTick | 可程式設計 | 0x0000003C |
| 16 | 0 | Interrupt（IRQ） | 可程式設計 | 0x00000040 |

系統處理程式的優先順序由NVIC的系統處理程式優先順序暫存器（System handler priority registers）設定。中斷處理程式是通過NVIC中斷設置啓用（Interrupt Set-Enable Registers）暫存器來啓用的，並且由NVIC中斷優先順序（Interrupt Priority Registers）暫存器來區分其優先等級。優先順序可以被分組爲組優先順序和組內子優先順序。所有的異常都有其相關的優先順序，優先順序的值低表示其優先順序高，除重置、NMI、硬體故障外的所有異常都可以配置優先順序。如果軟體沒有配置任何優先順序，則預設的優先順序值爲0。

當處理器正在執行一個異常處理程式時，如果有個更高優先順序的異常發生，那麼它將搶佔（preempt）當前的異常處理程式。如果有一個同樣優先順序的異常發

表1-3 中斷向量表

| 異常編號 | IRQ編號 | 向量位址 | 向量表 |
|---|---|---|---|
| 16+n | n | 0x00000040+4n | IRQn |
| . | | | . |
| . | | | . |
| 18 | 2 | 0x0000004C | IRQ2 |
| 17 | 1 | 0x00000048 | IRQ1 |
| 16 | 0 | 0x00000044 | IRQ0 |
| 15 | -1 | 0x00000040 | SysTick |
| 14 | -2 | 0x00000038 | PendSV |
| 13 | | | 保留 |
| 12 | | | 保留給Debug |
| 11 | -5 | 0x0000002C | SVCall |
| 10~ 7 | | | 保留 |
| 6 | -10 | 0x00000018 | Usage fault |
| 5 | -11 | 0x00000014 | Bus fault |
| 4 | -12 | 0x00000010 | Memory management fault |
| 3 | -13 | 0x0000000C | Hardfault |
| 2 | -14 | 0x00000008 | NMI |
| 1 | | 0x00000004 | Reset |
| 0 | | 0x00000000 | Initial SP value |

生，不論其異常編號爲何都不會搶佔當前的異常處理程式。但是，新中斷的狀態變爲等待（pending）。如果有多個等待的中斷處於相同的優先順序組，那麼子優先順序決定處理的順序。如果多個等待的中斷有相同的組優先順序和子優先順序，那麼最低IRQ編號的中斷先被處理。

當異常處理程式完成時，且沒有等待的異常處理程式需被服務，並且完成的異常處理程式不是一個後到的異常時，則發生返回。處理器會從堆疊恢復到中斷發生前的狀態。

處理器支援使用尾鏈（tail-chaining）機制可加速異常處理。當一個異常處理程式完成時，如果有一個等待的異常滿足進入的要求，從堆疊取值將被跳過並且控制權直接轉移到新的異常處理程式。

異常處理程式執行完後發生返回，處理器執行POP、BX或LDR指令，將EXC_RETURN值裝載到PC，EXC_RETURN是異常進入時載入LR的值。異常機制依賴這個值來檢測處理器什麼時候完成異常處理常式。EXC_RETURN這個值的低5位元提供了有關返回堆疊和處理器模式的資訊。表1-4表示EXC_RETURN值，包括其異常返回行爲的描述。當這個值載入PC時，它表示對於處理器而言異常已經完成，處理器繼續執行異常發生前的程式。

表1-4 異常返回行為

| EXC_RETURN[31:0] | 功能 |
|---|---|
| 0xFFFFFFF1 | 返回handler模式（使用非浮點數狀態） |
| 0xFFFFFFF9 | 返回執行緒模式，並使用主堆疊（SP=MSP）（使用非浮點數狀態） |
| 0xFFFFFFFD | 返回執行緒模式，並使用執行緒堆疊（SP=PSP）（使用非浮點數狀態） |
| 0xFFFFFFE1 | 返回handler模式（使用浮點數狀態） |
| 0xFFFFFFE9 | 返回執行緒模式，並使用主堆疊（SP=MSP）（使用浮點數狀態） |
| 0xFFFFFFED | 返回執行緒模式，並使用執行緒堆疊（SP=PSP）（使用浮點數狀態） |

## 1-2-3 指令集摘要

以下列出Cortex-M4F的指令集摘要給讀者參考。

表1-5 資料操作指令

| 指令助記符 | 功能 |
|---|---|
| ADC | 帶進位加法 |
| ADD | 加法 |
| ADDW | 寬加法（可以加12位元立即數） |
| AND | 逐位元與運算 |

| 指令助記符 | 功能 |
| --- | --- |
| ASR | 算術右移 |
| BFC | 位元欄清零 |
| BFI | 位元欄插入 |
| BIC | 逐位元清0 |
| CLZ | 計算前置字元爲零的數目 |
| CMN | 將數值取二的補數後跟另一個數值相比較 |
| CMP | 比較兩個數並且更新旗標值 |
| CPY | 把一個暫存器的值複製到另一個暫存器中 |
| EOR | 逐位元互斥或運算 |
| LSL | 邏輯左移 |
| LSR | 邏輯右移 |
| MLA | 乘加 |
| MLS | 乘減 |
| MOVW | 把16位元立即數放到暫存器的低16位元，而高16位元清0 |
| MOVT | 把16位元立即數放到暫存器的高16位元，而低16位元不影響 |
| MOV | 暫存器載入資料，能用於暫存器間的傳輸，也能用於載入立即數 |
| MUL | 乘法 |
| MVN | 載入一個數的NOT值 |
| NEG | 取二的補數 |
| ORR | 逐位元或運算 |
| ORN | 來源運算元逐位元反轉後，再執行逐位元或 |
| RBIT | 位元反轉 |
| REV | 對一個32位元整數做位元組反轉 |
| REVH/ REV16 | 對一個32位元整數的高低半字都執行位元組反轉 |
| REVSH | 對一個32位元整數的低半字執行位元組反轉，再帶符號擴展成32位元 |
| ROR | 右旋 |
| RRX | 帶進位位元（C）的邏輯右移一格 |
| SBC | 帶借位的減法 |
| SFBX | 從一個32位元整數中提取任意的位元欄，並且帶符號擴展成32位元整數 |

| 指令助記符 | 功能 |
|---|---|
| SDIV | 帶符號除法 |
| SMLAL | 帶符號長乘加 |
| SMULL | 帶符號長乘法 |
| SSAT | 帶符號的飽和運算 |
| SUB | 減法 |
| SUBW | 寬減法，可以減12位元立即數 |
| SXTB | 位元組帶符號擴展到32位元 |
| SXTH | 帶符號擴展一個半字到32位元 |
| TEQ | 測試是否相等，更新旗標但不儲存結果 |
| TST | 測試（執行逐位元與運算，並且根據結果更新Z旗標） |
| UBFX | 無符號位元欄提取 |
| UDIV | 無符號除法 |
| UMLAL | 無符號長乘加 |
| UMULL | 無符號長乘法 |
| USAT | 無符號飽和操作 |
| UXTB | 無符號擴展一個位元組到32位元 |
| UXTH | 無符號擴展一個半字到32位元 |

表1-6　轉移指令

| 指令助記符 | 功能 |
|---|---|
| B | 無條件轉移 |
| B <cond> | 有條件轉移 |
| BL | 轉移並連結。用於呼叫一個副程式，返回位址被儲存在LR中 |
| CBZ | 比較，如果結果爲0就轉移 |
| CBNZ | 比較，如果結果非0就轉移 |
| IT | If Then |
| TBB | 以位元組爲單位的查表轉移 |
| TBH | 以半字爲單位的查表轉移 |

表1-7　記憶體資料傳送指令

| 指令助記符 | 功能 |
| --- | --- |
| LDR | 從記憶體中載入字（word）到一個暫存器中 |
| LDRH | 從記憶體中載入半字（half-word）到一個暫存器中 |
| LDRB | 從記憶體中載入位元組到一個暫存器中 |
| LDRSH | 從記憶體中載入半字，再經帶符號擴展後儲存到一個暫存器中 |
| LDRSB | 從記憶體中載入位元組，再經帶符號擴展後儲存一個暫存器中 |
| LDM | 從連續的記憶體位址空間中載入多個字到多個暫存器 |
| LDRD | 從連續的多個位址空間載入雙字（64位元整數）到2個暫存器 |
| STR | 把一個暫存器32位元的資料儲存到記憶體中 |
| STRH | 把一個暫存器存器的低半字儲存到記憶體中 |
| STRB | 把一個暫存器的低位元組儲存到記憶體中 |
| LDMIA | 載入多個字到暫存器，並且在載入後自增基址暫存器 |
| STMIA | 儲存多個字到記憶體，並且在載入後自增基址暫存器 |
| STM | 儲存多個暫存器中的字到連續的記憶體位址空間中 |
| STRD | 儲存2個暫存器組成的雙字到連續的記憶體位址空間中 |
| PUSH | 壓入多個暫存器到堆疊中 |
| POP | 從堆疊中彈出多個值到暫存器中 |

表1-8　單精確度浮點數運算指令

| 指令助記符 | 功能 |
| --- | --- |
| VABS | 單精確度浮點數絕對值 |
| VADD | 單精確度浮點數加法 |
| VCMP | 單精確度浮點數比較 |
| VCVT | 在浮點數和整數之間轉換 |
| VCVT | 在浮點數和定點數之間轉換 |
| VCVTB | 在半精度數和單精確度浮點數之間轉換 |
| VDIV | 單精確度浮點數除法 |
| VMLA | 單精確度浮點數乘 |
| VMLS | 單精確度浮點數乘減 |
| VMOV | 將浮點常數搬入單精確度暫存器 |

| 指令助記符 | 功能 |
|---|---|
| VMUL | 單精確度浮點數乘法 |
| VNEG | 單精確度浮點數求反 |
| VNMLA | 單精確度浮點數求反乘加 |
| VNMLS | 單精確度浮點數求反乘減 |
| VNMUL | 單精確度浮點數求反乘法 |
| VSQRT | 單精確度浮點數平方根 |
| VSUB | 單精確度浮點數減法 |

表1-9　數位訊號處理指令

| 指令助記符 | 功能 |
|---|---|
| PKHTB, PKHBT | 組合半字 |
| QADD | 有符號飽和加法 |
| QDADD | 有符號飽和加倍加法 |
| QDSUB | 有符號飽和加倍減法 |
| QSUB | 有符號飽和減法 |
| SEL | 根據APSR GE標記選擇位元元組 |
| SMLAD, SMLADX | 兩次有符號乘加 |
| SMLAL | 有符號乘加（64 <= 64 +32 x 32） |
| SMLALBB, SMLALBT, SMLALTB, SMLALTT | 有符號乘加（64 <= 64 +16 x 16） |
| SMLALD, SMLALDX | 兩次有符號長整數乘加（64 <= 64 + 16 x 16 + 16 x 16） |
| SMLAWB, SMLAWT | 有符號乘加（32 <= 32 x 16） |
| SMLSD | 兩次有符號乘減累加（32 <= 32 + 16 x 16 – 16 x 16） |
| SMLSLD | 兩次有符號長整數乘減累加（64 <= 64 + 16 x 16 – 16 x 16） |
| SMMUL, SMMULR | 有符號高位字乘法（32 <= TopWord（32 x 32）） |
| SMUAD | 有符號雙乘法，並將乘積相加 |
| SMULBB, SMULBT, SMULTB, SMULTT | 有符號乘法（32 <= 16 x 16） |

| 指令助記符 | 功能 |
|---|---|
| SMULL | 有符號乘法（64 <= 32 x 32） |
| SMULWB, SMULWT | 有符號乘法（32 <= 32 x 16） |
| SMUSD, SMUSDX | 有符號雙乘法，並將乘積相減 |
| SSAT | 有符號飽和到有符號範圍內任何值 |
| SSAT16 | 有符號半字飽和到有符號範圍 $-2sat-1 \le x \le 2sat-1 -1$ 內。 |
| SXTAB | 帶加法的符號擴展，將一個8位元值擴展為一個32位元值。 |
| SXTAB16 | 帶加法的符號擴展，將兩個8位元值擴展為兩個32位元值。 |
| SXTAH | 帶加法的符號擴展，將一個16位元值擴展為一個32位元值。 |
| SXTB16 | 有符號擴展一個16位元數 |
| SXTB | 有符號擴展到一個位元組 |
| SXTH | 有符號擴展半字 |
| USAD8 | 無符號值的差的絕對值求和 |
| USADA8 | 無符號值的差的絕對值求和累加 |
| USAT | 無符號飽和到無符號範圍內任何值 |
| USAT16 | 有符號半字飽和到無符號範圍 $0 \le x \le 2sat -1$ 內。 |
| UXTAB | 帶加法的零擴展，將一個8位元值擴展為一個32位元值。 |
| UXTAB16 | 帶加法的零擴展，將兩個8位元值擴展為兩個32位元值。 |
| UXTAH | 帶加法的零擴展，將一個16位元值擴展為一個32位元值。 |
| UXTB | 零擴展到一個位元組 |
| UXTB16 | 零擴展到一個16位元數 |
| UXTH | 零擴展到半字 |

表1-10　其它指令

| 指令助記符 | 功能 |
|---|---|
| SVC | 系統服務呼叫 |
| BKPT | 中斷點指令 |
| NOP | 無操作 |
| CPSIE | 使能中斷 |
| CPSID | 除能中斷 |

| 指令助記符 | 功能 |
| --- | --- |
| LDREX | 載入字到暫存器，並且在內核中標明一段位址進入了互斥存取狀態 |
| LDREXH | 載入半字到暫存器，並且在內核中標明一段位址進入了互斥存取狀態 |
| LDREXB | 載入位元組到暫存器，並且在內核中標明一段位址進入了互斥存取狀態 |
| STREX | 檢查將要寫入的位址是否已進入了互斥存取狀態，如果是則儲存暫存器的字 |
| STREXH | 檢查將要寫入的位址是否已進入了互斥存取狀態，如果是則儲存暫存器的半字 |
| STREXB | 檢查將要寫入的位址是否已進入了互斥存取狀態，如果是則儲存暫存器的位元組 |
| CLREX | 清除互斥存取狀態的標記 |
| MRS | 載入特殊功能暫存器的值到通用暫存器 |
| MSR | 儲存通用暫存器的值到特殊功能暫存器 |
| SEV | 發送事件 |
| WFE | 休眠並且在發生事件時被喚醒 |
| WFI | 休眠並且在發生中斷時被喚醒 |
| ISB | 指令同步隔離 |
| DSB | 資料同步隔離 |
| DMB | 資料記憶體隔離 |

## 1-3 STM32F412ZGT6微處理器

STM32有很多系列，可以滿足市場的各種需求，從內核上分有Cortex-M0/M0+、M3、M33、M4和M7這幾種，每個內核又大概分爲高性能（F2、F4、F7、H7）、主流（F0、F1、F3、G0、G4）、超低功耗（L0、L1、L3、L4、L5、U5）和無線（WL、WB），如圖1-7。

STM32 MCUs
32-bit Arm® Cortex®-M

圖1-7　STM32處理器家族（摘自STMicroelectronics公司文件）

STM32F412ZGT6是一款高效能微處理器，它是基於ARM Cortex-M4F內核，採用了意法半導體的非揮發性記憶體（non-volatile memory ，NVM）製程和適應性即時記憶加速器（Adaptive Real-Time Memory Accelerator，ART加速器），當CPU工作於所有允許的頻率（≤100MHz）時，在Flash記憶體中執行的程式，可以達到相當於零等待週期的性能。

下表（表1-11）說明型號STM32F412ZGT6微處理器名稱代表的意義。STM-32F412ZGT6微處理器內含1MB Flash、256KB SRAM、FSMC、Quad SPI、16x12-bit ADC、SDIO/MMC、USB OTG 2.0 full-speed、LCD、14x timers、3x I²C、4x USARTs、5x SPI/I²S等。圖1-8為STM32F412ZGT6微處理器正面接腳圖。圖1-9為STM32F412ZGT6微處理器接腳功能圖。

表1-11　STM32F412ZGT6微處理器命名解釋

| STM32 | Family | The family of 32-bit MCUs with ARM Cortex-M Core |
|---|---|---|
| F | Type | **F: mainstream**, L: Ultra low power, H: high performance, W: wireless |
| 4 | Core | 0: M0, 1: M3, 2: M3, 3: M4, **4: M4**, 7: M7 |
| 12 | Line | Different operating speeds, peripherals, silicon process, …。 |
| Z | Number of pins | F: 20, G: 28, K: 32, T: 36, S: 44, C: 48, R: 64,66, V: 100, **Z: 144**, I: 176 |
| G | Flash size | 4: 16, 6: 32, 8: 64, B: 128, C: 256, D: 384, E: 512, F: 768, **G: 1024**, H: 1536, I: 2048 KiB |
| T | Package | P: TSOOP, H: BGA, U: VFQFPN, **T: LQFP**, Y: WLCSP |
| 6 | Temperature range | **6: -40..85°C**, 7: -40..105°C |

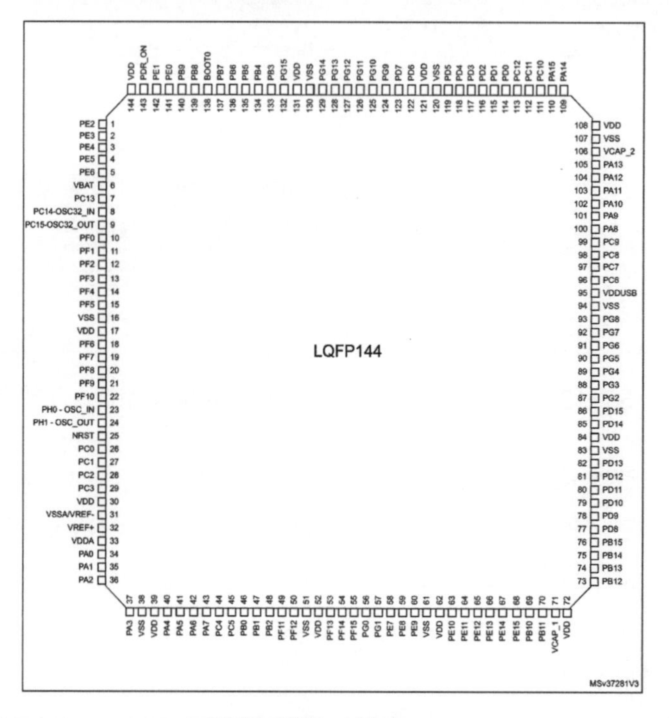


圖1-8　STM32F412ZGT6正面接腳圖（摘自STMicroelectronics公司文件）

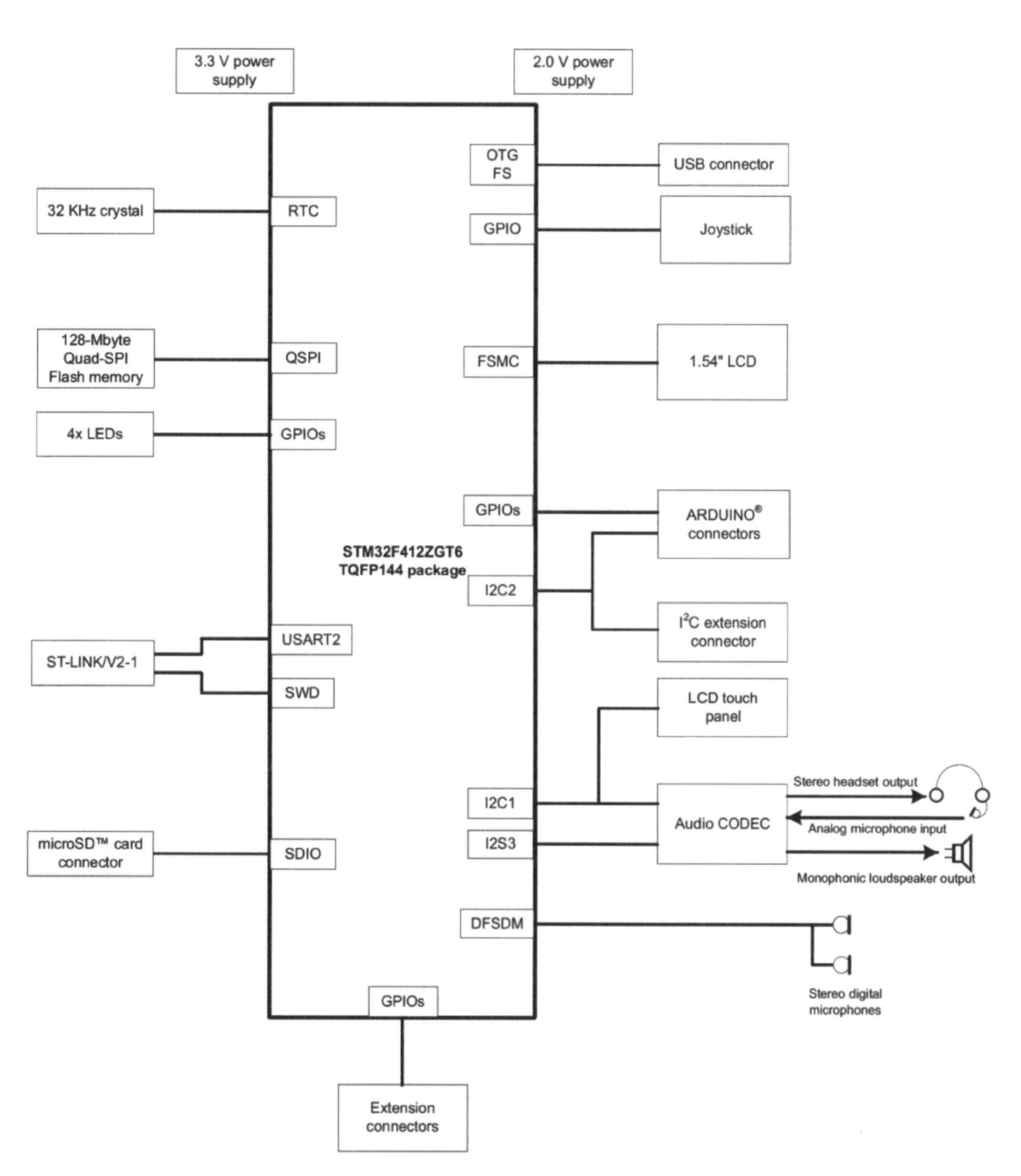


圖1-9　STM32F412ZGT6接腳功能圖（摘自STMicroelectronics公司文件）

## 1-3-1　STM32F412ZG微控制器架構

STM32F412ZGT6微控制器架構如圖1-10所示，包含。Cortex-M4F內核以及DMA、flash、SRAM、GPIO、LCD、ADC、Timer、UASRT、SPI等周邊設備。STM32F412ZGT6微控制器內部的Cortex-M4F內核和周邊設備之間通過各種匯流排矩陣

連接，其中有6條主控匯流排，6條被控匯流排，如圖1-11。藉由匯流排矩陣連接可以實現主控匯流排到被控匯流排的存取，這樣即使在多個高速周邊設備同時運行期間，系統也可以實現平行存取和高效運行。

## 一、6條主控匯流排：

(1) Cortex-M4F內核I-匯流排：此匯流排用於將Cortex-M4F內核的指令匯流排連接到匯流排矩陣。內核通過此匯流排獲取指令。此匯流排存取的物件是包含程式碼的記憶體（內部Flash/SRAM1）。

(2) Cortex-M4F內核D-匯流排：此匯流排用於將Cortex-M4F的資料匯流排連接到匯流排矩陣。內核通過此匯流排進行立即數載入和除錯存取。此匯流排存取的物件是包含資料的記憶體（內部Flash/SRAM1）。

(3) Cortex-M4F內核S-匯流排：此匯流排用於將Cortex-M4F內核的系統匯流排連接到匯流排矩陣。此匯流排存取的物件是內部SRAM1、連接AHB1/AHB2的APB周邊設備和外部記憶體（通過外部介面FSMC和QUADSPI）。

(4) DMA1記憶體匯流排：此匯流排用於將DMA記憶體匯流排主介面連接到匯流排矩陣。DMA通過此匯流排來執行記憶體資料的輸入和輸出。此匯流排存取的物件是資料記憶體：內部Flash和內部SRAM1。

(5) DMA2記憶體匯流排：此匯流排用於將DMA記憶體匯流排主介面連接到匯流排矩陣。DMA通過此匯流排來執行記憶體資料的輸入和輸出。此匯流排存取的物件是資料記憶體：內部Flash、內部SRAM1 、連接AHB1/AHB2的APB2周邊設備以及外部記憶體（通過外部介面FSMC和QUADSPI）。

(6) DMA_P2匯流排：此匯流排用於將DMA周邊主匯流排介面連接到匯流排矩陣。DMA通過此匯流排存取AHB周邊設備或執行記憶體間的資料傳輸。此匯流排存取的物件是AHB和APB周邊設備以及資料記憶體：內部SRAM以及通過FSMC的外部記憶體。

## 二、6條被控匯流排：

(1) 內部Flash ICode匯流排

(2) 內部Flash DCode匯流排

(3) 內部SRAM1（256 KB）

(4) AHB1周邊設備（包括AHB-APB匯流排橋和APB周邊設備）

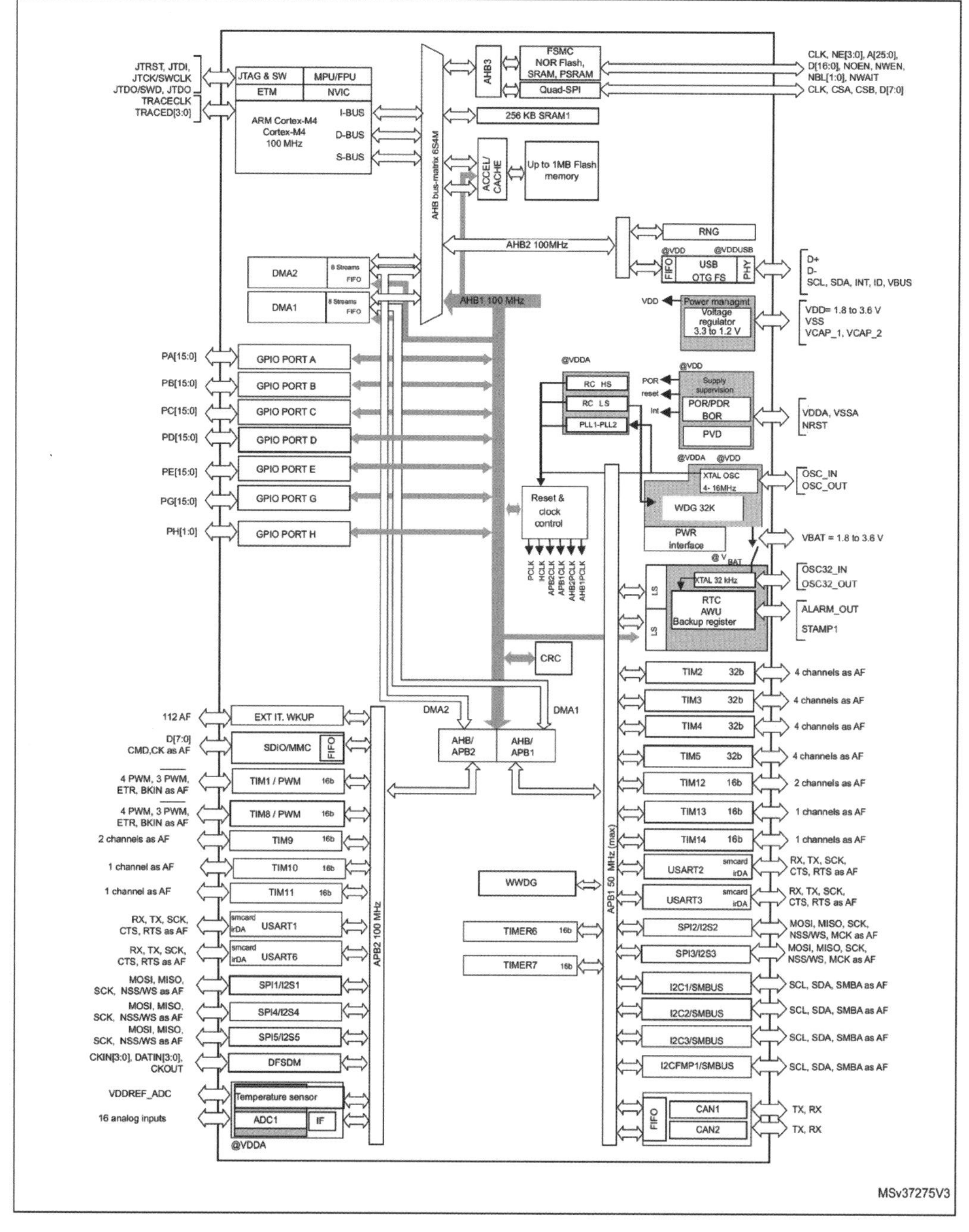

圖1-10　STM32F412ZGT6系統架構圖（摘自STMicroelectronics公司文件）

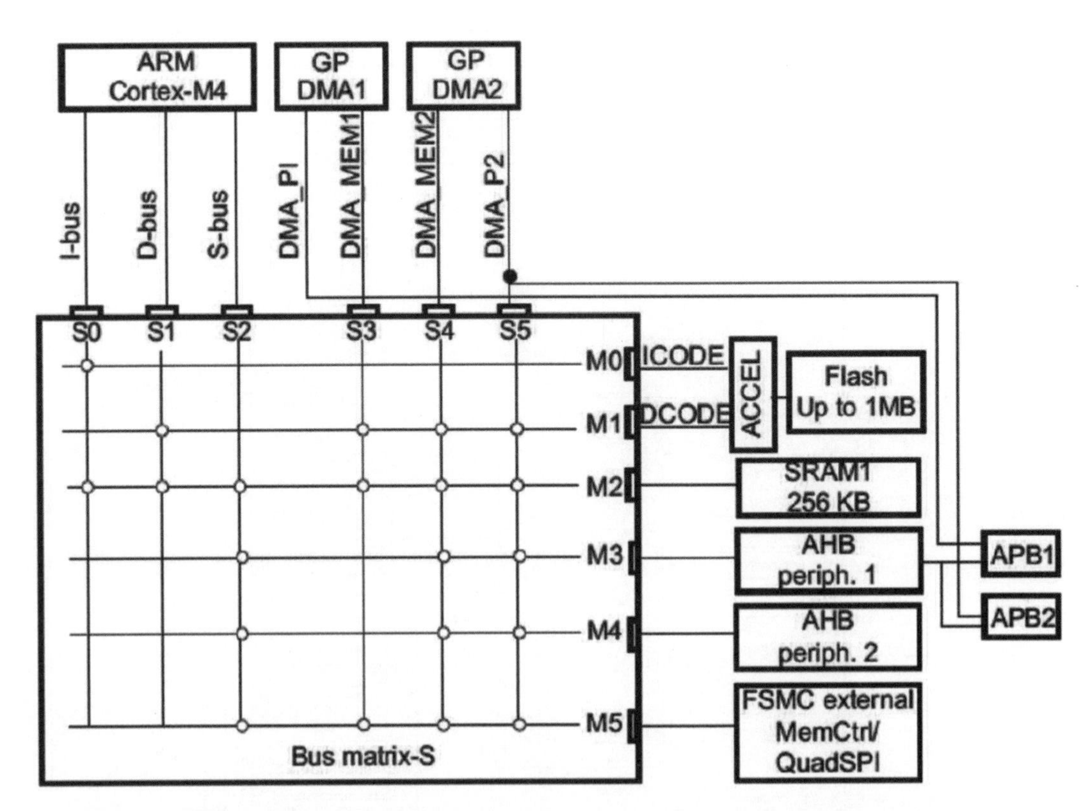


圖1-11　STM32F412ZGT6系統概構圖（摘自STMicroelectronics公司文件）

(5) AHB2周邊設備

(6) 外部記憶體控制器（FSMC/QuadSPI）

每次STM32F412ZGT6微處理器重置後，所有周邊設備時鐘都被關閉（SRAM和Flash介面除外）。使用周邊設備前，必須在RCC_AHBxENR或RCC_APBxENR暫存器中啓動其時鐘。

## 1-3-2　記憶體映射

在4GB的位址空間中，程式記憶體、資料記憶體、暫存器和I/O埠排列在同一連續線性的位址空間內，ARM平均分成了8個區域，每區域512MB，如圖1-12。其中晶片內Flash的起始位址爲0x08000000，SRAM的起始位址爲0x2000 0000，系統記憶體起始位址爲0x1FFF0000。

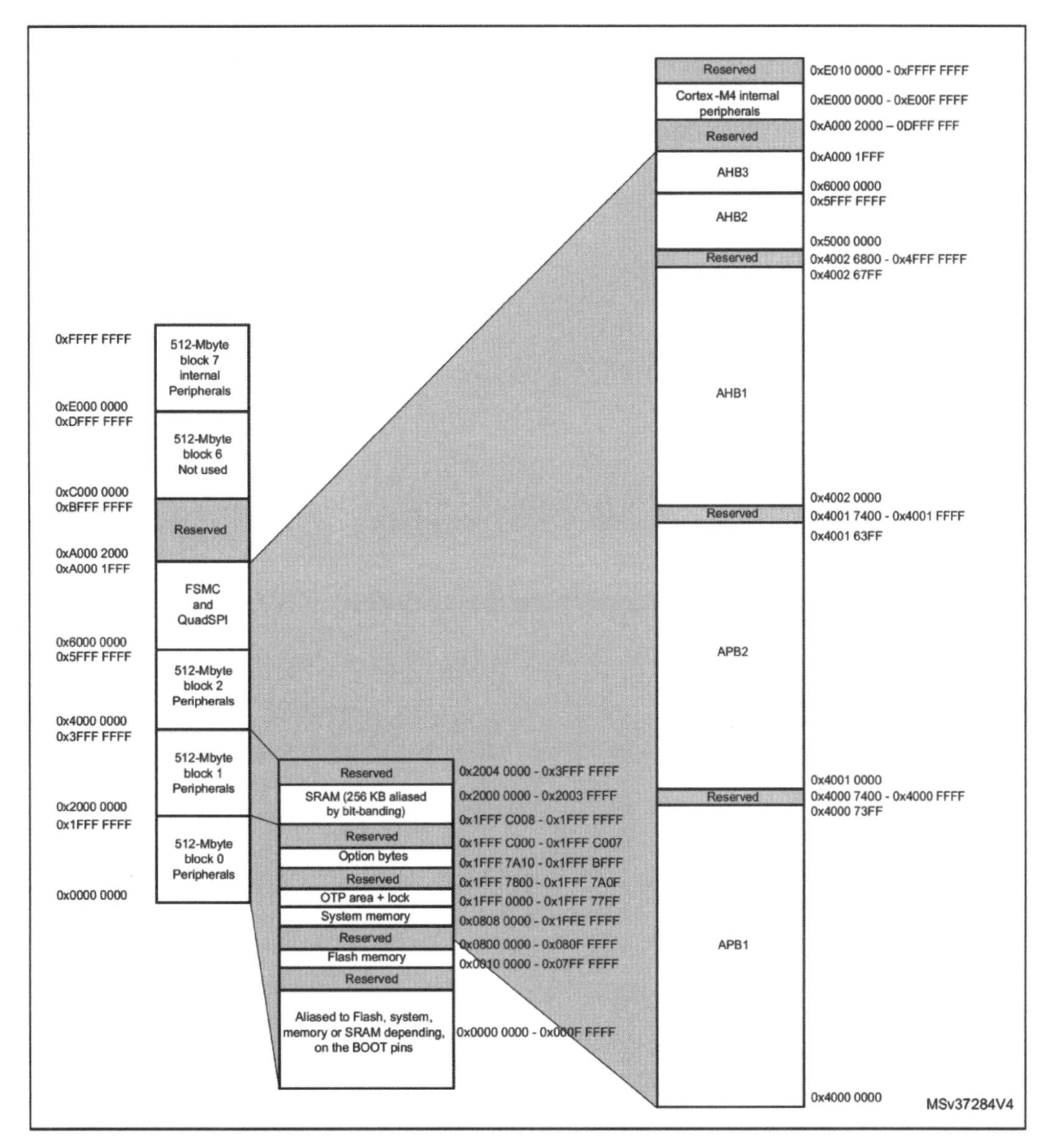


圖1-12　記憶體映射（摘自STMicroelectronics公司文件）

## 1-3-3　啓動模式配置

系統啓動後，CPU從記憶體位址0x00000000程式區塊開始執行程式碼。在STM-32F412ZGT6中，可通過BOOT[1:0]接腳選擇三種不同的啓動模式，如表1-12所示。

表1-12 啓動模式配置方式

| 啓動模式選擇 | | 啓動模式 |
|---|---|---|
| BOOT1 | BOOT0 | |
| x | 0 | 主快閃記憶體（Main flash memory） |
| 0 | 1 | 系統記憶體（System memory） |
| 1 | 1 | 內嵌的SRAM（Embedded SRAM） |

系統啓動後，在SYSCLK的第四個上升緣鎖存BOOT接腳的值，根據BOOT1和BOOT0接腳的值來選擇啓動模式。被選到的啓動模式其所對應的記憶體物理位址將被映射到0x00000000。BOOT0爲專用接腳，而BOOT1則與GPIO接腳共用。一旦完成對BOOT1的取值，相應GPIO引腳即可用於其他用途。

## 1-3-4 STM32F412ZG時鐘控制

### 一、STM32F412ZG時鐘源

STM32F412ZG微處理器有三種不同的時鐘源來驅動系統時鐘（SYSCLK）：

1. HSI（內部高速）16 MHz RC振盪器時鐘
2. HSE（外部高速）晶體振盪器時鐘， 4至48 MHz
3. PLL時鐘

從重置啓動後，HSI用作預設的系統時鐘源，配置爲16 MHz。

STM32F412ZG微處理器亦具有以下附加時鐘源：

1. LSI（內部低速）32 kHz RC振盪器時鐘，該RC用於驅動獨立看門狗，也可選擇提供給RTC用於停止／待機模式下的自動喚醒。
2. LSE（外部低速）32.768 kHz晶體振盪器，用於驅動即時時鐘（RTCCLK）。

對於每個時鐘源來說，在未使用時都可個別開啓或者關閉，以降低功耗。可通過多個預分頻器配置AHB頻率、高速APB2頻率和低速APB1頻率。 AHB和APB2的最大頻率爲100 MHz，低速APB1的最大頻率爲50 MHz。

時鐘樹（clock tree）描述所有周邊設備時鐘源的配置，如圖1-13，大部分周邊設備均由其系統時鐘（SYSCLK）提供，但以下周邊設備時鐘源除外：

1. IWDG時鐘爲LSI時鐘。
2. RTC時鐘由以下兩個時鐘源之一提供（由軟體選擇）：

(1) LSI時鐘

(2) LSE時鐘

3. DFSDM時鐘由以下兩個時鐘源之一提供（由軟體選擇）：

(1) APB2時鐘

(2) 系統時鐘（SYSCLK）

4. SDIO時鐘由以下三個時鐘源之一提供（由軟體選擇）：

(1) 系統時鐘（SYSCLK）

(2) 主PLL VCO（PLL48CK）

(3) PLLI2S VCO（PLLI2SCLK）

5. $I^2S$時鐘

爲了實現高品質的音訊性能，$I^2S$時鐘由以下五個時鐘源之一提供（由軟體選擇）：

(1) HSI時鐘

(2) HSE時鐘

(3) PLLCLK VCO

(4) PLLI2SCLK VCO

(5) I2S_CKIN外部時鐘

6. 48MHz時鐘，用於USB OTG FS、 SDIO和RNG。該時鐘由以下任一時鐘源提供（由軟體選擇）：

(1) 主PLL VCO（PLL48CK）

(2) PLLI2S VCO（PLLI2SCLK）

7. $I^2C$時鐘由以下五個時鐘源之一提供（由軟體選擇）：

(1) HSI時鐘

(2) 系統時鐘（SYSCLK）

(3) APB1時鐘

系統計時器（SysTick）可由8分頻的AHB時鐘（HCLK）或直接使用AHB時鐘（HCLK）作爲時鐘源，具體可在SysTick控制和狀態暫存器中配置。

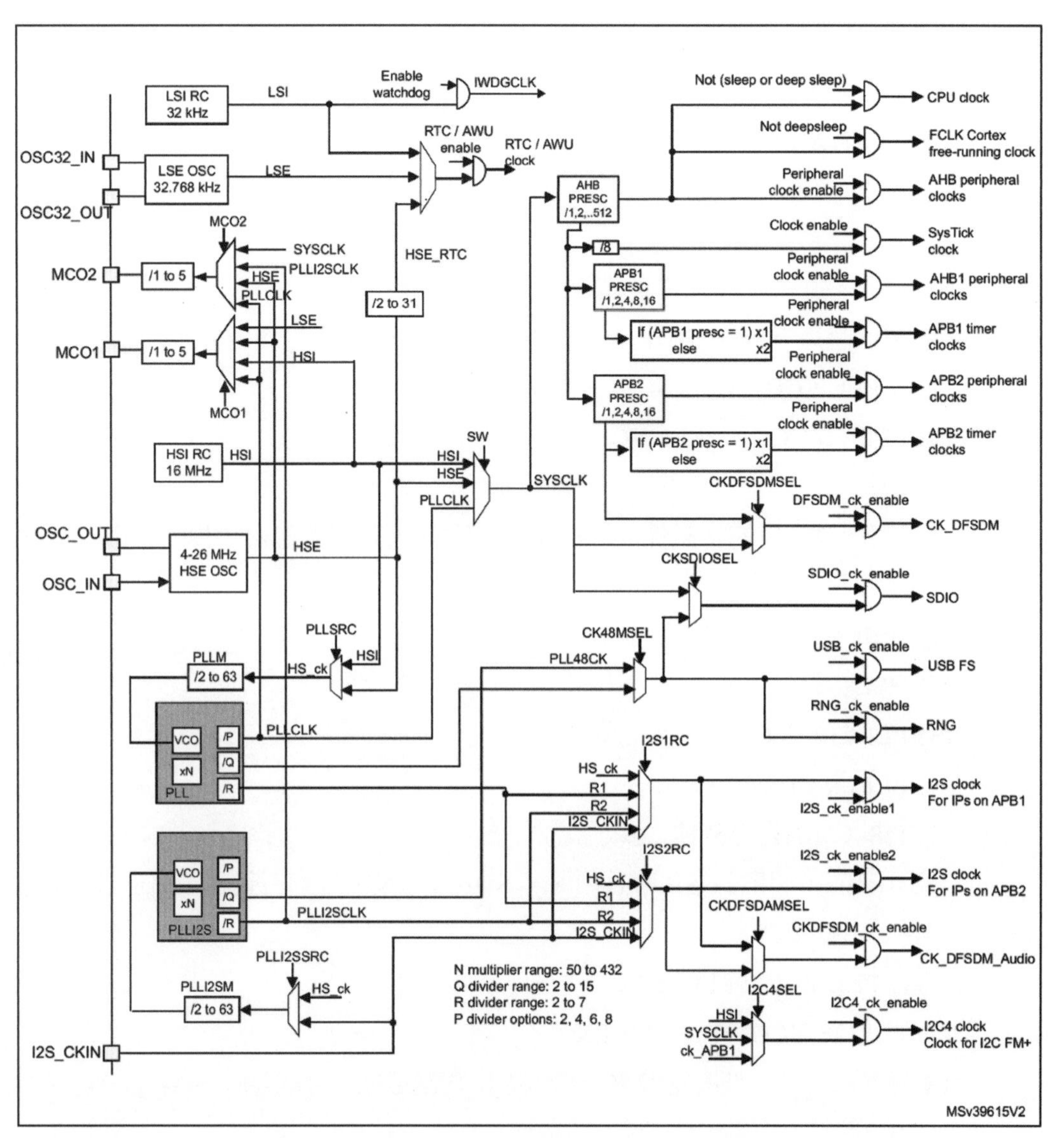


圖1-13　STM32F412ZG時鐘樹（摘自STMicroelectronics公司文件）

## 二、STM32F412ZG時鐘控制暫存器（RCC）

表1-13列出所有RCC暫存器映射與重置後的值，總共有29個相關暫存器，以下介紹幾個重要的RCC暫存器，其他相關的RCC暫存器請參閱STM32F412資料手冊。

表1-13　列出所有RCC暫存器映射與重置後的值

（摘自STMicroelectronics公司文件）

| Addr. offset | Register name | 31 | 30 | 29 | 28 | 27 | 26 | 25 | 24 | 23 | 22 | 21 | 20 | 19 | 18 | 17 | 16 | 15 | 14 | 13 | 12 | 11 | 10 | 9 | 8 | 7 | 6 | 5 | 4 | 3 | 2 | 1 | 0 |
|---|---|---|---|---|---|---|---|---|---|---|---|---|---|---|---|---|---|---|---|---|---|---|---|---|---|---|---|---|---|---|---|---|---|
| 0x00 | RCC_CR | Res. | Res. | Res. | Res. | PLL I2SRDY | PLL I2SON | PLL RDY | PLL ON | Res. | Res. | Res. | Res. | CSSON | HSEBYP | HSERDY | HSEON | HSICAL[7:0] | | | | | | | | HSITRIM[4:0] | | | | | Res. | HSIRDY | HSION |
| 0x04 | RCC_PLLCFGR | Res. | PLLR[2:0] | | | PLLQ[3:0] | | | | Res. | PLLSRC | Res. | Res. | Res. | Res. | PLLP[1:0] | | Res. | PLLN[8:0] | | | | | | | | | PLLM[5:0] | | | | | |
| 0x08 | RCC_CFGR | MCO2[1:0] | | MCO2PRE[2:0] | | | MCO1PRE[2:0] | | | Res. | MCO1[1:0] | | RTCPRE[4:0] | | | | | PPRE2[2:0] | | | PPRE1[2:0] | | | Res. | Res. | HPRE[3:0]3 | | | | SWS[1:0] | | SW[1:0] | |
| 0x0C | RCC_CIR | Res. | Res. | Res. | Res. | Res. | Res. | Res. | Res. | CSSC | Res. | PLLI2SRDYC | PLLRDYC | HSERDYC | HSIRDYC | LSERDYC | LSIRDYC | Res. | Res. | PLLI2SRDYIE | PLLRDYIE | HSERDYIE | HSIRDYIE | LSERDYIE | LSIRDYIE | CSSF | Res. | PLLI2SRDYF | PLLRDYF | HSERDYF | HSIRDYF | LSERDYF | LSIRDYF |
| 0x10 | RCC_AHB1RSTR | Res. | Res. | Res. | Res. | Res. | Res. | Res. | Res. | Res. | DMA2RST | DMA1RST | Res. | Res. | Res. | Res. | Res. | Res. | Res. | Res. | CRCRST | Res. | Res. | Res. | Res. | GPIOHRST | GPIOGRST | GPIOFRST | GPIOERST | GPIODRST | GPIOCRST | GPIOBRST | GPIOARST |
| 0x14 | RCC_AHB2RSTR | Res. | Res. | Res. | Res. | Res. | Res. | Res. | Res. | Res. | Res. | Res. | Res. | Res. | Res. | Res. | Res. | Res. | Res. | Res. | Res. | Res. | Res. | Res. | Res. | OTGFSRST | RNGRST | Res. | Res. | Res. | Res. | Res. | Res. |
| 0x18 | RCC_AHB3RSTR | Res. | Res. | Res. | Res. | Res. | Res. | Res. | Res. | Res. | Res. | Res. | Res. | Res. | Res. | Res. | Res. | Res. | Res. | Res. | Res. | Res. | Res. | Res. | Res. | Res. | Res. | Res. | Res. | Res. | Res. | QSPIRST | FSMCRST |
| 0x1C | Reserved | | | | | | | | | | | | | | | | | | | | | | | | | | | | | | | | |
| 0x20 | RCC_APB1RSTR | Res. | Res. | Res. | PWRRST | Res. | CAN2RST | CAN1RST | I2CFMP1RST | I2C3RST | I2C2RST | I2C1RST | Res. | Res. | USART3RST | USART2RST | Res. | SPI3RST | SPI2RST | Res. | Res. | WWDGRST | Res. | Res. | TIM14RST | TIM13RST | TIM12RST | TIM7RST | TIM6RST | TIM5RST | TIM4RST | TIM3RST | TIM2RST |
| 0x24 | RCC_APB2RSTR | Res. | Res. | Res. | Res. | Res. | Res. | Res. | DFSDM1RST | Res. | Res. | Res. | SPI5RST | Res. | TIM11RST | TIM10RST | TIM9RST | Res. | SYSCFGRST | SP45RST | SPI1RST | SDIORST | Res. | Res. | ADC1RST | Res. | Res. | USART6RST | USART1RST | Res. | Res. | TIM8RST | TIM1RST |
| 0x28 | Reserved | | | | | | | | | | | | | | | | | | | | | | | | | | | | | | | | |
| 0x2C | Reserved | | | | | | | | | | | | | | | | | | | | | | | | | | | | | | | | |
| 0x30 | RCC_AHB1ENR | Res. | Res. | Res. | Res. | Res. | Res. | Res. | Res. | Res. | DMA2EN | DMA1EN | Res. | Res. | Res. | Res. | Res. | Res. | Res. | Res. | CRCEN | Res. | Res. | Res. | Res. | GPIOHEN | GPIOGEN | GPIOFEN | GPIOEEN | GPIODEN | GPIOCEN | GPIOBEN | GPIOAEN |
| 0x34 | RCC_AHB2ENR | Res. | Res. | Res. | Res. | Res. | Res. | Res. | Res. | Res. | Res. | Res. | Res. | Res. | Res. | Res. | Res. | Res. | Res. | Res. | Res. | Res. | Res. | Res. | Res. | OTGFSEN | RNGEN | Res. | Res. | Res. | Res. | Res. | Res. |

| Addr. offset | Register name | 31 | 30 | 29 | 28 | 27 | 26 | 25 | 24 | 23 | 22 | 21 | 20 | 19 | 18 | 17 | 16 | 15 | 14 | 13 | 12 | 11 | 10 | 9 | 8 | 7 | 6 | 5 | 4 | 3 | 2 | 1 | 0 |
|---|---|---|---|---|---|---|---|---|---|---|---|---|---|---|---|---|---|---|---|---|---|---|---|---|---|---|---|---|---|---|---|---|---|
| 0x38 | RCC_AHB3ENR | Res. | Res. | Res. | Res. | Res. | Res. | Res. | Res. | Res. | Res. | Res. | Res. | Res. | Res. | Res. | Res. | Res. | Res. | Res. | Res. | Res. | Res. | Res. | Res. | Res. | Res. | Res. | Res. | Res. | Res. | QSPIEN | FSMCEN |
| 0x3C | Reserved | | | | | | | | | | | | | | | | | | | | | | | | | | | | | | | | |
| 0x40 | RCC_APB1ENR | Res. | Res. | Res. | PWREN | Res. | CAN2EN | CAN1EN | I2CFMP1EN | I2C3EN | I2C2EN | I2C1EN | Res. | Res. | Res. | USART2EN | Res. | SPI3EN | SPI2EN | Res. | Res. | WWDGEN | RTCAPBEN | Res. | TIM14EN | TIM13EN | TIM12EN | TIM7EN | TIM6EN | TIM5EN | TIM4EN | TIM3EN | TIM2EN |
| 0x44 | RCC_APB2ENR | Res. | Res. | Res. | Res. | Res. | Res. | Res. | DFSDM1EN | Res. | Res. | Res. | SPI5EN | Res. | TIM11EN | TIM10EN | TIM9EN | Res. | SYSCFGEN | SPI4EN | SPI1EN | SDIOEN | Res. | Res. | ADC1EN | Res. | Res. | USART6EN | USART1EN | Res. | Res. | TIM8EN | TIM1EN |
| 0x48 | Reserved | | | | | | | | | | | | | | | | | | | | | | | | | | | | | | | | |
| 0x4C | Reserved | | | | | | | | | | | | | | | | | | | | | | | | | | | | | | | | |
| 0x50 | RCC_AHB1LPENR | Res. | Res. | Res. | Res. | Res. | Res. | Res. | Res. | Res. | DMA2LPEN | DMA1LPEN | Res. | Res. | Res. | Res. | SRAM1LPEN | FLITFLPEN | Res. | Res. | CRCLPEN | Res. | Res. | Res. | Res. | GPIOHLPEN | GPIOGLPEN | GPIOFLPEN | GPIOELPEN | GPIODLPEN | GPIOCLPEN | GPIOBLPEN | GPIOALPEN |
| 0x54 | RCC_AHB2LPENR | Res. | Res. | Res. | Res. | Res. | Res. | Res. | Res. | Res. | Res. | Res. | Res. | Res. | Res. | Res. | Res. | Res. | Res. | Res. | Res. | Res. | Res. | Res. | Res. | OTGFSLPEN | RNGLPEN | Res. | Res. | Res. | Res. | Res. | Res. |
| 0x58 | RCC_AHB3LPENR | Res. | Res. | Res. | Res. | Res. | Res. | Res. | Res. | Res. | Res. | Res. | Res. | Res. | Res. | Res. | Res. | Res. | Res. | Res. | Res. | Res. | Res. | Res. | Res. | Res. | Res. | Res. | Res. | Res. | Res. | QSPILPEN | FSMCLPEN |
| 0x5C | Reserved | | | | | | | | | | | | | | | | | | | | | | | | | | | | | | | | |
| 0x60 | RCC_APB1LPENR | Res. | Res. | Res. | PWRLPEN | Res. | CAN2LPEN | CAN1LPEN | I2CFMP1LPEN | I2C3LPEN | I2C2LPEN | I2C1LPEN | Res. | Res. | USART3LPEN | USART2LPEN | Res. | SPI3LPEN | SPI2LPEN | Res. | Res. | WWDGLPEN | Res. | Res. | TIM14LPEN | TIM13LPEN | TIM12LPEN | TIM7LPEN | TIM6LPEN | TIM5LPEN | TIM4LPEN | TIM3LPEN | TIM2LPEN |
| 0x64 | RCC_APB2LPENR | Res. | Res. | Res. | Res. | Res. | Res. | Res. | DFSDM1LPEN | Res. | Res. | Res. | SPI5LPEN | Res. | TIM11LPEN | TIM10LPEN | TIM9LPEN | EXTITEN | SYSCFGLPEN | SPI4LPEN | SPI1LPEN | SDIOLPEN | Res. | Res. | ADC1LPEN | Res. | Res. | USART6LPEN | USART1LPEN | Res. | Res. | TIM8LPEN | TIM1LPEN |
| 0x68 | Reserved | | | | | | | | | | | | | | | | | | | | | | | | | | | | | | | | |
| 0x6C | Reserved | | | | | | | | | | | | | | | | | | | | | | | | | | | | | | | | |
| 0x70 | RCC_BDCR | Res. | Res. | Res. | Res. | Res. | Res. | Res. | Res. | Res. | Res. | Res. | Res. | Res. | Res. | Res. | BDRST | RTCEN | Res. | Res. | Res. | Res. | Res. | RTCSEL[1:0] | | Res. | Res. | Res. | Res. | LSEMOD | LSEBYP | LSERDY | LSEON |
| 0x74 | RCC_CSR | LPWRRSTF | WWDGRSTF | WDGRSTF | SFTRSTF | PORRSTF | PADRSTF | BORRSTF | RMVF | Res. | Res. | Res. | Res. | Res. | Res. | Res. | Res. | Res. | Res. | Res. | Res. | Res. | Res. | Res. | Res. | Res. | Res. | Res. | Res. | Res. | Res. | LSIRDY | LSION |
| 0x78 | Reserved | | | | | | | | | | | | | | | | | | | | | | | | | | | | | | | | |
| 0x7C | Reserved | | | | | | | | | | | | | | | | | | | | | | | | | | | | | | | | |

| Addr. offset | Register name | 31 | 30 | 29 | 28 | 27 | 26 | 25 | 24 | 23 | 22 | 21 | 20 | 19 | 18 | 17 | 16 | 15 | 14 | 13 | 12 | 11 | 10 | 9 | 8 | 7 | 6 | 5 | 4 | 3 | 2 | 1 | 0 |
|---|---|---|---|---|---|---|---|---|---|---|---|---|---|---|---|---|---|---|---|---|---|---|---|---|---|---|---|---|---|---|---|---|---|
| 0x80 | RCC_SSCGR | SSCGEN | SPREADSEL | Res. | Res. | INCSTEP[14:0] | | | | | | | | | | | | | | | MODPER[11:0] | | | | | | | | | | | | |
| 0x84 | RCC_ PLLI2SCFGR | Res. | PLLI2SR[2:0] | | | PLLI2SQ[3:0] | | | | Res. | PLLI2SSRC | Res. | Res. | Res. | Res. | Res. | Res. | Res. | PLLI2SN[8:0]] | | | | | | | | | PLLI2SM[5:0] | | | | | |
| 0x88 | Reserved | | | | | | | | | | | | | | | | | | | | | | | | | | | | | | | | |
| 0x8C | RCC_ DCKCFGR | CKDFSDM1SEL | Res | Res | I2S2SRC[1:0] | | I2S1SRC[1:0] | | TIMPRE | Res. | Res | Res | Res. | Res | Res | Res | Res | CKDFSDM1ASEL | Res. | Res | Res | Res. | Res | Res. | Res | Res | Res | Res | Res | Res | Res | Res | Res |
| 0x90 | CKGATENR | | | | | | | | | | | | | | | | | | | | | | | | | EVTCL_CKEN | RCC_CKEN | FLITF_CKEN | SRAM_CKEN | SPARE _CKEN | CM4DBG_CKEN | AHB2APB2_CKEN | AHB2APB1_CKEN |
| 0x94 | RCC_ DCKCFGR2 | Res. | Res | Res | SDIOSEL | CK48MSEL | Res. | Res. | Res | I2CFMP1SEL[1:0] | | Res. | Res | Res. | Res | Res | Res | Res. | Res | Res | Res | Res | Res | Res. | Res. | Res. | Res | Res | Res | Res | Res | Res. | Res |

## 1. RCC_CR: RCC clock control register（時鐘控制暫存器）

| 31 | 30 | 29 | 28 | 27 | 26 | 25 | 24 | 23 | 22 | 21 | 20 | 19 | 18 | 17 | 16 |
|---|---|---|---|---|---|---|---|---|---|---|---|---|---|---|---|
| | | | | PLL I2S RDY | PLL I2S ON | PLL RDY | PLL ON | | | | | CSS ON | HSE BYP | HSE RDY | HSE ON |
| | | | | r | rw | r | rw | | | | | rw | rw | r | rw |

| 15 | 14 | 13 | 12 | 11 | 10 | 9 | 8 | 7 | 6 | 5 | 4 | 3 | 2 | 1 | 0 |
|---|---|---|---|---|---|---|---|---|---|---|---|---|---|---|---|
| HSICAL[7:0] | | | | | | | | HSITRIM[4:0] | | | | | | HSI RDY | HSI ON |
| r | r | r | r | r | r | r | r | rw | rw | rw | rw | rw | | r | rw |

- 位元31:28、23:20、2：保留，必須保持重置值。
- 位元27 PLLI2SRDY：PLLI2S時鐘就緒旗標（PLLI2S clock ready flag）。
  由硬體設置1，用於指示PLLI2S已鎖定。
  0：PLLI2S未鎖定

1：PLLI2S已鎖定

- 位元26 PLLI2SON：PLLI2S使能（PLLI2S enable）

由軟體設置1和清零，用於使能PLLI2S。當進入停機、待機或關機模式時由硬體清零。

0：PLLI2S關閉

1：PLLI2S開啓

- 位元25 PLLRDY：主PLL時鐘就緒旗標（Main PLL clock ready flag）

由硬體設置1，用以指示PLL已鎖定。

0：PLL未鎖定

1：PLL已鎖定

- 位元24 PLLON：主PLL使能（Main PLL enable）

由軟體設置1和清零，用於使能PLL。當進入停機、待機或關機模式時由硬體清零。如果PLL時鐘用作系統時鐘，則此位元不可清零。

0：PLL關閉

1：PLL開啓

- 位元19 CSSON：時鐘安全系統使能（Clock security system enable）

由軟體設置1和清零，用於使能時鐘安全系統。當CSSON置1時，時鐘監測器將在HSE振盪器就緒時由硬體使能，並在檢出振盪器故障時由硬體禁止。

0：時鐘安全系統關閉（時鐘監測器關閉）

1：時鐘安全系統開啓（如果HSE振盪器穩定，則時鐘監測器打開；如果不穩定，則關閉）

- 位元18 HSEBYP：HSE時鐘旁路（HSE clock bypass）

由軟體設置1和清零，用於用外部時鐘旁路振盪器。外部時鐘必須通過HSEON位元使能才能爲週邊設備使用。HSEBYP只有在HSE振盪器已禁止的情況下才可寫入。

0：不旁路HSE振盪器

1：外部時鐘旁路HSE振盪器

- 位元17 HSERDY：HSE時鐘就緒旗標（HSE clock ready flag）

由硬體設置1，用以指示HSE振盪器已穩定。在將HSEON位元清零後，HSERDY將在6個HSE振盪器時鐘週期後轉爲低電位。

0：HSE振盪器未就緒

1：HSE振盪器已就緒

- 位元16 HSEON：HSE時鐘使能（HSE clock enable）

  由軟體設置1和清零。由硬體清零，用於在進入停機、待機或關機時停止HSE振盪器。如果HSE振盪器直接或間接用作系統時鐘，則該位元不可清零。

  0：HSE振盪器關閉

  1：HSE振盪器開啓

- 位元15:8 HSICAL[7:0]：內部高速時鐘校準（Internal high-speed clock calibration）

  這些位元在啓動時自動初始化。

- 位元7:3 HSITRIM[4:0]：內部高速時鐘微調（Internal high-speed clock trimming）

  通過這些位元，可在HSICAL[7:0]位元校準基礎上實現可由使用者程式設計的微調值。可通過程式設計使其適應電壓和溫度的差異，使內部HSI RC的頻率更為準確。

- 位元1 HSIRDY：內部高速時鐘就緒旗標（Internal high-speed clock ready flag）

  由硬體設置1，用以指示HSI振盪器已穩定。在將HSION位清零後，HSIRDY將在6個HSI時鐘週期後轉為低電位。

  0：HSI振盪器未就緒

  1：HSI振盪器已就緒

- 位元0 HSION：內部高速時鐘使能（Internal high-speed clock enable）

  由軟體設置1和清零。由硬體置1，用於在脫離停機或待機模式時或者在直接或間接用作系統時鐘的HSE振盪器發生故障時強制HSI振盪器打開。如果HSI直接或間接用於作為系統時鐘，則此位元不可清零。

  0：HSI振盪器關閉

  1：HSI振盪器開啓

2. Clock configuration register（RCC_CFGR）時鐘組態配置暫存器

| 31 | 30 | 29 | 28 | 27 | 26 | 25 | 24 | 23 | 22 | 21 | 20 | 19 | 18 | 17 | 16 |
|---|---|---|---|---|---|---|---|---|---|---|---|---|---|---|---|
| MCO2[1:0] | | MCO2 PRE[2:0] | | | MCO1 PRE[2:0] | | | | MCO1[1:0] | | RTCPRE[4:0] | | | | |
| rw | rw | rw | rw | rw | rw | rw | rw | | rw | rw | rw | rw | rw | rw | rw |

| 15 | 14 | 13 | 12 | 11 | 10 | 9 | 8 | 7 | 6 | 5 | 4 | 3 | 2 | 1 | 0 |
|---|---|---|---|---|---|---|---|---|---|---|---|---|---|---|---|
| PPRE2[2:0] | | | PPRE1[2:0] | | | | | HPRE[3:0] | | | | SWS[1:0] | | SW[1:0] | |
| rw | rw | rw | rw | rw | rw | | | rw | rw | rw | rw | r | r | rw | rw |

- 位元23、9:8：保留，必須保持重置值。
- 位元31:30 MCO2[1:0]：微控制器時鐘輸出2（Microcontroller clock output 2）
  - 00：選擇系統時鐘（SYSCLK）輸出到MCO2接腳
  - 01：選擇PLLI2S時鐘輸出到MCO2接腳
  - 10：選擇HSE振盪器時鐘輸出到MCO2接腳
  - 11：選擇PLL時鐘輸出到MCO2接腳
- 位元29:27 MCO2 PRE[2:0]：MCO2預分頻器
  - 0xx：無分頻
  - 100：2分頻
  - 101：3分頻
  - 110：4分頻
  - 111：5分頻
- 位元26:24 MCO1 PRE[2:0]：MCO1預分頻器
  - 0xx：無分頻
  - 100：2分頻
  - 101：3分頻
  - 110：4分頻
  - 111：5分頻
- 位元31:30 MCO1[1:0]：微控制器時鐘輸出1（Microcontroller clock output 1）
  - 00：選擇HSI時鐘輸出到MCO1接腳
  - 01：選擇LSE振盪器輸出到MCO1接腳

- 10：選擇HSE振盪器時鐘輸出到MCO1接腳
- 11：選擇PLL時鐘輸出到MCO1接腳

⌘ 位元20:16 RTCPRE：用於RTC時鐘的HSE時鐘輸入時鐘進行分頻，進而爲RTC生成1 MHz的時鐘。

小心：軟體必須正確設置這些位元，確保提供給RTC的時鐘爲1 MHz。在選擇RTC時鐘源之前必須配置這些位元。

- 0000：無時鐘
- 0001：無時鐘
- 0010：HSE/2
- 0011：HSE/3
- 0100：HSE/4

  …

- 1110：HSE/30
- 1111：HSE/31

⌘ 位元15:13 PPRE2[2:0]：APB2預分頻器

- 0xx：AHB時鐘無分頻
- 100：AHB時鐘2分頻
- 101：AHB時鐘4分頻
- 110：AHB時鐘8分頻
- 111：AHB時鐘16分頻

⌘ 位元12:10PPRE1[2:0]：APB1預分頻器

- 0xx：AHB時鐘無分頻
- 100：AHB時鐘2分頻
- 101：AHB時鐘4分頻
- 110：AHB時鐘8分頻
- 111：AHB時鐘16分頻

⌘ 位元7:4HPRE[3:0]：AHB預分頻器

- 0xxx：SYSCLK無分頻
- 1000：SYSCLK 2分頻
- 1001：SYSCLK 4分頻
- 1010：SYSCLK 8分頻

- 1011：SYSCLK 16分頻
- 1100：SYSCLK 64分頻
- 1101：SYSCLK 128分頻
- 1110：SYSCLK 256分頻
- 1111：SYSCLK 512分頻

⌘ 位3:2　SWS[1:0]：系統時鐘切換狀態（System clock switch status）

- 00：使用HSI振盪器用作系統時鐘
- 01：使用HSE振盪器用作系統時鐘
- 10：使用PLL用作系統時鐘
- 11：未使用

⌘ 位1:0　SW[1:0]：系統時鐘切換（System clock switch）

- 00：選擇HSI振盪器作爲系統時鐘
- 01：選擇HSE振盪器作爲系統時鐘
- 10：選擇PLL作爲系統時鐘
- 11：不允許

## 3. PLL configuration register（RCC_PLLCFGR）PLL組態配置暫存器

- f（VCO時鐘）= f（PLL時鐘輸入）x（PLLN/PLLM）
- f（PLL時鐘輸出）= f（VCO時鐘）/PLLP
- f（USB OTG FS、SDIO、RNG時鐘輸出）= f（VCO時鐘）/PLLQ
- f（I2S、DFSDM時鐘輸出）= f（VCO時鐘）/PLLR

| 31 | 30 | 29 | 28 | 27 | 26 | 25 | 24 | 23 | 22 | 21 | 20 | 19 | 18 | 17 | 16 |
|---|---|---|---|---|---|---|---|---|---|---|---|---|---|---|---|
| | PLLR[2:0] | | | PLLQ[3:0] | | | | | PLLSRC | | | | | PLLP[1:0] | |
| | rw | rw | rw | rw | rw | rw | rw | | rw | | | | | | |

| 15 | 14 | 13 | 12 | 11 | 10 | 9 | 8 | 7 | 6 | 5 | 4 | 3 | 2 | 1 | 0 |
|---|---|---|---|---|---|---|---|---|---|---|---|---|---|---|---|
| | PLLN[8:0] | | | | | | | | | PLLM[5:0] | | | | | |
| | rw | rw | rw | rw | rw | rw | rw | rw | rw | rw | rw | rw | rw | rw | rw |

⌘ 位元31、23、21:18、15：保留，必須保持重置值。

⌘ 位元30:28　PLLR[2:0]：主PLL PLLCLK分頻係數

PLLCLK時鐘頻率= VCO頻率 / PLLR

- 000：PLLR = 0，錯誤配置
- 001：PLLR = 1，錯誤配置
- 010：PLLR = 2
- 011：PLLR = 3

…

- 111：PLLR = 7

⌘ 位元27:24 PLLQ[3:0]：USB OTG FS（48 MHz）分頻係數

USB OTG FS時鐘頻率= VCO頻率 / PLLQ

- 0000：PLLQ = 0，錯誤配置
- 0001：PLLQ = 1，錯誤配置
- 0010：PLLQ = 2
- 0011：PLLQ = 3
- 0100：PLLQ = 4

…

- 1111：PLLQ = 15

⌘ 位元22 PLLSRC：主PLL（PLL）和音訊PLL（PLLI2S）輸入時鐘源

- 0：選擇HSI時鐘作爲PLL和PLLI2S時鐘輸入
- 1：選擇HSE振盪器時鐘作爲PLL和PLLI2S時鐘輸入

⌘ 位元17:16　PLLP[1:0]：主PLL分頻係數

PLL輸出時鐘頻率= VCO頻率 / PLLP

- 00：PLLP = 2
- 01：PLLP = 4
- 10：PLLP = 6
- 11：PLLP = 8

⌘ 位元14:6　PLLN[8:0]： VCO的主PLL倍頻係數

- 000000000：PLLN = 0，錯誤配置
- 000000001：PLLN = 1，錯誤配置

…

- 011000000：PLLN =192

…

- 110100000：PLLN = 432
- 110100001：PLLN = 433，錯誤配置

 …

- 111110011：PLLN = 512，錯誤配置

⌘ 位元5:0　PLLM[5:0]：主PLL（PLL）和音訊PLL（PLLI2S）輸入時鐘的分頻係數

VCO輸入頻率= PLL輸入時鐘頻率 / PLLM

- 000000：PLLM = 0，錯誤配置
- 000001：PLLM = 1，錯誤配置
- 000010：PLLM = 2
- 000011：PLLM = 3
- 000100：PLLM = 4

 …

- 111110：PLLM = 62
- 111111：PLLM = 63

4. Clock interrupt register（RCC_CIR）時鐘中斷暫存器

| 31 | 30 | 29 | 28 | 27 | 26 | 25 | 24 | 23 | 22 | 21 | 20 | 19 | 18 | 17 | 16 |
|---|---|---|---|---|---|---|---|---|---|---|---|---|---|---|---|
| | | | | | | | | CSSC | | PLLI2S RDYC | PLL RDYC | PLL RDYC | PLL RDYC | PLL RDYC | PLL RDYC |
| | | | | | | | | w | | w | w | w | w | w | w |

| 15 | 14 | 13 | 12 | 11 | 10 | 9 | 8 | 7 | 6 | 5 | 4 | 3 | 2 | 1 | 0 |
|---|---|---|---|---|---|---|---|---|---|---|---|---|---|---|---|
| | | PLLI2S RDYIE | PLL RDYIE | HSE RDYIE | HIS RDYIE | LSE RDYIE | LSI RDYIE | CSSF | | PLLI2S RDYF | PLL RDYF | HSE RDYF | HSI RDYF | LSE RDYF | LSI RDYF |
| | | rw | rw | rw | rw | rw | rw | r | | r | r | r | r | r | r |

⌘ 位元31:24、22、15:14、6：保留，必須保持重置值。

⌘ 位元23　CSSC：時鐘安全系統中斷清零（Clock security system interrupt clear）

- 0：無效
- 1：將CSSF旗標清零。

⌘ 位元21 PLLI2SRDYC：PLLI2S就緒中斷清零（PLLI2S ready interrupt clear）

- 0：無效
- 1：將PLLI2SRDYF旗標清零。

- 位元20 PLLRDYC：主PLL就緒中斷清零（Main PLL ready interrupt clear）
  - 0：無效
  - 1：將PLLRDYF旗標清零。
- 位元19 HSERDYC：HSE就緒中斷清零（HSE ready interrupt clear）
  - 0：無效
  - 1：將HSERDYF旗標清零。
- 位元18 HSIRDYC：HSI就緒中斷清零（HSI ready interrupt clear）
  - 0：無效
  - 1：將HSIRDYF旗標清零。
- 位元17 LSERDYC：LSE就緒中斷清零（LSE ready interrupt clear）
  - 0：無效
  - 1：將LSERDYF旗標清零。
- 位元16 LSIRDYC：LSI就緒中斷清零（LSI ready interrupt clear）
  - 0：無效
  - 1：將LSIRDYF旗標清零。
- 位元13 PLLI2SIE：PLLI2S就緒中斷使能（PLLI2S ready interrupt enable）
  - 0：禁止PLLI2S鎖定中斷。
  - 1：使能PLLI2S鎖定中斷。
- 位元12 PLLIE：PLL就緒中斷使能（PLL ready interrupt enable）
  - 0：禁止PLL鎖定中斷。
  - 1：使能PLL鎖定中斷。
- 位元11 HSERDYIE： HSE就緒中斷使能
  - 0：禁止HSE就緒中斷
  - 1：使能HSE就緒中斷
- 位元10 HSIRDYIE： HSI就緒中斷使能
  - 0：禁止HSI就緒中斷
  - 1：使能HSI就緒中斷
- 位元9 LSERDYIE： LSE就緒中斷使能
  - 0：禁止LSE就緒中斷
  - 1：使能LSE就緒中斷
- 位元8 LSIRDYIE： LSI就緒中斷使能

- 0：禁止LSI就緒中斷
- 1：使能LSI就緒中斷

- 位元7 CSSF：時鐘安全系統中斷旗標（Clock security system interrupt flag）
  - 0：當前未因HSE時鐘故障而引起時鐘安全中斷
  - 1：因HSE時鐘故障而引起時鐘安全中斷
- 位元5 PLLI2SRDYF：PLLI2S就緒中斷旗標（PLLI2S ready interrupt flag）
  - 0：當前未因PLLI2S鎖定而引起時鐘就緒中斷
  - 1：因PLLI2S鎖定而引起時鐘就緒中斷
- 位元4 PLLRDYF：主PLL就緒中斷旗標（Main PLL ready interrupt flag）
  - 0：當前未因PLL鎖定而引起時鐘就緒中斷
  - 1：因PLL鎖定而引起時鐘就緒中斷
- 位元3 HSERDYF：HSE就緒中斷旗標（HSE ready interrupt flag）
  - 0：當前未因HSE振盪器而引起時鐘就緒中斷
  - 1：因HSE振盪器而引起時鐘就緒中斷
- 位元2 HSIRDYF：HSI就緒中斷旗標（HSI ready interrupt flag）
  - 0：當前未因HSI振盪器而引起時鐘就緒中斷
  - 1：因HSI振盪器而引起時鐘就緒中斷
- 位元1 LSERDYF：LSE就緒中斷旗標（LSE ready interrupt flag）
  - 0：當前未因LSE振盪器而引起時鐘就緒中斷
  - 1：因LSE振盪器而引起時鐘就緒中斷
- 位元0 LSIRDYF：LSI就緒中斷旗標（LSI ready interrupt flag）
  - 0：當前未因LSI振盪器而引起時鐘就緒中斷
  - 1：因LSI振盪器而引起時鐘就緒中斷

5. Control/status register（RCC_CSR）時鐘控制和狀態暫存器

| 31 | 30 | 29 | 28 | 27 | 26 | 25 | 24 | 23 | 22 | 21 | 20 | 19 | 18 | 17 | 16 |
|---|---|---|---|---|---|---|---|---|---|---|---|---|---|---|---|
| LPWR RSTF | WWDG RSTF | IWDG RSTF | SFT RSTF | POR RSTF | PIN RSTF | BOR RSTF | RMVF | | | | | | | | |
| r | r | r | r | r | r | r | rw | | | | | | | | |

| 15 | 14 | 13 | 12 | 11 | 10 | 9 | 8 | 7 | 6 | 5 | 4 | 3 | 2 | 1 | 0 |
|---|---|---|---|---|---|---|---|---|---|---|---|---|---|---|---|
| | | | | | | | | | | | | | | LSI RDY | LSI ON |
| | | | | | | | | | | | | | | r | rw |

- 位元23:2：保留，必須保持重置值。
- 位元31　LPWRRSTF：低功耗重置旗標（Low-power reset flag）
  0：未發生低功耗管理重置
  1：發生低功耗管理重置
- 位元30　WWDGRSTF：視窗看門狗重置旗標（Window watchdog reset flag）
  0：未發生窗口看門狗重置
  1：發生窗口看門狗重置
- 位元29　IWDGRSTF：獨立看門狗重置旗標（Independent watchdog reset flag）
  0：未發生看門狗重置
  1：發生看門狗重置
- 位元28　SFTRSTF：軟體重置旗標（Software reset flag）
  0：未發生軟體重置
  1：發生軟體重置
- 位元27　BORRSTF：BOR重置旗標（BOR reset flag）
  0：未發生BOR重置
  1：發生BOR重置
- 位元26　PINRSTF：接腳重置旗標（PIN reset flag）
  0：未發生來自NRST接腳的重置
  1：發生來自NRST接腳的重置
- 位元25　OBRRSTF：BOR重置旗標（OBL reset flag）
  0：未發生OBL重置
  1：發生OBL重置
- 位元24　RMVF：清除重置旗標（Remove reset flag）
  0：不起作用
  1：清除重置旗標
- 位元1　LSIRDY：內部低速振盪器就緒（Internal low-speed oscillator ready）
  0：LSI RC振盪器未就緒
  1：LSI RC振盪器就緒

- 位元0　LSION：內部低速振盪器使能（Internal low-speed oscillator enable）
  0：LSI RC振盪器關閉
  1：LSI RC振盪器開啓

6. AHB1 peripheral clock enable register (RCC_AHB1ENR)

| 31 | 30 | 29 | 28 | 27 | 26 | 25 | 24 | 23 | 22 | 21 | 20 | 19 | 18 | 17 | 16 |
|---|---|---|---|---|---|---|---|---|---|---|---|---|---|---|---|
| | | | | | | | | | DMA2 EN | DMA1 EN | | | | | |
| | | | | | | | | | rw | rw | | | | | |

| 15 | 14 | 13 | 12 | 11 | 10 | 9 | 8 | 7 | 6 | 5 | 4 | 3 | 2 | 1 | 0 |
|---|---|---|---|---|---|---|---|---|---|---|---|---|---|---|---|
| | | | CRC EN | | | | | GPIOH EN | GPIOG EN | GPIOF EN | GPIOE EN | GPIOD EN | GPIOC EN | GPIOB EN | GPIOA EN |
| | | | rw | | | | | rw | rw | rw | rw | rw | rw | rw | rw |

- 位元31:23、20:13、11:8：保留，必須保持重置值。
- 位元22　DMA2EN：DMA2時鐘使能（DMA2 clock enable）
  0：禁止DMA2時鐘
  1：使能DMA2時鐘
- 位元21　DMA1EN：DMA2時鐘使能（DMA1 clock enable）
  0：禁止DMA1時鐘
  1：使能DMA1時鐘
- 位元12　CRCEN：CRC時鐘使能（CRC clock enable）
  0：禁止CRC時鐘
  1：使能CRC時鐘
- 位元7　GPIOHEN：GPIO埠H時鐘使能（GPIO port H clock enable）
  0：禁止GPIO埠H時鐘
  1：使能GPIO埠H時鐘
- 位元6　GPIOGEN：GPIO埠G時鐘使能（GPIO port G clock enable）
  0：禁止GPIO埠G時鐘
  1：使能GPIO埠G時鐘
- 位元5　GPIOFEN：GPIO埠F時鐘使能（GPIO port F clock enable）
  0：禁止GPIO埠F時鐘
  1：使能GPIO埠F時鐘

- 位元4 GPIOEEN：GPIO埠E時鐘使能（GPIO port E clock enable）
  0：禁止GPIO埠E時鐘
  1：使能GPIO埠E時鐘
- 位元3 GPIODEN：GPIO埠D時鐘使能（GPIO port D clock enable）
  0：禁止GPIO埠D時鐘
  1：使能GPIO埠D時鐘
- 位元2 GPIOCEN：GPIO埠C時鐘使能（GPIO port C clock enable）
  0：禁止GPIO埠C時鐘
  1：使能GPIO埠C時鐘
- 位元1 GPIOBEN：GPIO埠B時鐘使能（GPIO port B clock enable）
  0：禁止GPIO埠B時鐘
  1：使能GPIO埠B時鐘
- 位元0 GPIOAEN：GPIO埠A時鐘使能（GPIO port A clock enable）
  0：禁止GPIO埠A時鐘
  1：使能GPIO埠A時鐘

7. AHB2 peripheral clock enable register（RCC_AHB2ENR）

| 31 | 30 | 29 | 28 | 27 | 26 | 25 | 24 | 23 | 22 | 21 | 20 | 19 | 18 | 17 | 16 |
|---|---|---|---|---|---|---|---|---|---|---|---|---|---|---|---|
| | | | | | | | | | | | | | | | |
| | | | | | | | | | | | | | | | |

| 15 | 14 | 13 | 12 | 11 | 10 | 9 | 8 | 7 | 6 | 5 | 4 | 3 | 2 | 1 | 0 |
|---|---|---|---|---|---|---|---|---|---|---|---|---|---|---|---|
| | | | | | | | | OTGFS EN | RNG EN | | | | | | |
| | | | | | | | | rw | rw | | | | | | |

- 位元31:8、5:0：保留，必須保持重置值。
- 位元7 OTGFSEN：USB OTG FS時鐘使能（USB OTG FS clock enable）
  0：禁止USB OTG FS時鐘
  1：使能USB OTG FS時鐘
- 位元6 RNGEN：RNG時鐘使能（RNG clock enable）
  0：禁止RNG時鐘
  1：使能RNG時鐘

8. APB1 peripheral clock enable registerRCC_APB1ENR）

| 31 | 30 | 29 | 28 | 27 | 26 | 25 | 24 | 23 | 22 | 21 | 20 | 19 | 18 | 17 | 16 |
|---|---|---|---|---|---|---|---|---|---|---|---|---|---|---|---|
| | | | PWR EN | | CAN2 EN | CAN1 EN | I2CFMP1 EN | I2C3 EN | I2C2 EN | I2C1 EN | | | UART3 EN | UART2 EN | |
| | | | rw | | rw | rw | rw | rw | rw | rw | | | rw | rw | |
| **15** | **14** | **13** | **12** | **11** | **10** | **9** | **8** | **7** | **6** | **5** | **4** | **3** | **2** | **1** | **0** |
| SPI3 EN | SPI2 EN | | | WWD GEN | RT-CAPB | | TIM14 EN | TIM13 EN | TIM12 EN | TIM7 EN | TIM6 EN | TIM5 EN | TIM4 EN | TIM3 EN | TIM2 EN |
| rw | rw | | | rw | rw | | rw | rw | rw | rw | rw | rw | rw | rw | rw |

- 位元31:29、27、20:19、16、13:12、9：保留，必須保持重置值。
- 位元28　PWREN：電源介面時鐘使能（Power interface clock enable）
  - 0：禁止電源介面時鐘
  - 1：使能電源介面時鐘
- 位元26 CAN2EN：CAN 2時鐘使能（CAN 2 clock enable）
  - 0：禁止CAN 2時鐘
  - 1：使能CAN 2時鐘
- 位元25 CAN1EN：CAN 1時鐘使能（CAN 1 clock enable）
  - 0：禁止CAN 1時鐘
  - 1：使能CAN 1時鐘
- 位元24　CANFMP1EN：CAN FMP1時鐘使能（CANFMP 1 clock enable）
  - 0：禁止CAN FMP1時鐘
  - 1：使能CANFMP 1時鐘
- 位元23　I2C3EN：I2C3時鐘使能（I2C3 clock enable）
  - 0：禁止I2C3時鐘
  - 1：使能I2C3時鐘
- 位元22　I2C2EN：I2C2時鐘使能（I2C2 clock enable）
  - 0：禁止I2C2時鐘
  - 1：使能I2C2時鐘
- 位元21　I2C1EN：I2C1時鐘使能（I2C1 clock enable）
  - 0：禁止I2C1時鐘
  - 1：使能I2C1時鐘
- 位元18　USART3EN：USART3時鐘使能（USART3 clock enable）

- 0：禁止USART3時鐘
- 1：使能USART3時鐘

- 位元17　USART2EN：USART2時鐘使能（USART2 clock enable）
  - 0：禁止USART2時鐘
  - 1：使能USART2時鐘
- 位元15　SPI3EN：SPI3時鐘使能（SPI3 clock enable）
  - 0：禁止SPI3時鐘
  - 1：使能SPI3時鐘
- 位元14　SPI2EN：SPI2時鐘使能（SPI2 clock enable）
  - 0：禁止SPI2時鐘
  - 1：使能SPI2時鐘
- 位元11　WWDGEN：視窗看門狗時鐘使能（Window watchdog clock enable）
  - 0：禁止視窗看門狗時鐘
  - 1：使能視窗看門狗時鐘
- 位元10　RTCAPBEN：RTC APB時鐘使能（RTC APB clock enable）
  - 0：禁止RTC APB時鐘
  - 1：使能RTC APB時鐘
- 位元8　TIM14EN：TIM14時鐘使能（TIM14 clock enable）
  - 0：禁止TIM14時鐘
  - 1：使能TIM14時鐘
- 位元7　TIM13EN：TIM13時鐘使能（TIM13 clock enable）
  - 0：禁止TIM13時鐘
  - 1：使能TIM13時鐘
- 位元6　TIM12EN：TIM12時鐘使能（TIM12 clock enable）
  - 0：禁止TIM12時鐘
  - 1：使能TIM12時鐘
- 位元5　TIM7EN：TIM7時鐘使能（TIM7 clock enable）
  - 0：禁止TIM7時鐘
  - 1：使能TIM7時鐘
- 位元4　TIM6EN：TIM6時鐘使能（TIM6 clock enable）

- 0：禁止TIM6時鐘
- 1：使能TIM6時鐘

¤ 位元3 TIM5EN：TIM5時鐘使能（TIM5 clock enable）
- 0：禁止TIM5時鐘
- 1：使能TIM5時鐘

¤ 位元2 TIM4EN：TIM4時鐘使能（TIM4 clock enable）
- 0：禁止TIM4時鐘
- 1：使能TIM4時鐘

¤ 位元1 TIM3EN：TIM3時鐘使能（TIM3 clock enable）
- 0：禁止TIM3時鐘
- 1：使能TIM3時鐘

¤ 位元0 TIM2EN：TIM2時鐘使能（TIM2 clock enable）
- 0：禁止TIM2時鐘
- 1：使能TIM2時鐘...

# STM32F4 系列微控制器開發平台與開發工具介紹

CHAPTER 2

本章將介紹STM32F4系列微控制器開發平台：STM32F412G-DISCO探索板與常用的開發工具：STM32CubeMX、Keil MDK-ARM與STM-Studio。 STM32CubeMX是基於硬體抽象層（Hardware Abstract Layer，HAL）的視覺化微控制器晶片資源配置軟體。使用STM32CubeMX可以快速創建一個基於STM32系列微處理器的應用程式框架，可加速開發時程和減輕開發成本，是進行STM32系列微處理器系統開發是一個大趨勢。Keil MDK-ARM是包含C/C++編譯器、組譯器、連結器、除錯器的圖形化整合式開發環境，它是目前針對ARM微控制器嵌入式系統開發的最佳整合開發工具。STM-Studio可用於程式執行時，程式變數即時監測和視覺化的工具。下圖為新專案應用程式開發的流程圖，本章節將分別介紹STM32F412G-DISCO探索板、STM-32CubeMX、Keil MDK-ARM與STM-Studio的安裝與環境設定，詳細的專案開發過程與開發工具的整合使用將在本書的後續章節介紹。

## 2-1 開發平台：STM32F412G-DISCO探索板

本書選擇STM32F412G-DISCO探索板（圖2-2正面圖與圖2-3背面圖）作為開發平台，此探索板含有STM32F412ZGT6高效能微控制器與以下豐富的周邊介面：

- ST-LINK/V2-1 Micro-B USB除錯器／程式燒寫器或虛擬COM埠；
- 1.54英吋240x240像素彩色電容觸控TFT-LCD顯示模組
- 4個LED指示燈；
- 重置按鈕；
- 四方向按鍵搖桿（Joystick）一個；

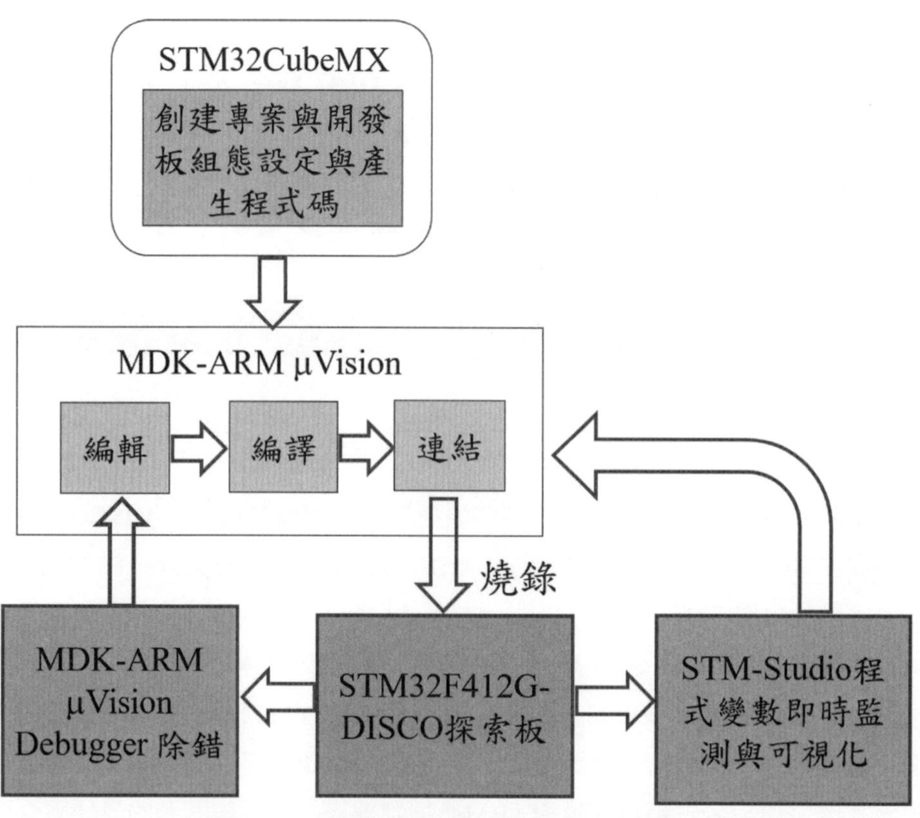


圖2-1 新專案應用程式開發的流程圖

- USB OTG FS micro-AB介面
- microSD記憶卡介面
- $I^2C$擴充介面
- $I^2S$音音訊編解碼器
- 立體數位MEMS麥克風
- 立體聲耳機插孔，包括類比麥克風輸入與類比揚聲器輸出
- 128Mbit四線SPI介面快閃記憶體；
- 具備4種供電模式
- ARDUINO Uno V3的擴充插槽
- 支持各種整合式開發環境（IDE），包括IAR Embedded Workbench®、Keil® MDK-ARM和STM32CubeIDE的整合式開發環境。

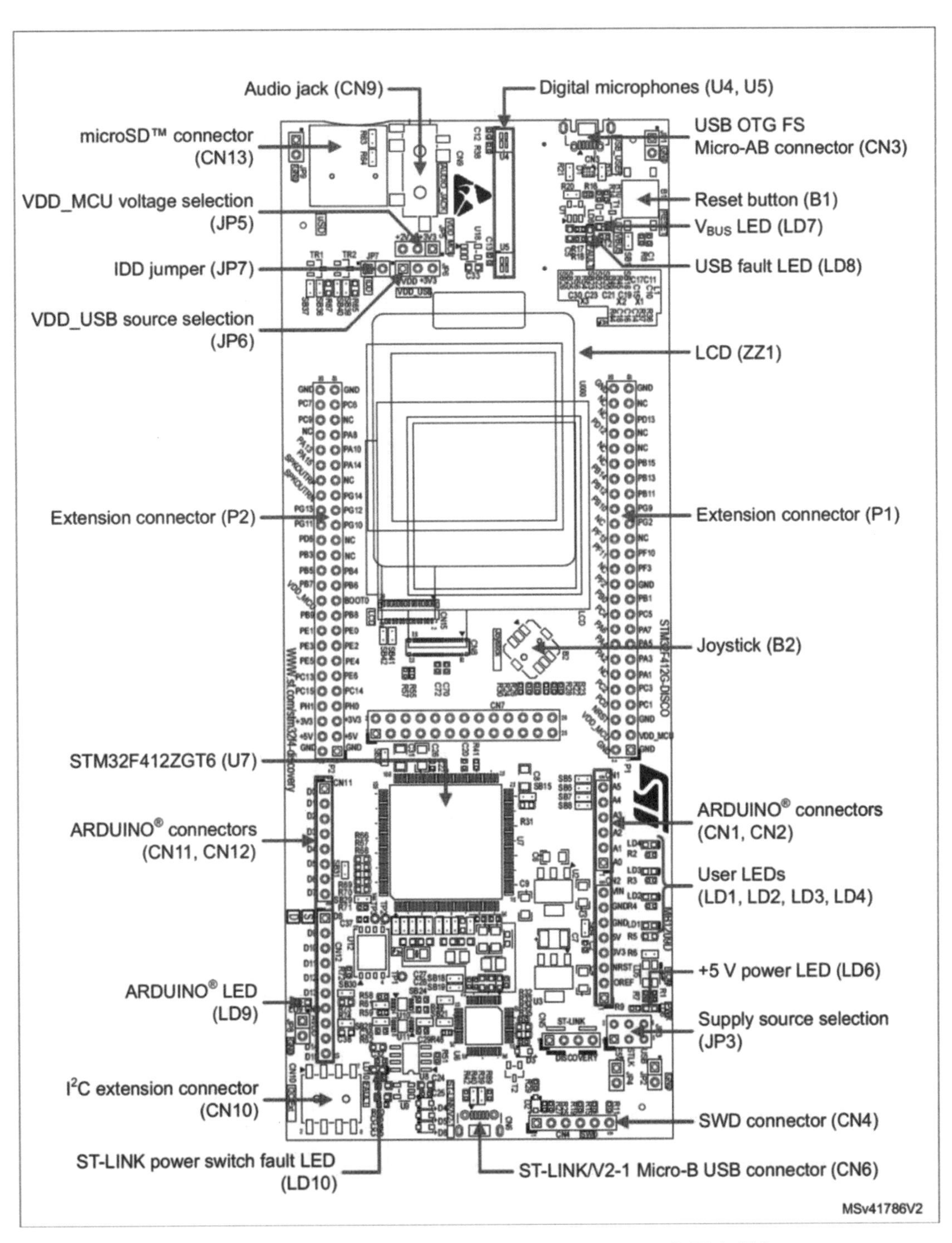


圖2-2 探索板正面圖（摘自STMicroelectronics公司文件）

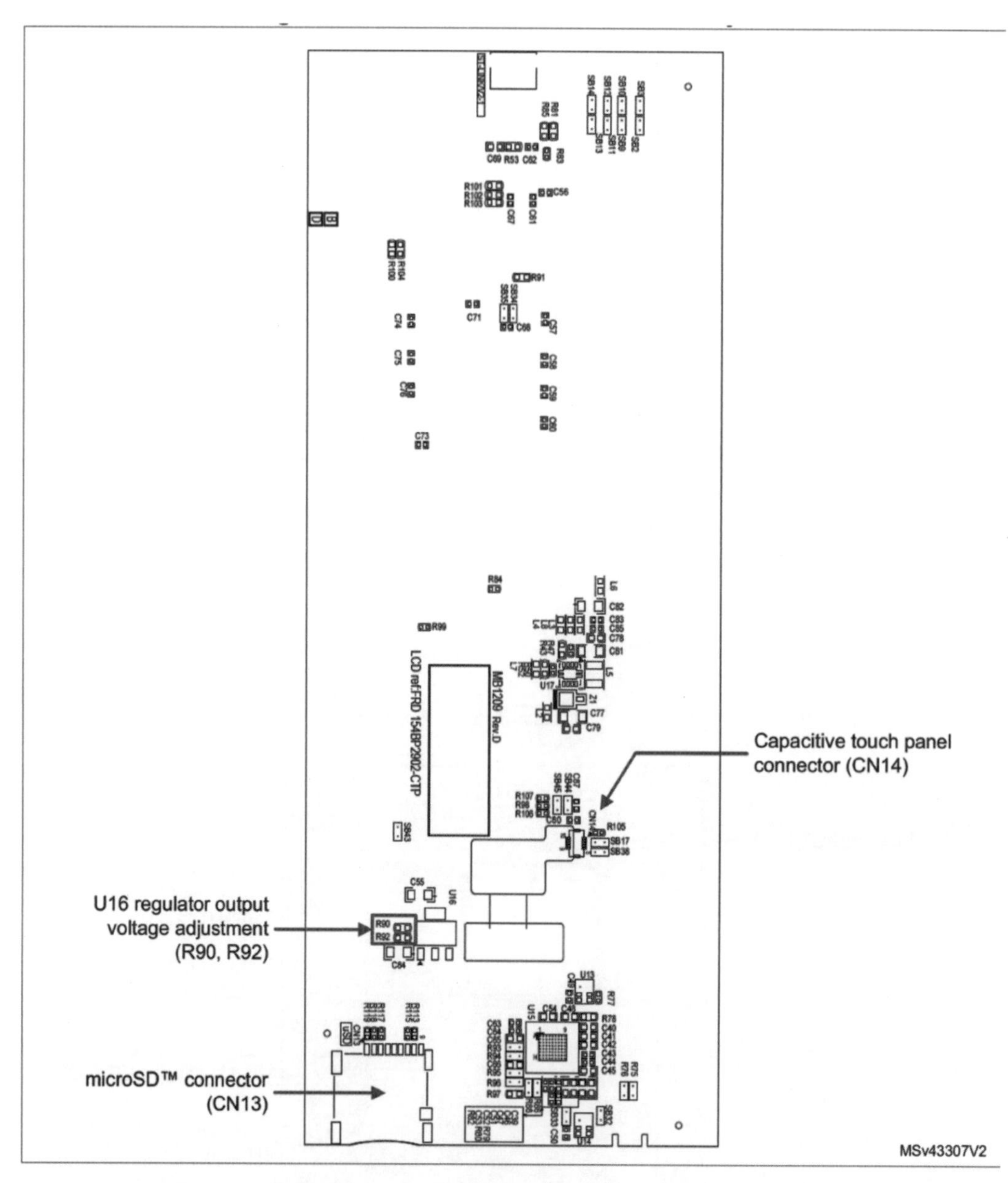


圖2-3　探索板背面圖（摘自STMicroelectronics公司文件）

以下對STM32F412G-DISCO探索板的硬體結構做介紹。

## 2-1-1　模組結構

STM32F412G-DISCO探索板的基本模組結構如圖2-4所示。

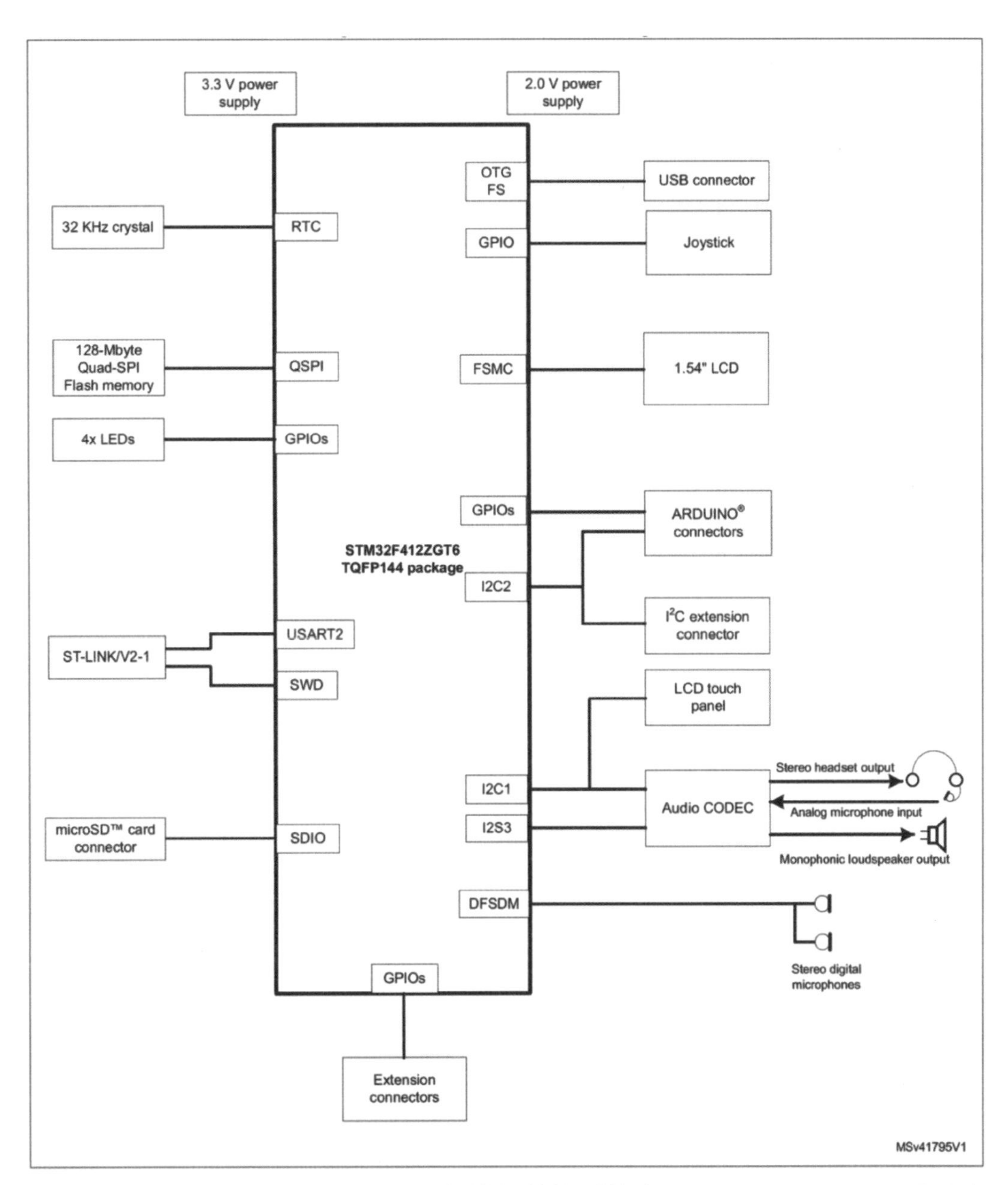


圖2-4　STM32F412G-DISCO探索板模組結構（摘自STMicroelectronics公司文件）

## 2-1-2　內嵌ST-LINK/V2-1

STM32F412G-DISCO探索板整合ST-LINK/V2-1程式燒寫器和除錯器。

內嵌的ST-LINK/V2-1只支援SWD模式。相較於ST-LINK/V2版本，ST-LINK/V2-1新增以下功能：

(1)USB軟體再枚舉

(2)USB轉虛擬串口介面

(3)USB大容量存儲設備介面

(4)USB電源管理，滿足USB埠大於100mA。

ST-LINK/ V2-1不支援的功能包含：

(1)SWIM介面

(2)支援的最小應用電壓限制爲3 V。

內嵌的ST-LINK/ V2-1根據跳線狀態有兩種不同的使用方式（見表2-1）：

(1)燒錄程式／除錯板載（on board）的STM32F412ZGT6微控制器。

(2)支援外部開發板（external board）MCU的燒錄／除錯。

表2-1 CN5跳線狀態

| 跳線狀態 | 描述 |
|---|---|
| CN5兩個跳線ON | 啓用ST-LINK/ V2-1支援板載的燒錄程式功能（圖2-5） |
| CN5兩個跳線OFF | 啓用ST-LINK/ V2-1支援外部CN4 SWD連接器的功能 |

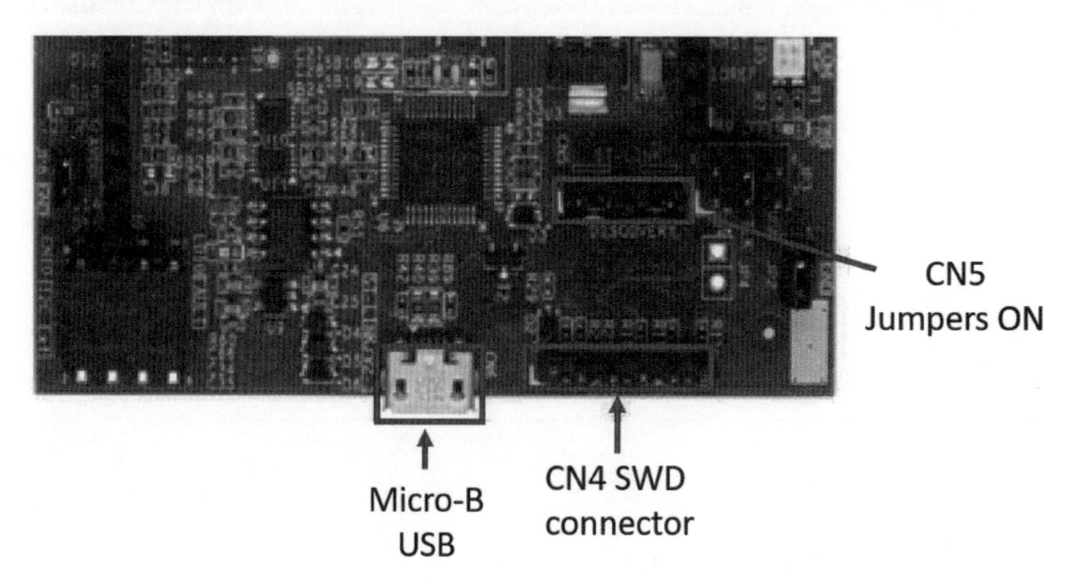


圖2-5 CN5兩個跳線ON（摘自STMicroelectronics公司文件）

ST-LINK/ V2-1需要一個專用的USB驅動程式，可以在www.st.com找到，適用於Windows 7以上的作業系統。

當STM32F412G-DISCO探索板在安裝驅動程式之前連接到PC時，在PC的裝置管理員會顯示為「未知」。在這種情況下，使用者必須在裝置管理員更新驅動程式（圖2-6），瀏覽驅動程式的目錄位置，若開發工具是使用Keil MDK-ARM，驅動程式的目錄位置在C:\Keil_v5\ARM\STLink\USBDriver\x86（圖2-7）。

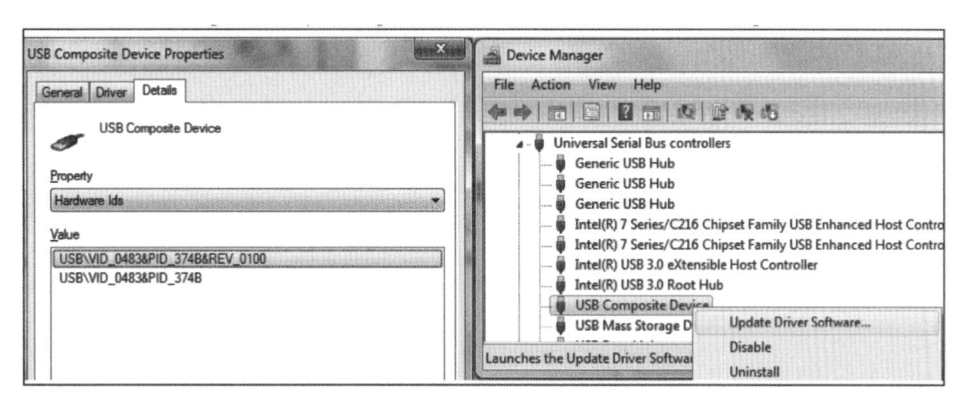


圖2-6 更新裝置管理員的驅動程式

圖2-7 選擇驅動程式的目錄位置

### 2-1-3 電源供電和電源選擇

STM32F412G-DISCO探索板電源供電的選擇有四種：

1. Micro-B ST-LINK USB連接埠CN6供電。
2. Micro-AB USB FS連接埠CN3供電。
3. Arduino Uno V3 VIN供電，電壓範圍6-9V，輸入後經過LD1117S50TRU3穩壓成5V後輸入到E5V。
4. 外部+5V電源來自Arduino Uno V3擴充插槽接腳5（CN2 PIN5）。

STM32F412G-DISCO探索板預設是由ST-LINK的USB連接埠CN6供電，如果改由其他方式供電，則需要根據表2-2調整JP3跳線。若是改由Micro-AB USB FS連接埠CN3供電，則需要將JP3跳線連接至USB位置；若是改由Arduino Uno V3 VIN供電，則需要將JP3跳線連接至E5V位置；若是改由Arduino Uno V3擴充插槽接腳5供電，則需移除JP3跳線。

表2-2　JP3跳線設定

| 電源供電方式 | JP3跳線 |
| --- | --- |
| Micro-B ST-LINK USB連接埠CN6（預設） | 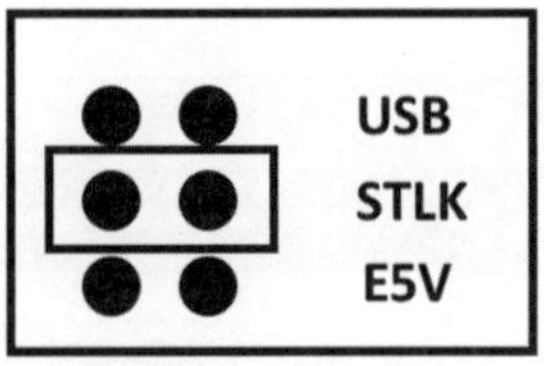 USB STLK E5V (jumper on STLK) |
| Micro-AB USB FS連接埠CN3供電 | 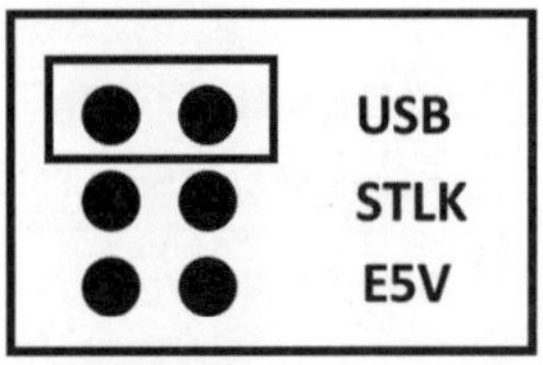 USB STLK E5V (jumper on USB) |
| Arduino Uno V3 VIN供電 | 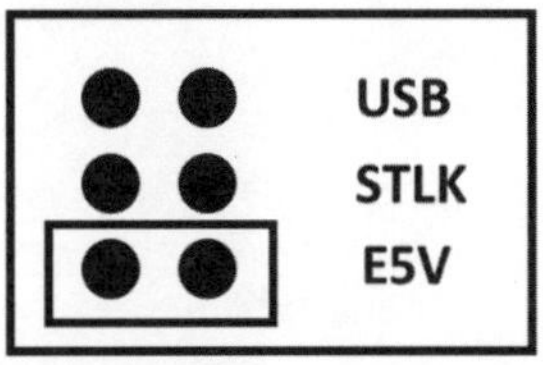 USB STLK E5V (jumper on E5V) |
| Arduino Uno V3擴充插槽接腳5（CN2 PIN5） | 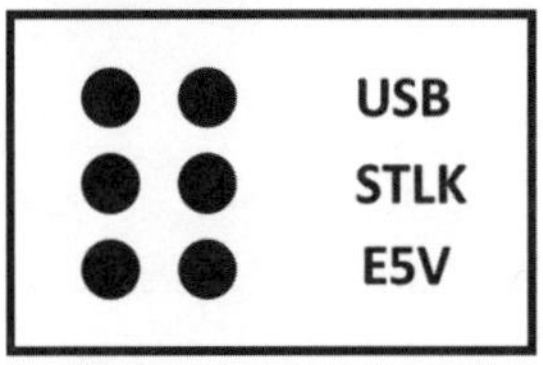 USB STLK E5V (no jumper) |

## 2-1-4 時鐘來源

STM32F412G-DISCO探索板有兩種外接晶體振盪器：

1. 32.768 KHz晶體振盪器（X3）作為RTC時鐘來源
2. 8 MHz晶體振盪器（X2）作為STM32F412ZGT6 MCU時鐘來源，預設配置是以內部RC振盪器（HSI）做為時鐘來源。

## 2-1-5 重置方式

STM32F412G-DISCO探索板有三種重置方式：

1. 探索板上的重置按鍵B1重置。
2. 嵌入式的ST-LINK/V2-1。
3. ARDUINO Uno V3 CN2接腳3（NRST）輸入重置訊號。
4. P1擴充排針的接腳6（NRST）輸入重置訊號。

## 2-1-6 LED

STM32F412G-DISCO探索板有10個LED：

1. LD1：綠色LED是使用者的LED，連接到STM32F412ZGT6的PE0接腳。
2. LD2：橘色LED是使用者的LED，連接到STM32F412ZGT6的PE1接腳。
3. LD3：紅色LED是使用者的LED，連接到STM32F412ZGT6的PE2接腳。
4. LD4：藍色LED是使用者的LED，連接到STM32F412ZGT6的PE3接腳。
5. LD5預設狀態是紅色。當PC和ST-LINK/V2之間進行通訊時，LD5變成綠色。
6. LD6：綠色LED指示探索板已供電。
7. LD7，LD8：USB OTG FS LED。
8. LD9：ARDUINO Uno V3 LED。
9. LD10：紅色LED指示電流大於限制（600 mA）。

## 2-1-7 按鍵

1. B1：4個方向Joystick按鍵。
2. B2：按鍵連接到NRST，用於重置STM32F412ZGT6。

## 2-1-8 USB OTG FS

STM32F412G-DISCO探索板支援USB OTG FS。USB micro-AB連接器（CN3）允許使用者連接一個主機或設備。

有兩個LED燈專門用於這個模組：

1. LD7（綠色LED）指示VBUS啓動。
2. LD8（紅色LED）指示一個連接設備的過流。

## 2-1-9 USART通訊

STM32F412ZGT6微控制器的PA2和PA3可以作爲USART2 TX/RX介面，該介面可以連接到ST-LINK的MCU用作USB虛擬串口。

## 2-1-10 音訊編解碼器與MEMS麥克風

CIRRUS的WM8994ECS/R音訊編解碼器（具有4個DAC和2個ADC）連接至STM32F412ZGT6微控制器的I2S3介面控制音訊，通過立體聲插孔連接器輸出聲音（CN9）。STM32F412ZG探索板有兩個ST MEMS麥克風感測器（MP34DT01）感應數位音訊信號以PDM格式給STM32F412ZGT6微控制器處理。

## 2-1-11 TFT-LCD顯示模組

STM32F412ZGT6使用FMC介面（CN15）連接1.54英吋240x240像素彩色TFT-LCD顯示模組，表2-3顯示CN15連接器腳位定義說明。

表2-3 TFT-LCD顯示模組腳位定義說明

| CN15 pin | Signal name | Description | STM 32 pin invoived |
|---|---|---|---|
| 1 | GND | Ground | GND |
| 2 | LCD_TE | Tearing Effect output to send an interrupt to STM32 | PG4 |
| 3 | D15 | Data connected to FMC | PD10 |
| 4 | D14 | Data connected to FMC | PD9 |
| 5 | D13 | Data connected to FMC | PD8 |
| 6 | D12 | Data connected to FMC | PE15 |
| 7 | D11 | Data connected to FMC | PE14 |

| CN15 pin | Signal name | Description | STM 32 pin invoived |
|---|---|---|---|
| 8 | D10 | Data connected to FMC | PE13 |
| 9 | D9 | Data connected to FMC | PE12 |
| 10 | D8 | Data connected to FMC | PE11 |
| 11 | D7 | Data connected to FMC | PE10 |
| 12 | D6 | Data connected to FMC | PE9 |
| 13 | D5 | Data connected to FMC | PE8 |
| 14 | D4 | Data connected to FMC | PE7 |
| 15 | D3 | Data connected to FMC | PD1 |
| 16 | D2 | Data connected to FMC | PD0 |
| 17 | D1 | Data connected to FMC | PD15 |
| 18 | D0 | Data connected to FMC | PD14 |
| 19 | /RD | Read of LCD connected to FMC_NOE | PD4 |
| 20 | /WR | Write of LCD connected to FMC_NWE | PD5 |
| 21 | RS | Data/Command select connected to A0 | PF0 |
| 22 | /CS | Chip Select LCD connected to FMC_NE1 | PD7 |
| 23 | RESET | LCD RESET | PD11 |
| 24 | IM | 8-bit (low)/16-bit (high) mode selection pin | n/a |
| 25 | IOVCC | LCD I/Os power supply connected to VDD | n/a |
| 26 | VCI | Power supply connected to +3.3V | n/a |
| 27 | GND | Ground | GND |
| 28 | LEDA | Anode of backlight LED | n/a |
| 29 | LEDK | Cathode of backlight LED | n/a |

## 2-1-12 電容式觸控面板

STM32F412ZGT6使用$I^2C$介面（CN14）控制電容式觸控面板，表2-4顯示CN14連接器腳位定義說明。

表2-4 電容式觸控面板腳位定義說明

| Pin number | Description | Pin number | Description |
|---|---|---|---|
| 1 | GND | 6 | GND |
| 2 | CTP_INT(PG5) | 7 | CPT_RST(PF12) |
| 3 | GND | 8 | IOVCC |
| 4 | I2C1_SDA_CTP(PB7) | 9 | VDD |
| 5 | I2C1_SCL_CTP(PB6) | 10 | GND |

## 2-1-13 擴充連接器P1和P2

STM32F412G-DISCO探索板有兩個擴充連接器P1（表2-5）和P2（表2-6），作爲開發平台擴充GPIO介面。

表2-5 擴充連接器P1腳位定義說明

| P1 odd pins | | | P1 even pins | | |
|---|---|---|---|---|---|
| Pin No. | Name | Note | Pin No. | Name | Note |
| 1 | GND | * | 2 | GND | * |
| 3 | VDD_MCU | * | 4 | VDD_MCU | * |
| 5 | GND | * | 6 | NRST | * |
| 7 | PC1 | *A | 8 | PC0 | * |
| 9 | PC3 | *A | 10 | PC2 | *D |
| 11 | PA1 | *A | 12 | - | - |
| 13 | PA3 | *V | 14 | PA2 | *V |
| 15 | PA5 | *A | 16 | PA4 | *C |
| 17 | PA7 | *A | 18 | PA6 | *A |
| 19 | PC5 | *A | 20 | PC4 | *A |
| 21 | PB1 | *D | 22 | PB0 | *A |
| 23 | GND | * | 24 | PF2 | - |
| 25 | PF3 | A | 26 | - | - |
| 27 | PF1 | A | 28 | PF11 | - |
| 29 | - | - | 30 | PF13 | - |

| P1 odd pins | | | P1 even pins | | |
|---|---|---|---|---|---|
| Pin No. | Name | Note | Pin No. | Name | Note |
| 31 | PG2 | C | 32 | - | - |
| 33 | PG9 | A | 34 | PB10 | *A |
| 35 | PB11 | *D | 36 | PB12 | *C |
| 37 | PB13 | * | 38 | PB14 | * |
| 39 | PB15 | * | 40 | - | - |
| 41 | - | - | 42 | - | - |
| 43 | - | - | 44 | PD12 | - |
| 45 | PD13 | * | 46 | - | - |
| 47 | - | - | 48 | - | - |
| 49 | GND | * | 50 | GND | * |

表2-6　擴充連接器P2腳位定義說明

| P2 odd pins | | | P2 even pins | | |
|---|---|---|---|---|---|
| Pin No. | Name | Note | Pin No. | Name | Note |
| 1 | GND | * | 2 | GND | * |
| 3 | +5V | * | 4 | +5V | * |
| 5 | +3V3 | * | 6 | +3V3 | * |
| 7 | PH0 | * | 8 | PH1 | * |
| 9 | PC14 | * | 10 | PC15 | * |
| 11 | PE6 | * | 12 | PC13 | * |
| 13 | PE4 | * | 14 | PE5 | * |
| 15 | PE2 | * | 16 | PE3 | * |
| 17 | PE0 | * | 18 | PE1 | * |
| 19 | PB8 | *A | 20 | PB9 | *A |
| 21 | BOOT0 | * | 22 | VDD_MCU | * |
| 23 | PB6 | *TC | 24 | PB7 | *TC |
| 25 | PB4 | *C | 26 | PB5 | *C |
| 27 | - | - | 28 | PB3 | * |

| P2 odd pins | | | P2 even pins | | |
|---|---|---|---|---|---|
| Pin No. | Name | Note | Pin No. | Name | Note |
| 29 | - | - | 30 | PD6 | - |
| 31 | PG10 | A | 32 | PG11 | A |
| 33 | PG12 | A | 34 | PG13 | A |
| 35 | PG14 | A | 36 | SPKOTRN | - |
| 37 | - | - | 38 | SPKOUTRP | - |
| 39 | PA14 | * | 40 | PA15 | *A |
| 41 | PA10 | * | 42 | PA13 | * |
| 43 | PA8 | *D | 44 | - | - |
| 45 | - | - | 46 | PC9 | *S |
| 47 | PC6 | - | 48 | PC7 | *C |
| 49 | GND | * | 50 | GND | * |

## 2-2 系統需求

在開發應用程式之前，須完成下列幾項工作：

1. 安裝開發工具： STM32CubeMX、Keil MDK-ARM、STM Studio。
2. 安裝ST-LINK V2-1驅動程式。
3. 自ST網站下載STM32Cube嵌入式軟體套件（本書使用的版本：STM32Cube_FW_F4_V1.27.1）。
4. 以USB Type A轉micro-B纜線連接PC與STM32F412G-DISCO探索板（圖2-8）。

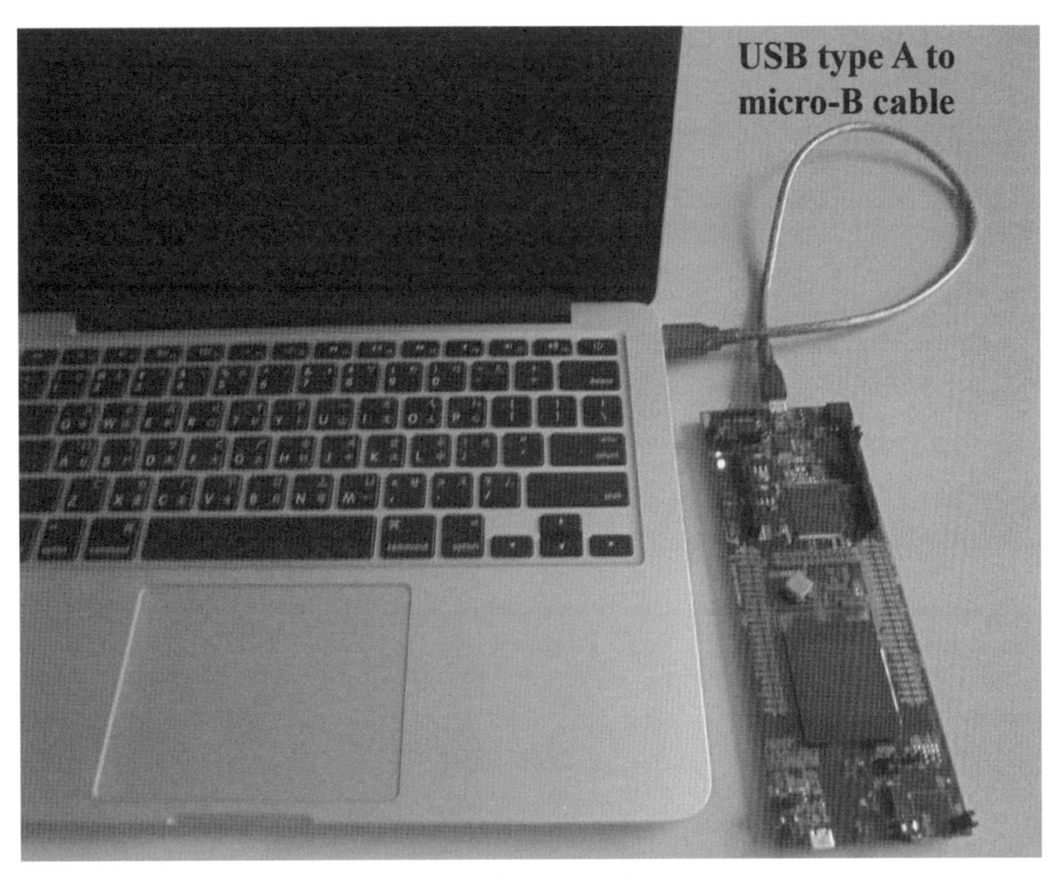


圖2-8　硬體環境

# 2-3　開發工具

## 2-3-1　STM32CubeMX安裝

**步驟1**：下載STM32CubeMX安裝套件

連結到官網www.st.com/stm32cubemx下載最新版本的軟體，目前（2022年7月1日）STM32CubeMX安裝套件最新版本是V6.6.0（圖2-9）。

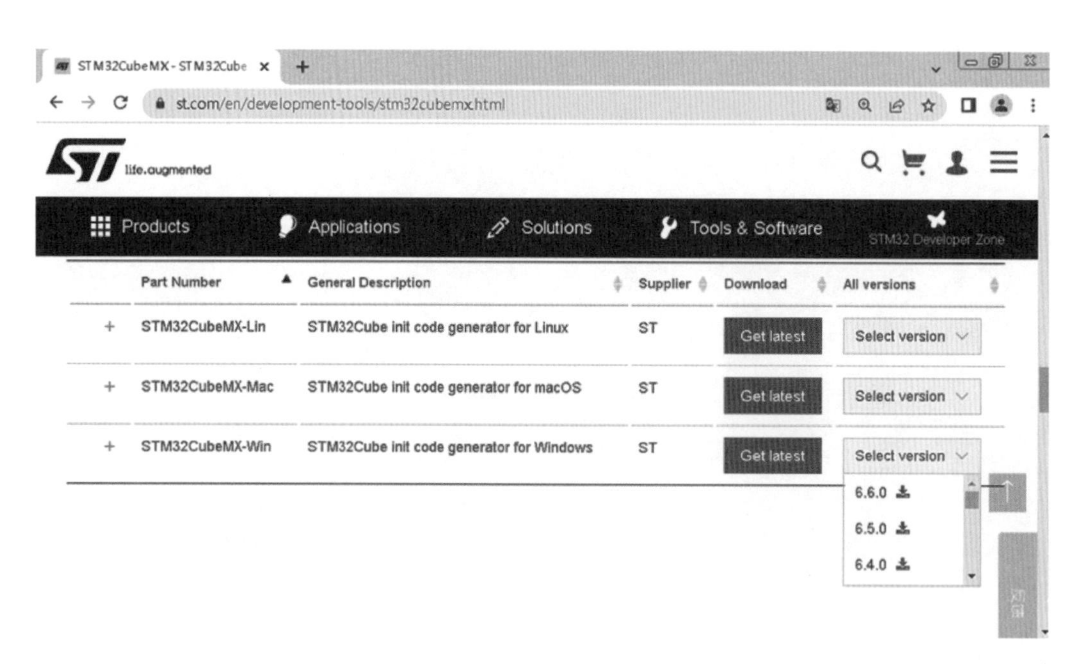


圖2-9　STM32CubeMX下載官網

**步驟2**：安裝STM32CubeMX軟體

(1)解壓下載的檔案（en.stm32cubemx.zip），雙擊「SetupSTM32CubeMX-6.6.0-Win.exe」。

(2)點擊「Next」

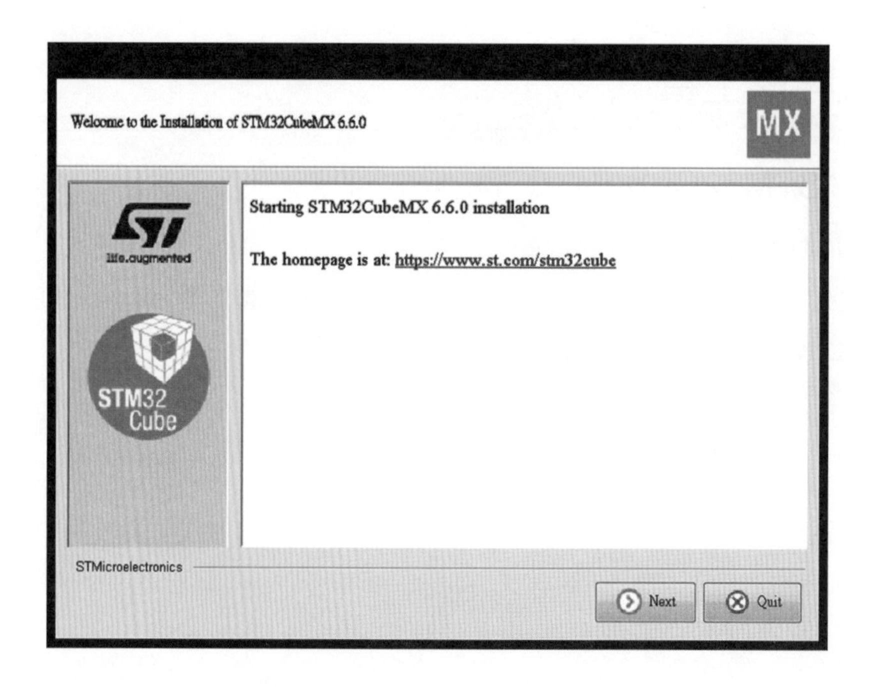

(3) 選擇「I accept the terms of this license agreement」，然後點擊「Next」

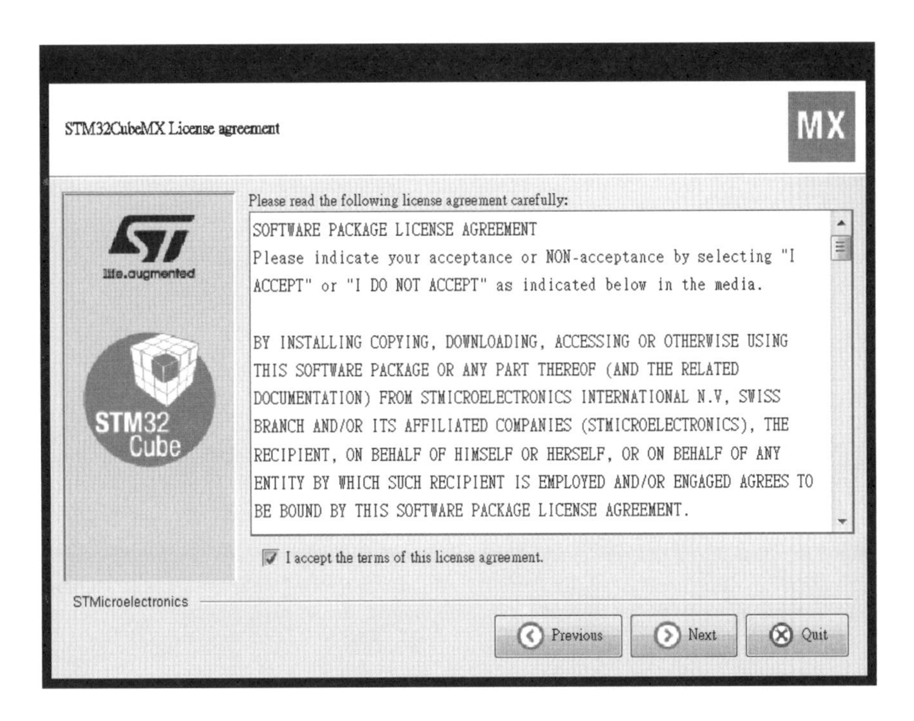


(4) 選擇「I have read and understand ... 」和「I consent that ... 」，然後點擊「Next」

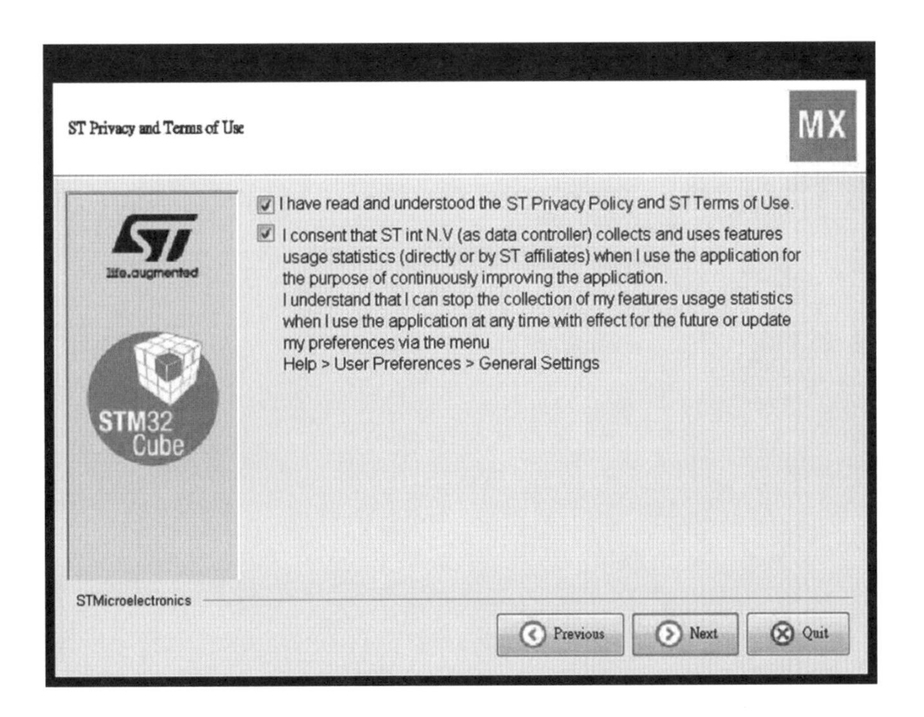

(5)選擇安裝路徑，然後點擊「Next」

(6)選擇Default，然後點擊「Next」

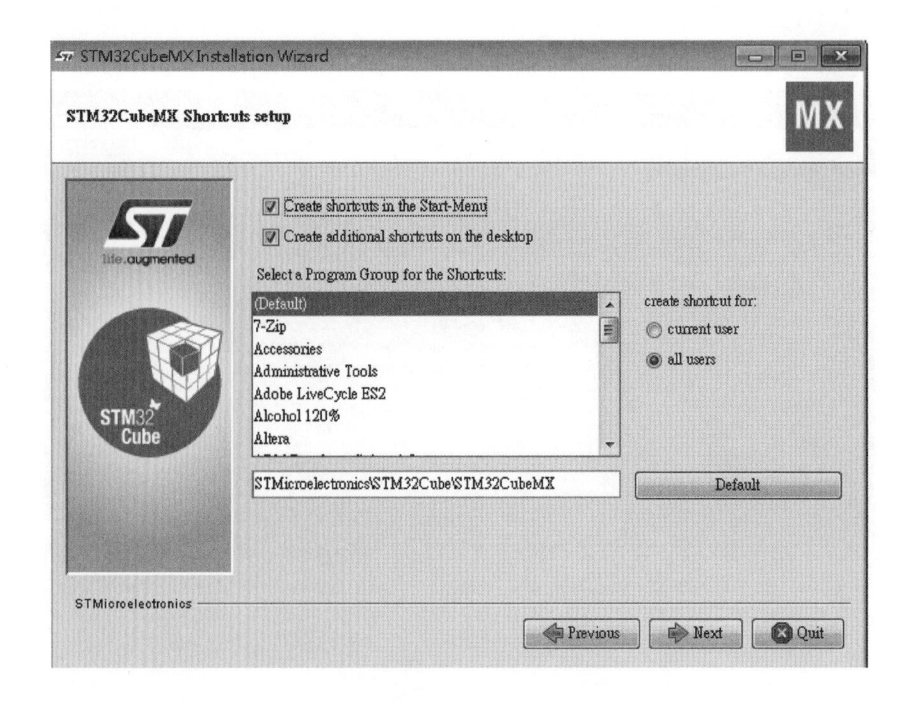

(7)等待安裝進度完成，然後點擊「Next」

(8)點擊「Done」，完成STM32CubeMX的安裝

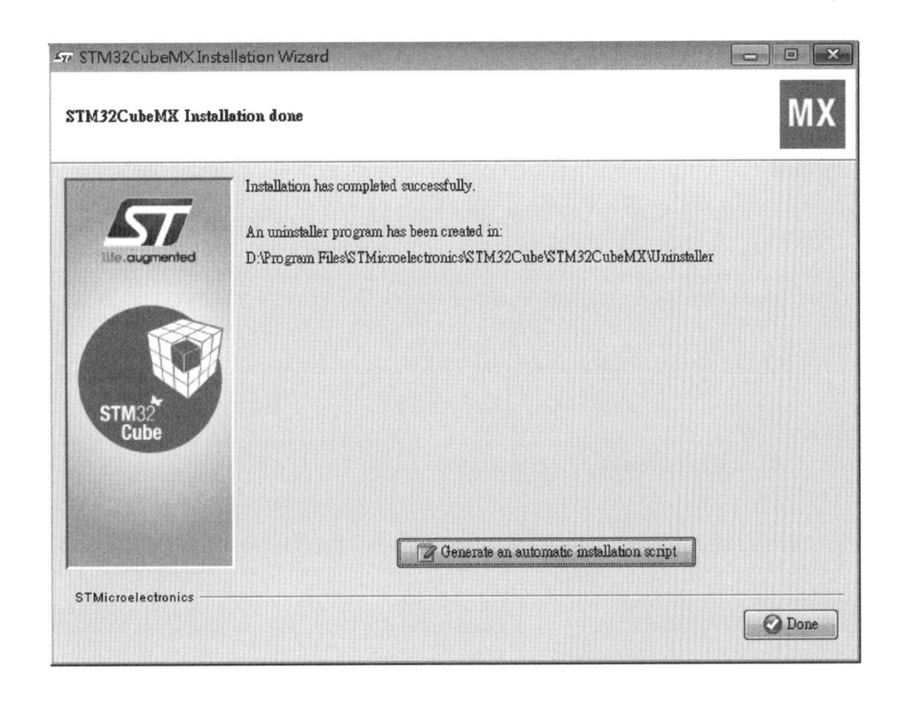

**步驟3**：安裝STM32CubeMX嵌入式軟體套件

開啓STM32CubeMX軟體，進入嵌入式軟體套件管理介面（Help -> Manage embedded software packages），根據STM32 MCU類型，勾選上你要安裝的嵌入式軟體套件，點擊「Install Now」。如圖2-10與圖2-11：

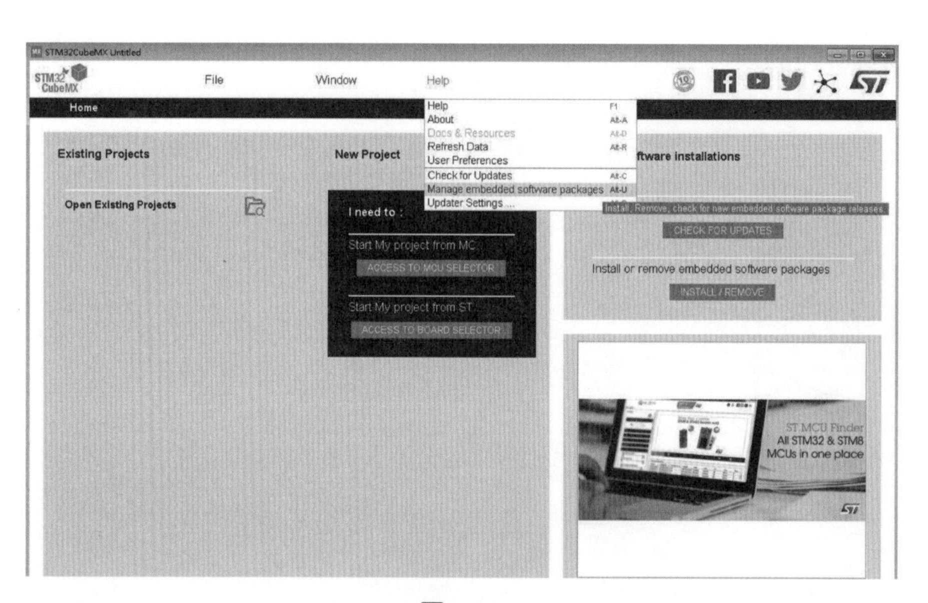


圖2-10

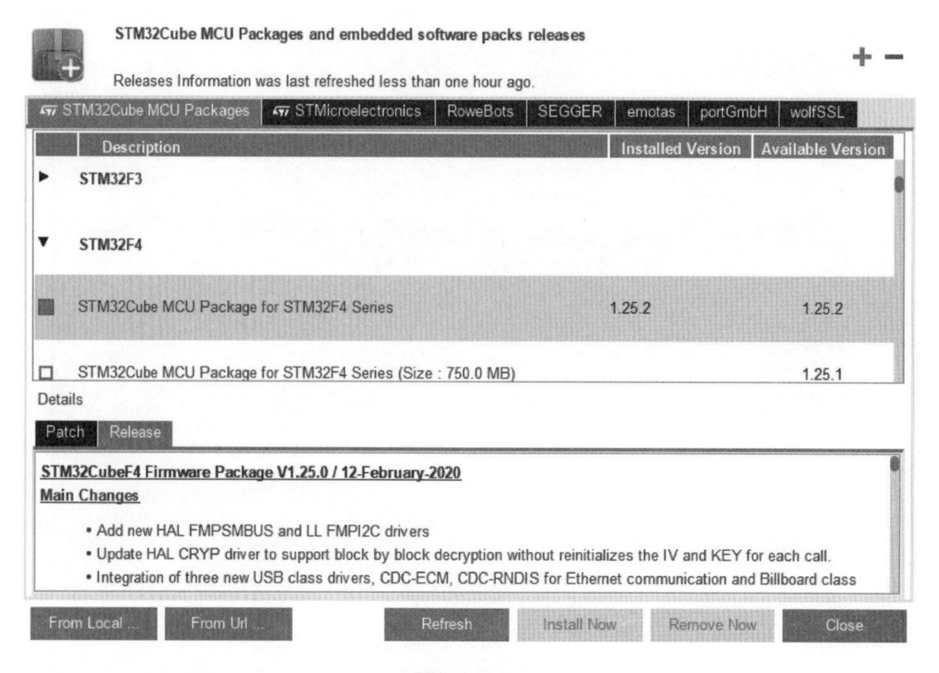


圖2-11

## 2-3-2 STM32Cube嵌入式軟體套件

ARM公司針對Cortex-M系列微控制器定義的一個與微控制器晶片製造商無關的硬體抽象層架構，方便程式碼再使用與移植，稱爲Cortex微控制器軟體介面標準（Cortex Microcontroller Software Interface Standard, CMSIS）。STM32Cube嵌入式軟體套件（圖2-12）是STMicroelectronics公司基於符合CMSIS標準開發的週邊硬體函式庫，可減少開發工作量、時間與成本。STM32Cube嵌入式軟體套件分爲三層。

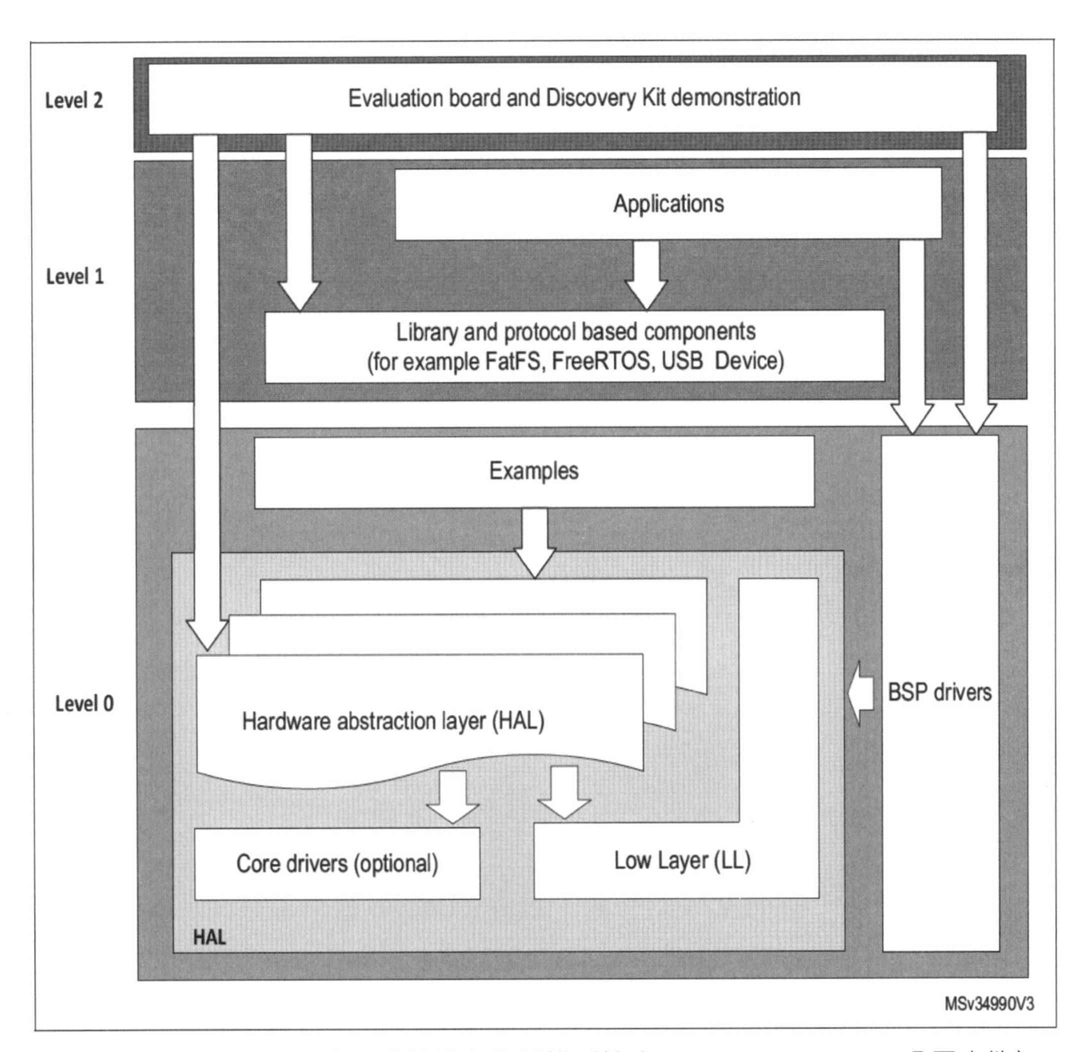


圖2-12 STM32Cube嵌入式軟體套件架構（摘自STMicroelectronics公司文件）

Level0包含HAL（硬體抽象層）、BSP（開發板支援套件）和HAL的範例。HAL硬體抽象層包含暫存器定義和一些控制MCU晶片內硬體資源的函式庫，例如GPIO、LCD、RTC、ADC等，相關HAL函式的使用說明可參考在STM32Cube嵌入式軟體套件目錄\STM32Cube\Repository\STM32Cube_FW_F4_V1.27.1\Drivers\STM32F4xx_HAL_Driver下的使用者手冊（圖2-13）。BSP開發板支援套件主要包含一些常用於外部週邊硬體控制的功能性函式庫，相關BSP函式的使用說明可參考在STM32Cube嵌入式軟體套件目錄\STM32Cube\Repository\ STM32Cube_FW_F4_V1.27.1\Drivers\BSP\STM32412G-Discovery下的使用者手冊（圖2-14），本書實驗範例的設計皆以呼叫BSP與HAL函式庫為主。Level 1包含USB協定、FAT檔案系統、FreeRTOS函式庫以及應用程式。Level 2這一層是底下兩層軟體執行的即時展現。STM32Cube嵌入式軟體套件的檔案結構如圖2-15。

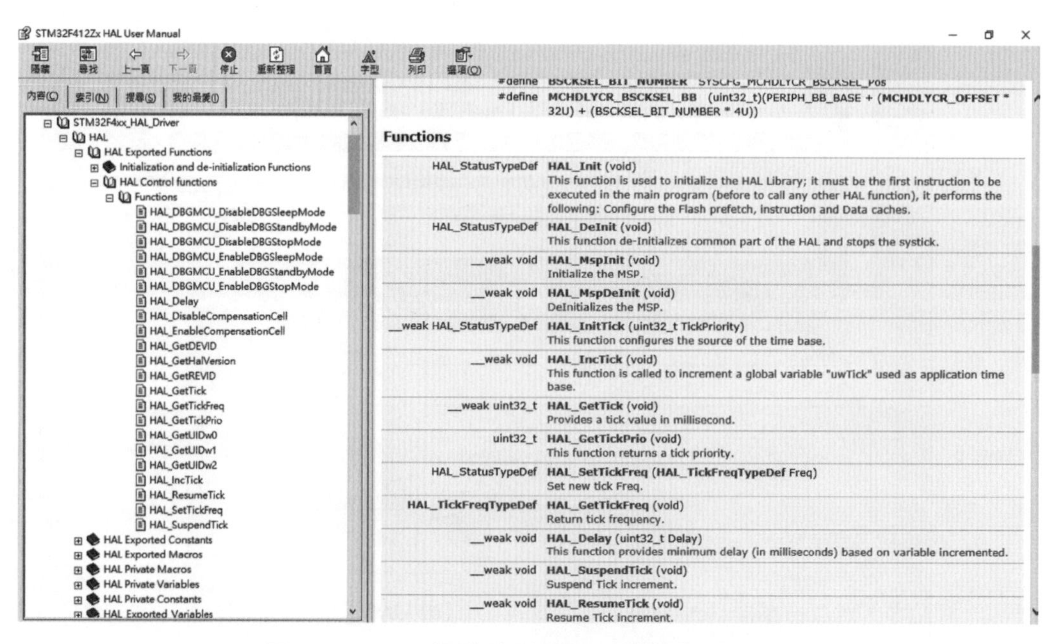


圖2-13　HAL硬體抽象層函式庫使用者手冊

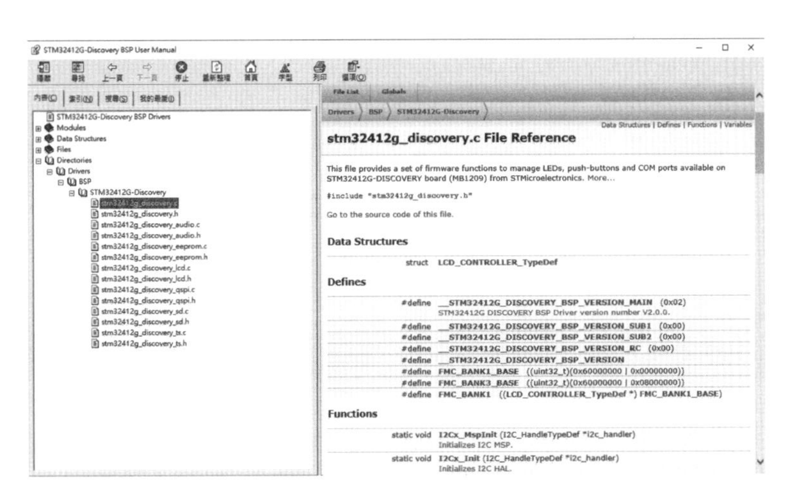


圖2-14　BSP開發板支持套件函式庫使用者手冊

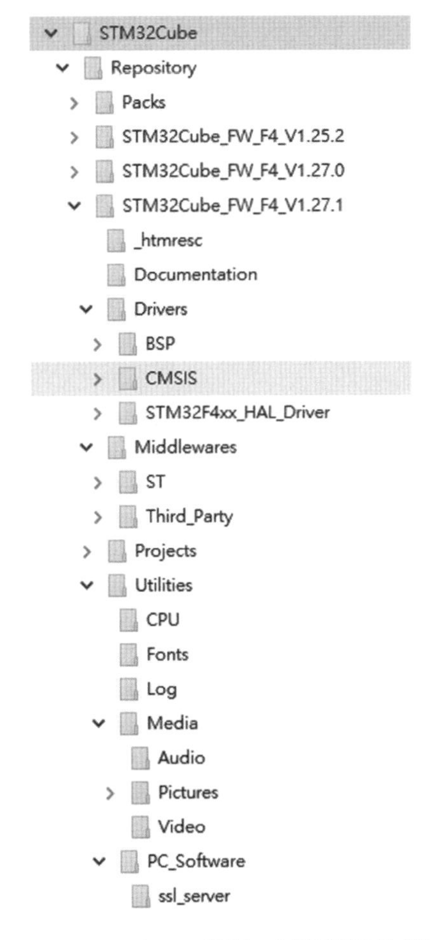


圖2-15　STM32Cube嵌入式軟體套件檔案結構

## 2-3-3 Keil MDK-ARM安裝

**步驟1**：下載Keil MDK-ARM安裝套件

連結到官網https://www.keil.com/demo/eval/arm.htm，註冊之後即可下載最新MDK-ARM版本。

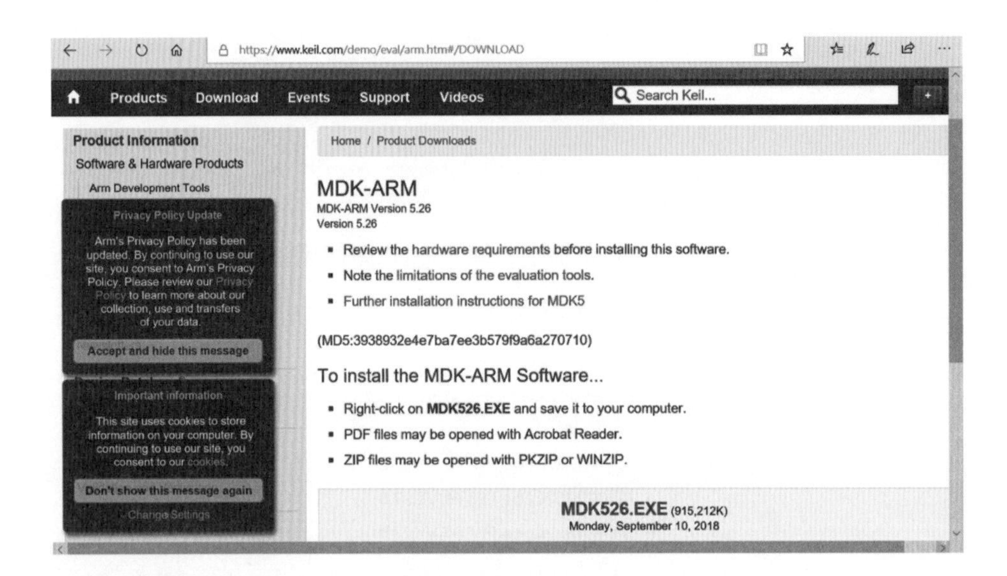

**步驟2**：安裝Keil MDK-ARM

選擇安裝路徑，然後點擊「Next」。

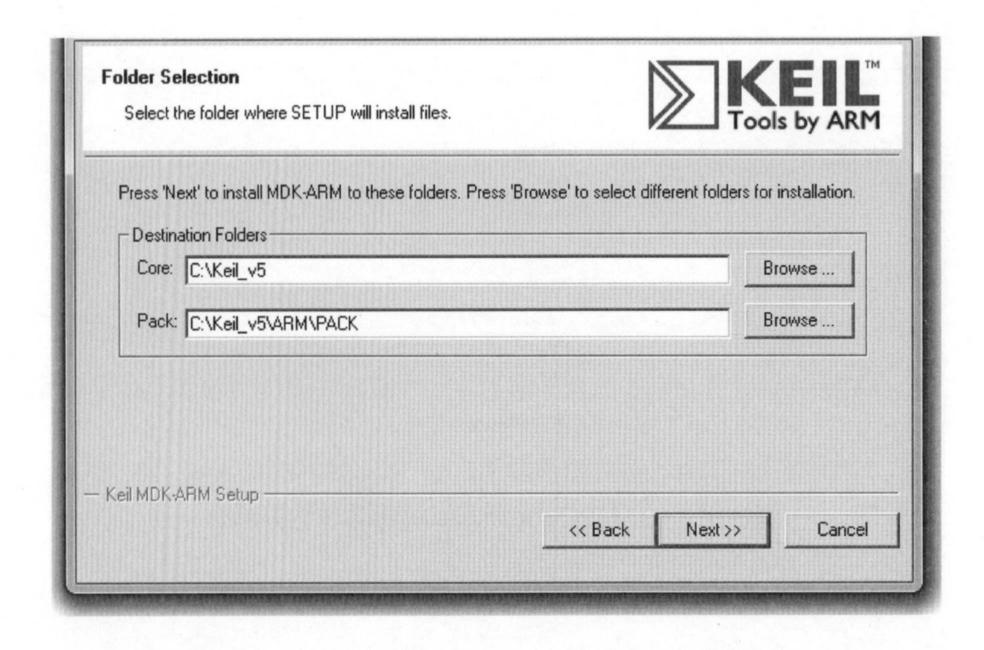

**步驟3**：安裝Keil套件

點擊「OK」，選擇要安裝的MCUSTM32F412ZGTx）套件。

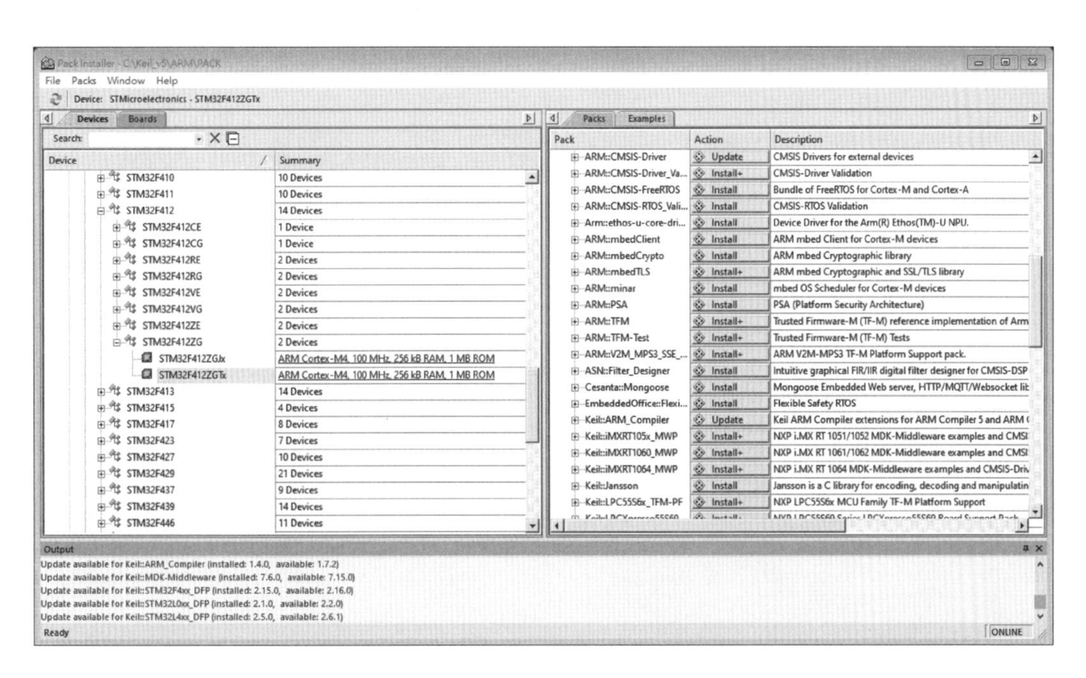

步驟4：專案目標選項配置（Options for Target）

(1)點擊目標選項快捷按鈕或從Project -> Options for Target開啓專案目標選項配置視窗。

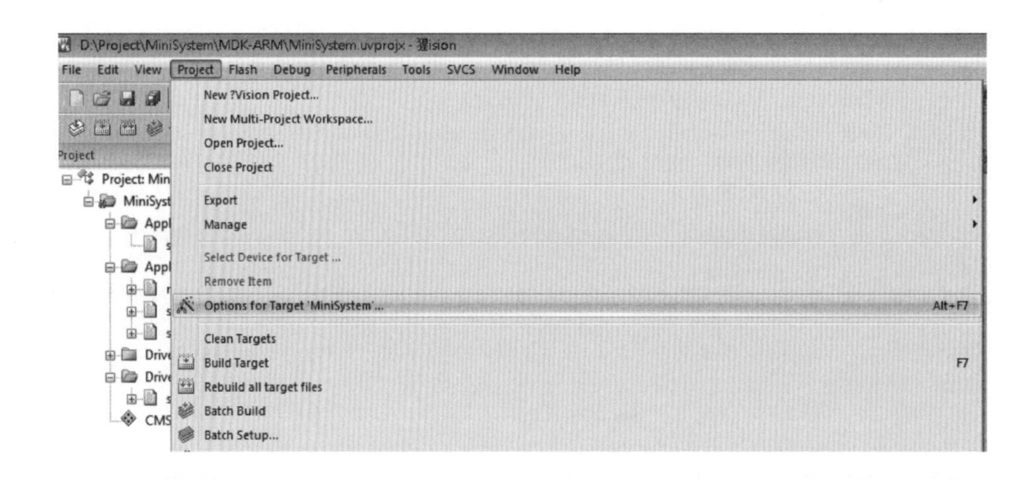


(2)配置Device

如下圖選擇STM32F412ZGTx。

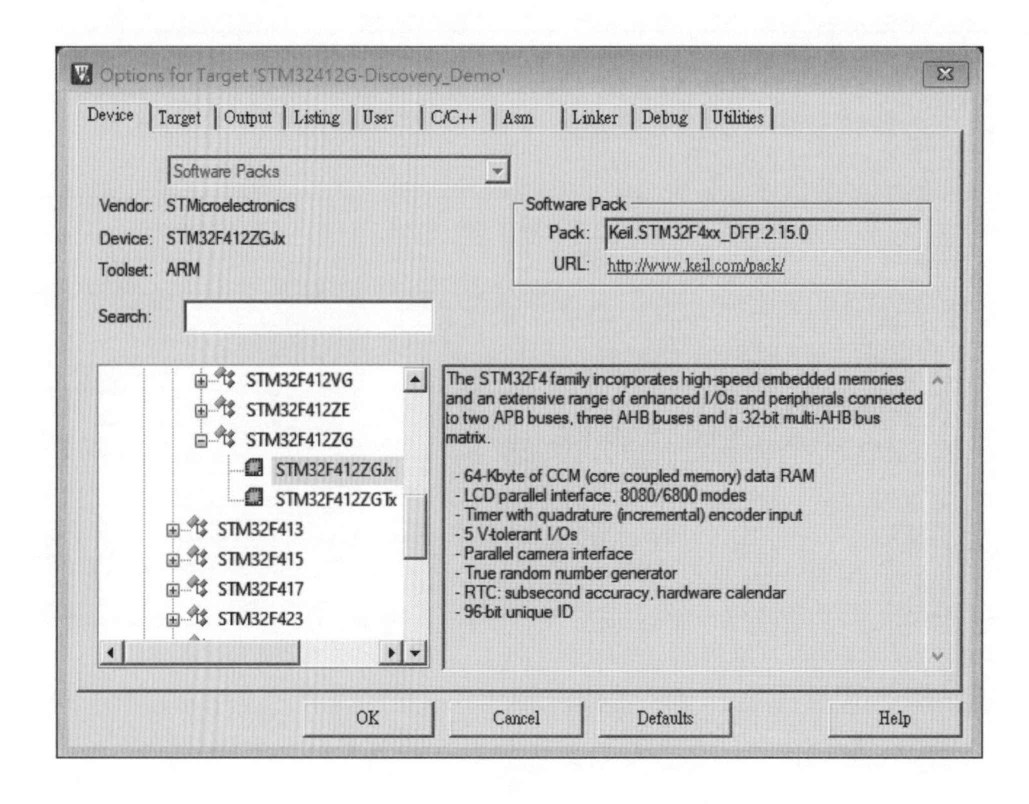

(3)配置Target

根據下圖配置晶體振盪器頻率、選擇的編譯器、RAM和ROM分配的位址空間等。

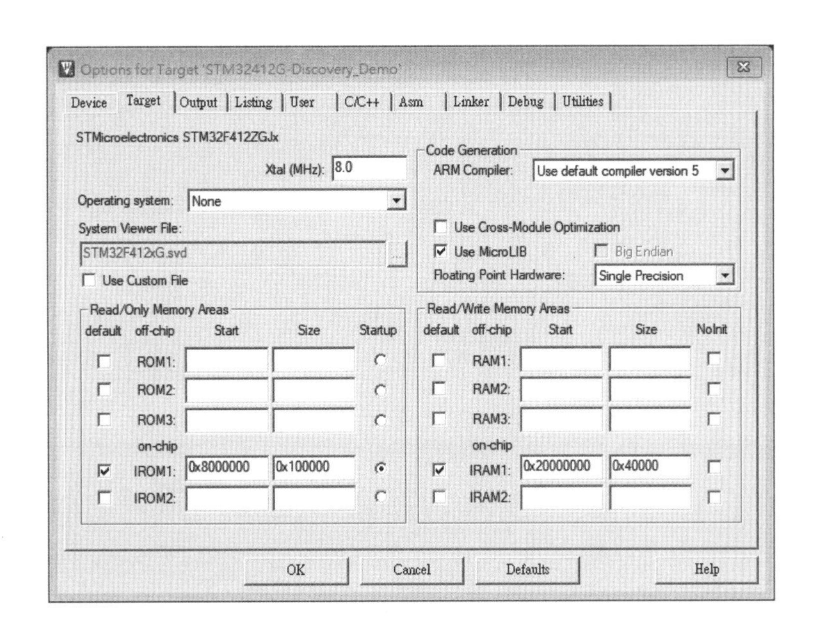


(4)配置Output

根據下圖配置輸出檔案的目錄位置、可執行檔檔案名稱、可執行檔格式。

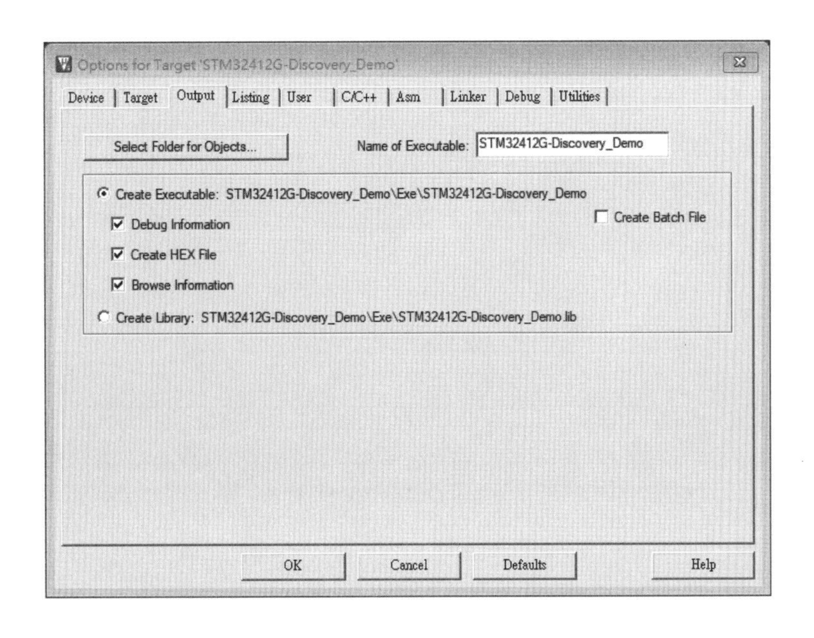

(5)配置C/C++

根據下圖配置前處理、程式碼產生、標頭擋路徑、

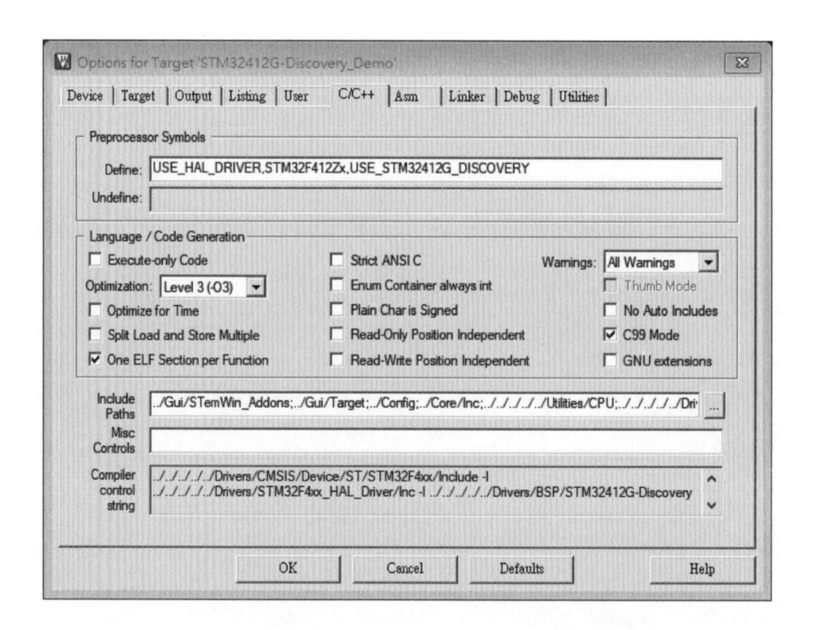


(6)配置Linker

勾選「Use Memory Layout from Target Dialog」。

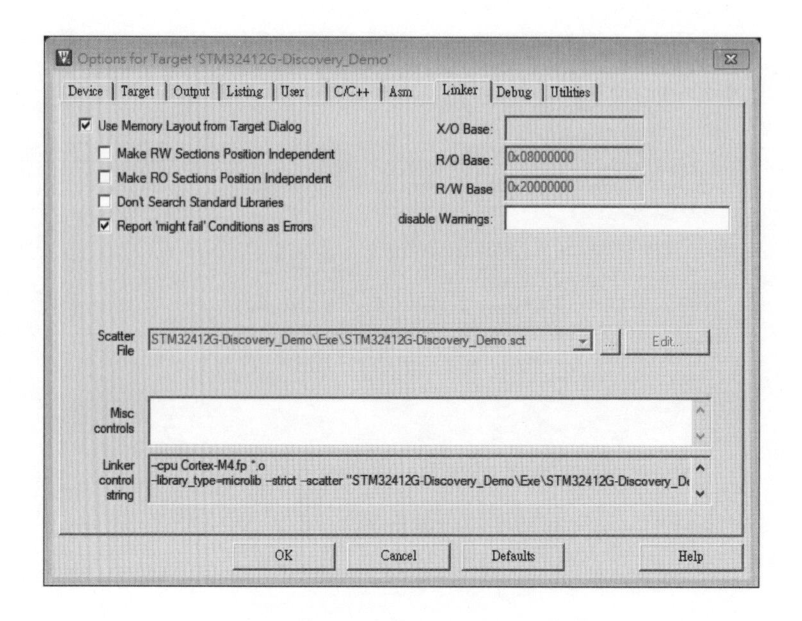

(7)配置Debug

左邊Use Simulator是以模擬的方式除錯，無需接上ST-Link。右邊則為實際硬體模擬／除錯，需接上ST-Link，要選擇使用「T-Link Debugger」，點選Settings，在Cortex-M Target Driver Setup點選Flash Download，在Download Function框內勾選Reset and Run，在Programming Algorithm框內按Add按鈕，新增STMF4xx 1MB Flash。

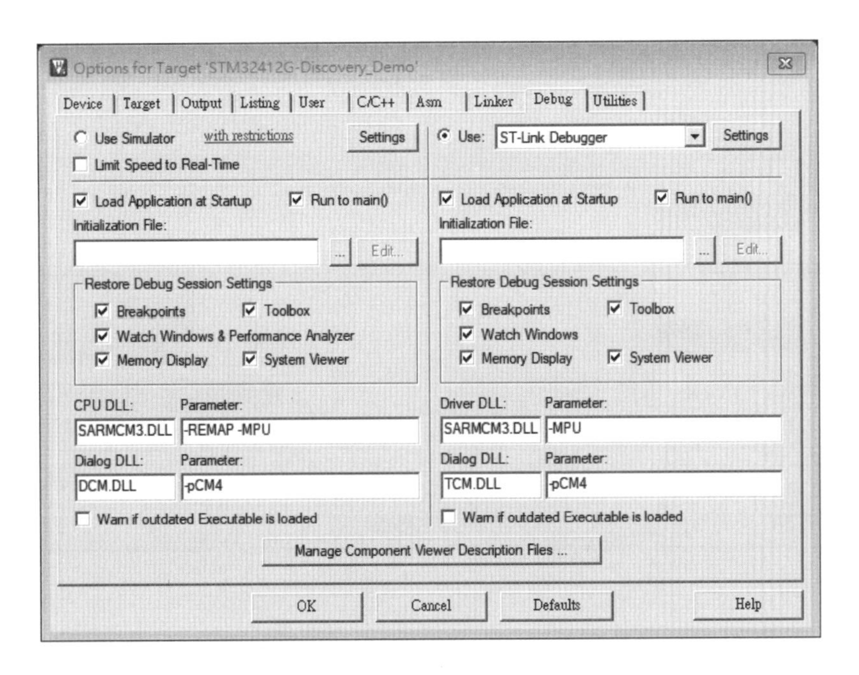


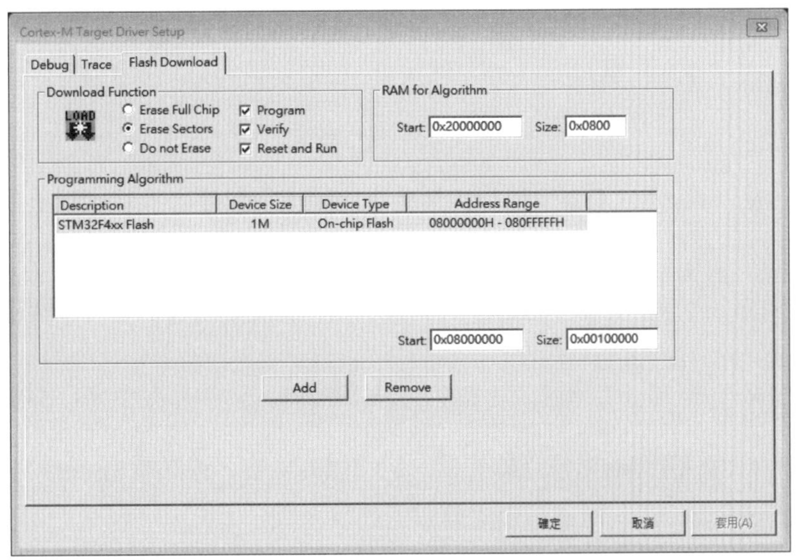

## 2-3-4　Keil MDK-ARM除錯工具

Keil MDK-ARM除錯工具提供線上（on-line）重置、全速執行、停止執行、單步除錯、逐行除錯、跳出除錯、執行到游標行、跳轉到暫停行、除錯視窗等除錯功能，可用於監測程式執行過程中，MCU內部暫存器與記憶體的值。以下介紹MDK-ARM除錯工具的使用。

首先，點擊下圖點線圈選處（「Start/Stop Debug Session」）進入執行除錯模式，虛線圈選處為按下「Start/Stop Debug Session」後才會出現的除錯工具列。

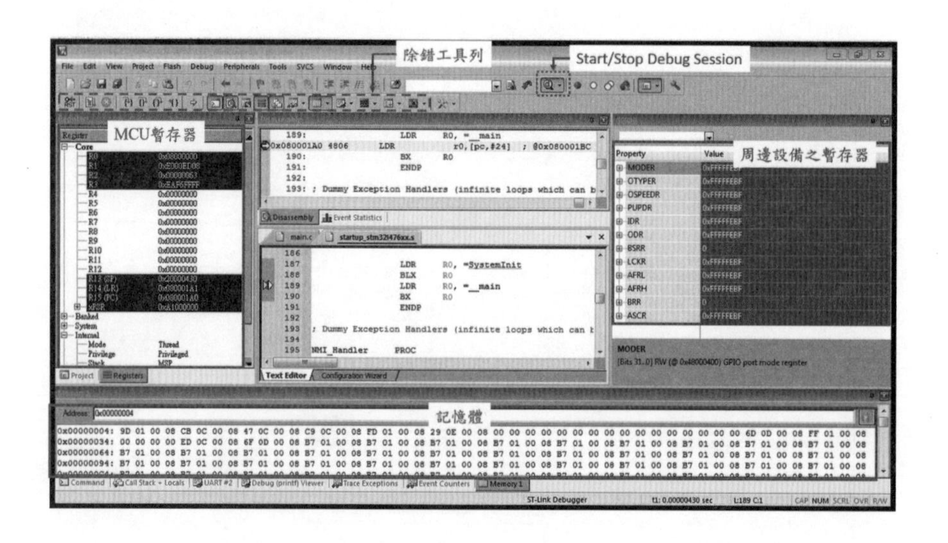


（Reset）：重置MCU。

（Run）：全速執行程式。

（Stop）：停止執行。

（Step into）：按順序執行一個指令的動作後暫停，且會進入副程式。

（Step over）：按順序執行一個指令的動作後暫停，且將副程式視為一個指令，不會進入副程式。

（Step out）：在單步執行進入副程式後，點選Step out可直接跳出目前所在的副程式。

（Run to cursor）：依序往下執行直到游標處停止。

在除錯介面可觀測MCU暫存器的值、記憶體的內容，或點擊System Viewer Windows（下圖圈選處）觀測周邊設備之暫存器的值。

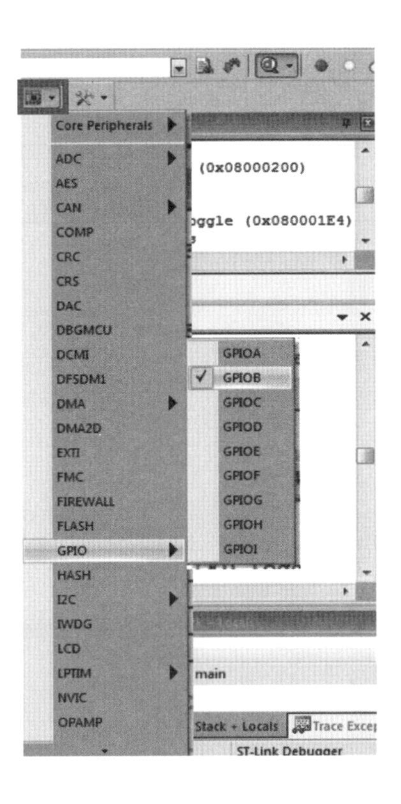


## 2-3-5 STM-Studio安裝與使用說明

STM-STUDIO是一個圖形化使用者介面，可在應用程式執行時，即時程式變數監測和視覺化（曲線圖、條狀圖、表格）。

**步驟1**：連結到官網https://www.st.com/en/development-tools/stm-studio-stm32.html下載STM-STUDIO軟體，此軟體安裝時需要Java Runtime Environment。

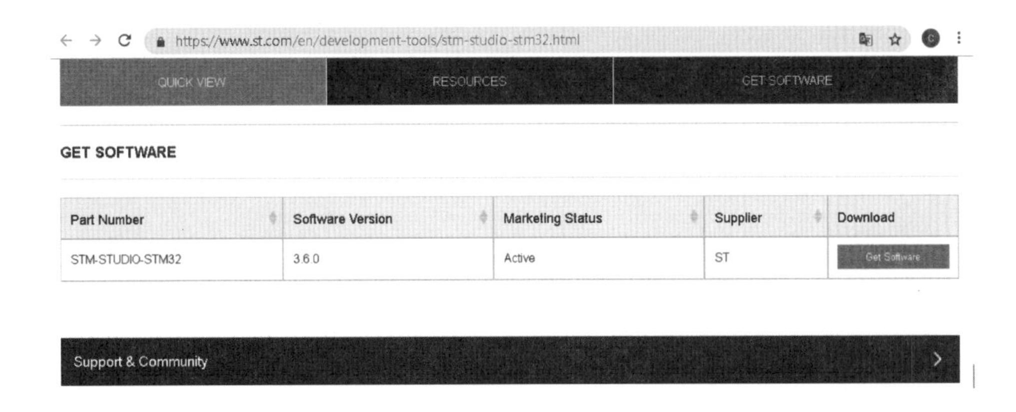

步驟2：安裝STMStudio

(1)點擊「Next」。

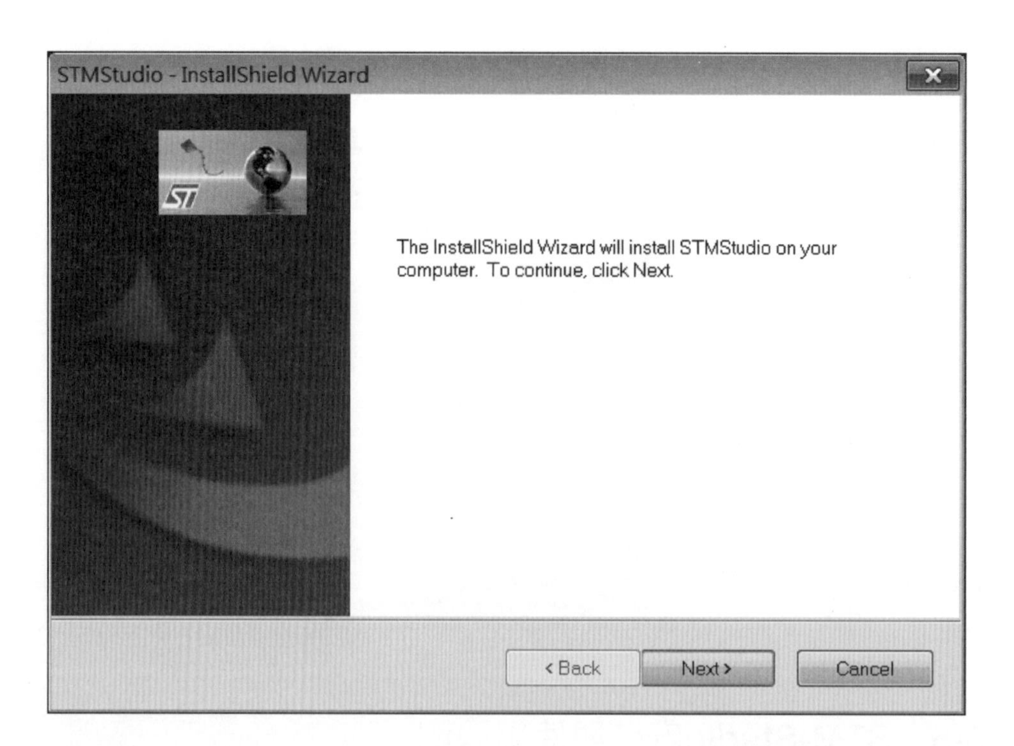


(2)選擇「I accept the terms of license agreement」，然後點擊「Next」。

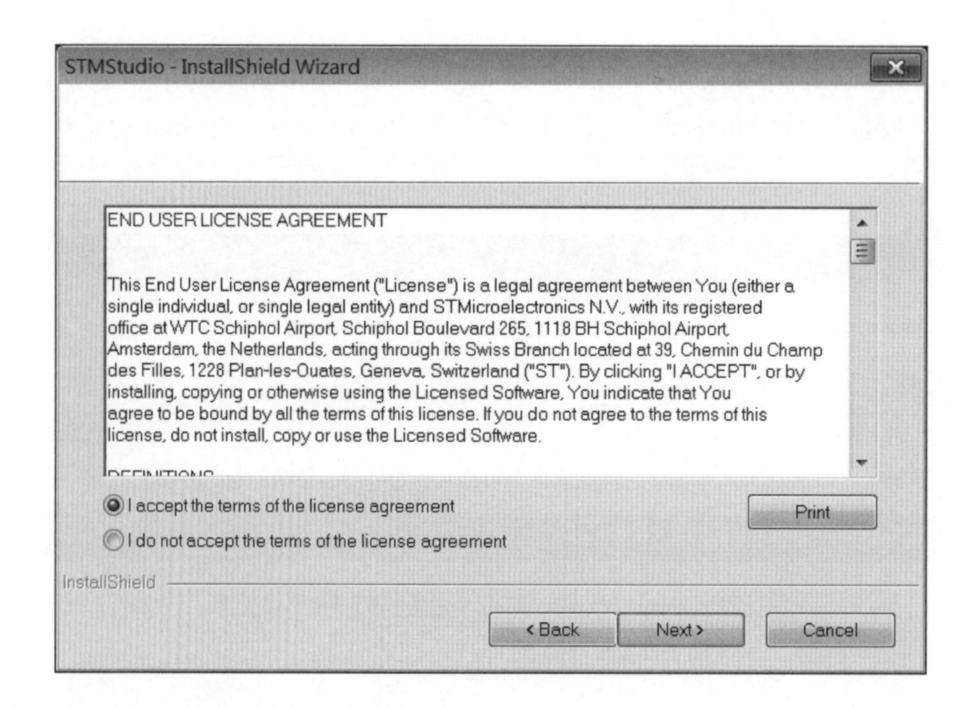

(3)選擇安裝路徑，然後點擊「Next」。

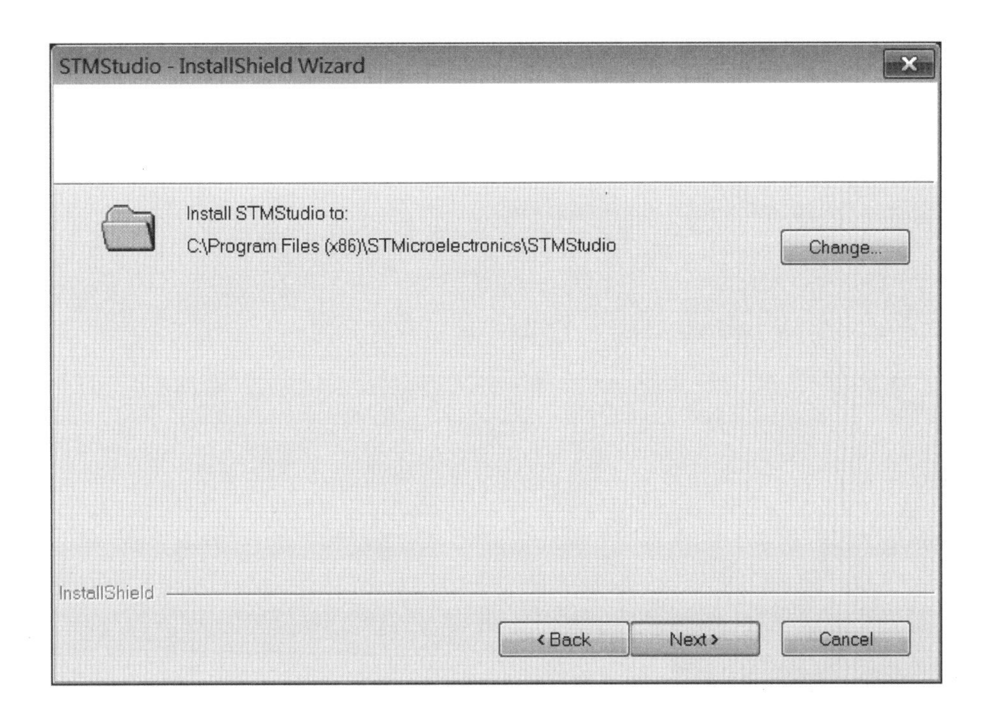


(4)點擊「Install」，開始安裝STMStudio。

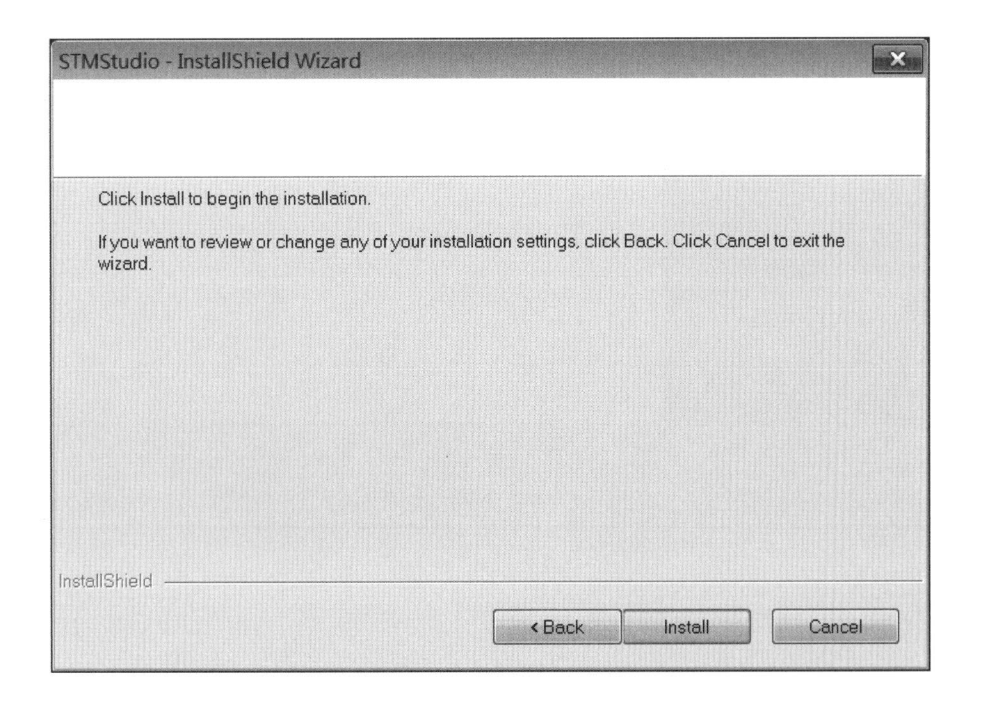

(5)選擇「永遠信任來自…」，然後點擊「安裝」。

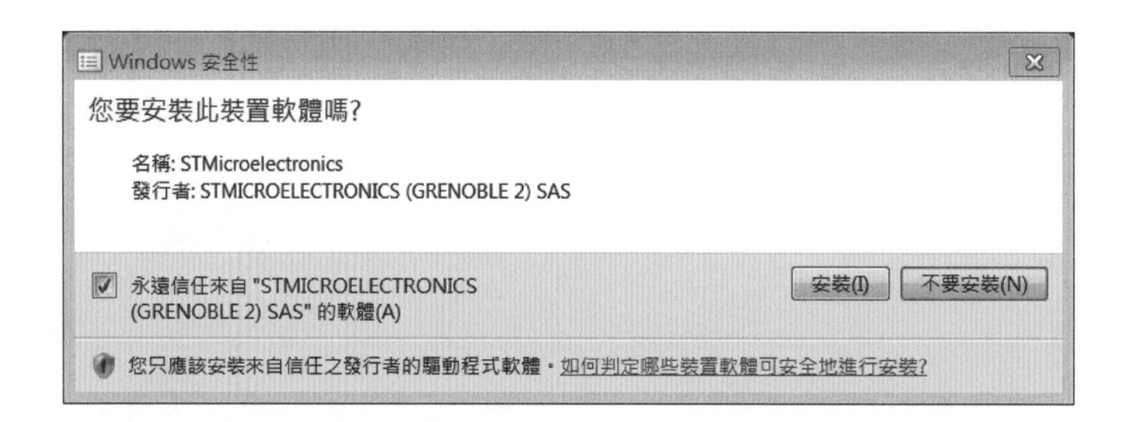


(6)點擊「Finish」，完成安裝。

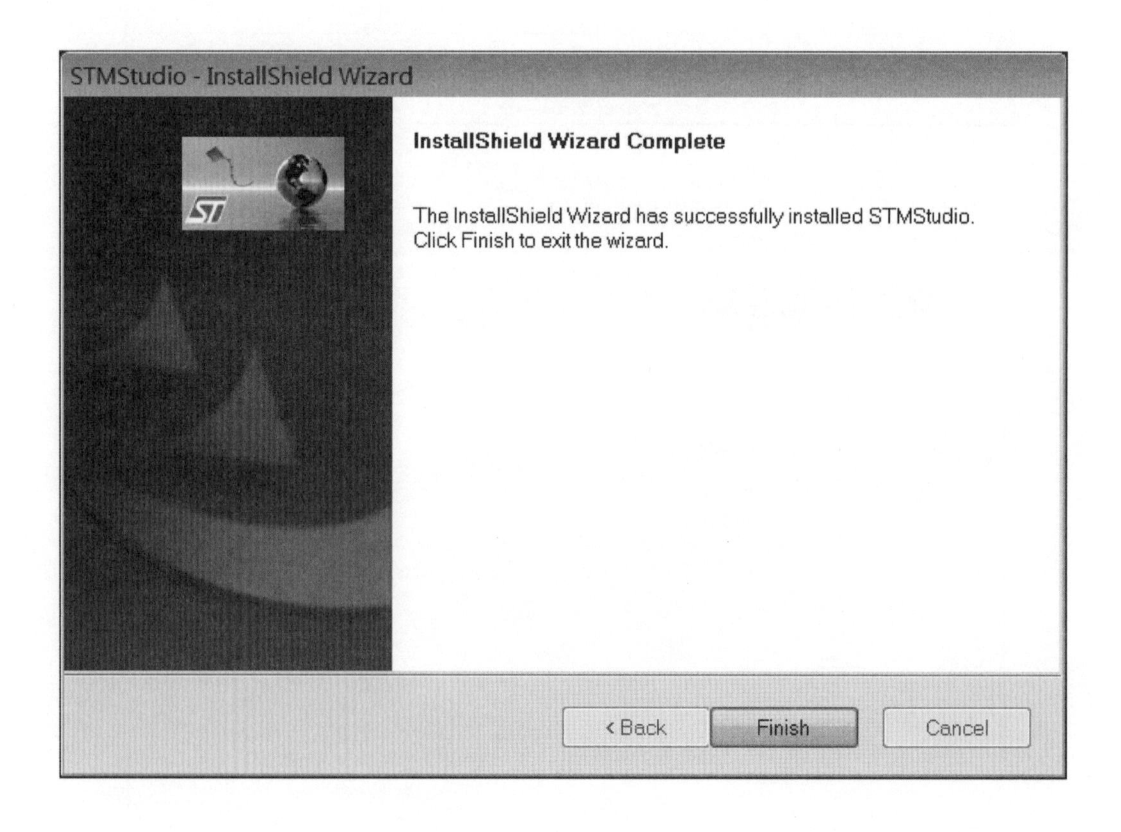

**步驟3**：STM Studio軟體操作介紹

(1)開啓STM Studio，如下圖。

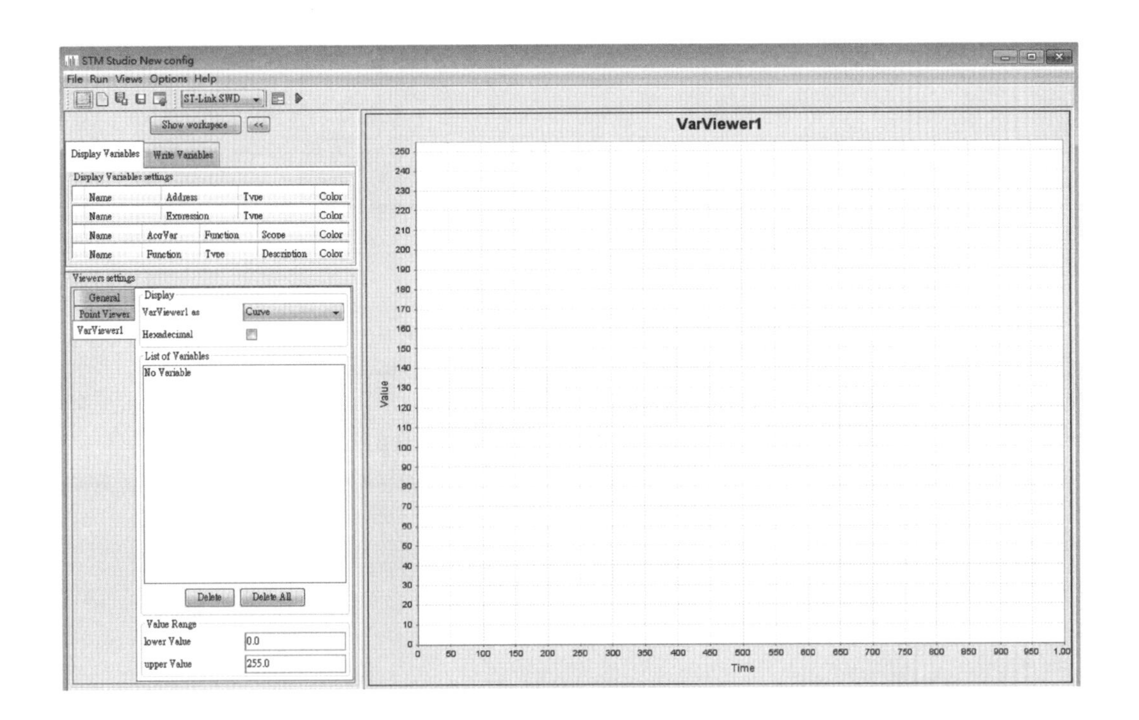


(2)選擇File->Import variables

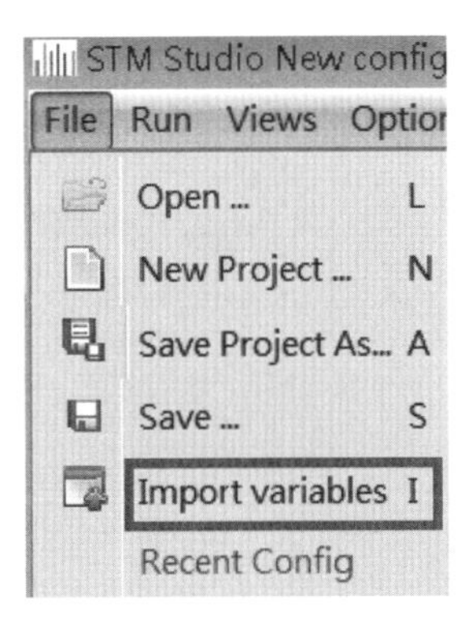


(3)選擇要監測的專案輸出檔，附檔名爲elf、out或axf。選擇要監測的變數，選擇完按Import。

File selection
Executable file
C:\Project\MiniSystem\MDK-ARM\MiniSystem\MiniSystem.axf
☑ Store executable path relatively to the user settings file
☐ Expand table elements (this may take several seconds more)

Variables
Add variables to the display variables table
Show symbols containing ... Match case ☐

| File | Name | Address | Type |
|---|---|---|---|
| ../Core/Src/system_st... | AHBPrescTable[0] | 0x80009e2 | unsigned 8-bit |
| ../Core/Src/system_st... | APBPrescTable[0] | 0x0 | unsigned 8-bit |
| ../Core/Src/system_st... | SystemCoreClock | 0x2000000c | unsigned 32-bit |
| C:/Users/User/STM32... | uwTick | 0x20000008 | unsigned 32-bit |
| C:/Users/User/STM32... | uwTickFreq | 0x20000000 | signed 8-bit |
| C:/Users/User/STM32... | uwTickPrio | 0x20000004 | unsigned 32-bit |

Selection
Select all
Unselect all
Import
Import scaled variable in expression
Linear expression A*variable + B:
◉ Import with A and B as constants
○ Import with A and B as expressions
Enter A (double):
Enter B (double):
Choose A from constant expressions:
Choose B from constant Expressions:
Close

(4)在「Display Variables settings」顯示要監測的變數。

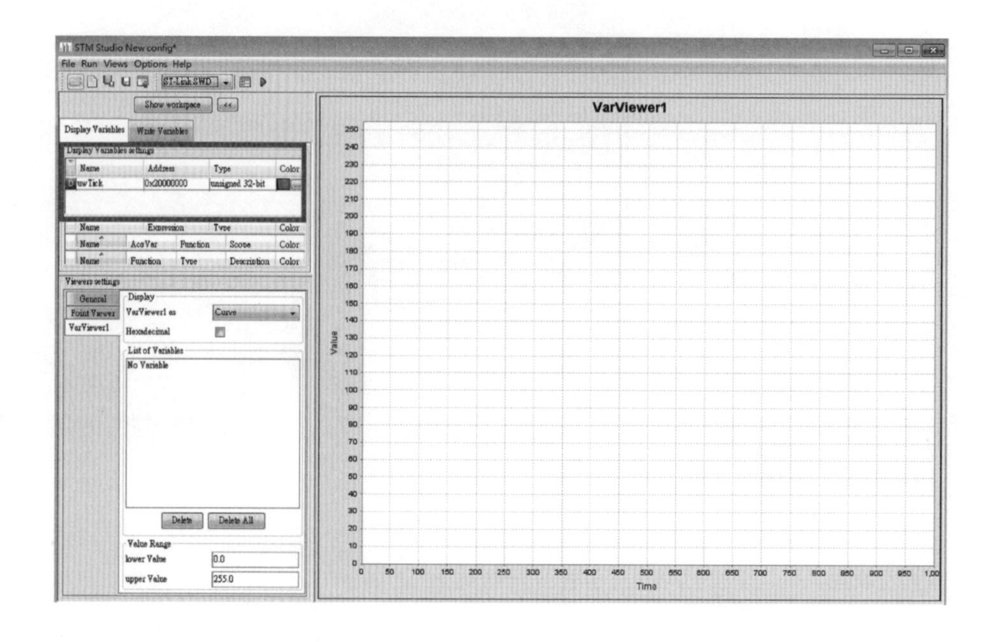

(5)用滑鼠按住要監測的變數，然後拖曳至「List of Variables」。

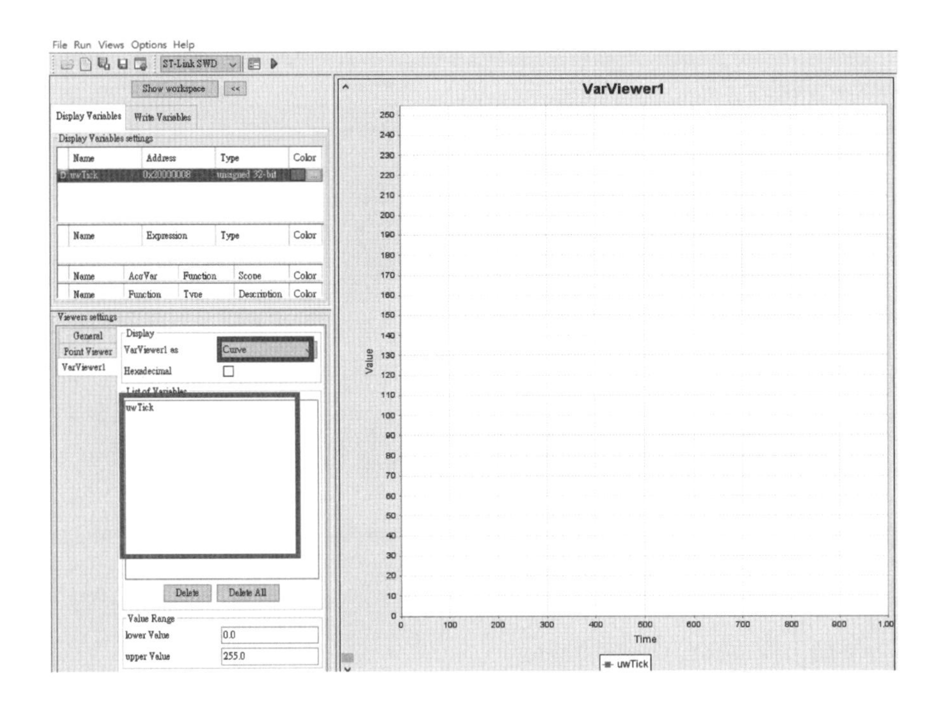


(6)選擇ST-Link SWD，點擊Run->Start S，開始即時監測。

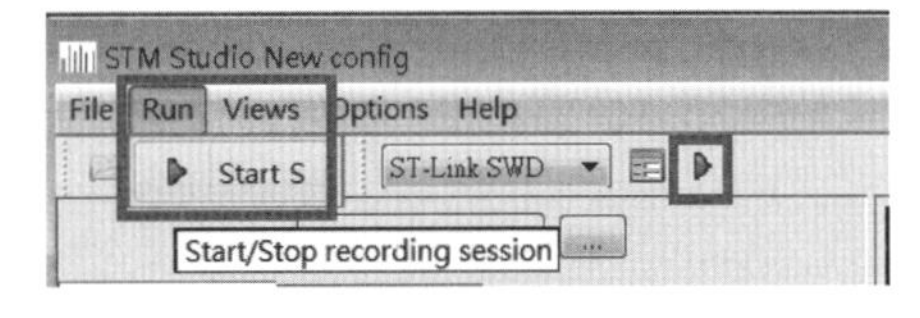


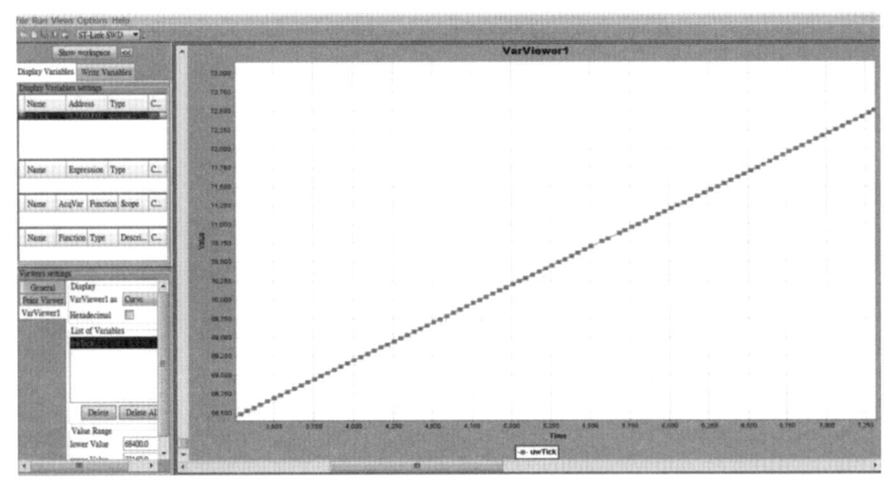

(7)數值顯示模式可切換爲Bar Graph。

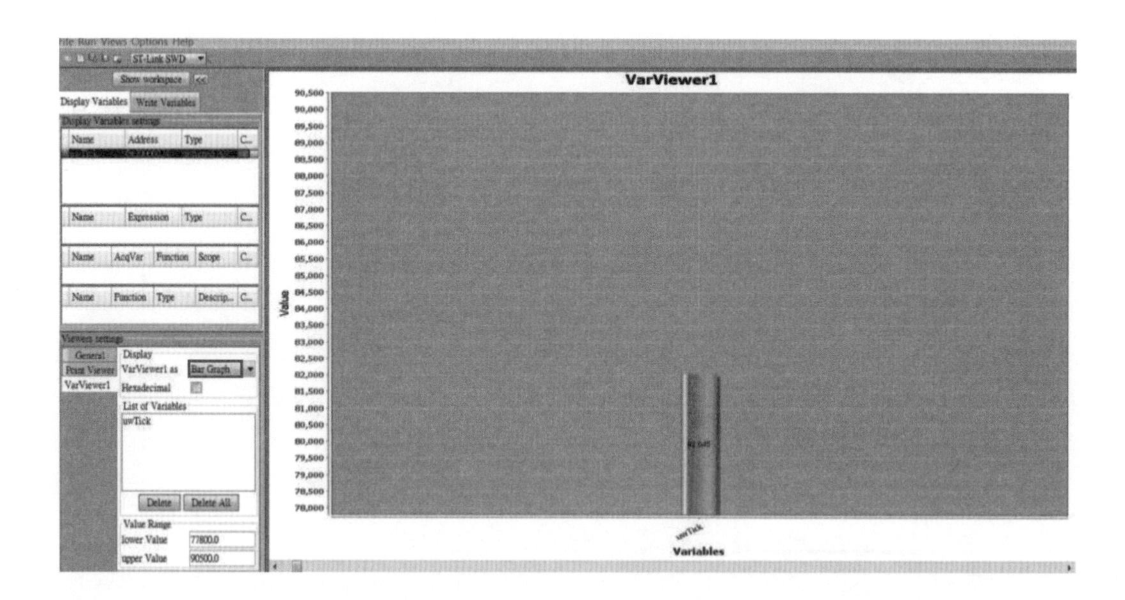


(8)數值顯示模式亦可切換爲Table。

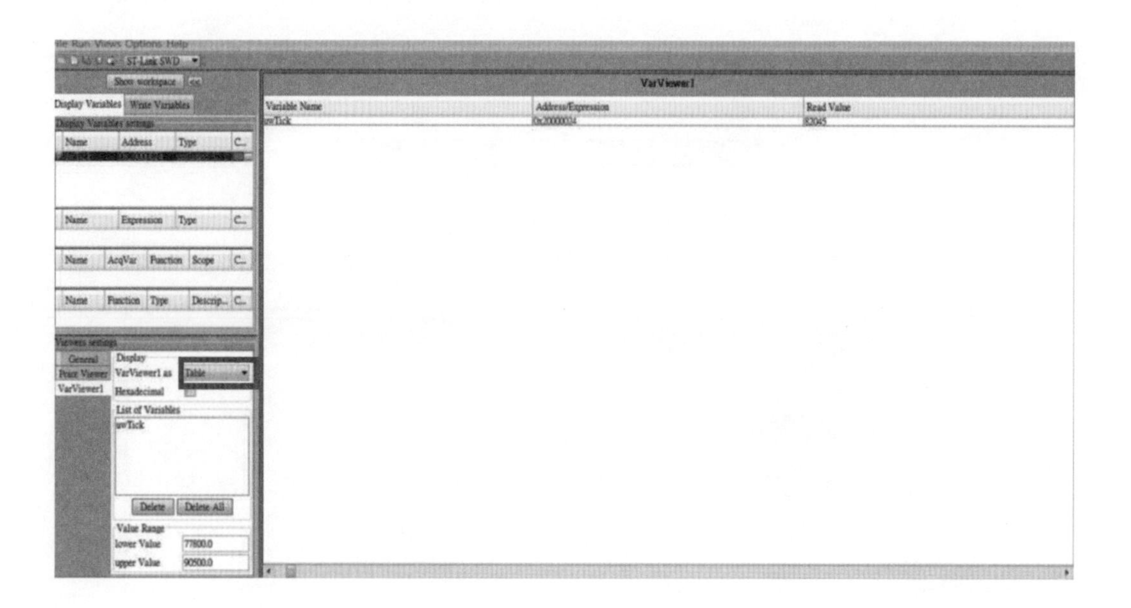

# 最小軟體系統

CHAPTER 3

本章利用STM32CubeMX創建一個最小軟體系統（MiniSystem）的應用程式框架，詳細解釋此應用程式框架的內涵，讓讀者了解系統啓動過程。

## 3-1 最小軟體系統製作

利用STM32CubeMX創建最小軟體系統專案，步驟如下：

**步驟1**：新建專案

開啓STM32cubeMX軟體，點擊New Project: Start My Project from MCU（圖3-1）。根據圖3-2，在Part Number Search輸入STM32F412ZG，在MCUs List item選擇STM32F412ZGTx，然後點選Start Project，將開啓如圖3-3的專案主畫面。

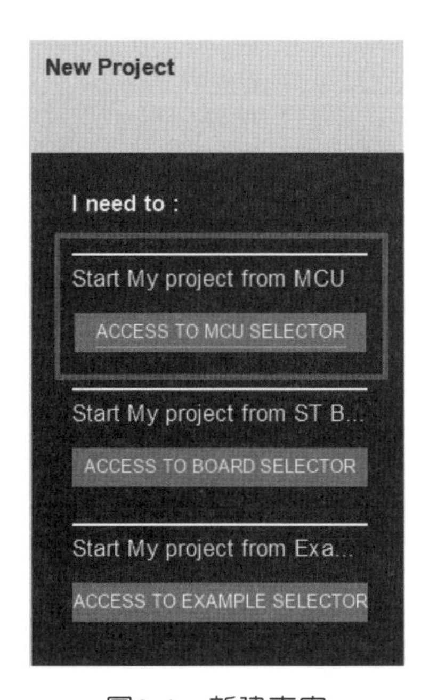


圖3-1　新建專案

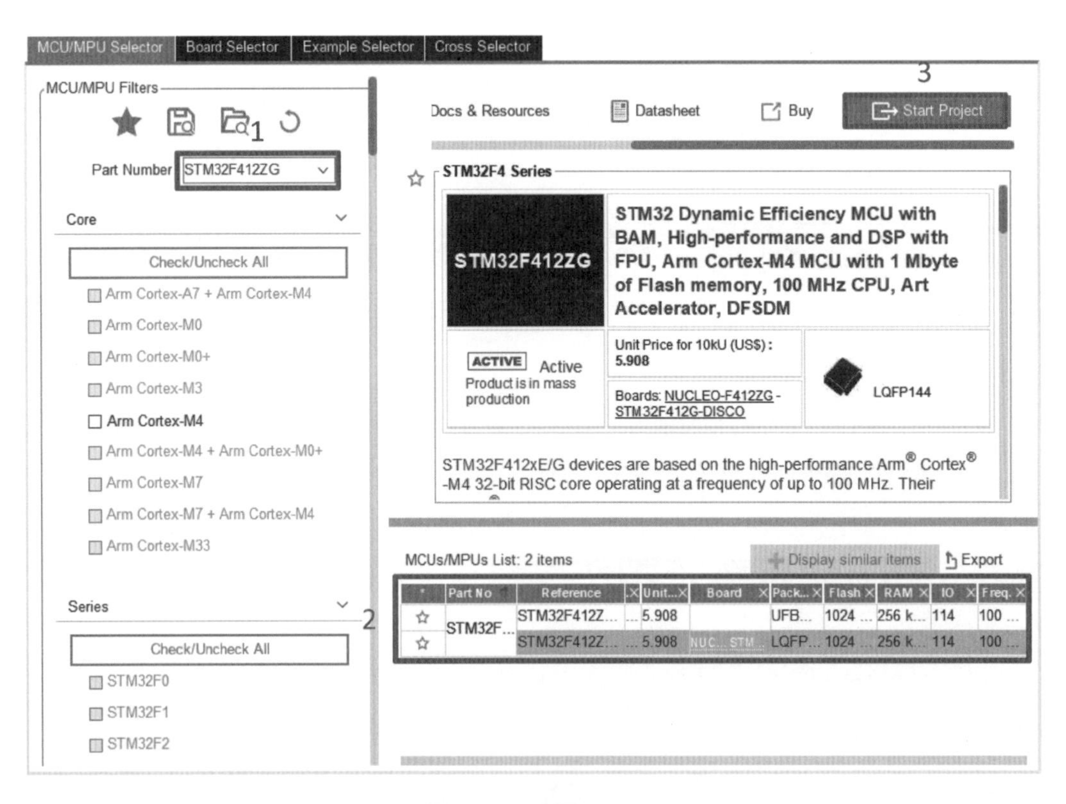


圖3-2 選擇MCU

圖3-3 專案主畫面

**步驟2**：專案設定

點擊圖3-3中的Project Manager，開啓專案設定介面，如圖3-4所示。在Project Name輸入專案名稱：MiniSystem，點選Browse選擇專案儲存的位置，在Toolchain/IDE選擇MDK-ARM V5，其他部分使用預設。

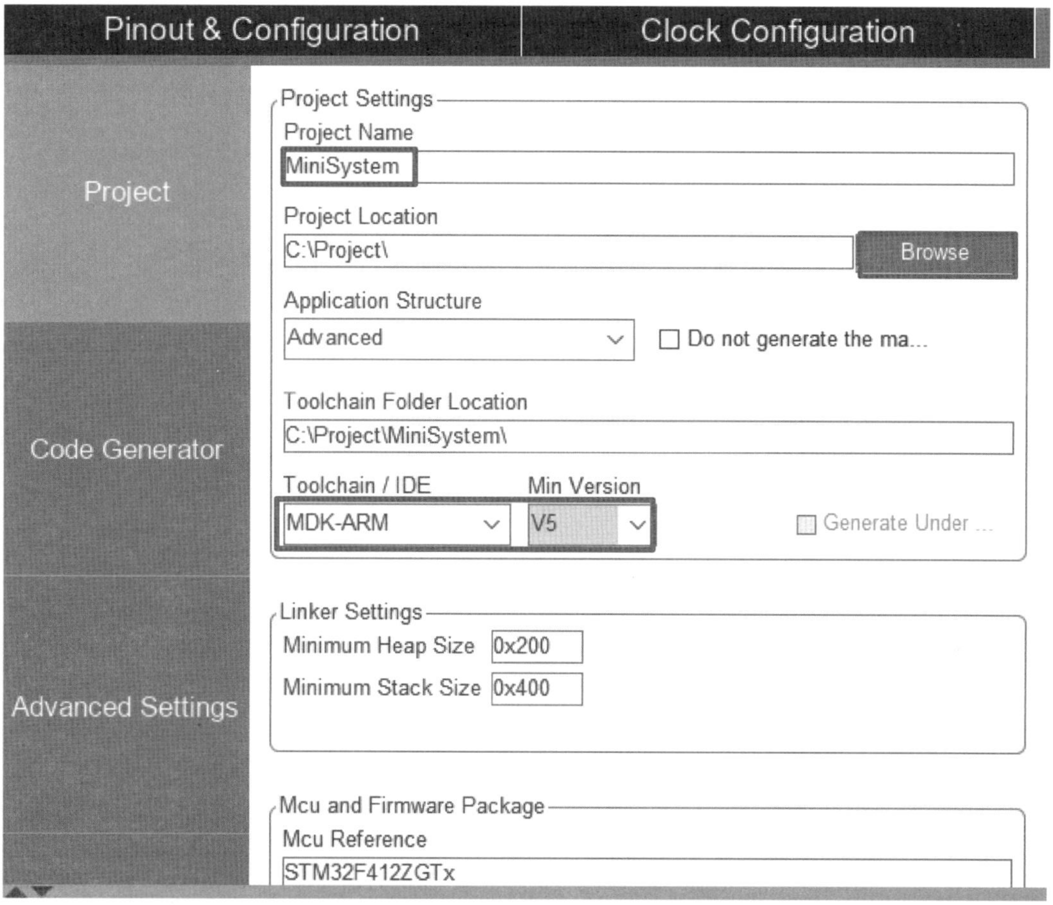

圖3-4　專案設定介面

專案設定介面點選Code Generator，開啓程式碼生成的設定介面，如圖3-5所示。根據圖3-1-5，在STM32Cube Firmware Library Package的選項中點選Copy only the necessary library files，在Generated files的選項中點選第1、第3與第4個選項。

專案的其他部分包含時鐘組態（clock configuration）、RCC組態、NVIC組態等皆使用預設。時鐘組態（圖3-6）的預設狀態是以16MHz HSI時鐘作爲CPU

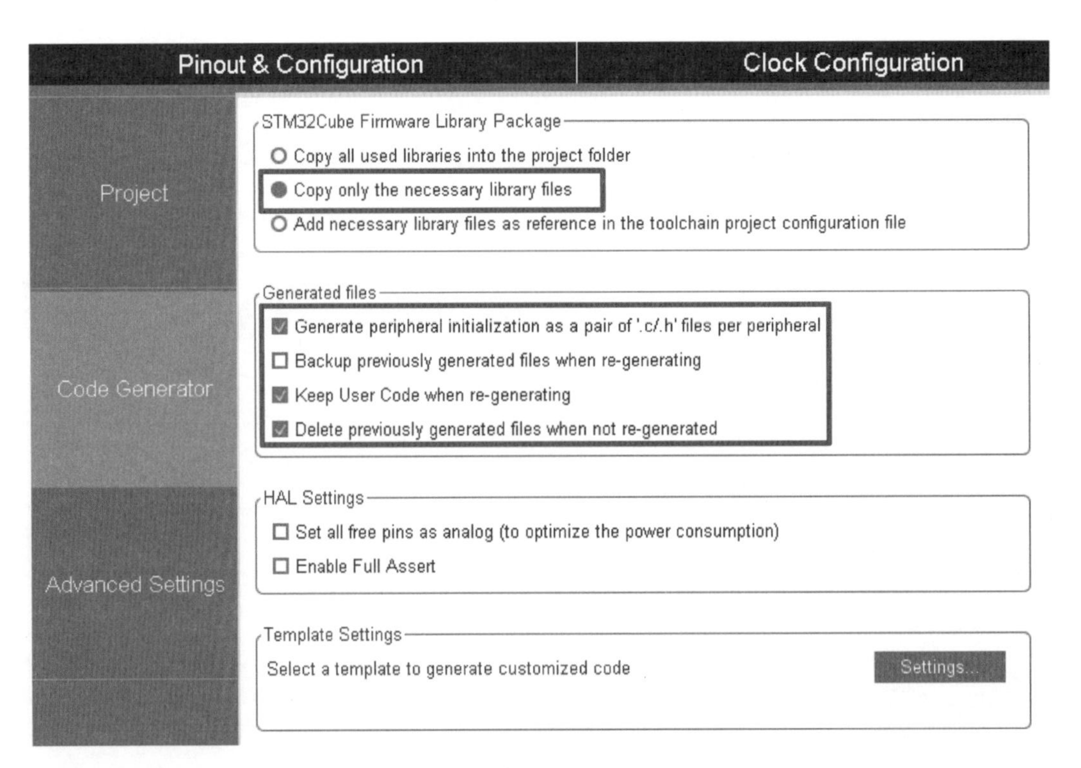


圖3-5　程式碼生成的設定介面。

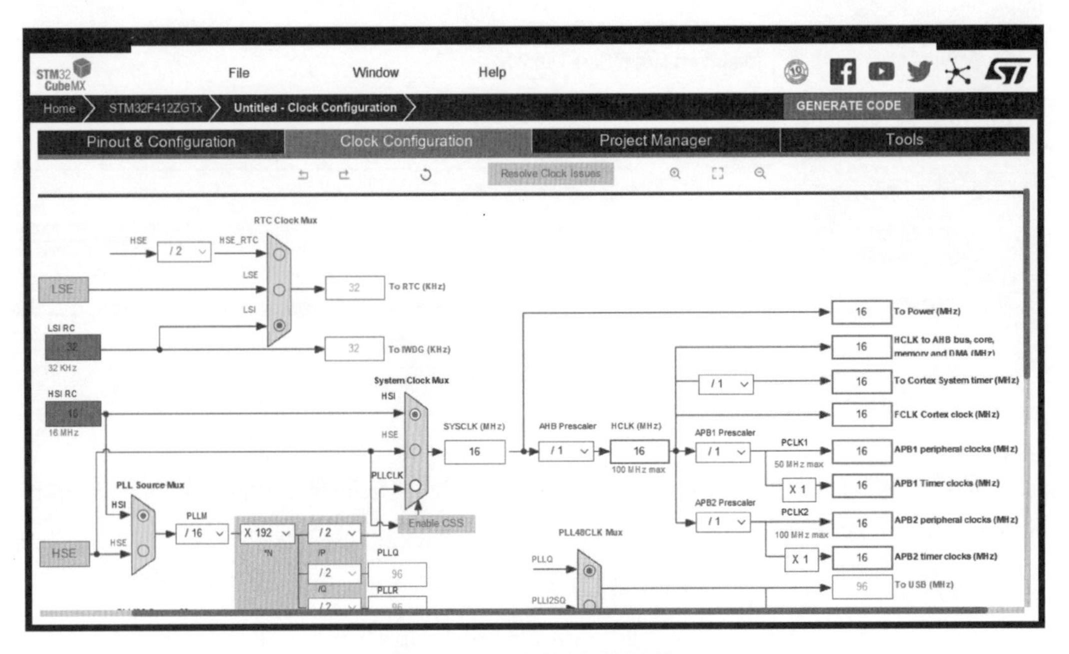


圖3-6　預設的時鐘組態

（FCLK）、AHB匯流排（HCLK）、APB1匯流排（PCLK1）、APB2匯流排（PCLK2）的時鐘訊號。RCC組態（圖3-7）的預設狀態是VDD電壓=3.3 V，指令快取（Instruction Cache）與資料快取（Data Cache）開啓，指令預取緩衝（Prefetch Buffer）關閉。NVIC組態（圖3-8）的預設狀態是NMI、Hard fault、Memory Manage fault、Prefetch fault, memory access fault、Undefined instruction、System service call、SysTick等中斷已被開啓。所有中斷的組優先順序和組內子優先順序預設值皆爲0。



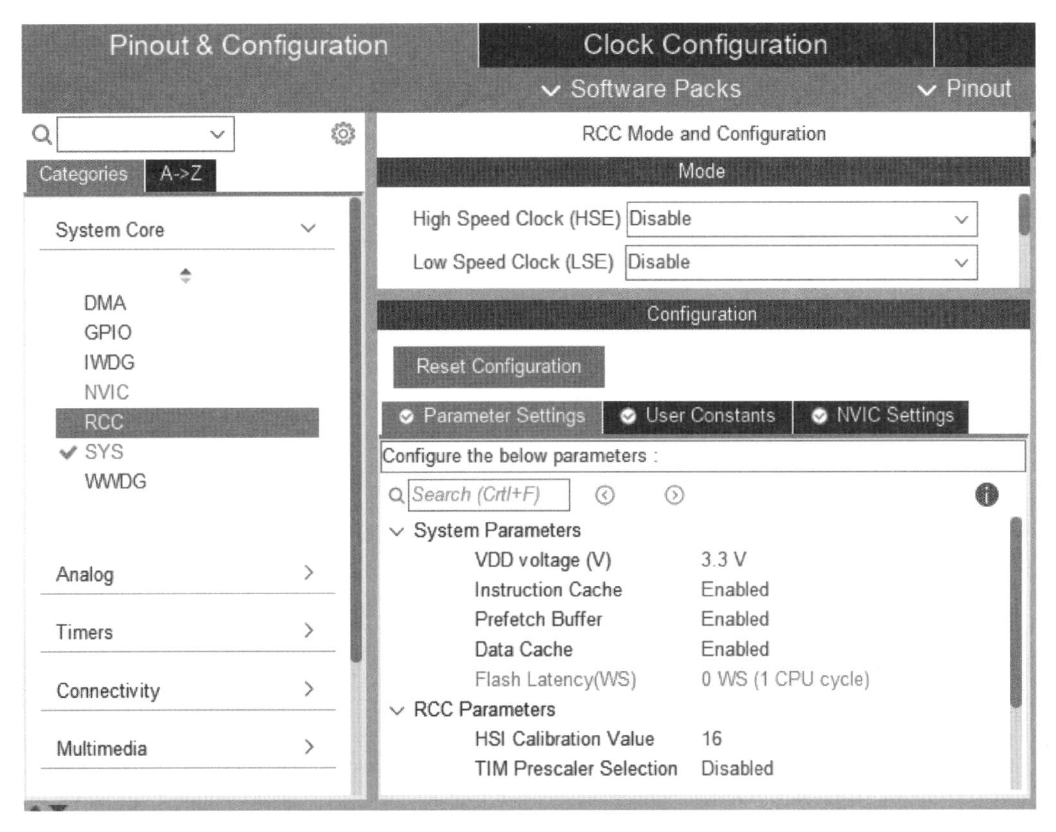


圖3-7　預設的RCC組態

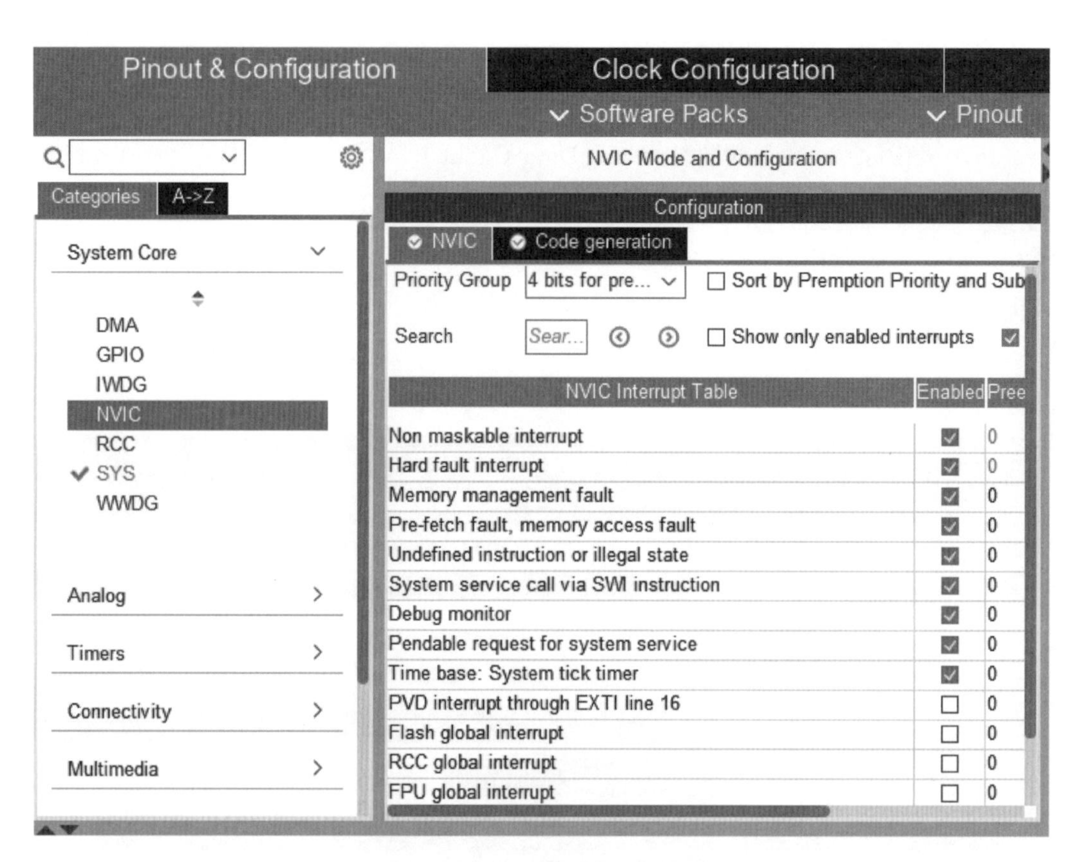


圖3-8　預設的NVIC組態

**步驟3**：生成程式碼

點選右上方Generate Code（圖3-9），將根據專案設定生成程式碼，STM-32CubeMX生成程式碼後，將彈出程式碼生成成功對話框（圖3-10），點擊Open Project按鈕，將由Keil μ Vision5開啓MiniSystem專案。

由Keil μ Vision5開啓MiniSystem專案，如圖3-11所示，最小軟體系統專案包含startup_stm32f412zx.s（開機啓動程式）、main.c、stm32f4xx_it.c、stm32f4xx_hal_msp.c、STM32F4xx_HAL_Driver、system_stm32f4xx.c等檔案組成，本章節將詳細介紹最小軟體系統的內容，首先介紹開機啓動程式。

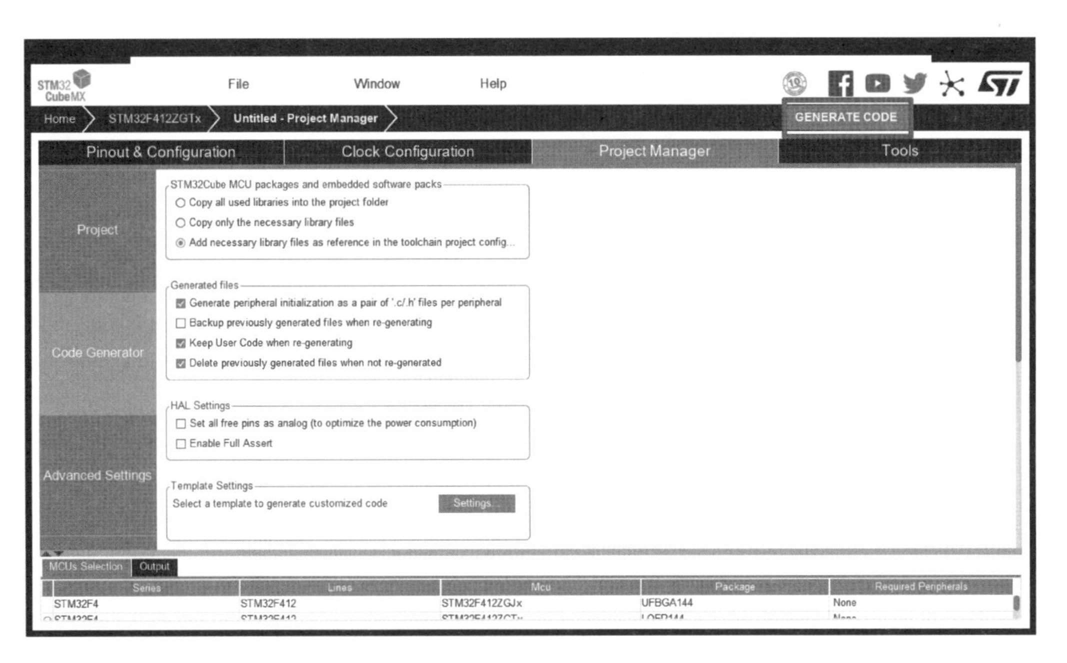


圖3-9 點選生成程式碼

圖3-10 程式碼生成成功對話盒

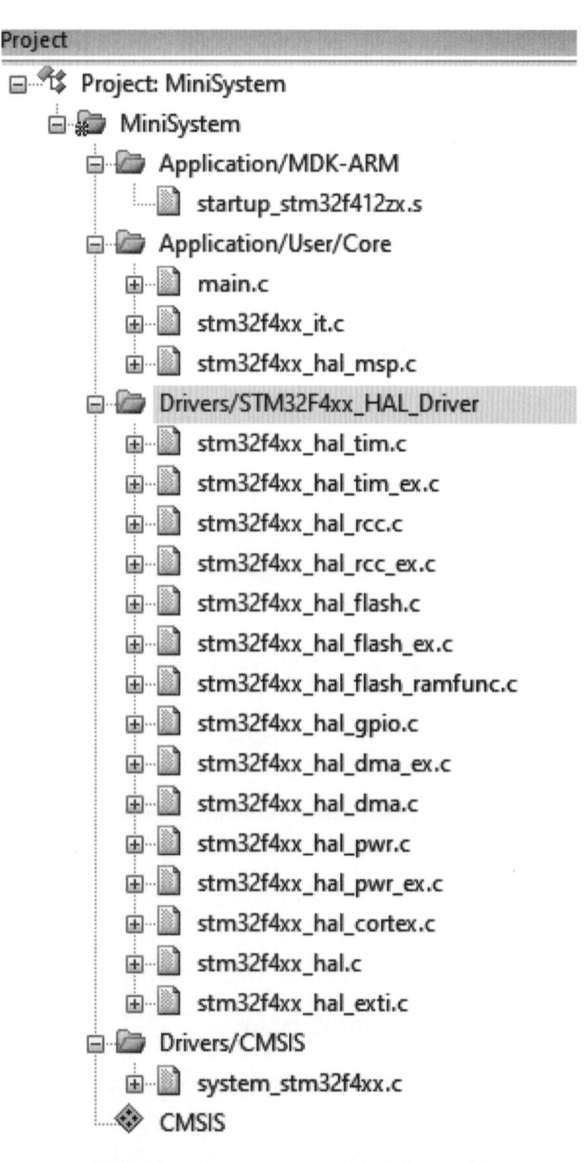


圖3-11　MiniSystem專案檔案架構

## 3-2　開機啓動程式

開機啓動程式（startup_stm32f412zx.s）由組合語言編寫，是系統啓動後第一個執行的程式，主要完成以下工作：

1. 初始化堆疊／堆積指標

2. 初始化中斷向量表。
3. 執行重置程式（Reset_Handler）。
4. 配置系統時鐘。
5. 呼叫C庫函數_main初始化使用者堆疊，最終呼叫main函數。



## 3-2-1 初始化堆疊指標

初始化堆疊指標程式碼如圖3-12。

```
startup_stm32f412zx.s
28 ; Tailor this value to your application needs
29 ; <h> Stack Configuration
30 ;   <o> Stack Size (in Bytes) <0x0-0xFFFFFFFF:8>
31 ; </h>
32
33 Stack_Size      EQU     0x400
34
35                 AREA    STACK, NOINIT, READWRITE, ALIGN=3
36 Stack_Mem       SPACE   Stack_Size
37 __initial_sp
38
```

圖3-12 初始化堆疊指標程式碼

- 程式從第33行開始，首先定義堆疊的大小（Stack_Size）爲0x400（1kB）。其中EQU是巨集定義的虛擬指令，相當於等於，類似於C中的define。
- 程式第35行：利用AREA虛擬指令定義一個資料段，段名爲STACK，NOINIT表示不初始化；READWRITE表示可讀可寫，ALIGN=3，表示按照23對齊，即8位元組對齊。
- 程式第36行：利用SPACE虛擬指令定義分配記憶體空間，大小等於Stack_Size，單位爲位元組。標籤Stack_Men表示此段記憶體空間的起始位址。
- 程式第37行：標籤__initial_sp表示堆疊的起始位址，堆疊是由高位址向低位址遞減。

## 3-2-2 初始化堆積指標

初始化堆積指標程式碼如圖3-13。

startup_stm32f412zx.s

```
40 ; <h> Heap Configuration
41 ;   <o>  Heap Size (in Bytes) <0x0-0xFFFFFFFF:8>
42 ; </h>
43
44 Heap_Size       EQU     0x200
45
46                 AREA    HEAP, NOINIT, READWRITE, ALIGN=3
47 __heap_base
48 Heap_Mem        SPACE   Heap_Size
49 __heap_limit
50
```

圖3-13　初始化堆積指標程式碼

■ 程式第44行開始，定義堆積的大小（Heap_Size）爲0x200（512位元組）。

■ 程式第46行：利用AREA虛擬指令定義一個資料段，段名爲HEAP，NOINIT表示不初始化；READWRITE表示可讀可寫，ALIGN=3，表示按照23對齊，即8位元組對齊。

■ 程式第47行：標籤_heap_base表示堆積的起始位址。

■ 程式第48行：利用SPACE虛擬指令定義分配記憶體空間，大小等於Heap_Size，單位爲位元組。標籤Heap_Mem表示此段記憶體空間的起始位址。

■ 程式第49行：標籤__heap_limit表示堆積的結束位址（堆積是由低位址向高位址遞增，與堆疊的方向相反）。

## 3-2-3 初始化中斷向量表

初始化中斷向量表程式碼如圖3-14~圖3-16。

startup_stm32f412zx.s

```
50
51                 PRESERVE8
52                 THUMB
53
```

圖3-14　初始化中斷向量表程式一

■ 程式第51行：PRESERVE8指定當前的堆疊按照8位元組對齊。

■ 程式第52行：表示後面指令相容THUMB指令。THUBM是傳統ARM的16位元指令集。Cortex-M系列都支援THUMB-2指令集，THUMB-2是相容16位元和32位元的指令集。

```
startup_stm32f412zx.s
55  ; Vector Table Mapped to Address 0 at Reset
56                  AREA    RESET, DATA, READONLY
57                  EXPORT  __Vectors
58                  EXPORT  __Vectors_End
59                  EXPORT  __Vectors_Size
60
61  __Vectors       DCD     __initial_sp               ; Top of Stack
62                  DCD     Reset_Handler              ; Reset Handler
63                  DCD     NMI_Handler                ; NMI Handler
64                  DCD     HardFault_Handler          ; Hard Fault Handler
65                  DCD     MemManage_Handler          ; MPU Fault Handler
66                  DCD     BusFault_Handler           ; Bus Fault Handler
67                  DCD     UsageFault_Handler         ; Usage Fault Handler
68                  DCD     0                          ; Reserved
69                  DCD     0                          ; Reserved
70                  DCD     0                          ; Reserved
71                  DCD     0                          ; Reserved
72                  DCD     SVC_Handler                ; SVCall Handler
73                  DCD     DebugMon_Handler           ; Debug Monitor Handler
74                  DCD     0                          ; Reserved
75                  DCD     PendSV_Handler             ; PendSV Handler
76                  DCD     SysTick_Handler            ; SysTick Handler
```

圖3-15　初始化中斷向量表程式二

```
startup_stm32f412zx.s
160                 DCD     FPU_IRQHandler                 ; FPU
161                 DCD     0                              ; Reserved
162                 DCD     0                              ; Reserved
163                 DCD     SPI4_IRQHandler                ; SPI4
164                 DCD     SPI5_IRQHandler                ; SPI5
165                 DCD     0                              ; Reserved
166                 DCD     0                              ; Reserved
167                 DCD     0                              ; Reserved
168                 DCD     0                              ; Reserved
169                 DCD     0                              ; Reserved
170                 DCD     0                              ; Reserved
171                 DCD     QUADSPI_IRQHandler             ; QuadSPI
172                 DCD     0                              ; Reserved
173                 DCD     0                              ; Reserved
174                 DCD     FMPI2C1_EV_IRQHandler          ; FMPI2C1 Event
175                 DCD     FMPI2C1_ER_IRQHandler          ; FMPI2C1 Error
176
177  __Vectors_End
178
179  __Vectors_Size  EQU  __Vectors_End - __Vectors
180
```

圖3-16　初始化中斷向量表程式三

■ 程式第56行：利用AREA虛擬指令定義一個資料段，名字爲RESET，唯讀。
■ 程式第57~59行：利用EXPORT虛擬指令宣告__Vectors、__Vectors_End和__Vectors_Size這3個標籤具有全域屬性，可供外部的程式使用。
■ 程式第61行：標籤__Vectors爲向量表起始位址。利用DCD虛擬指令分配4位元組爲單位的記憶體。向量表從Flash的0位址開始放置，以4個位元組爲一個單位，位址0存放的是堆疊起始位址（__initial_sp），0x04存放的是重置程式的位址，以此類推。從程式代碼上看，向量表中存放的都是中斷服務程式的函數名，在C語言中的函數名就是一個位址。
■ 程式第62~175行：利用DCD虛擬指令分配4位元組爲單位的記憶體，依序存放對應的中斷服務程式的函數名，限於篇幅，中間程式代碼省略。
■ 程式第177行：標籤__Vectors_End爲向量表結束位址。
■ 程式第179行：利用EQU虛擬指令計算向量表（__Vectors_Size），等於向量表結束位址（__Vectors_End）減去向量表起始位址（__Vectors）。

## 3-2-4 重置程式（Reset_Handler）

重置程式如圖3-17。

```
startup_stm32f412zx.s
180
181                     AREA    |.text|, CODE, READONLY
182
183 ; Reset handler
184 Reset_Handler           PROC
185                         EXPORT  Reset_Handler                [WEAK]
186         IMPORT  SystemInit
187         IMPORT  __main
188
189                         LDR     R0, =SystemInit
190                         BLX     R0
191                         LDR     R0, =__main
192                         BX      R0
193                         ENDP
```

圖3-17 重置程式

■ 程式第181行：利用AREA虛擬指令定義一個名稱爲.text的程式碼片段，唯讀。
■ 程式第184行：定義了一個副程式Reset_Handler。PROC是副程式定義虛擬指令。

- 程式第185行：EXPORT表示Reset_Handler這個副程式可供其他程式呼叫。關鍵字[WEAK]表示弱定義，如果編譯器發現在別處定義了相同名稱的函數，則在連結時用別處的函數進行連結，如果其他地方沒有定義，編譯器以此函數進行連結。
- 程式第186行和第187行：利用IMPORT虛擬指令說明SystemInit和__main這兩個標籤在其他程式檔中，在連結的時候需要到其他程式檔中去尋找。SystemInit用來設置STM32F412ZG晶片的硬體浮點運算單元、中斷向量表重定位與外部記憶體組態配置。__main（與C語言中的main()函數不同）的主要功能是初始化堆疊、堆積，C/C++函數庫的初始化，並在函數的最後呼叫使用者編寫的main()函數。
- 程式第189行：LDR指令將SystemInit的位址載入到暫存器R0。
- 程式第190行：跳轉（BLX）到R0中的位址執行程式，即執行SystemInit函數的內容。
- SystemInit()函數設置浮點運算單元、中斷向量表重定位與外部記憶體組態配置。程式碼如下：

```
/**
* @brief  Setup the microcontroller system
* Initialize the FPU setting, vector table location and External memory
* configuration.
* @param  None
* @retval None
*/
1    void SystemInit(void)
2    {
3    /* FPU settings ------------------------------------------------------*/
4    #if (__FPU_PRESENT == 1) && (__FPU_USED == 1)
5     SCB->CPACR |= ((3UL << 10*2)|(3UL << 11*2));  /* set CP10 and CP11 Full
     Access */
6    #endif
7     #if defined (DATA_IN_ExtSRAM) || defined (DATA_IN_ExtSDRAM)
8     SystemInit_ExtMemCtl();
```

```
9    #endif /* DATA_IN_ExtSRAM || DATA_IN_ExtSDRAM */
10   /* Configure the Vector Table location add offset address ---------*/
11   #ifdef VECT_TAB_SRAM
12   SCB->VTOR = SRAM_BASE | VECT_TAB_OFFSET; /* Vector Table Relocation in Internal SRAM */
13   #else
14   SCB->VTOR = FLASH_BASE | VECT_TAB_OFFSET; /* Vector Table Relocation in Internal FLASH */
15   #endif
16   }
```

- 程式第4~6行：STM32F412ZGT6屬於Cortex M4F架構，含有32位元單精確度硬體FPU，支援浮點指令集。第4行程式碼根據編譯控制項（__FPU_PRESENT=1與__FPU_USED =1）的值決定是否設置協同處理器控制存取暫存器（Coprocessor Access Control Register，CPACR）的CP10與CP11（第5行），來開啓硬體FPU。預設狀態是關閉硬體FPU。
- 程式第7~9行：根據編譯控制項（DATA_IN_ExtSRAM或DATA_IN_ExtSDRAM）的值決定是否配置FSMC用於外部SRAM或SDRAM。預設狀態是沒有使用外部記憶體。
- 程式第11~15行：根據編譯控制項（VECT_TAB_SRAM）的值決定向量表重定位於內部SRAM1（第12行）或內部FLASH（第14）。預設狀態是中斷向量表重定位於內部FLASH。

■ 程式第191行：LDR指令將__main的位址載入到暫存器R0。

■ 程式第192行：跳轉（BX）到R0中的位址執行程式，即執行__main函數，在此函數中呼叫使用者編寫的main函數。

■ 程式第193行：ENDP表示Reset_Handler副程式的結束。

### 3-2-5 中斷服務程式

startup_stm32f412zx.s已經寫好所有中斷的服務函數，但這些函數都是空的

（Dummy），真正的中斷服務程式需要在外部的程式中重新定義。

```
195  ; Dummy Exception Handlers (infinite loops which can be modified)
196
197  NMI_Handler     PROC
198                  EXPORT  NMI_Handler                [WEAK]
199                  B       .
200                  ENDP
201  HardFault_Handler\
202                  PROC
203                  EXPORT  HardFault_Handler          [WEAK]
204                  B       .
205                  ENDP
206  MemManage_Handler\
207                  PROC
208                  EXPORT  MemManage_Handler          [WEAK]
209                  B       .
210                  ENDP
```

圖3-18　空的中斷服務程

- 程式第197行：利用PROC虛擬指令定義了一個副程式NMI_Handler。
- 程式第198行：EXPORT表示NMI_Handler這個副程式可供其他程式呼叫。關鍵字[WEAK]表示弱定義，如果編譯器發現在別處定義了相同名稱的函數，則在連結時用別處的函數進行連結，如果其他地方沒有定義，編譯器以此函數進行連結。
- 程式第199行：B跳轉到一個標籤，這裡跳轉到一個「.」，表示無限迴圈。
- 程式第200行：ENDP表示NMI_Handler副程式的結束。
- 程式第201~402行：以類似方式定義其他空的中斷服務函數。限於篇幅，中間程式代碼省略。

## 3-2-6　使用者堆疊／堆積初始化

使用者堆疊／堆積初始化程式如圖3-19。

- 程式第409~418行：首先判斷是否定義了__MICROLIB巨集，如果定義了這個巨集，則賦予標籤__initial_sp、__heap_base、__heap_limit具有全域屬性，可供外部程式呼叫。如果沒有定義__MICROLIB巨集，則採用雙段記憶體模式，且定義標籤__user_initial_stackheap具有全域屬性。
- 程式第420行：標籤__user_initial_stackheap表示初始化使用者堆疊／堆積。
- 程式第422行：LDR指令將堆積起始位址（Heap_Mem）載入R0暫存器。

```
startup_stm32f412zx.s
407  ; User Stack and Heap initialization
408  ;*************************************************************
409                     IF      :DEF:__MICROLIB
410
411                     EXPORT  __initial_sp
412                     EXPORT  __heap_base
413                     EXPORT  __heap_limit
414
415                     ELSE
416
417                     IMPORT  __use_two_region_memory
418                     EXPORT  __user_initial_stackheap
419
420  __user_initial_stackheap
421
422                     LDR     R0, =  Heap_Mem
423                     LDR     R1, =(Stack_Mem + Stack_Size)
424                     LDR     R2, = (Heap_Mem +  Heap_Size)
425                     LDR     R3, = Stack_Mem
426                     BX      LR
427
428                     ALIGN
429
430                     ENDIF
```

圖3-19　使用者堆疊／堆積初始化程式

- 程式第423行：LDR指令將堆疊始位位址（Stack_Mem+Stack_Size）載入R1暫存器。
- 程式第424：LDR指令將堆積結束位址（Heap_Mem+Heap_Size）載入R2暫存器。
- 程式第425行：LDR指令將堆疊起結束位址（Stack_Mem）載入R3暫存器。
- 程式第426行：利用BX指令返回呼叫者程式。
- 程式第428行：ALIGN對指令或資料存放的位址進行對齊，後面會跟一個立即數，如果省略表示4位元組對齊。
- 程式第430行：結束__MICROLIB巨集的定義。

## 3-2-7　main()函數

最小軟體系統的main()函數，執行HAL_Init()初始化副程式與SystemClock_Config()副程式，然後進入while無窮迴圈，如圖3-20。

```
startup_stm32f412zx.s   main.c
63  int main(void)
64  {
65    /* USER CODE BEGIN 1 */
66
67    /* USER CODE END 1 */
68
69    /* MCU Configuration--------------------------------------------------------*/
70
71    /* Reset of all peripherals, Initializes the Flash interface and the Systick. */
72    HAL_Init();
73
74    /* USER CODE BEGIN Init */
75
76    /* USER CODE END Init */
77
78    /* Configure the system clock */
79    SystemClock_Config();
80
81    /* USER CODE BEGIN SysInit */
82
83    /* USER CODE END SysInit */
84
85    /* Initialize all configured peripherals */
86    /* USER CODE BEGIN 2 */
87
88    /* USER CODE END 2 */
89
90    /* Infinite loop */
91    /* USER CODE BEGIN WHILE */
92    while (1)
93    {
94      /* USER CODE END WHILE */
95
96      /* USER CODE BEGIN 3 */
97    }
98    /* USER CODE END 3 */
99  }
```

圖3-20　main()函數

■ HAL_Init()初始化函數程式碼如圖3-21所示，它主要完成以下工作。

1.配置Flash預取、指令快取、資料快取功能（程式160~170行）。

2.配置NVIC組中斷優先順序（程式173行）。

3.配置SysTick的中斷優先順序（程式176行）。

4.呼叫HAL_MspInit()函數（程式179行）。

■ HAL_MspInit()函數程式碼在stm32f4xx_hal_msp.c檔案中，如圖3-22所示，它主要完成以下工作。

1.啓動SYSCFG時鐘（程式70行）。

2.啓動PWR時鐘（程式71行）

```
startup_stm32f412zx.s   main.c   stm32f4xx_hal.c
157 HAL_StatusTypeDef HAL_Init(void)
158 {
159   /* Configure Flash prefetch, Instruction cache, Data cache */
160 #if (INSTRUCTION_CACHE_ENABLE != 0U)
161   __HAL_FLASH_INSTRUCTION_CACHE_ENABLE();
162 #endif /* INSTRUCTION_CACHE_ENABLE */
163
164 #if (DATA_CACHE_ENABLE != 0U)
165   __HAL_FLASH_DATA_CACHE_ENABLE();
166 #endif /* DATA_CACHE_ENABLE */
167
168 #if (PREFETCH_ENABLE != 0U)
169   __HAL_FLASH_PREFETCH_BUFFER_ENABLE();
170 #endif /* PREFETCH_ENABLE */
171
172   /* Set Interrupt Group Priority */
173   HAL_NVIC_SetPriorityGrouping(NVIC_PRIORITYGROUP_4);
174
175   /* Use systick as time base source and configure 1ms tick (default clock after Reset is HSI) */
176   HAL_InitTick(TICK_INT_PRIORITY);
177
178   /* Init the low level hardware */
179   HAL_MspInit();
180
181   /* Return function status */
182   return HAL_OK;
183 }
```

圖3-21 HAL_Init函數

```
startup_stm32f412zx.s   main.c   stm32f4xx_hal.c   stm32f4xx_hal_msp.c
61 /**
62   * Initializes the Global MSP.
63   */
64 void HAL_MspInit(void)
65 {
66   /* USER CODE BEGIN MspInit 0 */
67
68   /* USER CODE END MspInit 0 */
69
70   __HAL_RCC_SYSCFG_CLK_ENABLE();
71   __HAL_RCC_PWR_CLK_ENABLE();
72
73   /* System interrupt init*/
74
75   /* USER CODE BEGIN MspInit 1 */
76
77   /* USER CODE END MspInit 1 */
78 }
```

圖3-22 HAL_MspInit()函數

■ SystemClock_Config()函數根據時鐘組態（圖3-6）配置系統時鐘，程式碼如圖3-23所示，可分成三部分工作。

1.內部調壓器輸出電壓的設定：

- 程式第112行：啓動PWR時鐘。
- 程式第113行：設置內部調壓器輸出電壓級別。

2.時鐘源（HSE、HIS、LSE、LSI、PLL）組態設定（HAL_RCC_OscConfig）：

- 程式第117行：配置HSI作爲時鐘源。
- 程式第118行：開啓HSI時鐘源。
- 程式第119行：開啓HSI校正值設爲預設的校正值。
- 程式第120行：PLL沒有啓動。
- 程式第121~124行：根據程式第117~120行的配置設定時鐘源組態。

3.CPU、AHB 、APB1 、APB2時鐘頻率組態設定（HAL_RCC_ClockConfig）：

- 程式第127~128行：設定要配置的時鐘型態，包含HCLK、SYSCLK、PCLK1、PCLK2。

```
startup_stm32f412zx.s | main.c | stm32f4xx_hal.c | stm32f4xx_hal_msp.c
105 void SystemClock_Config(void)
106 {
107   RCC_OscInitTypeDef RCC_OscInitStruct = {0};
108   RCC_ClkInitTypeDef RCC_ClkInitStruct = {0};
109
110   /** Configure the main internal regulator output voltage
111   */
112   __HAL_RCC_PWR_CLK_ENABLE();
113   __HAL_PWR_VOLTAGESCALING_CONFIG(PWR_REGULATOR_VOLTAGE_SCALE1);
114   /** Initializes the RCC Oscillators according to the specified parameters
115   * in the RCC_OscInitTypeDef structure.
116   */
117   RCC_OscInitStruct.OscillatorType = RCC_OSCILLATORTYPE_HSI;
118   RCC_OscInitStruct.HSIState = RCC_HSI_ON;
119   RCC_OscInitStruct.HSICalibrationValue = RCC_HSICALIBRATION_DEFAULT;
120   RCC_OscInitStruct.PLL.PLLState = RCC_PLL_NONE;
121   if (HAL_RCC_OscConfig(&RCC_OscInitStruct) != HAL_OK)
122   {
123     Error_Handler();
124   }
125   /** Initializes the CPU, AHB and APB buses clocks
126   */
127   RCC_ClkInitStruct.ClockType = RCC_CLOCKTYPE_HCLK|RCC_CLOCKTYPE_SYSCLK
128                               |RCC_CLOCKTYPE_PCLK1|RCC_CLOCKTYPE_PCLK2;
129   RCC_ClkInitStruct.SYSCLKSource = RCC_SYSCLKSOURCE_HSI;
130   RCC_ClkInitStruct.AHBCLKDivider = RCC_SYSCLK_DIV1;
131   RCC_ClkInitStruct.APB1CLKDivider = RCC_HCLK_DIV1;
132   RCC_ClkInitStruct.APB2CLKDivider = RCC_HCLK_DIV1;
133
134   if (HAL_RCC_ClockConfig(&RCC_ClkInitStruct, FLASH_LATENCY_0) != HAL_OK)
135   {
136     Error_Handler();
137   }
138 }
```

圖3-23　SystemClock_Config()函數程式碼

- 程式第129行：設定HSI為SYSCLK時鐘源。
- 程式第130行：設定AHB預除頻值為1。
- 程式第131行：設定APB1預除頻值為1。
- 程式第132行：設定APB2預除頻值為1。
- 程式第134~137行：根據程式第129~132行的配置設定HCLK、SYSCLK、PCLK1、PCLK2時鐘頻率。

## 3-2-8 stm32f4xx_it.c

stm32f4xx_it.c程式定義系統中斷與異常服務函數，包括：NMI_Handler()、HardFault_Handler()、MemManage_Handler()、BusFault_Handler()、UsageFault_Handler()、SVC_Handler()、DebugMon_Handler()、PendSV_Handler()、SysTick_Handler()。其中，NMI_Handler()、SVC_Handler()、DebugMon_Handler()與PendSV_Handler()是空函數。HardFault_Handler()、MemManage_Handler()、BusFault_Handler()與UsageFault_Handler()是while無窮迴圈。SysTick_Handler()呼叫HAL_IncTick()。

# 通用輸入輸出埠 GPIO 與 LED 顯示控制

CHAPTER 4

本章介紹通用輸入輸出埠GPIO的功能，說明如何使用GPIO控制LED顯示以及講解STM32 HAL與BSP函數庫的使用。

## 4-1　GPIO簡介

GPIO（General-purpose input/output），通用型之輸入輸出的簡稱，PIN接腳依系統設計考量可作爲通用輸入、通用輸出、類比輸入、類比輸出或其他特殊功能，如SPI、$I^2C$、USART、SDIO、FSMC等。

STM32F412ZG有8個GPIOx埠（x=A..H），如圖4-1所示。其中，每個GPIO埠是透過AHB1匯流排與ARM Cortex-M4F相連，在STM32F412ZG MCU重置後，每個GPIO埠對應的時鐘都是關閉的，如果想要GPIO埠工作，必須把相應的時鐘開啓。在每個GPIO埠內包括4個32位元配置暫存器（GPIOx_MODER、GPIOx_OTYPER、GPIOx_OSPEEDR和GPIOx_PUPDR）、2個32位元資料暫存器（GPIOx_IDR和GPIOx_ODR）、1個32位元設置／重置暫存器（GPIOx_BSRR）、1個32位元鎖定暫存器（GPIOx_LCKR）和2個32位元複用功能選擇暫存器（GPIOx_AFRH和GPIOx_AFRL）。GPIO暫存器列表，如表4-1所示。

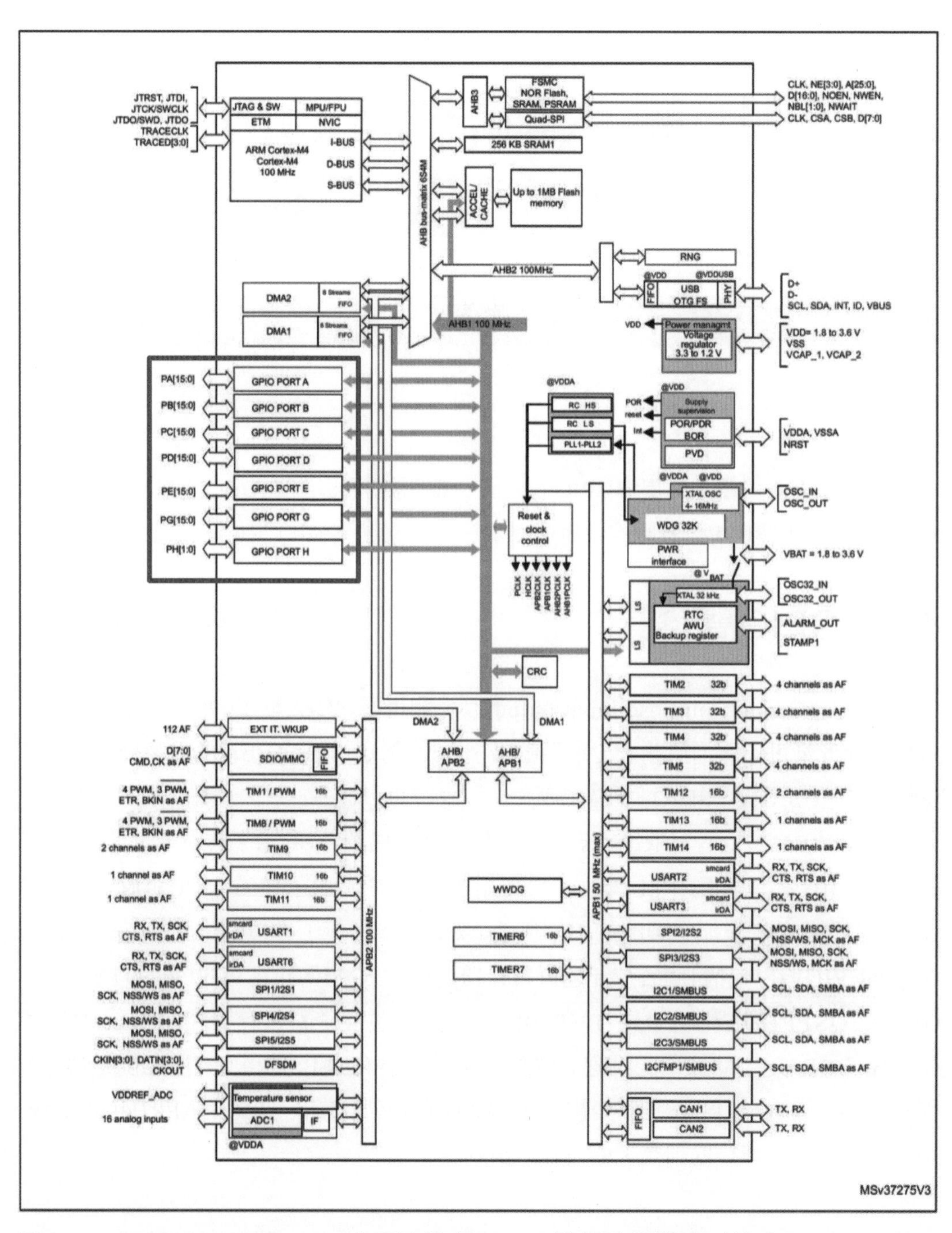

圖4-1 STM32F412ZG MCU內匯流排與GPIOx埠相連架構圖（摘自STMicroelectronics公司文件）

表4-1 GPIO暫存器列表

| Offset | Register | 31 | 30 | 29 | 28 | 27 | 26 | 25 | 24 | 23 | 22 | 21 | 20 | 19 | 18 | 17 | 16 | 15 | 14 | 13 | 12 | 11 | 10 | 9 | 8 | 7 | 6 | 5 | 4 | 3 | 2 | 1 | 0 |
|---|---|---|---|---|---|---|---|---|---|---|---|---|---|---|---|---|---|---|---|---|---|---|---|---|---|---|---|---|---|---|---|---|---|
| 0x00 | GPIOA_ MODER | MODER15[1:0] | | MODER14[1:0] | | MODER13[1:0] | | MODER12[1:0] | | MODER11[1:0] | | MODER10[1:0] | | MODER9[1:0] | | MODER8[1:0] | | MODER7[1:0] | | MODER6[1:0] | | MODER5[1:0] | | MODER4[1:0] | | MODER3[1:0] | | MODER2[1:0] | | MODER1[1:0] | | MODER0[1:0] | |
| | Reset value | 0 | 0 | 0 | 0 | 1 | 1 | 0 | 0 | 0 | 0 | 0 | 0 | 0 | 0 | 0 | 0 | 0 | 0 | 0 | 0 | 0 | 0 | 0 | 0 | 0 | 0 | 0 | 0 | 0 | 0 | 0 | 0 |
| 0x00 | GPIOB_ MODER | MODER15[1:0] | | MODER14[1:0] | | MODER13[1:0] | | MODER12[1:0] | | MODER11[1:0] | | MODER10[1:0] | | MODER9[1:0] | | MODER8[1:0] | | MODER7[1:0] | | MODER6[1:0] | | MODER5[1:0] | | MODER4[1:0] | | MODER3[1:0] | | MODER2[1:0] | | MODER1[1:0] | | MODER0[1:0] | |
| | Reset value | 0 | 0 | 0 | 0 | 0 | 0 | 0 | 0 | 0 | 0 | 0 | 0 | 0 | 0 | 0 | 0 | 0 | 0 | 0 | 0 | 0 | 0 | 1 | 0 | 1 | 0 | 0 | 0 | 0 | 0 | 0 | 0 |
| 0x00 | GPIOx_MODER (where x = C...H) | MODER15[1:0] | | MODER14[1:0] | | MODER13[1:0] | | MODER12[1:0] | | MODER11[1:0] | | MODER10[1:0] | | MODER9[1:0] | | MODER8[1:0] | | MODER7[1:0] | | MODER6[1:0] | | MODER5[1:0] | | MODER4[1:0] | | MODER3[1:0] | | MODER2[1:0] | | MODER1[1:0] | | MODER0[1:0] | |
| | Reset value | 0 | 0 | 0 | 0 | 0 | 0 | 0 | 0 | 0 | 0 | 0 | 0 | 0 | 0 | 0 | 0 | 0 | 0 | 0 | 0 | 0 | 0 | 0 | 0 | 0 | 0 | 0 | 0 | 0 | 0 | 0 | 0 |
| 0x04 | GPIOx_ OTYPER (where x = A...H) | Res. | Res. | Res. | Res. | Res. | Res. | Res. | Res. | Res. | Res. | Res. | Res. | Res. | Res. | Res. | Res. | OT15 | OT14 | OT13 | OT12 | OT11 | OT10 | OT9 | OT8 | OT7 | OT6 | OT5 | OT4 | OT3 | OT2 | OT1 | OT0 |
| | Reset value | | | | | | | | | | | | | | | | | 0 | 0 | 0 | 0 | 0 | 0 | 0 | 0 | 0 | 0 | 0 | 0 | 0 | 0 | 0 | 0 |
| 0x08 | GPIOx_ OSPEEDR (where x = C...H) | OSPEEDR15[1:0] | | OSPEEDR14[1:0] | | OSPEEDR13[1:0] | | OSPEEDR12[1:0] | | OSPEEDR11[1:0] | | OSPEEDR10[1:0] | | OSPEEDR9[1:0] | | OSPEEDR8[1:0] | | OSPEEDR7[1:0] | | OSPEEDR6[1:0] | | OSPEEDR5[1:0] | | OSPEEDR4[1:0] | | OSPEEDR3[1:0] | | OSPEEDR2[1:0] | | OSPEEDR1[1:0] | | OSPEEDR0[1:0] | |
| | Reset value | 0 | 0 | 0 | 0 | 0 | 0 | 0 | 0 | 0 | 0 | 0 | 0 | 0 | 0 | 0 | 0 | 0 | 0 | 0 | 0 | 0 | 0 | 0 | 0 | 0 | 0 | 0 | 0 | 0 | 0 | 0 | 0 |
| 0x08 | GPIOA_ OSPEEDER | OSPEEDR15[1:0] | | OSPEEDR14[1:0] | | OSPEEDR13[1:0] | | OSPEEDR12[1:0] | | OSPEEDR11[1:0] | | OSPEEDR10[1:0] | | OSPEEDR9[1:0] | | OSPEEDR8[1:0] | | OSPEEDR7[1:0] | | OSPEEDR6[1:0] | | OSPEEDR5[1:0] | | OSPEEDR4[1:0] | | OSPEEDR3[1:0] | | OSPEEDR2[1:0] | | OSPEEDR1[1:0] | | OSPEEDR0[1:0] | |
| | Reset value | 0 | 0 | 0 | 0 | 1 | 1 | 0 | 0 | 0 | 0 | 0 | 0 | 0 | 0 | 0 | 0 | 0 | 0 | 0 | 0 | 0 | 0 | 0 | 0 | 0 | 0 | 0 | 0 | 0 | 0 | 0 | 0 |
| 0x08 | GPIOB_ OSPEEDR | OSPEEDR15[1:0] | | OSPEEDR14[1:0] | | OSPEEDR13[1:0] | | OSPEEDR12[1:0] | | OSPEEDR11[1:0] | | OSPEEDR10[1:0] | | OSPEEDR9[1:0] | | OSPEEDR8[1:0] | | OSPEEDR7[1:0] | | OSPEEDR6[1:0] | | OSPEEDR5[1:0] | | OSPEEDR4[1:0] | | OSPEEDR3[1:0] | | OSPEEDR2[1:0] | | OSPEEDR1[1:0] | | OSPEEDR0[1:0] | |
| | Reset value | 0 | 0 | 0 | 0 | 0 | 0 | 0 | 0 | 0 | 0 | 0 | 0 | 0 | 0 | 0 | 0 | 0 | 0 | 0 | 0 | 0 | 0 | 0 | 0 | 1 | 1 | 0 | 0 | 0 | 0 | 0 | 0 |
| 0x0C | GPIOB_PUPDR | PUPDR15[1:0] | | PUPDR14[1:0] | | PUPDR13[1:0] | | PUPDR12[1:0] | | PUPDR11[1:0] | | PUPDR10[1:0] | | PUPDR9[1:0] | | PUPDR8[1:0] | | PUPDR7[1:0] | | PUPDR6[1:0] | | PUPDR5[1:0] | | PUPDR4[1:0] | | PUPDR3[1:0] | | PUPDR2[1:0] | | PUPDR1[1:0] | | PUPDR0[1:0] | |
| | Reset value | 0 | 0 | 0 | 0 | 0 | 0 | 0 | 0 | 0 | 0 | 0 | 0 | 0 | 0 | 0 | 0 | 0 | 0 | 0 | 0 | 0 | 0 | 0 | 1 | 0 | 0 | 0 | 0 | 0 | 0 | 0 | 0 |
| 0x0C | GPIOx_PUPDR (where x = C...H) | PUPDR15[1:0] | | PUPDR14[1:0] | | PUPDR13[1:0] | | PUPDR12[1:0] | | PUPDR11[1:0] | | PUPDR10[1:0] | | PUPDR9[1:0] | | PUPDR8[1:0] | | PUPDR7[1:0] | | PUPDR6[1:0] | | PUPDR5[1:0] | | PUPDR4[1:0] | | PUPDR3[1:0] | | PUPDR2[1:0] | | PUPDR1[1:0] | | PUPDR0[1:0] | |
| | Reset value | 0 | 0 | 0 | 0 | 0 | 0 | 0 | 0 | 0 | 0 | 0 | 0 | 0 | 0 | 0 | 0 | 0 | 0 | 0 | 0 | 0 | 0 | 0 | 0 | 0 | 0 | 0 | 0 | 0 | 0 | 0 | 0 |
| 0x10 | GPIOx_IDR (where x = A...H) | Res. | Res. | Res. | Res. | Res. | Res. | Res. | Res. | Res. | Res. | Res. | Res. | Res. | Res. | Res. | Res. | IDR15 | IDR14 | IDR13 | IDR12 | IDR11 | IDR10 | IDR9 | IDR8 | IDR7 | IDR6 | IDR5 | IDR4 | IDR3 | IDR2 | IDR1 | IDR0 |
| | Reset value | | | | | | | | | | | | | | | | | x | x | x | x | x | x | x | x | x | x | x | x | x | x | x | x |
| 0x14 | GPIOx_ODR (where x = A...H) | Res. | Res. | Res. | Res. | Res. | Res. | Res. | Res. | Res. | Res. | Res. | Res. | Res. | Res. | Res. | Res. | ODR15 | ODR14 | ODR13 | ODR12 | ODR11 | ODR10 | ODR9 | ODR8 | ODR7 | ODR6 | ODR5 | ODR4 | ODR3 | ODR2 | ODR1 | ODR0 |
| | Reset value | | | | | | | | | | | | | | | | | 0 | 0 | 0 | 0 | 0 | 0 | 0 | 0 | 0 | 0 | 0 | 0 | 0 | 0 | 0 | 0 |
| 0x18 | GPIOx_BSRR (where x = A...H) | BR15 | BR14 | BR13 | BR12 | BR11 | BR10 | BR9 | BR8 | BR7 | BR6 | BR5 | BR4 | BR3 | BR2 | BR1 | BR0 | BS15 | BS14 | BS13 | BS12 | BS11 | BS10 | BS9 | BS8 | BS7 | BS6 | BS5 | BS4 | BS3 | BS2 | BS1 | BS0 |
| | Reset value | 0 | 0 | 0 | 0 | 0 | 0 | 0 | 0 | 0 | 0 | 0 | 0 | 0 | 0 | 0 | 0 | 0 | 0 | 0 | 0 | 0 | 0 | 0 | 0 | 0 | 0 | 0 | 0 | 0 | 0 | 0 | 0 |

| Offset | Register | 31 | 30 | 29 | 28 | 27 | 26 | 25 | 24 | 23 | 22 | 21 | 20 | 19 | 18 | 17 | 16 | 15 | 14 | 13 | 12 | 11 | 10 | 9 | 8 | 7 | 6 | 5 | 4 | 3 | 2 | 1 | 0 |
|---|---|---|---|---|---|---|---|---|---|---|---|---|---|---|---|---|---|---|---|---|---|---|---|---|---|---|---|---|---|---|---|---|---|
| 0x1C | GPIOx_LCKR (where x = A...H) | Res. | Res. | Res. | Res. | Res. | Res. | Res. | Res. | Res. | Res. | Res. | Res. | Res. | Res. | Res. | LCKK | LCK15 | LCK14 | LCK13 | LCK12 | LCK11 | LCK10 | LCK9 | LCK8 | LCK7 | LCK6 | LCK5 | LCK4 | LCK3 | LCK2 | LCK1 | LCK0 |
| | Reset value | | | | | | | | | | | | | | | | 0 | 0 | 0 | 0 | 0 | 0 | 0 | 0 | 0 | 0 | 0 | 0 | 0 | 0 | 0 | 0 | 0 |
| 0x20 | GPIOx_AFRL (where x = A...H) | AFRL7[3:0] | | | | AFRL6[3:0] | | | | AFRL5[3:0] | | | | AFRL4[3:0] | | | | AFRL3[3:0] | | | | AFRL2[3:0] | | | | AFRL1[3:0] | | | | AFRL0[3:0] | | | |
| | Reset value | 0 | 0 | 0 | 0 | 0 | 0 | 0 | 0 | 0 | 0 | 0 | 0 | 0 | 0 | 0 | 0 | 0 | 0 | 0 | 0 | 0 | 0 | 0 | 0 | 0 | 0 | 0 | 0 | 0 | 0 | 0 | 0 |
| 0x24 | GPIOx_AFRH (where x = A...H) | AFRH15[3:0] | | | | AFRH14[3:0] | | | | AFRH13[3:0] | | | | AFRH12[3:0] | | | | AFRH11[3:0] | | | | AFRH10[3:0] | | | | AFRH9[3:0] | | | | AFRH8[3:0] | | | |
| | Reset value | 0 | 0 | 0 | 0 | 0 | 0 | 0 | 0 | 0 | 0 | 0 | 0 | 0 | 0 | 0 | 0 | 0 | 0 | 0 | 0 | 0 | 0 | 0 | 0 | 0 | 0 | 0 | 0 | 0 | 0 | 0 | 0 |

# 4-2 GPIO埠基本結構介紹

GPIO埠基本結構如圖4-2所示，以下分別描述其內部功能。

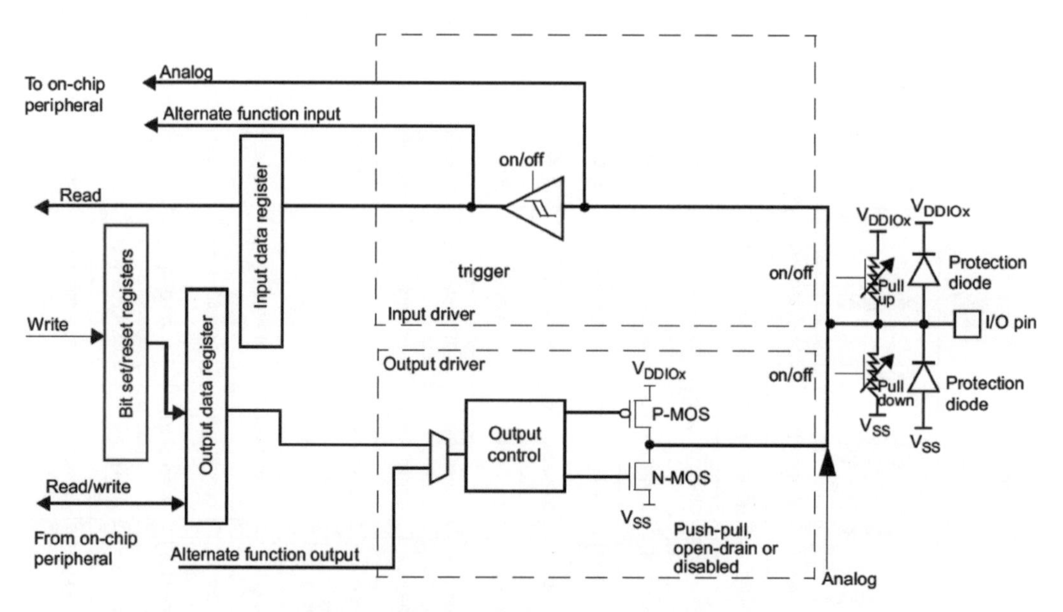


圖4-2　GPIO埠基本結構圖（摘自STMicroelectronics公司文件）

## 1. 保護二極體及上、下拉電阻（圖4-3）

接腳的兩個保護二極體可以防止接腳外部過高或過低的電壓輸入，當接腳電壓高於$V_{DDIOx}$時，上方的二極體導通，當接腳電壓低於$V_{SS}$時，下方的二極體導通，防止異常電壓接到晶片導致晶片燒毀。

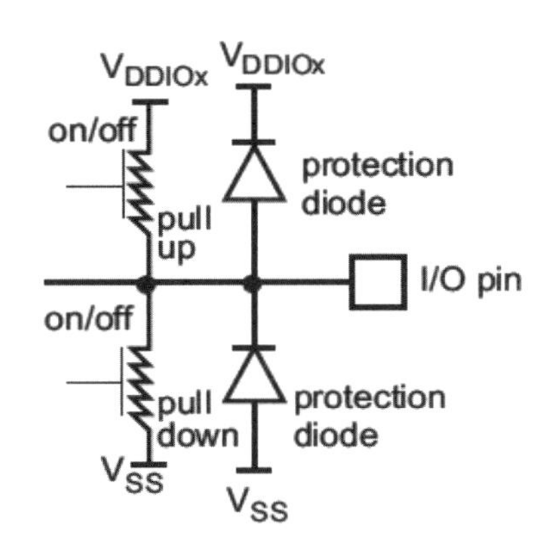


圖4-3　保護二極體及上、下拉電阻

2. 輸入模式（圖4-4）

GPIO接腳電路經過兩個保護二極體後，分成上下兩個部分，上方是「輸入模式」結構，下方是「輸出模式」結構。當GPIO接腳作為輸入模式時，其下方輸出驅動器（output driver）被關閉，施密特觸發器輸入被打開（on），根據GPIOx_PUPDR暫存器中的值決定是否打開上拉和下拉電阻，輸入資料暫存器每隔1個AHB1時鐘週期，對I/O接腳上的資料進行一次採樣，對輸入資料暫存器的讀取可獲得I/O狀態。

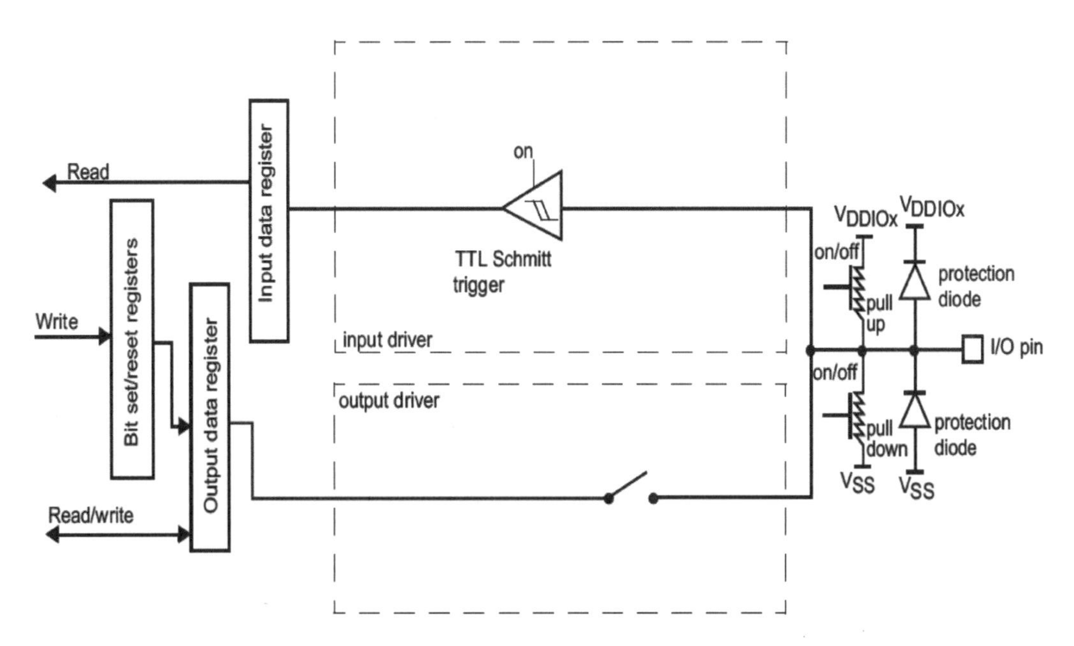


圖4-4　GPIO輸入模式（摘自STMicroelectronics公司文件）

3. 輸出模式（圖4-5）

當GPIO接腳作為輸出模式時，電路經過一個P-MOS電晶體和N-MOS電晶體組成的電路結構。這個結構使GPIO具有「推挽（push-pull）輸出」和「開汲極（open-drain）輸出」兩種模式。

在推挽輸出模式中，Output control單元的電路功能相當於是一個反向器的電路，輸出資料暫存器GPIOx_ODR輸出高電壓時，上方的P-MOS導通，下方的N-MOS關閉，對外輸出高電壓；而在該結構中，輸出資料暫存器輸出低電壓時，N-MOS導通，P-MOS關閉，對外輸出低電壓。因此通過修改輸出資料寄存器的值，就可以控制GPIO接腳的輸出電壓。而「設置／重置暫存器GPIOx_BSRR」可以用來修改輸出資料暫存器的值，從而影響GPIO的輸出。

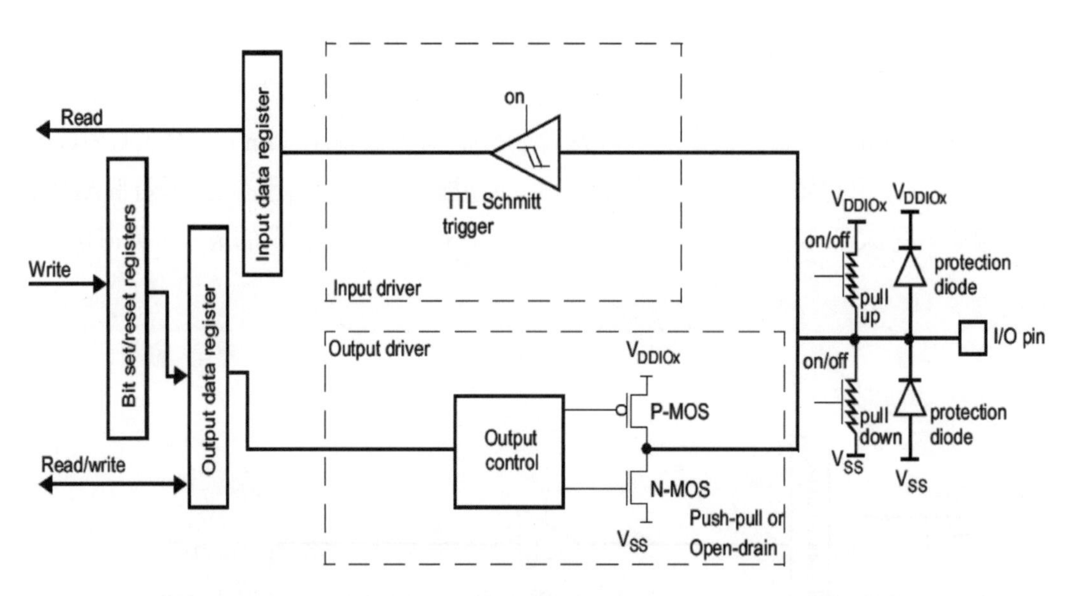


圖4-5　GPIO輸出模式（摘自STMicroelectronics公司文件）

而在開汲極輸出模式時，上方的P-MOS完全不工作。如果輸出資料暫存器輸出為0（低電壓），則P-MOS關閉，N-MOS導通，使輸出接地，若輸出資料暫存器輸出為1時，則P-MOS和N-MOS都關閉，所以接腳既不輸出高電壓，也不輸出低電壓，即為高阻態。正常使用時必須外接上拉電阻，若有很多個開汲極模式接腳連接到一起（wired AND）時，只有當所有接腳都輸出高阻態，才由上拉電阻提供高電壓。若其中一個接腳為低電壓，那線路就相當於短路接地。

推挽輸出模式一般應用在輸出電壓爲0和3.3V而且需要高速切換開關狀態的場合。而開汲極輸出一般應用在I2C、SMBUS通信等需要「wired AND」功能的匯流排電路中。

4. 複用功能（alternate function）模式

複用功能模式（圖4-6）是指該GPIO接腳可以設定複用功能選擇暫存器（GPIOx_AFRH和GPIOx_AFRL）作爲特殊周邊設備的接腳。例如使用USART串列通信時，可以將某些GPIO接腳配置成USART串列複用功能（TX/RX），由USART周邊設備控制器控制TX接腳發送資料，RX接腳接收資料。

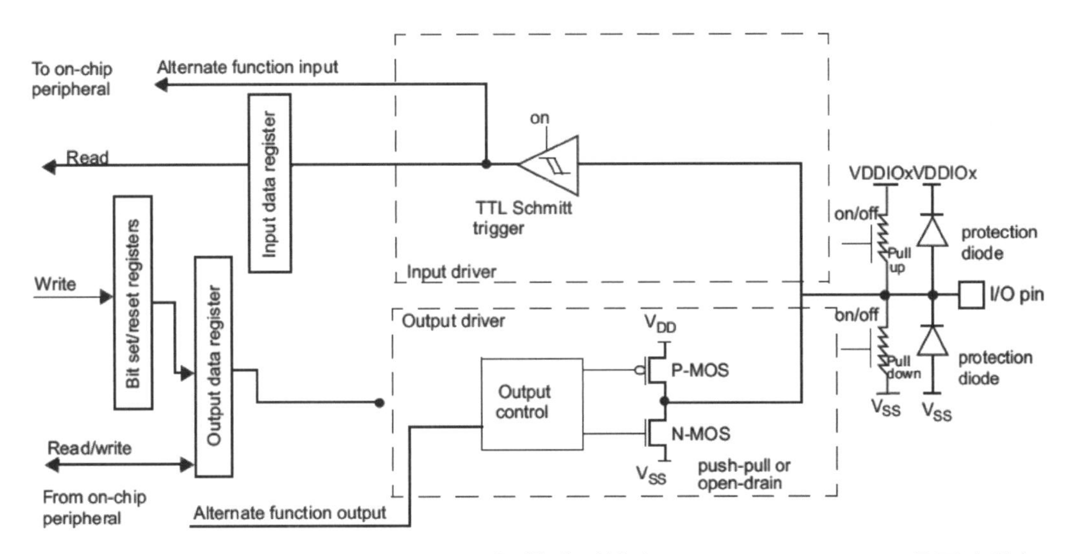


圖4-6 複用功能（alternate function）模式（摘自STMicroelectronics公司文件）

5. 類比輸入輸出（圖4-7）

當GPIO接腳用於ADC輸入通道取樣輸入的類比信號時，作爲「類比輸入」功能，此時信號是不經過施密特觸發器的，因爲經過施密特觸發器後信號只有0、1兩種狀態，所以ADC要取樣到原始的類比信號，信號源輸入必須在施密特觸發器之前。當GPIO接腳用於DAC作爲類比電壓輸出通道時，此時作爲「類比輸出」功能，DAC的類比信號輸出是直接輸出到接腳。

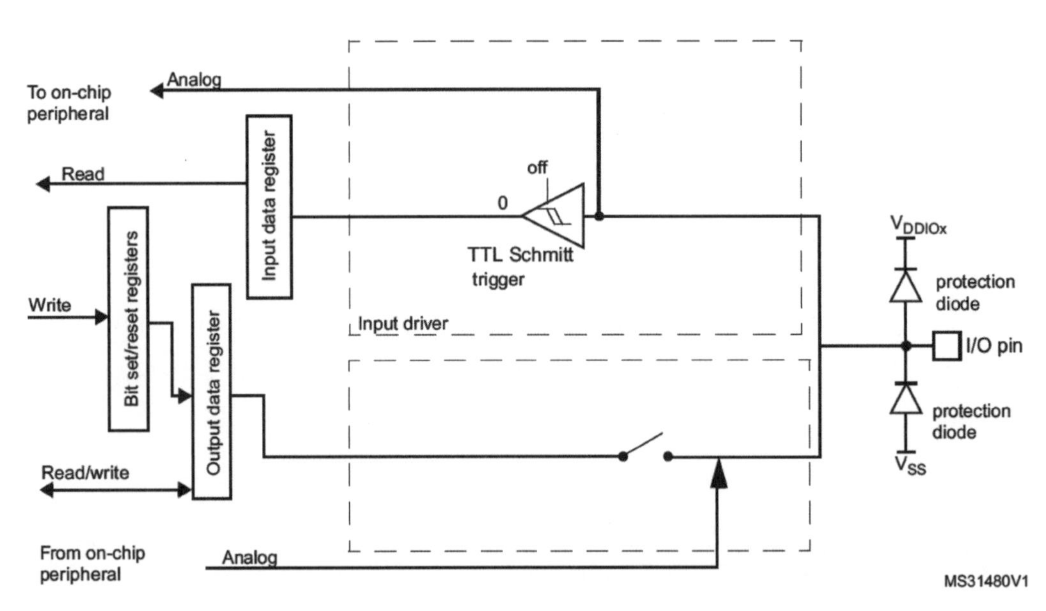


圖4-7　類比輸入輸出（摘自STMicroelectronics公司文件）

## 4-3　LED閃爍的實驗：使用GPIO輸出控制LED顯示

本節中以實例說明如何通過控制GPIO輸出來點亮LED並講解STM32 HAL與BSP函數庫的使用。

在STM32F412G-DISCO探索板中，有4個使用者可控制的（綠色、橘色、紅色、藍色）LED，綠色LED接到GPIO埠E的第0支接腳（PE0），橘色LED接到GPIO埠E的第1支接腳（PE1），紅色LED接到GPIO埠E的第2支接腳（PE2），藍色LED接到GPIO埠E的第3支接腳（PE3），電路圖如圖4-8所示，這4個LED是共陽極的接法，只要控制PB0~PE3輸出低電壓即可點亮其接腳所連接的LED，若輸出高電壓即可關閉LED。

利用STM32CubeMX創建LED_Blink專案，步驟如下：

**步驟1**：新建專案

開啓STM32cubeMX軟體，點擊New Project。根據圖4-9，在Part Number Search輸入STM32F412ZG，在MCUs List item選擇STM32F412ZGTx，然後點選Start Project，將開啓如圖4-10的專案主畫面。

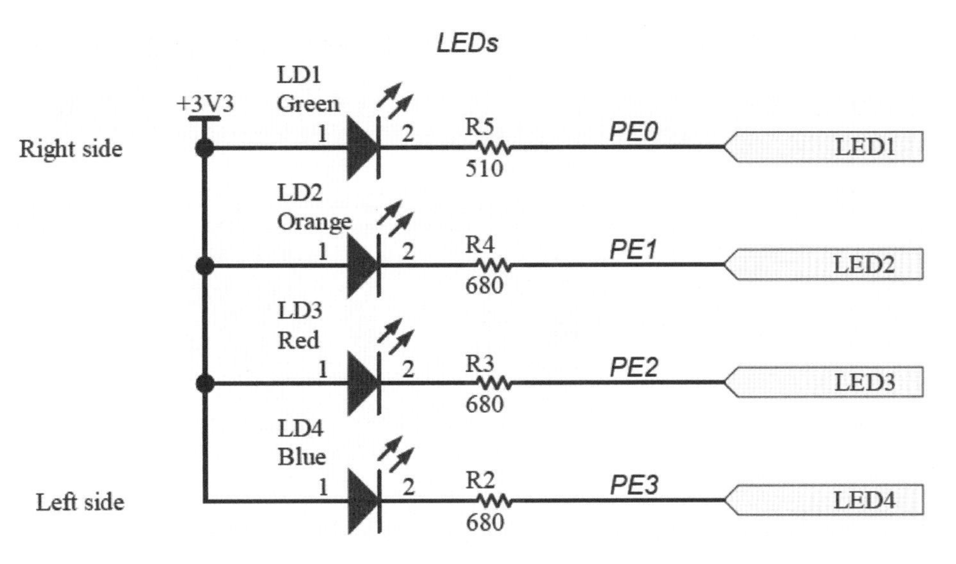


圖4-8　LED電路（摘自STMicroelectronics公司文件）

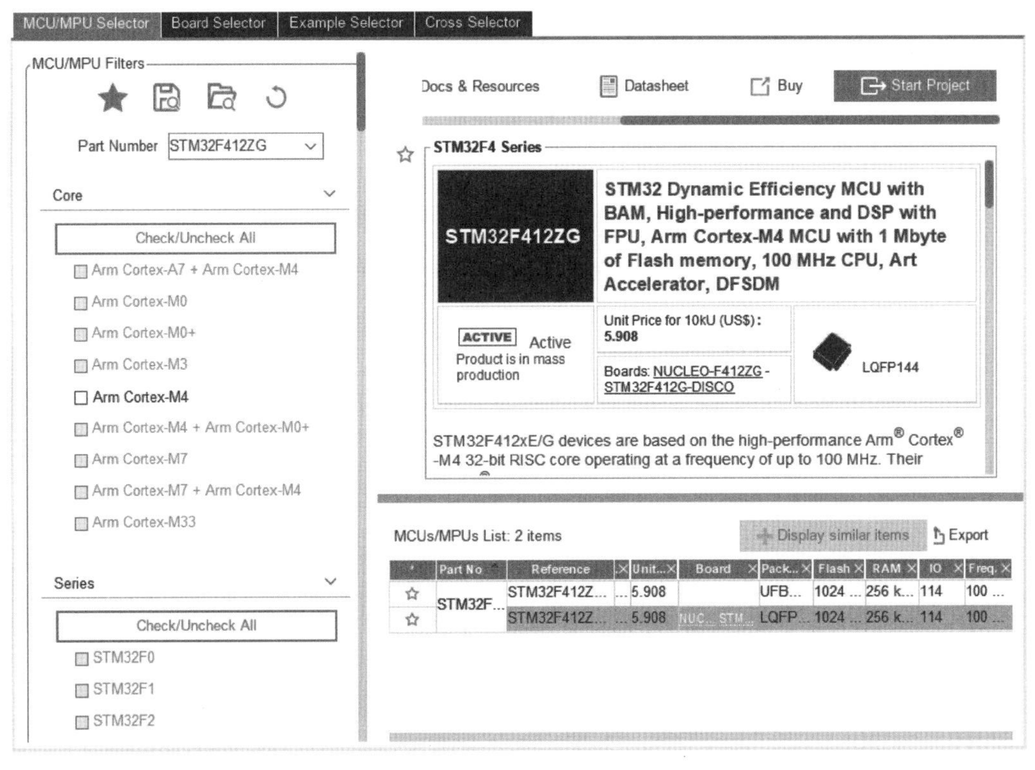


圖4-9　新建專案

圖4-10　專案主畫面

**步驟2**：GPIO接腳功能配置

找到PE0~PE3對應接腳位置，並設置爲GPIO_Output模式，如圖4-11。（黃色接腳爲該功能的GPIO已被用作特定功能（如電源腳位），綠色表示該接腳已使用）

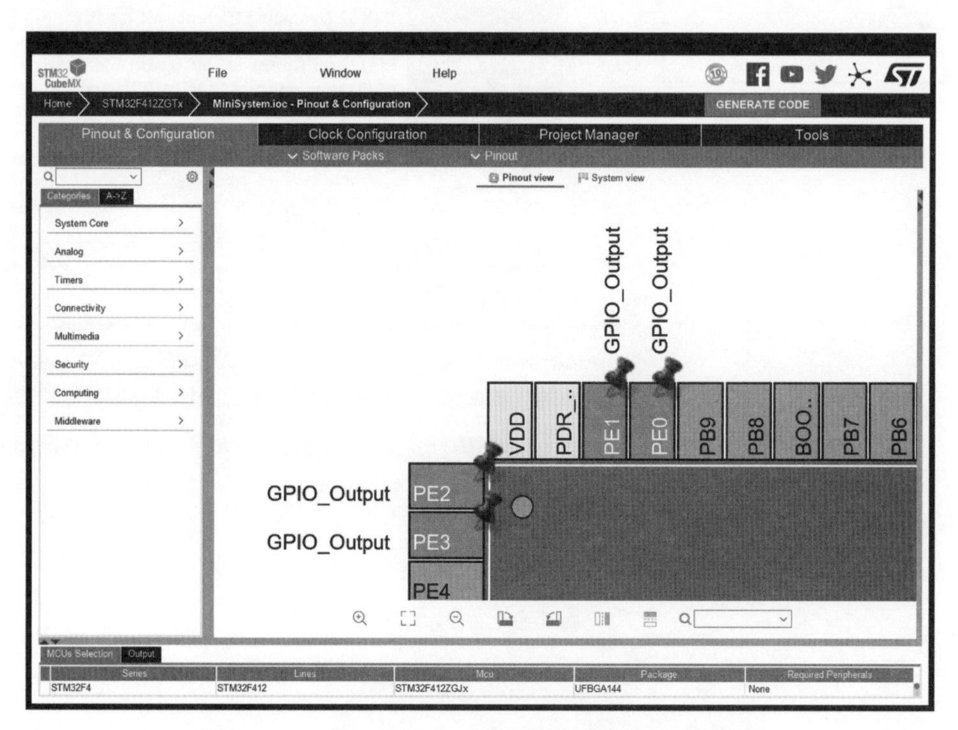


圖4-11　PE0、PE1、PE2與PE3接腳功能配置

**步驟3：**功能組態設置

在專案主畫面左側有8個功能組態設置區域（如圖4-12），分別對應的功能設置如下：

- System Core：用於配置WWDG、SYS、RCC、NVIC、IWDG、GPIO、DMA
- Analog：用於配置DAC、ADC
- Timer：用於配置RTC、計時器
- Connectivity：用於配置USART、SPI 、I2C、USB、ETH
- Multimedia：用於配置音訊、視訊、LCD
- Security：用於配置RNG
- Computing：用於CRC、DFSDM
- Middlewares（中介軟體）：用於配置FreeRTOS、FATFS、LIBJPEG、MBEDTLS、FDM2PCM、USB_DEVICE、USB_HOST

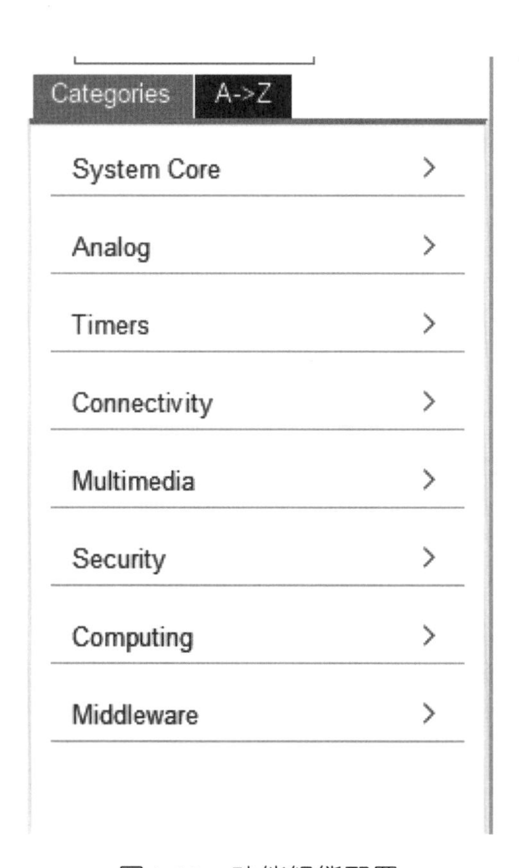


圖4-12　功能組態配置

展開System Core內的選項，點選GPIO進行GPIO接腳設置（pin configuration），如圖4-13：

- GPIO Pin Level: High
- GPIO mode：推挽輸出（Output Push Pull）
- GPIO Pull-up/Pull-down: No pull-up and no pull-down
- Maximum output speed: Low
- User Label（使用者標籤）：Green_LED for PE0/Orange_LED for PE1/Red_LED for PE2/Blue_LED for PE3

更改完成GPIO接腳設置後，接腳配置圖（Pinout）會顯示接腳的使用者標籤，如圖4-13。

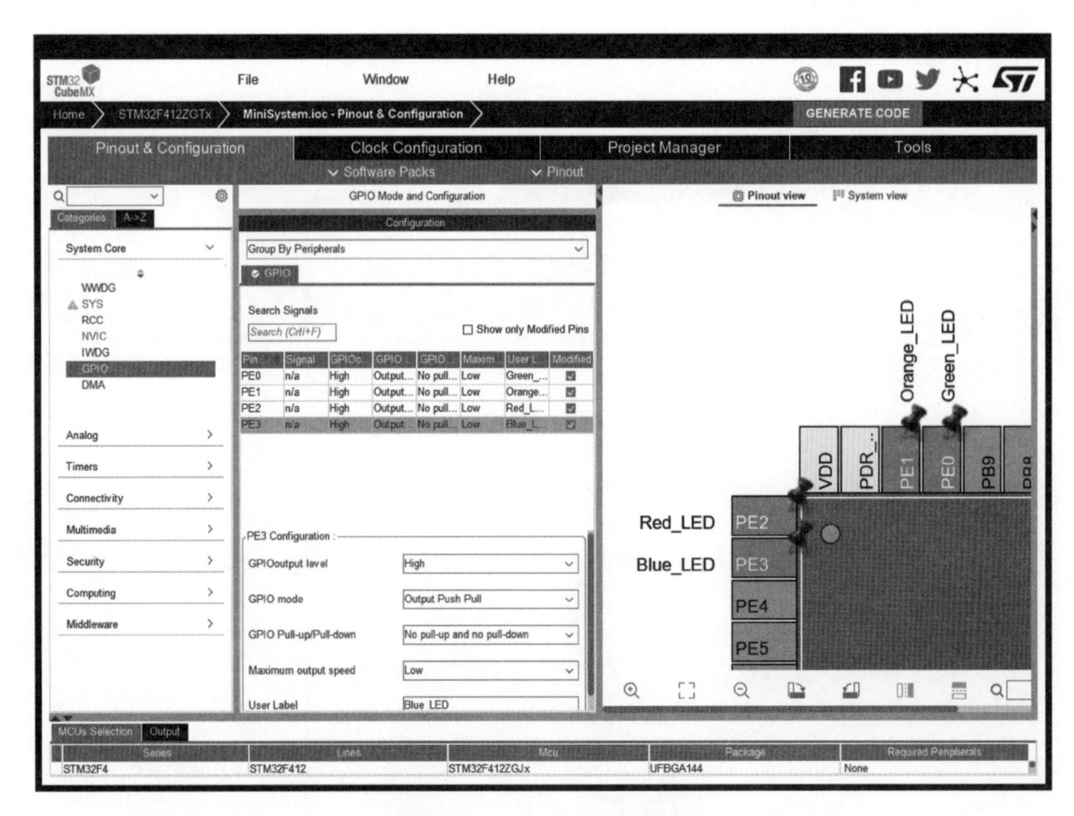


| Pin... | Signal | GPIOo... | GPIO ... | GPIO ... | Maxim... | User L... | Modified |
|---|---|---|---|---|---|---|---|
| PE0 | n/a | High | Output... | No pull... | Low | Green_... | ☑ |
| PE1 | n/a | High | Output... | No pull... | Low | Orange... | ☑ |
| PE2 | n/a | High | Output... | No pull... | Low | Red_L... | ☑ |
| PE3 | n/a | High | Output... | No pull... | Low | Blue_L... | ☑ |

圖4-13　GPIO接腳設置

步驟4：專案設定

點擊Project Manager，開啓專案設定介面，如圖4-14所示。在Project Name輸

入專案名稱：LED_Blink，點選Browse選擇專案儲存的位置，在Toolchain/IDE選擇MDK-ARM V5，其他部分使用預設。

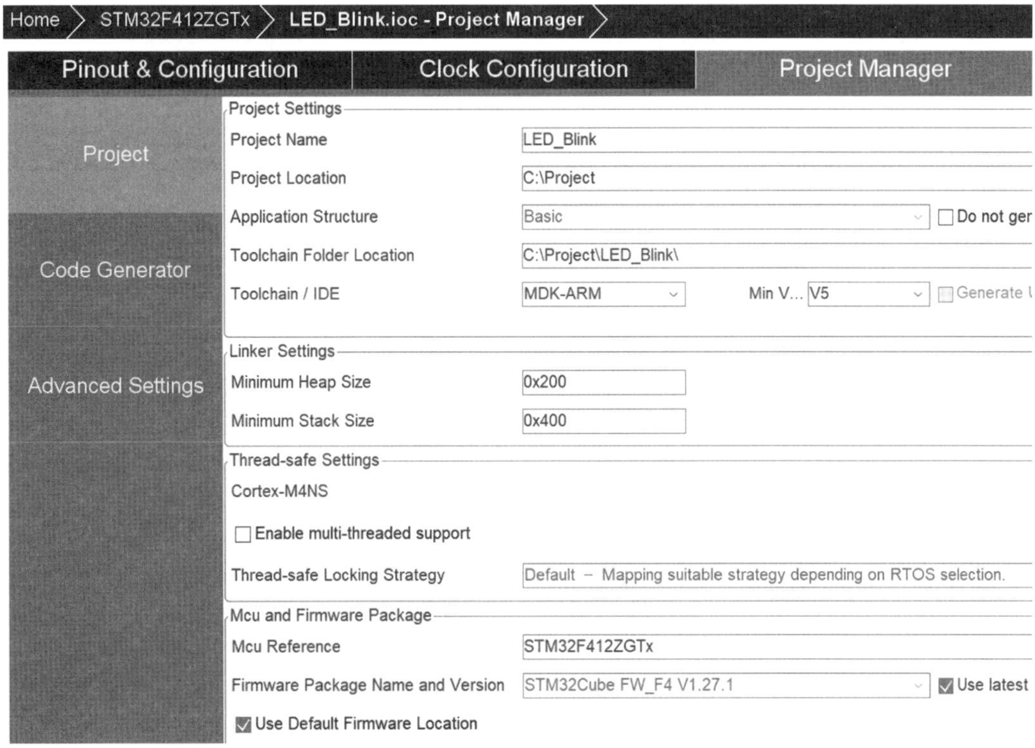

圖4-14　專案設定介面

專案設定介面點選Code Generator，開啓程式碼生成的設定介面，如圖4-15所示。根據圖4-15，在STM32Cube Firmware Library Package的選項中點選Copy only the necessary library files，在Generated files的選項中點選第1、第3與第4個選項，設定完成後點擊OK。

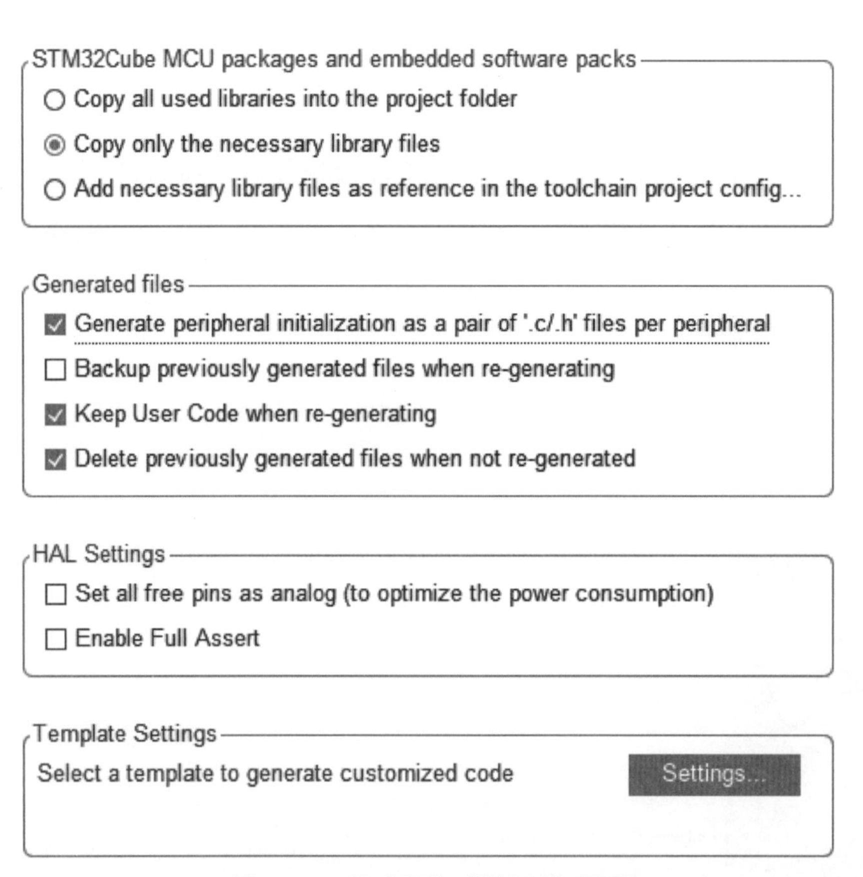


圖4-15　程式碼生成的設定介面

**步驟5**：生成程式碼

點選Generate Code（圖4-16），將根據專案設定生成程式碼，STM32CubeMX生成程式碼後，將彈出程式碼生成成功對話框（圖4-17），點擊Open Project按鈕，將由Keil $\mu$Vision5開啓LED_Blink專案。

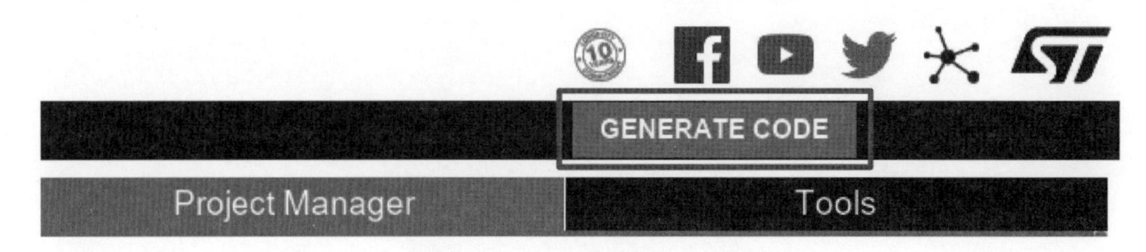


圖4-16　點選生成程式碼

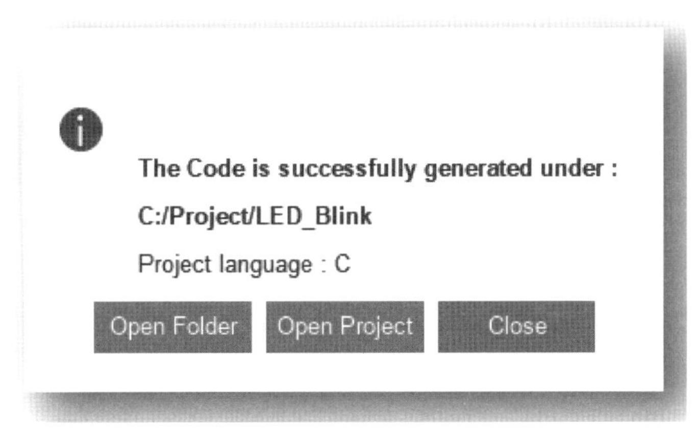


圖4-17 程式碼生成成功對話盒

由Keil μ Vision5開啓LED_Blink專案主畫面，如圖4-18所示，與最小軟體系統專案相比較，多了gpio.c程式（圖4-19），此程式內含GPIO埠設置的初始化程式（MX_GPIO_Init()）。在stm32f4xx_hal_gpio.h標頭檔（圖4-20）中定義GPIO結構體、GPIO暫存器映射與GPIO的操作函數。在stm32f4xx_hal_gpio.c（圖4-21）的程式中包含GPIO操作函數的實作。

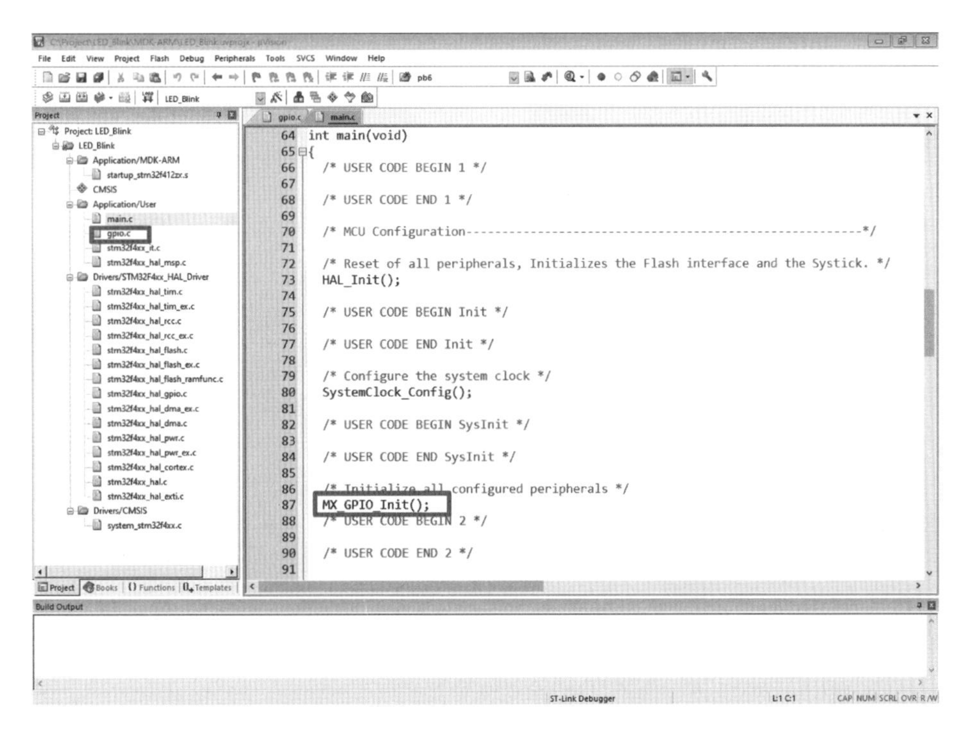

圖4-18 LED_Blink專案主畫面

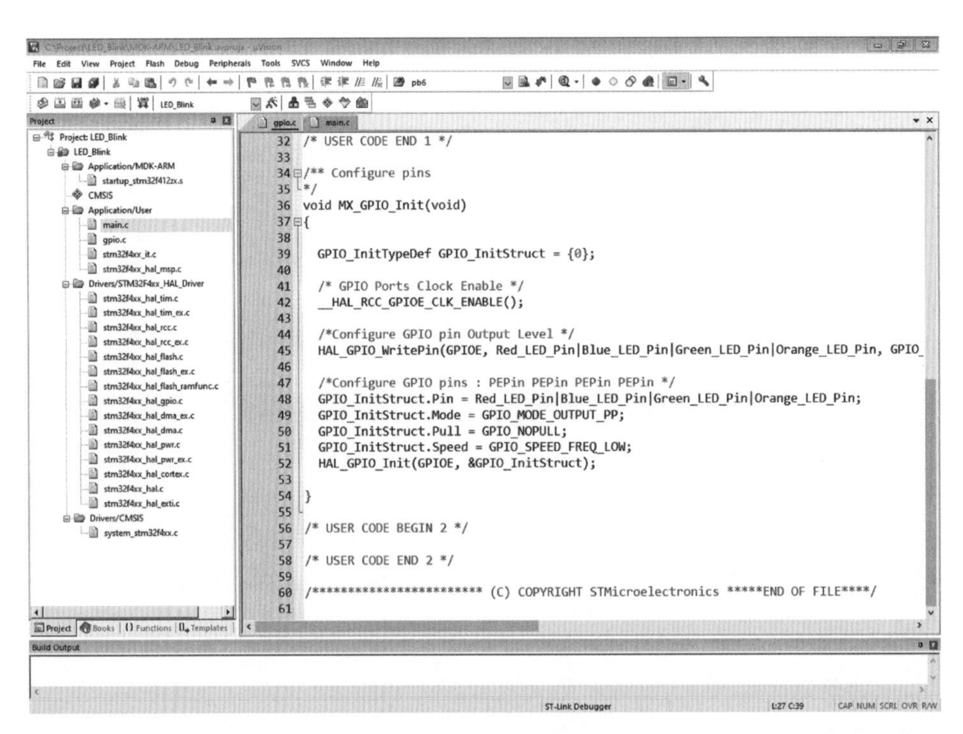


圖4-19　gpio.c程式

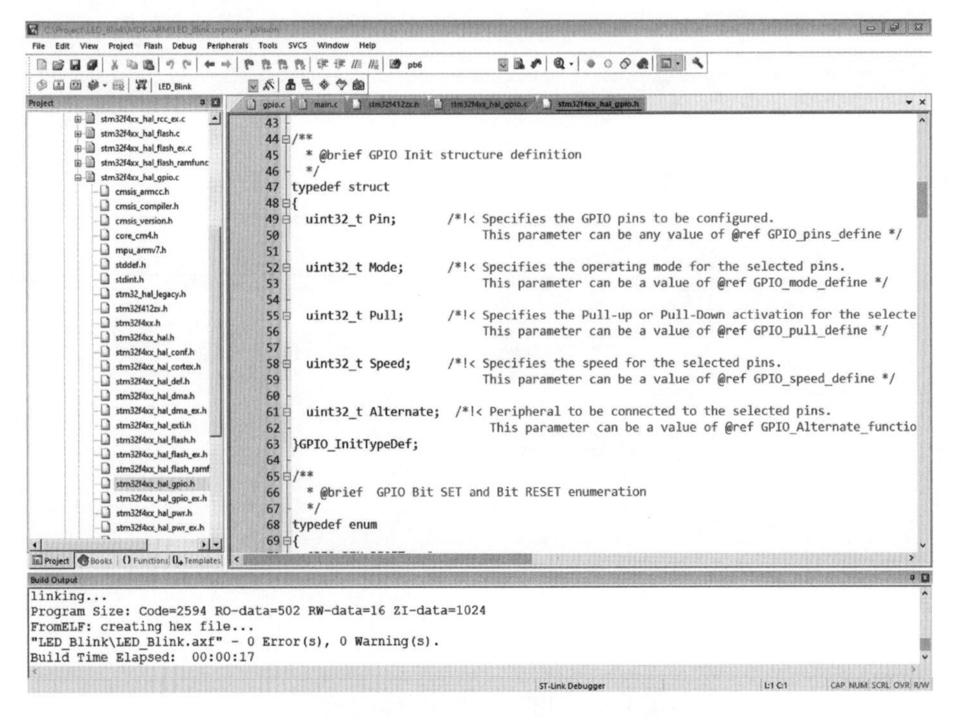


圖4-20　stm32f4xx_hal_gpio.h標頭檔

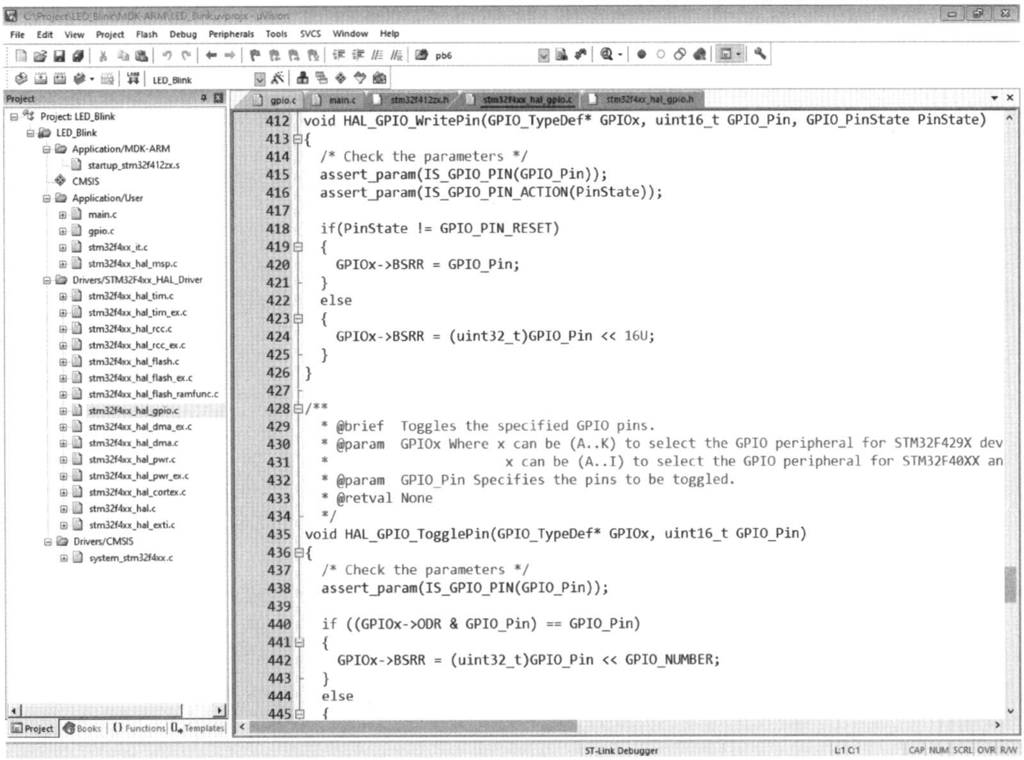

```
412 void HAL_GPIO_WritePin(GPIO_TypeDef* GPIOx, uint16_t GPIO_Pin, GPIO_PinState PinState)
413 {
414   /* Check the parameters */
415   assert_param(IS_GPIO_PIN(GPIO_Pin));
416   assert_param(IS_GPIO_PIN_ACTION(PinState));
417
418   if(PinState != GPIO_PIN_RESET)
419   {
420     GPIOx->BSRR = GPIO_Pin;
421   }
422   else
423   {
424     GPIOx->BSRR = (uint32_t)GPIO_Pin << 16U;
425   }
426 }
427
428 /**
429   * @brief  Toggles the specified GPIO pins.
430   * @param  GPIOx Where x can be (A..K) to select the GPIO peripheral for STM32F429X dev
431   *                      x can be (A..I) to select the GPIO peripheral for STM32F40XX an
432   * @param  GPIO_Pin Specifies the pins to be toggled.
433   * @retval None
434   */
435 void HAL_GPIO_TogglePin(GPIO_TypeDef* GPIOx, uint16_t GPIO_Pin)
436 {
437   /* Check the parameters */
438   assert_param(IS_GPIO_PIN(GPIO_Pin));
439
440   if ((GPIOx->ODR & GPIO_Pin) == GPIO_Pin)
441   {
442     GPIOx->BSRR = (uint32_t)GPIO_Pin << GPIO_NUMBER;
443   }
444   else
445   {
```

圖4-21 stm32f4xx_hal_gpio.c

**步驟5**：添加應用程式碼與執行

在main函數中的while迴圈中添加以下程式碼，如圖4-22。

```
HAL_GPIO_TogglePin(Green_LED_GPIO_Port,Green_LED_Pin);
HAL_Delay(1000);  //1000 ms
HAL_GPIO_TogglePin(Orange_LED_GPIO_Port,Orange_LED_Pin);
HAL_Delay(1000);  //1000 ms
HAL_GPIO_TogglePin(Red_LED_GPIO_Port,Red_LED_Pin);
HAL_Delay(1000);  //1000 ms
HAL_GPIO_TogglePin(Blue_LED_GPIO_Port,Blue_LED_Pin);
HAL_Delay(1000);  //1000 ms
```

此段應用程式碼利用HAL_GPIO_TogglePin()切換LED狀態，HAL_Delay

（1000）延時1秒鐘。HAL_GPIO_TogglePin()函數與HAL_Delay()函數的程式碼內涵於4.4小節解說。

重新編譯專案，並下載程式碼到STM32F412G-DISCO探索板的快閃記憶體，重新重置系統後（按重置鍵），可以看到綠色LED、橘色LED、紅色LED與藍色LED依序點亮又依序熄滅。

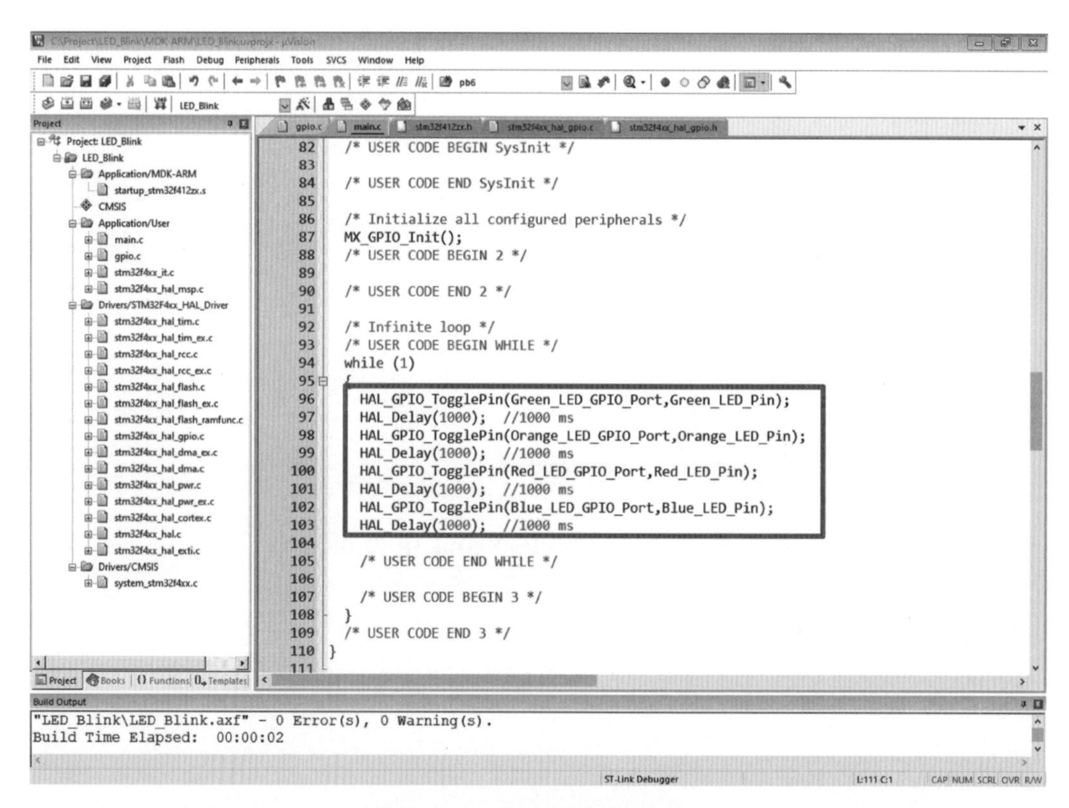


圖4-22　添加應用程式碼

# 4-4　LED_Blink專案程式碼解說

## 4-4-1　MX_GPIO_Init()程式

MX_GPIO_Init()是STM32CubeMX軟體根據專案的設置，自動生成的程式，主要適用於啓用專案中需要使用的GPIO埠時鐘與GPIO接腳功能模式。在LED_Blink專案使用PE0~PE3四個接腳，其模式爲輸出模式。MX_GPIO_Init()程式碼如下：

```
void MX_GPIO_Init(void)
{
  GPIO_InitTypeDef GPIO_InitStruct = {0};
  /* GPIO Ports Clock Enable */
   __HAL_RCC_GPIOE_CLK_ENABLE();
  /*Configure GPIO pin Output Level */
  HAL_GPIO_WritePin(GPIOE,
Red_LED_Pin|Blue_LED_Pin|Green_LED_Pin|Orange_LED_Pin, GPIO_PIN_SET);
  /*Configure GPIO pins: PEPin PEPin PEPin PEPin */
   GPIO_InitStruct.Pin =Red_LED_Pin|Blue_LED_Pin|Green_LED_Pin|Orange_
   LED_Pin;
  GPIO_InitStruct.Mode = GPIO_MODE_OUTPUT_PP;
  GPIO_InitStruct.Pull = GPIO_NOPULL;
  GPIO_InitStruct.Speed = GPIO_SPEED_FREQ_LOW;
  HAL_GPIO_Init(GPIOE, &GPIO_InitStruct);
}
```

1. MX_GPIO_Init()程式首先定義一個結構體變數GPIO_InitStruct，該變數類型是GPIO_InitTypeDef。

   GPIO_InitTypeDef定義如下：

```
typedef struct
{
  uint32_t Pin;       /*!< Specifies the GPIO pins to be configured.
                      This parameter can be any value of @ref GPIO_pins */
  uint32_t Mode;        /*!< Specifies the operating mode for the selected pins.
                        This parameter can be a value of @ref GPIO_mode */
  uint32_t Pull;       /*!< Specifies the Pull-up or Pull-Down activation for the
                       selected pins.This parameter can be a value of @ref GPIO_pull */
```

```
  uint32_t Speed;      /*!< Specifies the speed for the selected pins.
                            This parameter can be a value of @ref GPIO_speed */
  uint32_t Alternate; /*!< Peripheral to be connected to the selected pins. This parameter
                          can be a value of @ref GPIOEx_Alternate_function_selection */
}GPIO_InitTypeDef;
```

GPIO_InitStruct結構體是用於設定接腳編號、工作模式、上拉或下拉電阻、輸出速度與複用功能。GPIO接腳、工作模式、上拉或下拉電阻、速度的定義如下：

```
// GPIO接腳定義
#define GPIO_PIN_0        ((uint16_t)0x0001)  /* Pin 0 selected    */
#define GPIO_PIN_1        ((uint16_t)0x0002)  /* Pin 1 selected    */
#define GPIO_PIN_2        ((uint16_t)0x0004)  /* Pin 2 selected    */
#define GPIO_PIN_3        ((uint16_t)0x0008)  /* Pin 3 selected    */
#define GPIO_PIN_4        ((uint16_t)0x0010)  /* Pin 4 selected    */
#define GPIO_PIN_5        ((uint16_t)0x0020)  /* Pin 5 selected    */
#define GPIO_PIN_6        ((uint16_t)0x0040)  /* Pin 6 selected    */
#define GPIO_PIN_7        ((uint16_t)0x0080)  /* Pin 7 selected    */
#define GPIO_PIN_8        ((uint16_t)0x0100)  /* Pin 8 selected    */
#define GPIO_PIN_9        ((uint16_t)0x0200)  /* Pin 9 selected    */
#define GPIO_PIN_10       ((uint16_t)0x0400)  /* Pin 10 selected   */
#define GPIO_PIN_11       ((uint16_t)0x0800)  /* Pin 11 selected   */
#define GPIO_PIN_12       ((uint16_t)0x1000)  /* Pin 12 selected   */
#define GPIO_PIN_13       ((uint16_t)0x2000)  /* Pin 13 selected   */
#define GPIO_PIN_14       ((uint16_t)0x4000)  /* Pin 14 selected   */
#define GPIO_PIN_15       ((uint16_t)0x8000)  /* Pin 15 selected   */
#define GPIO_PIN_All      ((uint16_t)0xFFFF)  /* All pins selected */
```

```
//GPIO工作模式定義
#define GPIO_PIN_MASK                 ((uint32_t)0x0000FFFF) /* PIN mask for assert test */
#define GPIO_MODE_INPUT               ((uint32_t)0x00000000) /* Input Floating Mode */
#define GPIO_MODE_OUTPUT_PP           ((uint32_t)0x00000001) /* Output Push Pull Mode */
#define GPIO_MODE_OUTPUT_OD           ((uint32_t)0x00000011) /*Output Open Drain Mode*/
#define GPIO_MODE_AF_PP               ((uint32_t)0x00000002) //Alternate Function Push Pull Mode
#define GPIO_MODE_AF_OD               ((uint32_t)0x00000012) // Alternate Function Open Drain
#define GPIO_MODE_ANALOG              ((uint32_t)0x00000003)  /*!< Analog Mode  */
#define GPIO_MODE_ANALOG_ADC_CONTROL  ((uint32_t)0x0000000B) //Analog Mode for ADC
#define GPIO_MODE_IT_RISING           ((uint32_t)0x10110000)  /*!< External Interrupt Mode with
                                                               Rising edge trigger detection  */
#define GPIO_MODE_IT_FALLING          ((uint32_t)0x10210000) /*!< External Interrupt Mode
                                                               with Falling edge trigger detection */
#define GPIO_MODE_IT_RISING_FALLING   ((uint32_t)0x10310000) /*!< External Interrupt Mode
                                                               with Rising/Falling edge trigger detection*/
#define GPIO_MODE_EVT_RISING          ((uint32_t)0x10120000) /*!< External Event Mode with
                                                               Rising edge trigger detection */
#define GPIO_MODE_EVT_FALLING         ((uint32_t)0x10220000)  /*!< External Event Mode
                                                               with Falling edge trigger detection*/
#define GPIO_MODE_EVT_RISING_FALLING  ((uint32_t)0x10320000)  /*External Event Mode with
                                                               Rising/Falling edge trigger detection*/
```

```
//GPIO操作速度定義
#define GPIO_SPEED_FREQ_LOW         ((uint32_t)0x00000000)  /* range up to 5 MHz
#define GPIO_SPEED_FREQ_MEDIUM      ((uint32_t)0x00000001)  /* range 5 MHz to 25 MHz
#define GPIO_SPEED_FREQ_HIGH        ((uint32_t)0x00000002)  /* range 25 MHz to 50 MHz
#define GPIO_SPEED_FREQ_VERY_HIGH   ((uint32_t)0x00000003) /* range 50 MHz to 80 MHz
```

```
//GPIO上拉或下拉電阻定義
#define GPIO_NOPULL     ((uint32_t)0x00000000) // No Pull-up or Pull-down activation
#define GPIO_PULLUP     ((uint32_t)0x00000001)  // Pull-up activation
#define GPIO_PULLDOWN   ((uint32_t)0x00000002)  // Pull-down activation
```

2. 啓用時鐘

啓用時鐘的程式碼如下：

```
/* GPIO Ports Clock Enable */
__HAL_RCC_GPIOE_CLK_ENABLE();
```

利用在stm32f4xx_hal_rcc.h中定義巨集__HAL_RCC_GPIOB_CLK_ENABLE()與__HAL_RCC_GPIOE_CLK_ENABLE()啓用GPIOE的時鐘。

```
#define __HAL_RCC_GPIOE_CLK_ENABLE()  do { \
                                        __IO uint32_t tmpreg; \
                                        SET_BIT(RCC->AHB1ENR, RCC_AHB1ENR_GPIOEEN); \
                                        /* Delay after an RCC peripheral clock enabling */ \
                                        tmpreg = READ_BIT(RCC->AHB1ENR, RCC_AHB1ENR_GPIOEEN); \
                                        UNUSED(tmpreg); \
                                        } while(0)
```

在__HAL_RCC_GPIOE_CLK_ ENABLE()函數中使用SET_BIT()與READ_BIT()兩個函數，其定義如下：

```
#define SET_BIT(REG, BIT)     ((REG) |= (BIT))
#define READ_BIT(REG, BIT)    ((REG) & (BIT))
```

SET_BIT()是用於設定暫存器（REG）中某位元（BIT）的值爲1，__HAL_RCC_ GPIOE_CLK_ENABLE()函數中SET_BIT()是用於設定RCC_AHB1ENR暫存器（圖4-24）的RCC_AHB1ENR_GPIOEEN位元（BIT）的值爲1，作用是啓用GPIOE時鐘。RCC_AHB1ENR暫存器是RCC_TypeDef結構體內的32位元無符號整數變數（圖4-25），RCC_AHB1ENR_GPIOEEN是代表RCC_AHB1ENR暫存器的第5個位元（圖4-26），兩者皆定義於stm32f412xx.h標頭檔中。READ_BIT()用於讀取暫存器（REG）中某位元（BIT）的狀態。

| 31 | 30 | 29 | 28 | 27 | 26 | 25 | 24 | 23 | 22 | 21 | 20 | 19 | 18 | 17 | 16 |
|---|---|---|---|---|---|---|---|---|---|---|---|---|---|---|---|
| Res. | Res. | Res. | Res. | Res. | Res. | Res. | Res. | Res. | DMA2EN | DMA1EN | Res. | Res. | Res. | Res. | Res. |
| | | | | | | | | | rw | rw | | | | | |
| **15** | **14** | **13** | **12** | **11** | **10** | **9** | **8** | **7** | **6** | **5** | **4** | **3** | **2** | **1** | **0** |
| Res. | Res. | Res. | CRCEN | Res. | Res. | Res. | Res. | GPIOH EN | GPIOG EN | GPIOF EN | GPIOE EN | GPIOD EN | GPIOC EN | GPIOB EN | GPIOA EN |
| | | | rw | | | | | rw | rw | rw | rw | rw | rw | rw | rw |

圖4-24　RCC_AHB1ENR暫存器

```
498 typedef struct
499 {
500     __IO uint32_t CR;            /*!< RCC clock control register,                                  Address offset: 0x00 */
501     __IO uint32_t PLLCFGR;       /*!< RCC PLL configuration register,                              Address offset: 0x04 */
502     __IO uint32_t CFGR;          /*!< RCC clock configuration register,                            Address offset: 0x08 */
503     __IO uint32_t CIR;           /*!< RCC clock interrupt register,                                Address offset: 0x0C */
504     __IO uint32_t AHB1RSTR;      /*!< RCC AHB1 peripheral reset register,                          Address offset: 0x10 */
505     __IO uint32_t AHB2RSTR;      /*!< RCC AHB2 peripheral reset register,                          Address offset: 0x14 */
506     __IO uint32_t AHB3RSTR;      /*!< RCC AHB3 peripheral reset register,                          Address offset: 0x18 */
507     uint32_t      RESERVED0;     /*!< Reserved, 0x1C                                                                    */
508     __IO uint32_t APB1RSTR;      /*!< RCC APB1 peripheral reset register,                          Address offset: 0x20 */
509     __IO uint32_t APB2RSTR;      /*!< RCC APB2 peripheral reset register,                          Address offset: 0x24 */
510     uint32_t      RESERVED1[2];  /*!< Reserved, 0x28-0x2C                                                               */
511     __IO uint32_t AHB1ENR;       /*!< RCC AHB1 peripheral clock register,                          Address offset: 0x30 */
512     __IO uint32_t AHB2ENR;       /*!< RCC AHB2 peripheral clock register,                          Address offset: 0x34 */
513     __IO uint32_t AHB3ENR;       /*!< RCC AHB3 peripheral clock register,                          Address offset: 0x38 */
514     uint32_t      RESERVED2;     /*!< Reserved, 0x3C                                                                    */
515     __IO uint32_t APB1ENR;       /*!< RCC APB1 peripheral clock enable register,                   Address offset: 0x40 */
516     __IO uint32_t APB2ENR;       /*!< RCC APB2 peripheral clock enable register,                   Address offset: 0x44 */
517     uint32_t      RESERVED3[2];  /*!< Reserved, 0x48-0x4C                                                               */
518     __IO uint32_t AHB1LPENR;     /*!< RCC AHB1 peripheral clock enable in low power mode register, Address offset: 0x50 */
519     __IO uint32_t AHB2LPENR;     /*!< RCC AHB2 peripheral clock enable in low power mode register, Address offset: 0x54 */
520     __IO uint32_t AHB3LPENR;     /*!< RCC AHB3 peripheral clock enable in low power mode register, Address offset: 0x58 */
521     uint32_t      RESERVED4;     /*!< Reserved, 0x5C                                                                    */
522     __IO uint32_t APB1LPENR;     /*!< RCC APB1 peripheral clock enable in low power mode register, Address offset: 0x60 */
523     __IO uint32_t APB2LPENR;     /*!< RCC APB2 peripheral clock enable in low power mode register, Address offset: 0x64 */
524     uint32_t      RESERVED5[2];  /*!< Reserved, 0x68-0x6C                                                               */
525     __IO uint32_t BDCR;          /*!< RCC Backup domain control register,                          Address offset: 0x70 */
526     __IO uint32_t CSR;           /*!< RCC clock control & status register,                         Address offset: 0x74 */
527     uint32_t      RESERVED6[2];  /*!< Reserved, 0x78-0x7C                                                               */
528     __IO uint32_t SSCGR;         /*!< RCC spread spectrum clock generation register,               Address offset: 0x80 */
529     __IO uint32_t PLLI2SCFGR;    /*!< RCC PLLI2S configuration register,                           Address offset: 0x84 */
530     uint32_t      RESERVED7;     /*!< Reserved, 0x88                                                                    */
531     __IO uint32_t DCKCFGR;       /*!< RCC Dedicated Clocks configuration register,                 Address offset: 0x8C */
532     __IO uint32_t CKGATENR;      /*!< RCC Clocks Gated ENable Register,                           Address offset: 0x90 */
533     __IO uint32_t DCKCFGR2;      /*!< RCC Dedicated Clocks configuration register 2,               Address offset: 0x94 */
534 } RCC_TypeDef;
```

圖4-25　RCC_TypeDef結構體定義

```
9661 /********************  Bit definition for RCC_AHB1ENR register  ***************/
9662 #define RCC_AHB1ENR_GPIOAEN_Pos          (0U)
9663 #define RCC_AHB1ENR_GPIOAEN_Msk          (0x1UL << RCC_AHB1ENR_GPIOAEN_Pos)   /*!< 0x00000001 */
9664 #define RCC_AHB1ENR_GPIOAEN              RCC_AHB1ENR_GPIOAEN_Msk
9665 #define RCC_AHB1ENR_GPIOBEN_Pos          (1U)
9666 #define RCC_AHB1ENR_GPIOBEN_Msk          (0x1UL << RCC_AHB1ENR_GPIOBEN_Pos)   /*!< 0x00000002 */
9667 #define RCC_AHB1ENR_GPIOBEN              RCC_AHB1ENR_GPIOBEN_Msk
9668 #define RCC_AHB1ENR_GPIOCEN_Pos          (2U)
9669 #define RCC_AHB1ENR_GPIOCEN_Msk          (0x1UL << RCC_AHB1ENR_GPIOCEN_Pos)   /*!< 0x00000004 */
9670 #define RCC_AHB1ENR_GPIOCEN              RCC_AHB1ENR_GPIOCEN_Msk
9671 #define RCC_AHB1ENR_GPIODEN_Pos          (3U)
9672 #define RCC_AHB1ENR_GPIODEN_Msk          (0x1UL << RCC_AHB1ENR_GPIODEN_Pos)   /*!< 0x00000008 */
9673 #define RCC_AHB1ENR_GPIODEN              RCC_AHB1ENR_GPIODEN_Msk
9674 #define RCC_AHB1ENR_GPIOEEN_Pos          (4U)
9675 #define RCC_AHB1ENR_GPIOEEN_Msk          (0x1UL << RCC_AHB1ENR_GPIOEEN_Pos)   /*!< 0x00000010 */
9676 #define RCC_AHB1ENR_GPIOEEN              RCC_AHB1ENR_GPIOEEN_Msk
9677 #define RCC_AHB1ENR_GPIOFEN_Pos          (5U)
9678 #define RCC_AHB1ENR_GPIOFEN_Msk          (0x1UL << RCC_AHB1ENR_GPIOFEN_Pos)   /*!< 0x00000020 */
9679 #define RCC_AHB1ENR_GPIOFEN              RCC_AHB1ENR_GPIOFEN_Msk
9680 #define RCC_AHB1ENR_GPIOGEN_Pos          (6U)
9681 #define RCC_AHB1ENR_GPIOGEN_Msk          (0x1UL << RCC_AHB1ENR_GPIOGEN_Pos)   /*!< 0x00000040 */
9682 #define RCC_AHB1ENR_GPIOGEN              RCC_AHB1ENR_GPIOGEN_Msk
9683 #define RCC_AHB1ENR_GPIOHEN_Pos          (7U)
9684 #define RCC_AHB1ENR_GPIOHEN_Msk          (0x1UL << RCC_AHB1ENR_GPIOHEN_Pos)   /*!< 0x00000080 */
9685 #define RCC_AHB1ENR_GPIOHEN              RCC_AHB1ENR_GPIOHEN_Msk
9686 #define RCC_AHB1ENR_CRCEN_Pos            (12U)
9687 #define RCC_AHB1ENR_CRCEN_Msk            (0x1UL << RCC_AHB1ENR_CRCEN_Pos)     /*!< 0x00001000 */
9688 #define RCC_AHB1ENR_CRCEN                RCC_AHB1ENR_CRCEN_Msk
9689 #define RCC_AHB1ENR_DMA1EN_Pos           (21U)
9690 #define RCC_AHB1ENR_DMA1EN_Msk           (0x1UL << RCC_AHB1ENR_DMA1EN_Pos)    /*!< 0x00200000 */
9691 #define RCC_AHB1ENR_DMA1EN               RCC_AHB1ENR_DMA1EN_Msk
9692 #define RCC_AHB1ENR_DMA2EN_Pos           (22U)
9693 #define RCC_AHB1ENR_DMA2EN_Msk           (0x1UL << RCC_AHB1ENR_DMA2EN_Pos)    /*!< 0x00400000 */
9694 #define RCC_AHB1ENR_DMA2EN               RCC_AHB1ENR_DMA2EN_Msk
```

圖4-26　RCC_AHB1ENR暫存器對應位元的定義

### 3. 配置GPIO接腳的初始值

```
/*Configure GPIO pin Output Level */
HAL_GPIO_WritePin(GPIOE, Red_LED_Pin|Blue_LED_Pin|Green_LED_Pin|Orange_LED_Pin, GPIO_PIN_SET);
```

此段程式碼利用HAL_GPIO_WritePin()初始化GPIO埠E（GPIOE）第0個接腳（Green_LED_Pin）PE0、第1個接腳（Orange_ LED_Pin）PE1、第2個接腳（Red_LED_Pin）PE2、第3個接腳（Blue_ LED_Pin）PE3的電壓爲1（GPIO_PIN_SET）。Green_LED_Pin、Orange_LED_Pin、Red_LED_Pin、Blue_LED_Pin、Green_LED_GPIO_Port、Orange_LED_GPIO_Port、Red_LED_GPIO_Port、Blue_LED_GPIO_Port的定義如下：

```
#define Red_LED_Pin GPIO_PIN_2
#define Red_LED_GPIO_Port GPIOE
#define Blue_LED_Pin GPIO_PIN_3
#define Blue_LED_GPIO_Port GPIOE
#define Green_LED_Pin GPIO_PIN_0
#define Green_LED_GPIO_Port GPIOE
#define Orange_LED_Pin GPIO_PIN_1
#define Orange_LED_GPIO_Port GPIOE
```



其中，GPIOE定義如下，它是一個指向GPIO_TypeDef結構體的指標變數，GPIOE結構體指標指向的記憶體位址爲0x40021000。

```
//GPIOE暫存器位址，強制轉換成GPIO_TypeDef結構體指標
#define GPIOE              ((GPIO_TypeDef *) GPIOE_BASE)
//GPIO埠E基底位址= AHB2匯流排基底位址+偏移位址0x1000
#define GPIOE_BASE            (AHB1PERIPH_BASE + 0x1000UL)
//AHB1匯流排基底位址= 周邊設備基底位址+偏移位址0x08000000
#define AHB1PERIPH_BASE       (PERIPH_BASE + 0x00020000UL)
//周邊設備基底位址
#define PERIPH_BASE          (0x40000000UL)
```

GPIO_TypeDef結構體定義GPIO埠的暫存器，程式碼如下：

```
typedef struct
{
  __IO uint32_t MODER;      /*!< GPIO port mode register,  Address offset: 0x00 */
  __IO uint32_t OTYPER;     /*!< GPIO port output type register, Address offset: 0x04 */
  __IO uint32_t OSPEEDR;  /*!< GPIO port output speed register, Address offset: 0x08 */
  __IO uint32_t PUPDR;  // GPIO port pull-up/pull-down register, Address offset: 0x0C
```

```
  __IO uint32_t IDR;        /*!< GPIO port input data register, Address offset: 0x10 */
  __IO uint32_t ODR;        /*!< GPIO port output data register, Address offset: 0x14 */
  __IO uint32_t BSRR;       /*!< GPIO port bit set/reset register, Address offset: 0x18 */
  __IO uint32_t LCKR;  /*!< GPIO port configuration lock register, Address offset: 0x1C */
  __IO uint32_t AFR[2]; /*!< GPIO alternate function registers, Address offset: 0x20-0x24*/
} GPIO_TypeDef;
```

HAL_GPIO_WritePin()函數定義於stm32f4xx_hal_gpio.c，程式碼如下：

```
void HAL_GPIO_WritePin(GPIO_TypeDef* GPIOx, uint16_t GPIO_Pin, GPIO_PinState PinState)
{
  /* Check the parameters */
  assert_param(IS_GPIO_PIN(GPIO_Pin));
  assert_param(IS_GPIO_PIN_ACTION(PinState));

  if(PinState != GPIO_PIN_RESET)
  {
    GPIOx->BSRR = GPIO_Pin;
  }
  else
  {
    GPIOx->BSRR = (uint32_t)GPIO_Pin << 16U;
  }
}
```

HAL_GPIO_WritePin()函數首先利用assert_param()檢查傳遞的參數：GPIO_Pin與PinState是否有錯誤。然後如果PinState不等於GPIO_PIN_RESET，則設定GPIOx_BSRR暫存器（圖4-27）第GPIO_Pin個BS位元值爲1，否則設定GPIOx_BSRR暫存器第GPIO_Pin個BR位元值爲1。設定GPIOx_BSRR暫存器BS位元會修改GPIOx_ODR暫存器對應位元的值爲1，從而造成該位元輸出高電壓。設定GPIOx_BSRR暫存器BR位元會修改GPIOx_ODR暫存器對應位元的值爲0，從而造成該位元輸出低電壓。

| 31 | 30 | 29 | 28 | 27 | 26 | 25 | 24 | 23 | 22 | 21 | 20 | 19 | 18 | 17 | 16 |
|---|---|---|---|---|---|---|---|---|---|---|---|---|---|---|---|
| BR15 | BR14 | BR13 | BR12 | BR11 | BR10 | BR9 | BR8 | BR7 | BR6 | BR5 | BR4 | BR3 | BR2 | BR1 | BR0 |
| w | w | w | w | w | w | w | w | w | w | w | w | w | w | w | w |
| 15 | 14 | 13 | 12 | 11 | 10 | 9 | 8 | 7 | 6 | 5 | 4 | 3 | 2 | 1 | 0 |
| BS15 | BS14 | BS13 | BS12 | BS11 | BS10 | BS9 | BS8 | BS7 | BS6 | BS5 | BS4 | BS3 | BS2 | BS1 | BS0 |
| w | w | w | w | w | w | w | w | w | w | w | w | w | w | w | w |

位元31:16 BRy: GPIOx重置位元y（y= 0,…,15）
0: 沒有影響ODx位元
1: 重置ODx位元為0
位元15:0 BSy: GPIOx設置位元y（y= 0,…,15）
0: 沒有影響ODx位元
1: 設置ODx位元為1

圖4-27　GPIOx_BSRR暫存器

4. 初始化GPIO接腳功能模式

對GPIO配置模式進行賦值；賦值後，呼叫HAL_GPIO_Init()函數，此函數根據結構體成員值對GPIO暫存器寫入控制參數，完成GPIO接腳初始化。

```
/*選擇要配置的GPIO接腳*/
 GPIO_InitStruct.Pin =Red_LED_Pin|Blue_LED_Pin|Green_LED_Pin|Orange_LED_Pin;
/*設置接腳模式為推挽輸出模式*/
 GPIO_InitStruct.Mode = GPIO_MODE_OUTPUT_PP;
/*無上拉或下拉電阻*/
 GPIO_InitStruct.Pull = GPIO_NOPULL;
/*設置輸出速度為低速*/
 GPIO_InitStruct.Speed = GPIO_SPEED_FREQ_LOW;
 HAL_GPIO_Init(GPIOE, &GPIO_InitStruct);
```

## 4-4-2　HAL_GPIO_TogglePin()程式

```
void HAL_GPIO_TogglePin(GPIO_TypeDef* GPIOx, uint16_t GPIO_Pin)
{
```

```
  /* 檢查傳遞參數GPIO_Pin是否有誤 */
  assert_param(IS_GPIO_PIN(GPIO_Pin));
//利用邏輯XOR(^)取GPIO_Pin反向值，再賦值給輸出資料暫存器GPIOx_ODR
  GPIOx->ODR ^= GPIO_Pin;
}
```

### 4-4-3 HAL_Dealy()程式

HAL_Dealy()是一個延時函數，傳入的參數Delay是要延時的時間，時間單位是ms，HAL_Dealy()程式碼如下。關鍵字[WEAK]表示弱定義，如果編譯器發現在別處定義了相同名稱的函數，則在連結時用別處的函數進行連結，如果其他地方沒有定義，編譯器以此函數進行連結。此函數首先呼叫HAL_GetTick()，HAL_GetTick()會回傳系統定時器（SysTick）的計時值（uwTick），此計時值（uwTick）是全域變數且每間隔1ms會自動加1。然後將傳入的參數Delay賦值給wait變數，如果wait變數值小於HAL_MAX_DELAY(0xFFFFFFFF)，則wait變數值加1，之後進入while迴圈，等待當前Tick減去tickstart等於wait時結束。

```
__weak void HAL_Delay(uint32_t Delay)
{
  uint32_t tickstart = HAL_GetTick();
  uint32_t wait = Delay;
  /* Add a period to guaranty minimum wait */
  if (wait < HAL_MAX_DELAY)
  {
    wait++;
  }
  while((HAL_GetTick() - tickstart) < wait)
  {
  }
}
```

HAL_GetTick()程式碼如下：

```
__weak uint32_t HAL_GetTick(void)
{
  return uwTick;
}
```

## 4-5 BSP函數庫：使用BSP函數控制LED顯示

在STM32CubeMX安裝的目錄下（圖4-28），有包含支援STM32F412G-DISCO探索板的開發板支援套件（Board Support Package, BSP），此BSP套件可用來驅動GPIO、音訊、LCD、SD卡、觸控螢幕等探索板上的周邊設備，其中，STM-32F4112G-Discovery_BSP_User_Manual.chm爲STM32F412G-DISCO探索板支援套件使用者說明手冊，包含BSP套件函數的使用說明（圖4-29）。本小節要介紹如何運用BSP套件開發LED_Blink應用程式。

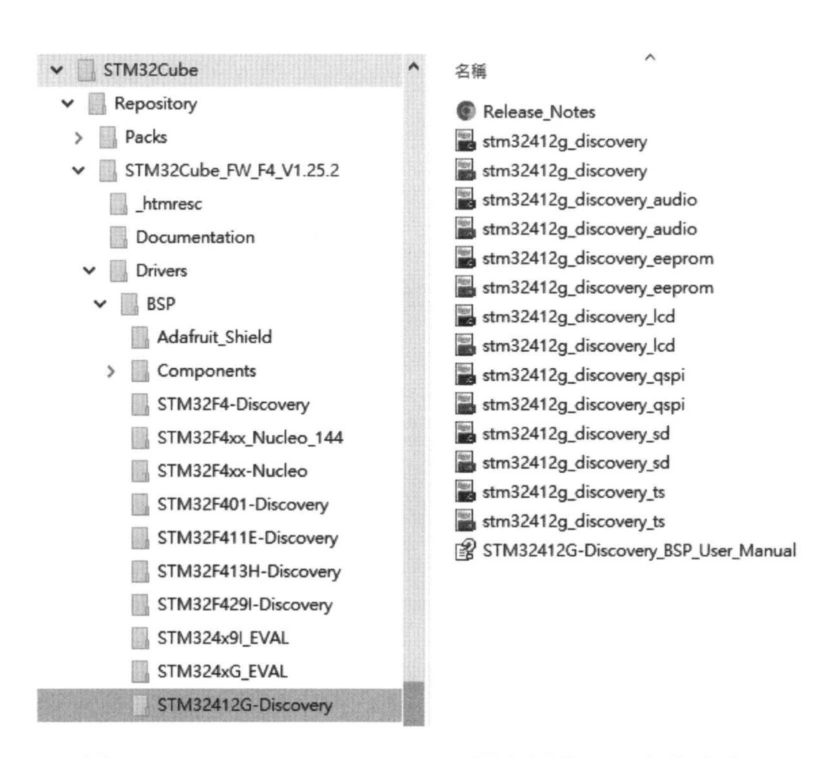


圖4-28　STM32F412G-DISCO探索板的BSP套件內容

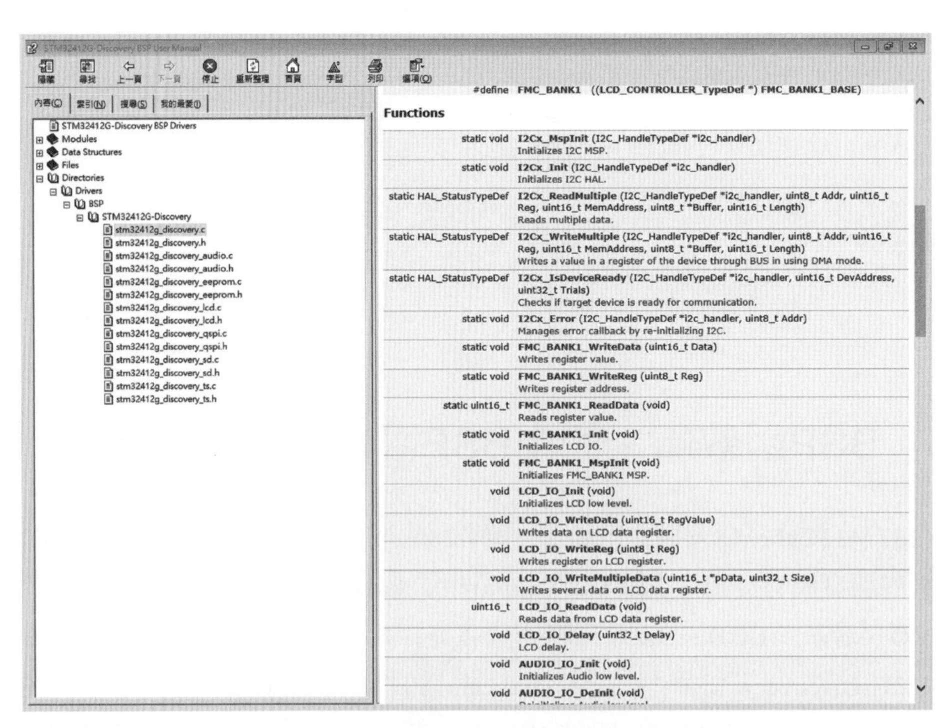


圖4-29 STM32F412G_DISCO探索板支援套件使用者說明手冊

**步驟1：**

滑鼠移到LED_Blink，按滑鼠右鍵，點選添加一分組（add group），將新分組（new group）名稱命名爲Drivers/BSP，如圖4-30。

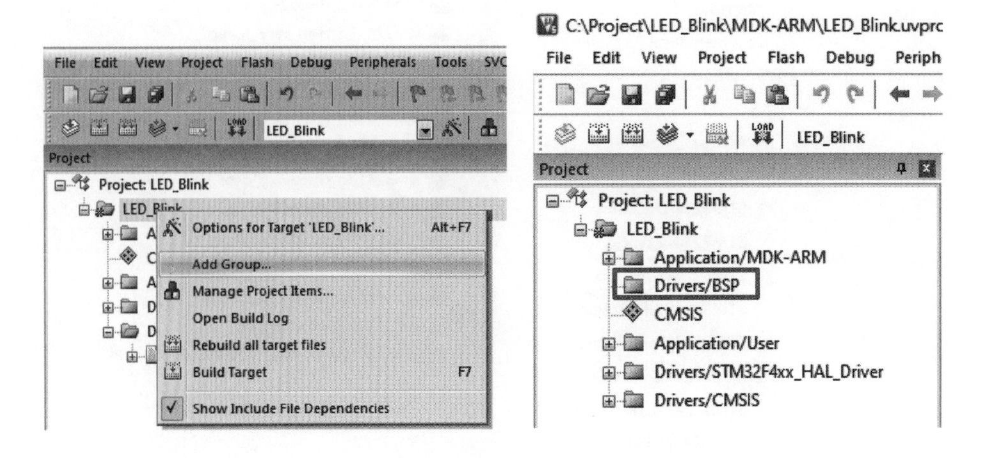


圖4-30 添加一分組（add group）並命名為Drivers/BSP

**步驟2：**

滑鼠移到Drivers/BSP，按滑鼠右鍵，點選Add Existing Files to Group 'Driver/BSP'（圖4-31），選擇添加STM32F412G-DISCO探索板的BSP套件內的stm32412g_discovery.c檔案，如圖4-32，添加後，LED_Blink專案之檔案結構如圖4-33。

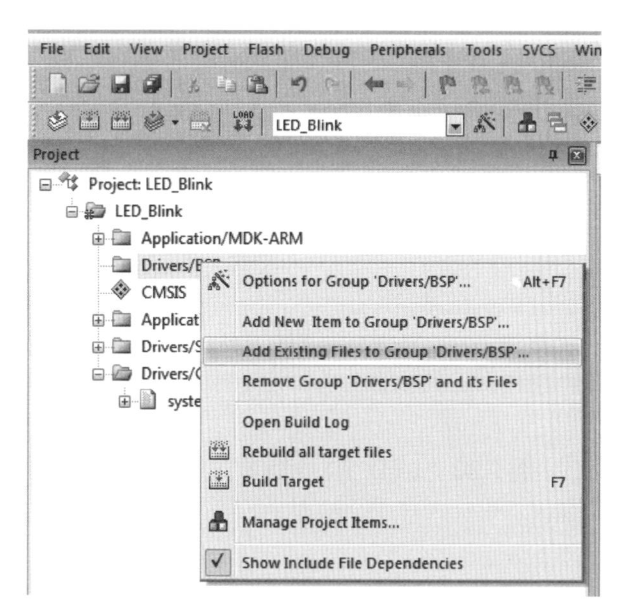


圖4-31　Add Existing Files to Group 'Driver/BSP'

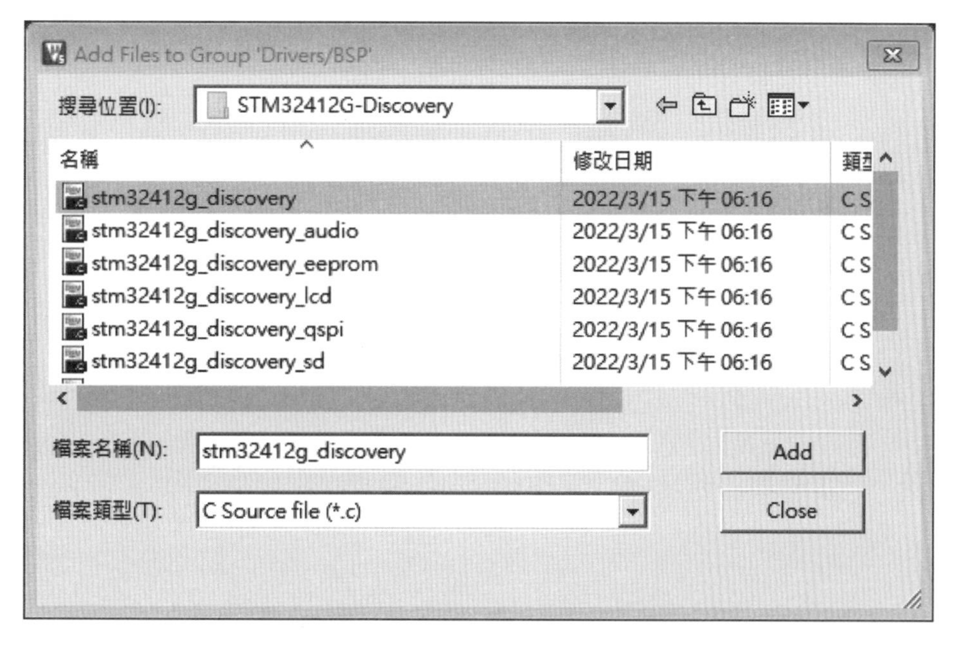


圖4-32　添加檔案至Drivers/BSP的瀏覽視窗

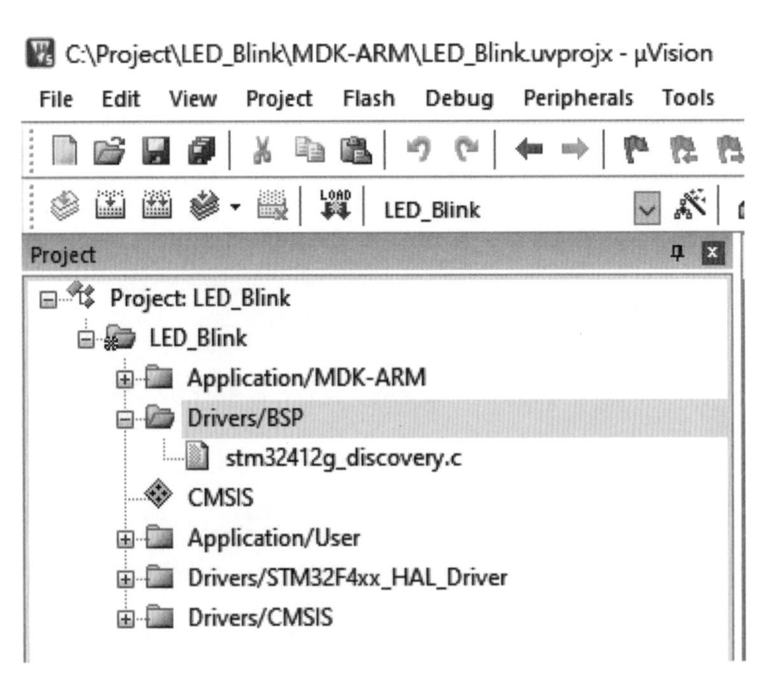


圖4-33　LED_Blink專案之檔案結構

**步驟3：**

點選Options for Target圖示（圖4-34），出現Options for Target視窗後，點選C/C++，根據圖4-35內標示的數字順序，新增STM32F412G-DISCO探索板的BSP套件目錄至標頭檔路徑中。

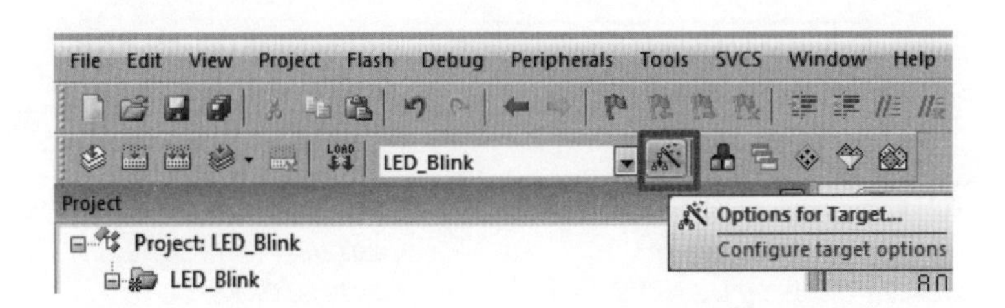


圖4-34　點選Options for Target圖示

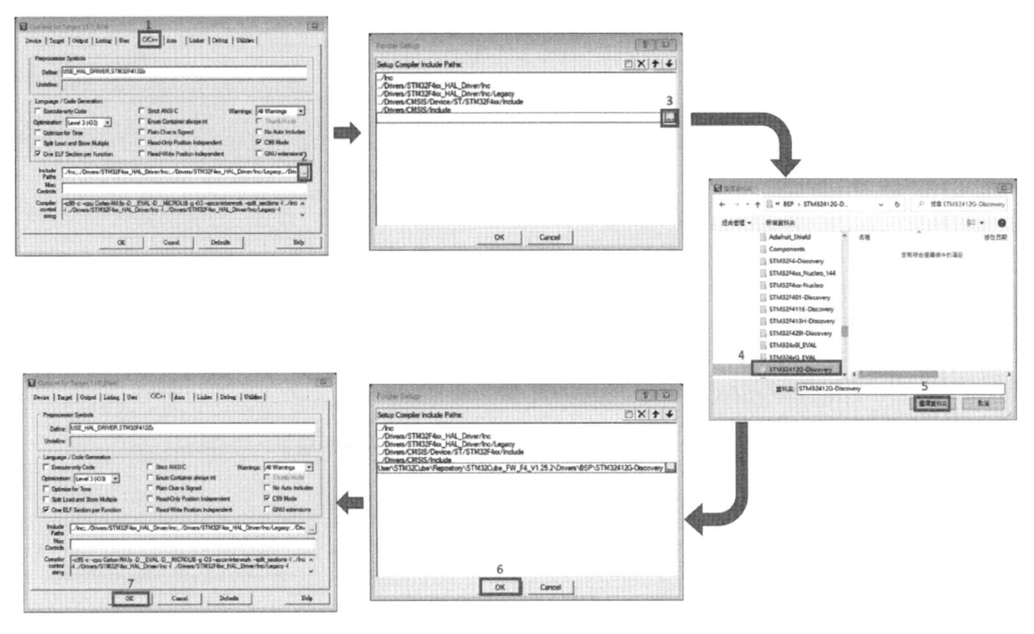

圖4-35　新增STM32F412G-DISCO探索板的BSP套件目錄至標頭檔路徑中

**步驟4：**

在main()程式第26行加入#include “stm32412g_discovery.h”，如圖4-36。

```
main.c*
4    * @file           : main.c
5    * @brief          : Main program body
6    ******************************************************************************
7    * @attention
8    *
9    * <h2><center>&copy; Copyright (c) 2022 STMicroelectronics.
10   * All rights reserved.</center></h2>
11   *
12   * This software component is licensed by ST under BSD 3-Clause license,
13   * the "License"; You may not use this file except in compliance with the
14   * License. You may obtain a copy of the License at:
15   *                        opensource.org/licenses/BSD-3-Clause
16   *
17   ******************************************************************************
18   */
19  /* USER CODE END Header */
20  /* Includes ------------------------------------------------------------------
21  #include "main.h"
22  #include "gpio.h"
23
24  /* Private includes ----------------------------------------------------------
25  /* USER CODE BEGIN Includes */
26  #include "stm32412g_discovery.h"
27  /* USER CODE END Includes */
```

圖4-36　添加#include “stm32412g_discovery.h”

之後，在main()程式中的while迴圈中添加以下程式碼，如圖4-37。

```
BSP_LED_Toggle(LED_GREEN);
HAL_Delay(1000); //1000 ms
BSP_LED_Toggle(LED_ORANGE);
HAL_Delay(1000); //1000 ms
BSP_LED_Toggle(LED_RED);
HAL_Delay(1000); //1000 ms
BSP_LED_Toggle(LED_BLUE);
HAL_Delay(1000); //1000 ms
```

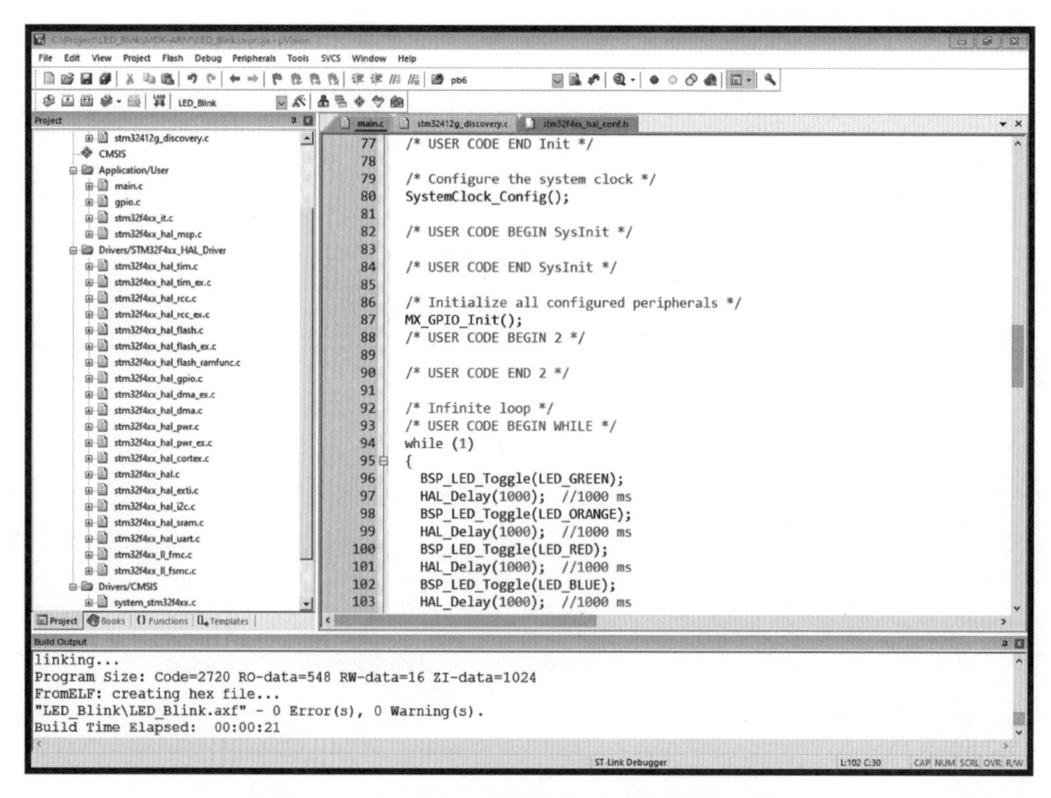


圖4-37　在while迴圈中添加BSP套件程式碼

其中，BSP_LED_Toggle()函數的程式碼如下，它其實是呼叫HAL_GPIO_TogglePin()函數來控制LED閃爍。

```
void BSP_LED_Toggle(Led_TypeDef Led)
{
  HAL_GPIO_TogglePin(LEDx_GPIO_PORT, GPIO_PIN[Led]);
}
typedef enum
{
  LED1 = 0,
LED_GREEN = LED1,
LED2 = 1,
LED_ORANGE = LED2,
LED3 = 2,
LED_RED = LED3,
LED4 = 3,
LED_BLUE = LED4
}Led_TypeDef;
#define LEDx_GPIO_PORT          GPIOE
const uint32_t GPIO_PIN[LEDn] = {    LED1_PIN,
                                     LED2_PIN,
                                     LED3_PIN,
                                     LED4_PIN};
```

由於stm32f412g_discovery.c內定義音訊、觸控螢幕、LCD等周邊設備的底層控制函式，這些周邊設備是透過I2C、FMC、FSMC、UART介面連接到STM-32F412ZGT6，在利用STM32CubeMX創建LED_Blink專案時，並未啓用這些介面，因此要手動方式修改stm32f4xx_hal_conf.h的內容來啓用這些介面，如圖4-38所示，將第52行、第55行、第66行的註解拿掉來啓用這些介面。另外，還需要新增在以下目錄C:\Users\User\STM32Cube\Repository\STM32Cube_FW_F4_V1.27.1\Drivers\ST-M32F4xx_HAL_Driver\Src底下的4個檔案stm32f4xx_hal_i2c.c、stm32f4xx_ll_fmc.c、stm32f4xx_ll_fsmc.c、stm32f4xx_hal_sram.c、stm32f4xx_hal_uart.c，如圖4-39所示。此外，請參考圖4-35的步驟新增以下目錄C:\Users\User\STM32Cube\Repository\

STM32Cube_FW_F4_V1.27.1\Drivers\STM32F4xx_HAL_Driver\Inc至標頭檔路徑中。讀者亦可直接將stm32f412g_discovery.c第118行~第189行，和從第480行到最後一行的內容作註解。

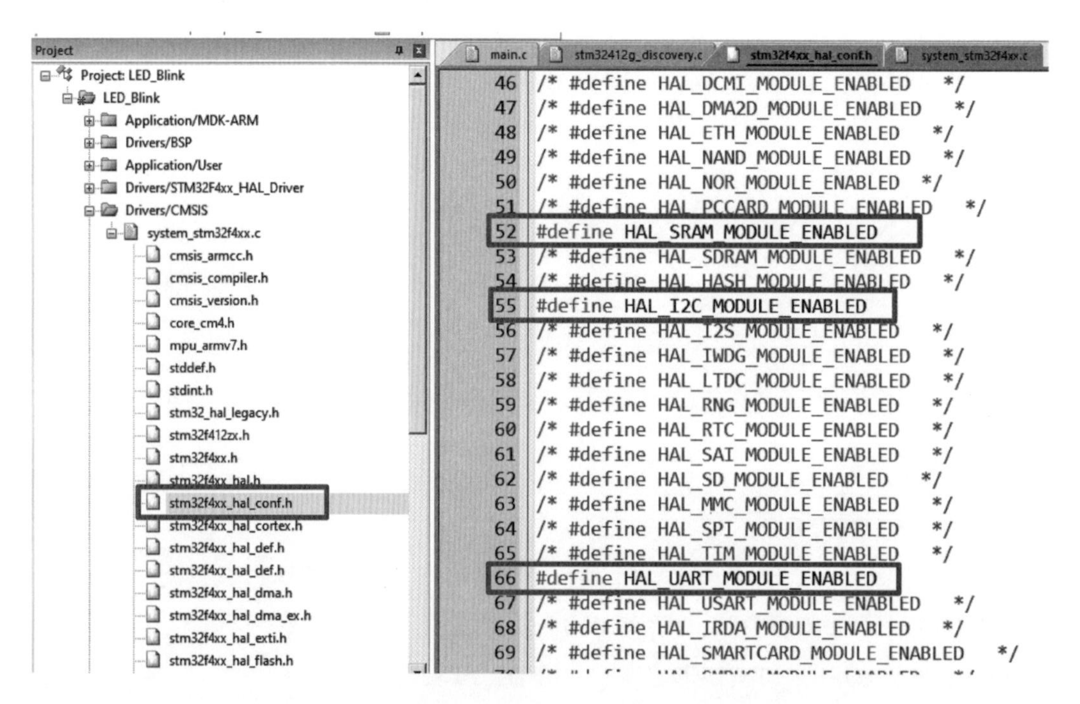


圖4-38　修改stm32f4xx_hal_conf.h的內容

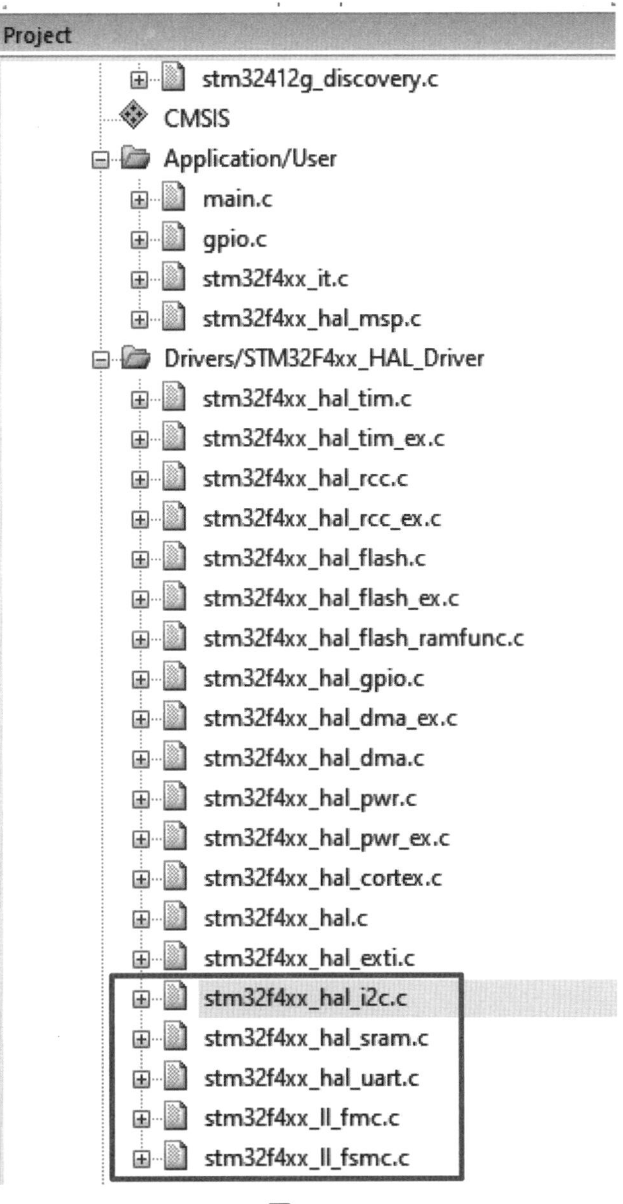


圖4-39

重新編譯專案，並下載程式碼到STM32F412G-DISCO探索板的快閃記憶體，重新重置系統後（按重置鍵），亦可以看到綠色LED、橘色LED、紅色LED與藍色LED依序點亮又依序熄滅。

# JOYSTICK輸入控制

CHAPTER 5

本章介紹STM32F412G-DISCO探索板GPIO的數位輸入，以JOYSTICK按鈕控制LED燈狀態。

## 5-1 GPIO輸入模式

GPIO輸入模式如圖5-1所示，接腳電路經過兩個保護二極體後，分成上下兩個部分，上方是「輸入模式」結構，下方是「輸出模式」結構。當GPIO接腳作爲輸入模式時，其下方輸出驅動器（output driver）被關閉，施密特觸發器輸入被打開（on），根據GPIOx_PUPDR暫存器中的值決定是否打開上拉和下拉電阻，輸入資料暫存器每隔1個AHB1時鐘週期，對I/O接腳上的資料進行一次採樣，對輸入資料暫存器的讀取可獲得I/O狀態。

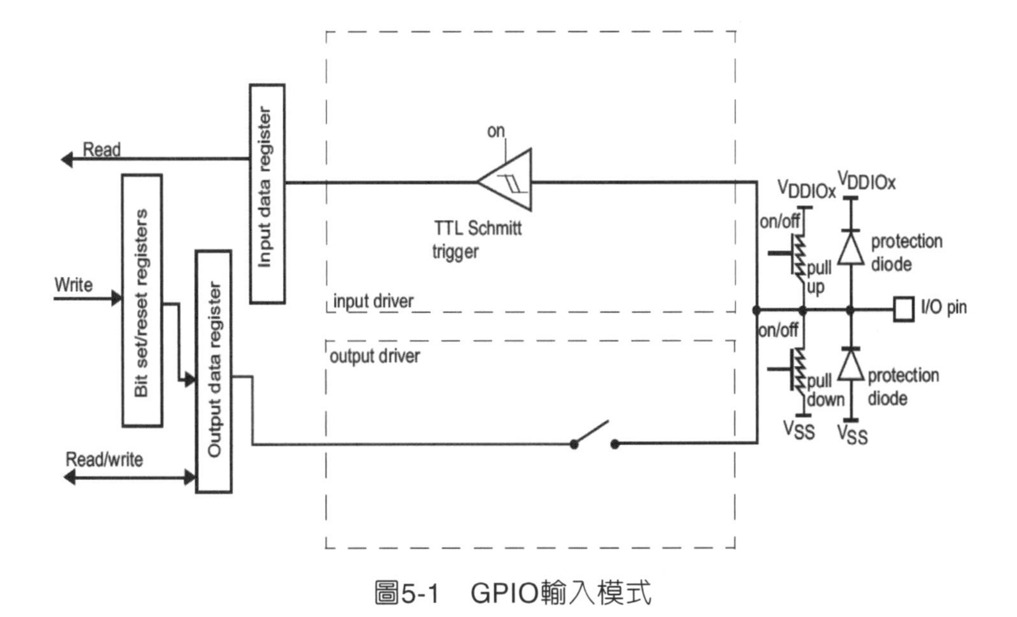


圖5-1　GPIO輸入模式

本章節將使用STM32F412G-DISCO探索板GPIO的PA0、PG0、PG1、PF14、PF15當作JOYSTICK選擇（JOY_SEL）、上（JOY_UP）、下（JOY_DOWN）、右（JOY_RIGHT）、左（JOY_LEFT）按鈕的輸入接腳，電路如圖5-2所示。

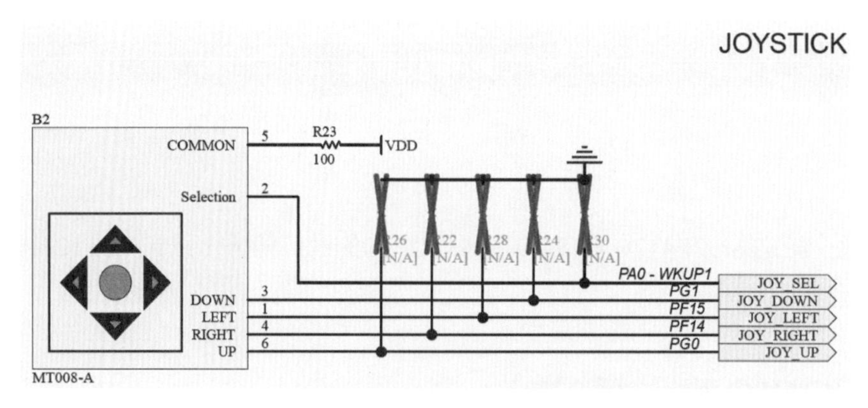


圖5-2　JOYSTICK電路圖

利用STM32CubeMX創建JoyStick_Control專案，步驟如下：

**步驟1**：新建專案

開啓STM32cubeMX軟體，點擊New Project。根據圖5-3，在Part Number Search輸入STM32F412ZG，在MCUs List item選擇STM32F412ZGTx，然後點選Start Project，將開啓如圖5-4的專案主畫面。

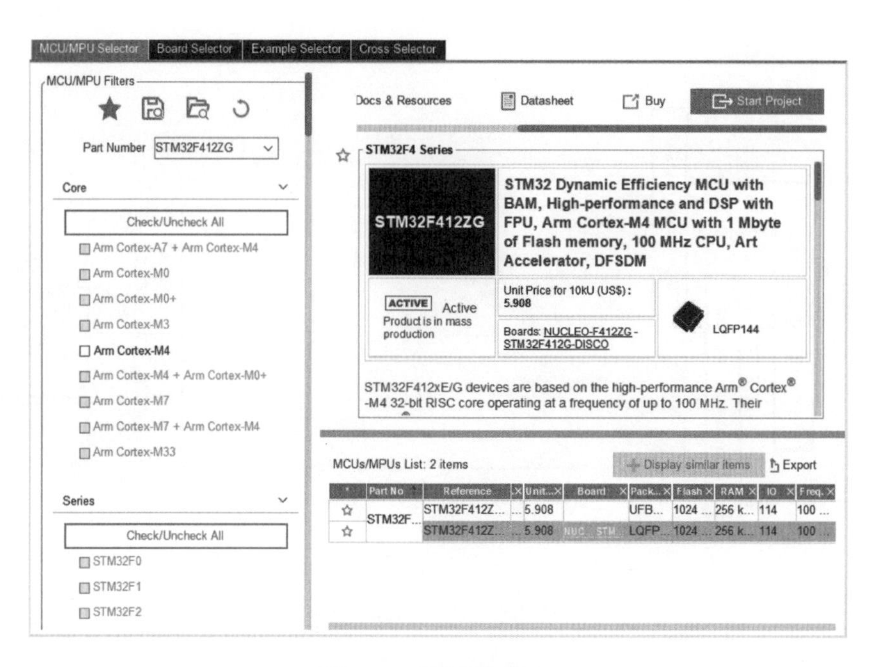


圖5-3　新建專案

圖5-4　專案主畫面

**步驟2**：GPIO接腳功能組態配置

找到PA0、PG0、PG1、PF14、PF15對應接腳位置，並設置為GPIO_Input模式，PE0~PE3對應接腳位置，並設置為GPIO_Output模式，如圖5-5。更改完成GPIO接腳設置後，接腳配置圖（Pinout）會顯示接腳的使用者標籤，如圖5-6。

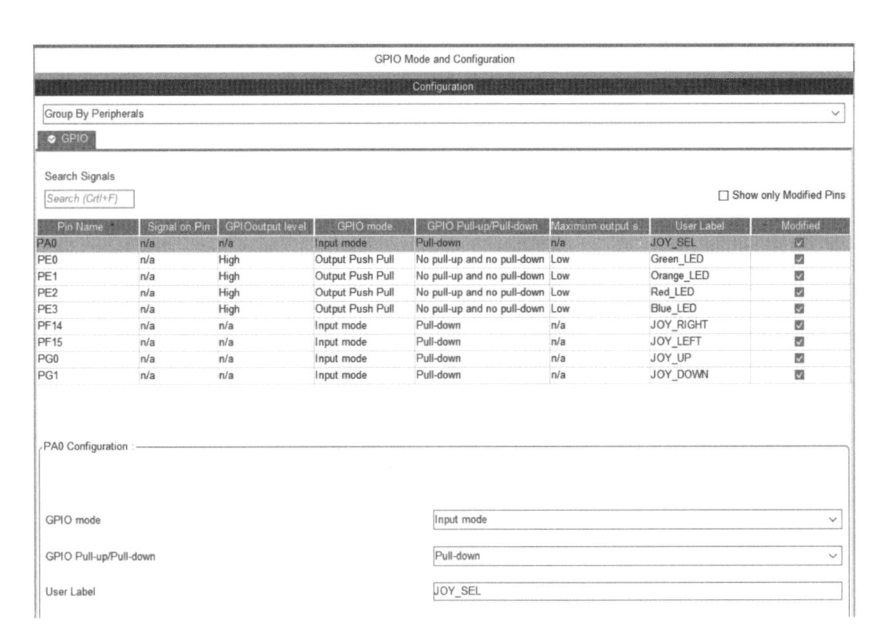


| Pin Name | Signal on Pin | GPIOoutput level | GPIO mode | GPIO Pull-up/Pull-down | Maximum output s... | User Label | Modified |
|---|---|---|---|---|---|---|---|
| PA0 | n/a | n/a | Input mode | Pull-down | n/a | JOY_SEL | ☑ |
| PE0 | n/a | High | Output Push Pull | No pull-up and no pull-down | Low | Green_LED | ☑ |
| PE1 | n/a | High | Output Push Pull | No pull-up and no pull-down | Low | Orange_LED | ☑ |
| PE2 | n/a | High | Output Push Pull | No pull-up and no pull-down | Low | Red_LED | ☑ |
| PE3 | n/a | High | Output Push Pull | No pull-up and no pull-down | Low | Blue_LED | ☑ |
| PF14 | n/a | n/a | Input mode | Pull-down | n/a | JOY_RIGHT | ☑ |
| PF15 | n/a | n/a | Input mode | Pull-down | n/a | JOY_LEFT | ☑ |
| PG0 | n/a | n/a | Input mode | Pull-down | n/a | JOY_UP | ☑ |
| PG1 | n/a | n/a | Input mode | Pull-down | n/a | JOY_DOWN | ☑ |

圖5-5　GPIO接腳功能組態配置

CHAPTER 5

圖5-6　接腳配置圖

**步驟3**：專案設定

點擊Project Manager，開啓專案設定介面，如圖5-7所示。在Project Name輸入專案名稱：JoyStick_Control，點選Browse選擇專案儲存的位置，在Toolchain/IDE選擇MDK-ARM V5，其他部分使用預設。

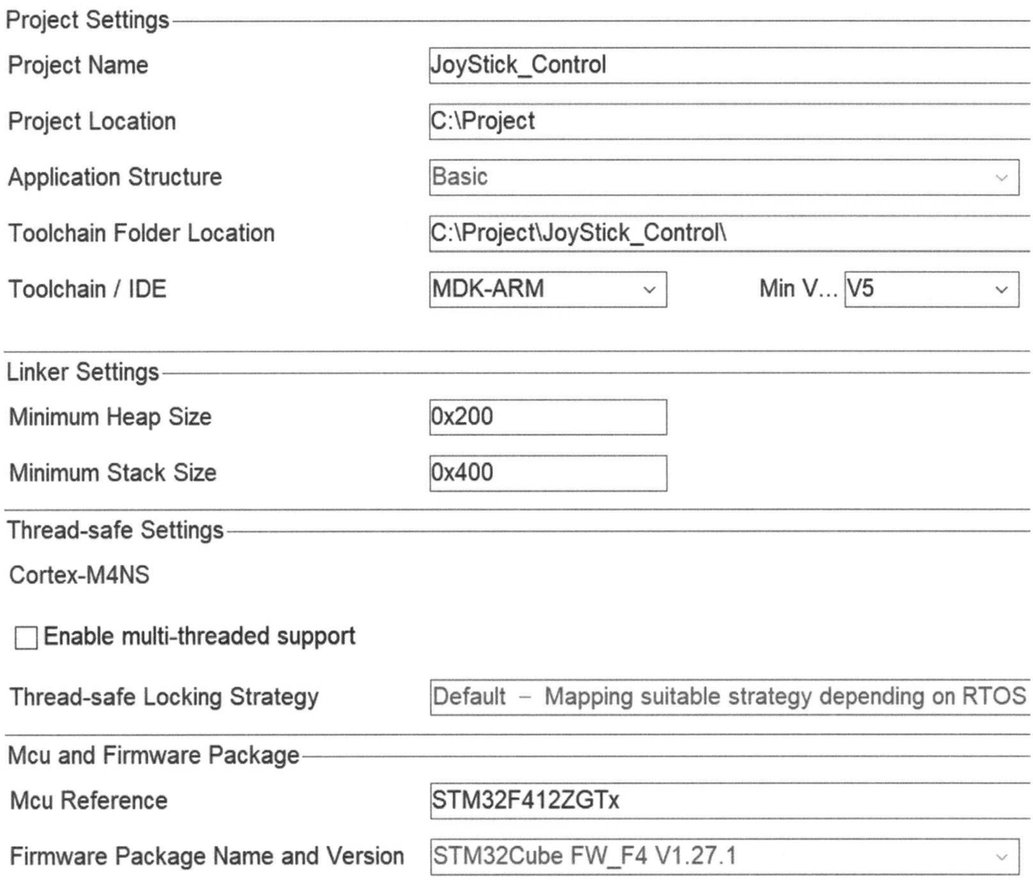

Project Settings

| | |
|---|---|
| Project Name | JoyStick_Control |
| Project Location | C:\Project |
| Application Structure | Basic |
| Toolchain Folder Location | C:\Project\JoyStick_Control\ |
| Toolchain / IDE | MDK-ARM　Min V... V5 |

Linker Settings

| | |
|---|---|
| Minimum Heap Size | 0x200 |
| Minimum Stack Size | 0x400 |

Thread-safe Settings

Cortex-M4NS

☐ Enable multi-threaded support

| | |
|---|---|
| Thread-safe Locking Strategy | Default – Mapping suitable strategy depending on RTOS |

Mcu and Firmware Package

| | |
|---|---|
| Mcu Reference | STM32F412ZGTx |
| Firmware Package Name and Version | STM32Cube FW_F4 V1.27.1 |

圖5-7　專案設定介面

專案設定介面點選Code Generator，開啟程式碼生成的設定介面，如圖5-8所示。根據圖5-8，在STM32Cube Firmware Library Package的選項中點選Copy only the necessary library files，在Generated files的選項中點選第1、第3與第4個選項，設定完成後點擊OK。

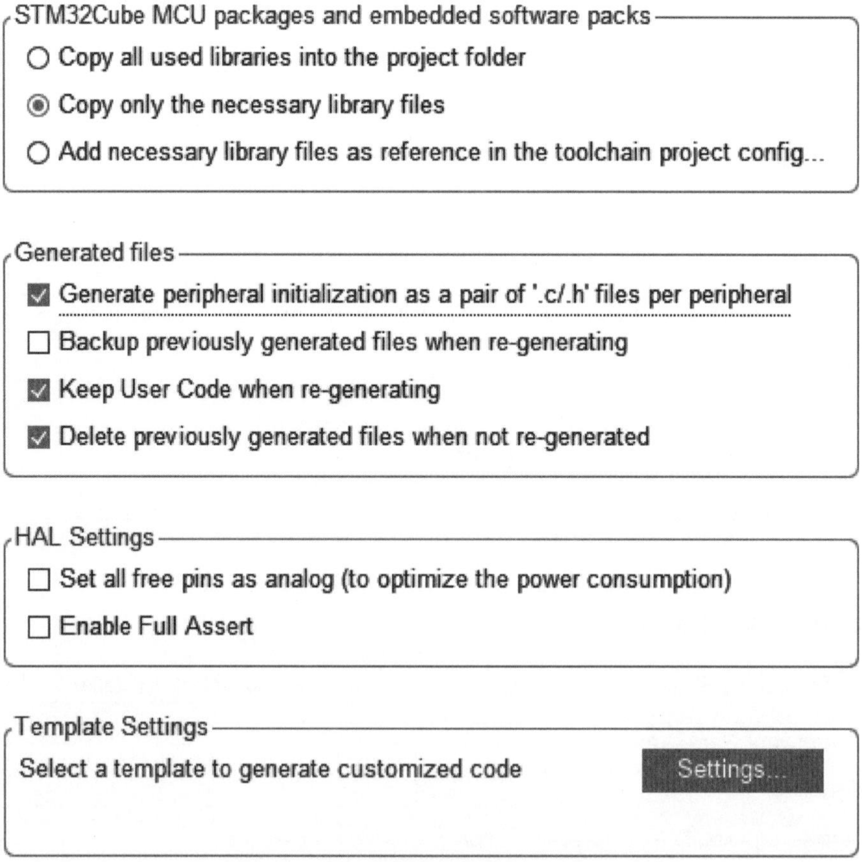

STM32Cube MCU packages and embedded software packs

- ○ Copy all used libraries into the project folder
- ◉ Copy only the necessary library files
- ○ Add necessary library files as reference in the toolchain project config...

Generated files

- ☑ Generate peripheral initialization as a pair of '.c/.h' files per peripheral
- ☐ Backup previously generated files when re-generating
- ☑ Keep User Code when re-generating
- ☑ Delete previously generated files when not re-generated

HAL Settings

- ☐ Set all free pins as analog (to optimize the power consumption)
- ☐ Enable Full Assert

Template Settings

Select a template to generate customized code　　Settings...

圖5-8　程式碼生成的設定介面。

**步驟5**：生成程式碼

點選Generate Code（圖5-9），將根據專案設定生成程式碼，STM32CubeMX生成程式碼後，將彈出程式碼生成成功對話框（圖5-10），點擊Open Project按鈕，將由Keil $\mu$Vision5開啓JoyStick_Control專案。

圖5-9　點選生成程式碼

圖5-10 程式碼生成成功對話盒

由Keil μ Vision5開啓JoyStick_Control專案，與LED_Blink專案相比較，在GPIO埠設置的初始化程式（MX_GPIO_Init()）多了PA0、PF14、PF15、PG0、PG1等接腳輸入模式的配置，如圖5-11所示。

```
void MX_GPIO_Init(void)
{
  GPIO_InitTypeDef GPIO_InitStruct = {0};
  /* GPIO Ports Clock Enable */
  __HAL_RCC_GPIOE_CLK_ENABLE();
  __HAL_RCC_GPIOA_CLK_ENABLE();
  __HAL_RCC_GPIOF_CLK_ENABLE();
  __HAL_RCC_GPIOG_CLK_ENABLE();

  /*Configure GPIO pin Output Level */
  HAL_GPIO_WritePin(GPIOE, Red_LED_Pin|Blue_LED_Pin|Green_LED_Pin|Orange_LED_Pin, GPIO_PIN_SET);

  /*Configure GPIO pins : PEPin PEPin PEPin PEPin */
  GPIO_InitStruct.Pin = Red_LED_Pin|Blue_LED_Pin|Green_LED_Pin|Orange_LED_Pin;
  GPIO_InitStruct.Mode = GPIO_MODE_OUTPUT_PP;
  GPIO_InitStruct.Pull = GPIO_NOPULL;
  GPIO_InitStruct.Speed = GPIO_SPEED_FREQ_LOW;
  HAL_GPIO_Init(GPIOE, &GPIO_InitStruct);

  /*Configure GPIO pin : PtPin */
  GPIO_InitStruct.Pin = JOY_SEL_Pin;
  GPIO_InitStruct.Mode = GPIO_MODE_INPUT;
  GPIO_InitStruct.Pull = GPIO_PULLDOWN;
  HAL_GPIO_Init(JOY_SEL_GPIO_Port, &GPIO_InitStruct);

  /*Configure GPIO pins : PFPin PFPin */
  GPIO_InitStruct.Pin = JOY_RIGHT_Pin|JOY_LEFT_Pin;
  GPIO_InitStruct.Mode = GPIO_MODE_INPUT;
  GPIO_InitStruct.Pull = GPIO_PULLDOWN;
  HAL_GPIO_Init(GPIOF, &GPIO_InitStruct);

  /*Configure GPIO pins : PGPin PGPin */
  GPIO_InitStruct.Pin = JOY_UP_Pin|JOY_DOWN_Pin;
  GPIO_InitStruct.Mode = GPIO_MODE_INPUT;
  GPIO_InitStruct.Pull = GPIO_PULLDOWN;
  HAL_GPIO_Init(GPIOG, &GPIO_InitStruct);
}
```

圖5-11 GPIO埠設置的初始化程式

## 5-2 JOYSTICK單鈕控制LED燈（On/Off）

本小節利用STM32F412G-DISCO探索板，只規劃PA0（JOY_SEL按鈕）為輸入接腳，PE0當作輸出接腳。使用程式輪詢方式偵測PA0輸入訊號若為高電位(1)，則控制PE0輸出電壓（0），使得綠色LED開始亮燈，否則關閉。

利用Keil μVision5開啓JoyStick_Control專案。在main函數的while迴圈中添加以下程式碼（圖5-12）：

```
while (1)
 {
  if(HAL_GPIO_ReadPin(JOY_SEL_GPIO_Port, JOY_SEL_Pin) == GPIO_PIN_SET)
      HAL_GPIO_TogglePin(GPIOE, Green_LED_Pin);
 }
```

其中，HAL_GPIO_ReadPin(JOY_SEL_GPIO_Port, JOY_SEL_Pin)函式用來讀取JOY_SEL (PA0)的狀態，當JOYSTICH中央按鈕被按下時，它所連接的JOY_SEL_Pin會被設置在GPIO_PIN_SET狀態（邏輯1），否則會維持在GPIO_PIN_RESET狀態（邏輯0）。所以，當JOYSTICH中央按鈕被按下時，JOY_SEL_Pin (PA0)的狀態等於GPIO_PIN_SET狀態，if敘述的條件為真，執行HAL_GPIO_TogglePin(GPIOE, Green_LED_Pin)函式用於切換綠色LED亮或暗。HAL_GPIO_ReadPin()函式的詳細使用說明可參考STM32F412xx HAL使用者手冊。

## 5-3 JOYSTICK多鈕控制LED燈狀態

本小節實驗規劃STM32F412G-DISCO探索板GPIO的PA0、PG0、PG1、PF14、PF15當作JOYSTICK選擇（JOY_SEL）、上（JOY_UP）、下（JOY_DOWN）、右（JOY_RIGHT）、左（JOY_LEFT）按鈕的輸入接腳，PE0~PE3當作LED輸出接腳。利用程式接收PA0、PF14、PF15、PG0、PG1接腳輸入訊號，控制PE0~PE3輸出電位，使得綠色LED、橘色LED、紅色LED與藍色LED不同功能亮法。

在main函數的while迴圈中添加以下程式碼：

```
if(HAL_GPIO_ReadPin(JOY_SEL_GPIO_Port, JOY_SEL_Pin) == GPIO_PIN_SET)
 {
   for(int i=0; i<6; i++)
 {
        HAL_GPIO_TogglePin(GPIOE, Green_LED_Pin);
       HAL_GPIO_TogglePin(GPIOE, Orange_LED_Pin);
       HAL_GPIO_TogglePin(GPIOE, Red_LED_Pin);
       HAL_GPIO_TogglePin(GPIOE, Blue_LED_Pin);
       HAL_Delay(1000);
     }
 }
 else if(HAL_GPIO_ReadPin(JOY_LEFT_GPIO_Port, JOY_LEFT_Pin) == GPIO_PIN_SET)
 {
  HAL_GPIO_WritePin(GPIOE, Green_LED_Pin, GPIO_PIN_RESET);
  HAL_GPIO_WritePin(GPIOE, Orange_LED_Pin, GPIO_PIN_RESET);
  HAL_GPIO_WritePin(GPIOE, Red_LED_Pin, GPIO_PIN_SET);
  HAL_GPIO_WritePin(GPIOE, Blue_LED_Pin, GPIO_PIN_SET);
 }
 else if(HAL_GPIO_ReadPin(JOY_RIGHT_GPIO_Port, JOY_RIGHT_Pin) == GPIO_PIN_RESET)
 {
  HAL_GPIO_WritePin(GPIOE, Green_LED_Pin, GPIO_PIN_SET);
  HAL_GPIO_WritePin(GPIOE, Orange_LED_Pin, GPIO_PIN_SET);
  HAL_GPIO_WritePin(GPIOE, Red_LED_Pin, GPIO_PIN_RESET);
  HAL_GPIO_WritePin(GPIOE, Blue_LED_Pin, GPIO_PIN_RESET);
 }
 else if(HAL_GPIO_ReadPin(JOY_UP_GPIO_Port, JOY_UP_Pin) == GPIO_PIN_RESET)
 {
  HAL_GPIO_WritePin(GPIOE, Green_LED_Pin, GPIO_PIN_RESET);
  HAL_GPIO_WritePin(GPIOE, Orange_LED_Pin, GPIO_PIN_RESET);
  HAL_GPIO_WritePin(GPIOE, Red_LED_Pin, GPIO_PIN_RESET);
  HAL_GPIO_WritePin(GPIOE, Blue_LED_Pin, GPIO_PIN_RESET);
 }
  else if(HAL_GPIO_ReadPin(JOY_DOWN_GPIO_Port, JOY_DOWN_Pin) == GPIO_PIN_RESET)
```

```
{
  HAL_GPIO_WritePin(GPIOE, Green_LED_Pin, GPIO_PIN_SET);
  HAL_GPIO_WritePin(GPIOE, Orange_LED_Pin, GPIO_PIN_SET);
  HAL_GPIO_WritePin(GPIOE, Red_LED_Pin, GPIO_PIN_SET);
  HAL_GPIO_WritePin(GPIOE, Blue_LED_Pin, GPIO_PIN_SET);
}
```

按鈕功能中間按鈕（JOY_SEL）、左按鈕（JOY_LEFT）、右按鈕（JOY_RIGHT）、上按鈕（JOY_UP）、下按鈕（JPY_DOWN）分別爲四燈閃爍五次、綠燈與橘燈亮但紅燈與藍燈熄滅、綠燈與橘燈熄滅但紅燈與藍燈亮、四燈全亮、四燈熄滅。

## 5-4 使用BSP函數實作多按鈕控制LED燈狀態

本小節介紹如何利用BSP函數實作JOYSTICK多按鈕控制LED燈狀態。請參考4-5小節內容，添加STM32F412G-DISCO探索板的BSP套件內的stm32412g_discovery.c檔案。在main函數的while迴圈中添加以下程式碼：

```
switch(BSP_JOY_GetState())
    {
        case JOY_UP:
            BSP_LED_On(LED_GREEN);
            BSP_LED_Off(LED_ORANGE);
            BSP_LED_Off(LED_RED);
            BSP_LED_Off(LED_BLUE);
break;
        case JOY_DOWN:
            BSP_LED_Off(LED_GREEN);
            BSP_LED_On(LED_ORANGE);
            BSP_LED_Off(LED_RED);;
```

```
            BSP_LED_Off(LED_BLUE);
break;
        case JOY_LEFT:
            BSP_LED_Off(LED_GREEN);
            BSP_LED_Off(LED_ORANGE);
            BSP_LED_On(LED_RED);
            BSP_LED_Off(LED_BLUE);
break;
        case JOY_RIGHT:
            BSP_LED_Off(LED_GREEN);
            BSP_LED_Off(LED_ORANGE);
            BSP_LED_Off(LED_RED);
            BSP_LED_On(LED_BLUE);
break;
        case JOY_SEL:
            BSP_LED_Toggle(LED_GREEN);
            BSP_LED_Toggle(LED_ORANGE);
            BSP_LED_Toggle(LED_RED)
            BSP_LED_Toggle(LED_BLUE);
            break;
        default:
            break;
    }
```

整體程式與前面章節所使用HAL程式庫更為簡單，但需要實驗板廠商提供程式庫，如果廠商沒有提供，還是需要使用HAL程式庫進行程式的控制撰寫。下面stm32412g_discovery.c檔案只列出JOYSTICK按鈕所使用的部分程式碼內容，其餘定義於FMC、I2C、UART、AUDIO、ADC、LCD等接腳所規劃程式碼未列出。

```
******************************************************************************
  * @file    stm32412g_discovery.c
  * @author  MCD Application Team
  * @brief   This file provides a set of firmware functions to manage LEDs,
  *          push-buttons and COM ports available on STM32412G-DISCOVERY board
  *          (MB1209) from STMicroelectronics.
  ******************************************************************************
/* Includes ------------------------------------------------------------------*/
#include "stm32412g_discovery.h"
#include "stm32f4xx_hal.h"
const uint32_t GPIO_PIN[LEDn] = {  LED1_PIN,
                                   LED2_PIN,
                                   LED3_PIN,
                                   LED4_PIN};

GPIO_TypeDef* JOY_PORT[JOYn] =  {SEL_JOY_GPIO_PORT,
                                  DOWN_JOY_GPIO_PORT,
                                  LEFT_JOY_GPIO_PORT,
                                  RIGHT_JOY_GPIO_PORT,
                                  UP_JOY_GPIO_PORT};

const uint16_t JOY_PIN[JOYn] =  { SEL_JOY_PIN,
                                  DOWN_JOY_PIN,
                                  LEFT_JOY_PIN,
                                  RIGHT_JOY_PIN,
                                  UP_JOY_PIN};

const uint8_t JOY_IRQn[JOYn] =  {SEL_JOY_EXTI_IRQn,
                                  DOWN_JOY_EXTI_IRQn,
                                  LEFT_JOY_EXTI_IRQn,
                                  RIGHT_JOY_EXTI_IRQn,
                                  UP_JOY_EXTI_IRQn};

  /**
```

```
 * @brief  This method returns the STM32412G DISCOVERY BSP Driver revision
 * @retval version: 0xXYZR (8bits for each decimal, R for RC)
 */
uint32_t BSP_GetVersion(void)
{
 return __STM32412G_DISCOVERY_BSP_VERSION;
}

/**
 * @brief  Configures LEDs.
 * @param  Led: LED to be configured.
 *         This parameter can be one of the following values:
 *           @arg  LED1
 *           @arg  LED2
 *           @arg  LED3
 *           @arg  LED4
 */
void BSP_LED_Init(Led_TypeDef Led)
{
 GPIO_InitTypeDef  gpio_init_structure;

 /* Enable the GPIO_LED clock */
 LEDx_GPIO_CLK_ENABLE();

 /* Configure the GPIO_LED pin */
 gpio_init_structure.Pin = GPIO_PIN[Led];
 gpio_init_structure.Mode = GPIO_MODE_OUTPUT_PP;
 gpio_init_structure.Pull = GPIO_PULLUP;
 gpio_init_structure.Speed = GPIO_SPEED_FREQ_HIGH;

 HAL_GPIO_Init(LEDx_GPIO_PORT, &gpio_init_structure);

 /* By default, turn off LED */
 HAL_GPIO_WritePin(LEDx_GPIO_PORT, GPIO_PIN[Led], GPIO_PIN_SET);
```

```
}

/**
  * @brief  DeInit LEDs.
  * @param  Led: LED to be configured.
  *         This parameter can be one of the following values:
  *           @arg  LED1
  *           @arg  LED2
  *           @arg  LED3
  *           @arg  LED4
  * @note Led DeInit does not disable the GPIO clock nor disable the Mfx
  */
void BSP_LED_DeInit(Led_TypeDef Led)
{
  GPIO_InitTypeDef  gpio_init_structure;

  /* Turn off LED */
  HAL_GPIO_WritePin(LEDx_GPIO_PORT, GPIO_PIN[Led], GPIO_PIN_RESET);
  /* DeInit the GPIO_LED pin */
  gpio_init_structure.Pin = GPIO_PIN[Led];
  HAL_GPIO_DeInit(LEDx_GPIO_PORT, gpio_init_structure.Pin);
}

/**
  * @brief  Turns selected LED On.
  * @param  Led: LED to be set on
  *         This parameter can be one of the following values:
  *           @arg  LED1
  *           @arg  LED2
  *           @arg  LED3
  *           @arg  LED4
  */
void BSP_LED_On(Led_TypeDef Led)
{
```

```
  HAL_GPIO_WritePin(LEDx_GPIO_PORT, GPIO_PIN[Led], GPIO_PIN_RESET);
}

/**
  * @brief  Turns selected LED Off.
  * @param  Led: LED to be set off
  *          This parameter can be one of the following values:
  *            @arg  LED1
  *            @arg  LED2
  *            @arg  LED3
  *            @arg  LED4
  */
void BSP_LED_Off(Led_TypeDef Led)
{
  HAL_GPIO_WritePin(LEDx_GPIO_PORT, GPIO_PIN[Led], GPIO_PIN_SET);
}

/**
  * @brief  Toggles the selected LED.
  * @param  Led: LED to be toggled
  *          This parameter can be one of the following values:
  *            @arg  LED1
  *            @arg  LED2
  *            @arg  LED3
  *            @arg  LED4
  */
void BSP_LED_Toggle(Led_TypeDef Led)
{
  HAL_GPIO_TogglePin(LEDx_GPIO_PORT, GPIO_PIN[Led]);
}
/**
  * @brief  Configures all joystick's buttons in GPIO or EXTI modes.
  * @param  Joy_Mode: Joystick mode.
  *              This parameter can be one of the following values:
```

```
  *            JOY_MODE_GPIO: Joystick pins will be used as simple IOs
  *            JOY_MODE_EXTI: Joystick pins will be connected to EXTI line
  *                           with interrupt generation capability
  * @retval HAL_OK: if all initializations are OK. Other value if error.
  */
uint8_t BSP_JOY_Init(JOYMode_TypeDef Joy_Mode)
{
  JOYState_TypeDef joykey;
  GPIO_InitTypeDef GPIO_InitStruct;

  /* Initialized the Joystick. */
  for(joykey = JOY_SEL; joykey < (JOY_SEL + JOYn) ; joykey++)
  {
    /* Enable the JOY clock */
    JOYx_GPIO_CLK_ENABLE(joykey);

    GPIO_InitStruct.Pin = JOY_PIN[joykey];
    GPIO_InitStruct.Pull = GPIO_PULLDOWN;
    GPIO_InitStruct.Speed = GPIO_SPEED_FREQ_VERY_HIGH;

    if (Joy_Mode == JOY_MODE_GPIO)
    {
      /* Configure Joy pin as input */
      GPIO_InitStruct.Mode = GPIO_MODE_INPUT;
      HAL_GPIO_Init(JOY_PORT[joykey], &GPIO_InitStruct);
    }
    else if (Joy_Mode == JOY_MODE_EXTI)
    {
      /* Configure Joy pin as input with External interrupt */
      GPIO_InitStruct.Mode = GPIO_MODE_IT_RISING;
      HAL_GPIO_Init(JOY_PORT[joykey], &GPIO_InitStruct);

      /* Enable and set Joy EXTI Interrupt to the lowest priority */
      HAL_NVIC_SetPriority((IRQn_Type)(JOY_IRQn[joykey]), 0x0F, 0x00);
```

```
      HAL_NVIC_EnableIRQ((IRQn_Type)(JOY_IRQn[joykey]));
    }
  }

  return HAL_OK;
}

/**
  * @brief  Unconfigures all GPIOs used as joystick's buttons.
  */
void BSP_JOY_DeInit(void)
{
  JOYState_TypeDef joykey;

  /* Initialized the Joystick. */
  for(joykey = JOY_SEL; joykey < (JOY_SEL + JOYn) ; joykey++)
  {
    /* Enable the JOY clock */
    JOYx_GPIO_CLK_ENABLE(joykey);

    HAL_GPIO_DeInit(JOY_PORT[joykey], JOY_PIN[joykey]);
  }
}

/**
* @brief  Returns the current joystick status.
* @retval Code of the joystick key pressed
*         This code can be one of the following values:
*           @arg  JOY_NONE
*           @arg  JOY_SEL
*           @arg  JOY_DOWN
*           @arg  JOY_LEFT
*           @arg  JOY_RIGHT
*           @arg  JOY_UP
```

```
*/
JOYState_TypeDef BSP_JOY_GetState(void)
{
 JOYState_TypeDef joykey;

 for (joykey = JOY_SEL; joykey < (JOY_SEL + JOYn) ; joykey++)
 {
  if (HAL_GPIO_ReadPin(JOY_PORT[joykey], JOY_PIN[joykey]) != GPIO_PIN_RESET)
  {
   /* Return Code Joystick key pressed */
   return joykey;
  }
 }

 /* No Joystick key pressed */
 return JOY_NONE;
```

# TFT LCD 顯示控制

CHAPTER 6

本章介紹如何利用STM32CubeMX工具軟體規劃STM32F412ZGT6晶片的FSMC介面連接TFT LCD裝置（型號：FRD154BP2902-D-CTQ），完成在STM32F412G-DISCO探索板上TFT LCD顯示彩色ASCII字元和圖形的程式控制。

## 6-1　TFT LCD裝置

STM32F412G-DISCO探索板含有一個1.54英吋240x240像素彩色電容觸控TFT-LCD顯示模組，如圖6-1所示。

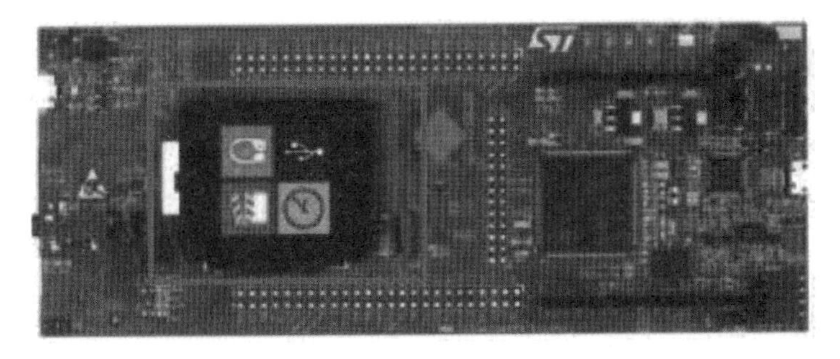

圖6-1　TFT LCD顯示模組（摘自STMicroelectronics公司文件）

TFT LCD顯示模組之產品型號爲FRD154BP2902-D-CTQ，產品的規格如下表所示：

| 功能 | 規格 |
|---|---|
| 解析度 | 240 x 240像素 |
| 尺寸 | 31.52*35.10*1.8 mm |

| 功能 | 規格 |
|---|---|
| 亮度 | 350cd/m$^2$ |
| 視角 | 全視角 |
| 介面 | FSMC |
| 驅動IC | ST7789H2-G4 |
| 觸控功能 | 電容觸控 |

STM32F412ZGT6 MCU以FSMC介面連接TFT LCD顯示模組，電路圖如圖6-2所示。TFT-LCD顯示模組腳位定義說明請參考表2-3。

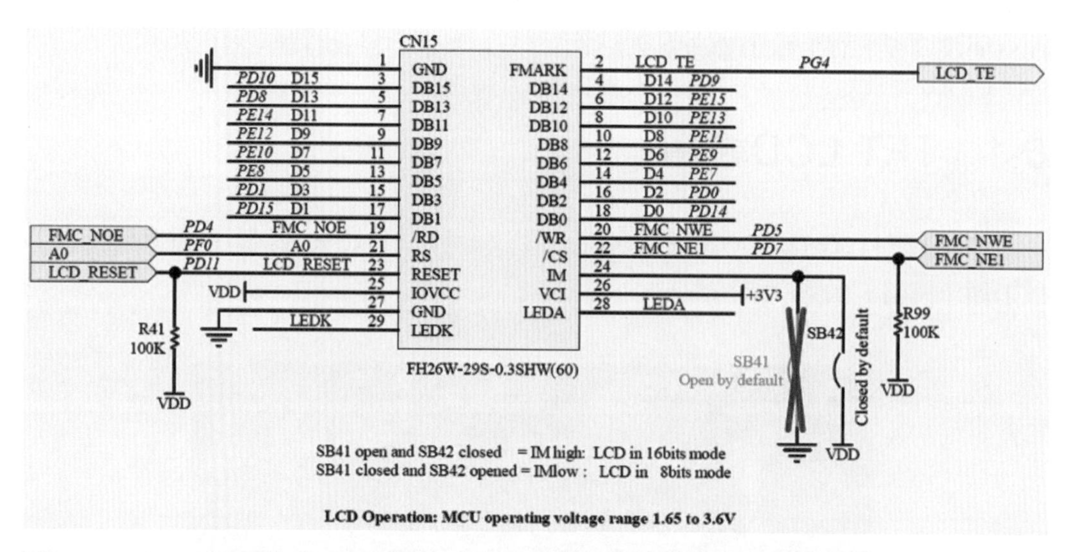


圖6-2　TFT LCD腳位與STM32F412ZGT6接腳連接電路圖（摘自STMicroelectronics公司文件）

# 6-2　FSMC介面

## 6-2-1　FSMC簡介

FSMC全稱Flexible Static Memory Controller，可變靜態記憶體控制器，是STM32系列採用的一種新型的存儲器擴展技術，其主要作用是負責向外部擴展的記憶體提供控制信號，FSMC具有以下主要功能：

1. 連接靜態記憶體映射的設備：
   (1) 靜態隨機存取記憶體（SRAM）
   (2) 唯讀記憶體（ROM）
   (3) NOR Flash/NAND Flash
   (4) PSRAM（4個記憶區域）
2. 提供LCD並列模式介面，支援提供Intel 8080模式和Motorola 6080模式
3. 支援對同步記憶體（NOR Flash和PSRAM）的突發模式（burst mode）存取
4. 8或16位元寬度的資料匯流排
5. 每個記憶區域有獨立的晶片選擇控制
6. 每個記憶區域可獨立配置
7. 寫使能和位元組通道選擇輸出，可配合PSRAM和SRAM記憶體使用
8. 外部非同步等待控制
9. 用於寫入的16 x 32位元FIFO

## 6-2-2 FSMC功能方塊圖

FSMC包含兩個主要模組：

1. AHB介面（包括FSMC配置暫存器）
2. NOR Flash/PSRAM/SRAM控制器

方塊圖如圖6-3所示。

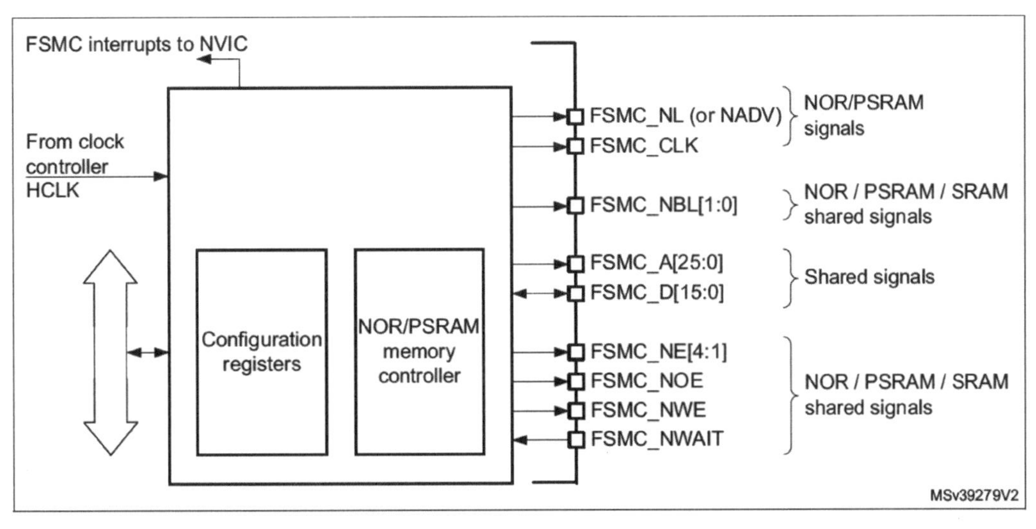


圖6-3 FSMC方塊圖（摘自STMicroelectronics公司文件）

## 6-2-3 外部設備位址映射

從FSMC的角度，外部記憶體被劃分爲固定大小的區域（bank），每個區域的大小爲256MB（請參見圖6-4）：

1. 區域1可連接多達4個NOR Flash或PSRAM記憶體。此區域被劃分爲4個NOR/PSRAM子區域（subbank），每個子區域含專用晶片選擇信號，如下：
   (1) Bank 1 - NOR/PSRAM/SRAM 1
   (2) Bank 1 - NOR/PSRAM/SRAM 2
   (3) Bank 1 - NOR/PSRAM/SRAM 3
   (4) Bank 1 - NOR/PSRAM/SRAM 4
2. 區域3用於連接NAND Flash記憶體

對於每個區域，所要使用的記憶體類型由使用者在配置暫存器中定義。

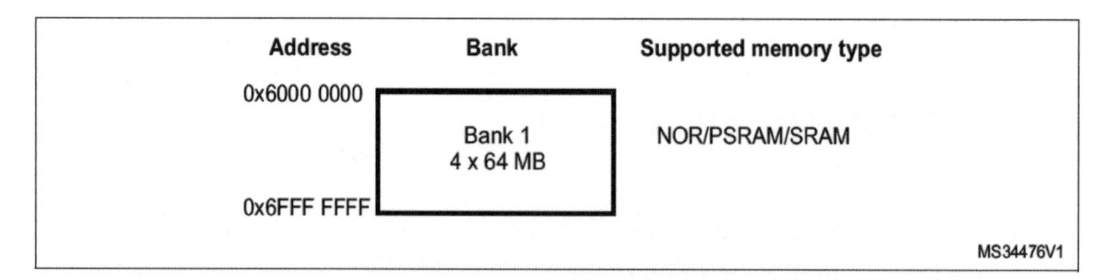


圖6-4 FSMC位址映射

HADDR[27:26]位元用於從下表中所示的四個區域之中選擇其中一個區域。

| HADDR[27:26][(1)] | Selected bank |
|---|---|
| 00 | Bank 1-NOR/PSRAM 1 |
| 01 | Bank 1-NOR/PSRAM 2 |
| 10 | Bank 1-NOR/PSRAM 3 |
| 11 | Bank 1-NOR/PSRAM 4 |

FSMC會生成適當的信號時序，以驅動以下類型的記憶體：

1. 非同步SRAM和ROM

   (1) 8位元

(2)16位元

(3)32位元

2.PSRAM（Cellular RAM）

(1)非同步模式

(2)突發模式

(3)多工（Multiplexed）或非多工（Multiplexed）

3.NOR Flash

(1)非同步模式或突發模式

(2)多工（Multiplexed）或非多工（Multiplexed）

FSMC會爲每個區域輸出唯一的晶片選擇信號NE[4:1]。所有其它信號（位址、資料和控制）均爲共用信號。FSMC可對時序進行程式設計以支持各種設備，包含：

1. 等待週期可程式設計（最多15個時鐘週期）
2. 匯流排周轉（turnaround）週期可程式設計（最多15個時鐘週期）
3. 輸出使能和寫入使能延遲可程式設計（最多15個時鐘週期）
4. 獨立的讀和寫時序和協定，以支援各種記憶體和時序

對於同步存取，FSMC只有在讀／寫任務期間才會向所選的外部設備發出時鐘（CLK）。HCLK時鐘頻率是該時鐘的整數倍。每個區域的大小固定，均爲64MB。

## 6-3 利用STM32CubeMX創建TFT LCD專案

利用STM32CubeMX創建LCD_Display6-1專案，步驟如下：

**步驟1**：新建專案

開啓STM32cubeMX軟體，點擊New Project。根據圖6-5，在Part Number Search輸入STM32F412ZG，在MCUs List item選擇STM32F412ZGTx，然後點選Start Project，將開啓新建專案的主畫面。

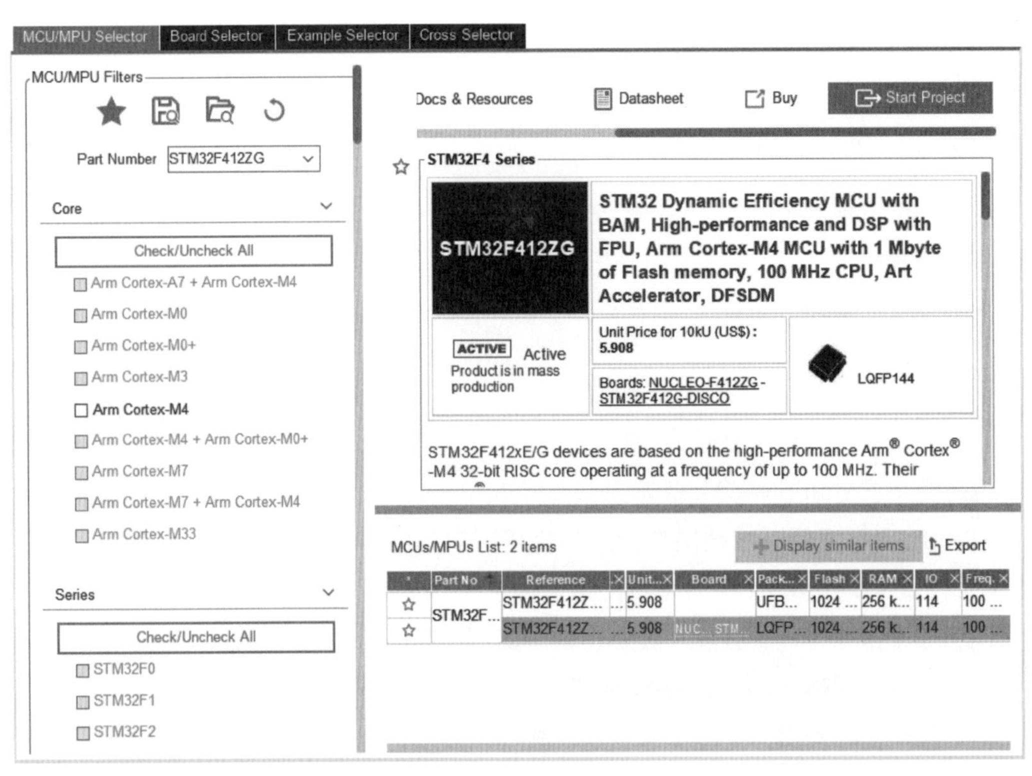


圖6-5 新建專案

**步驟2**：配置FSMC介面

根據圖6-2電路圖的腳位連接方式配置FSMC介面，首先點選FSMC，在FSMC Mode and Configuration視窗中，展開NOR Flash/PSRAM/SRAM/ROM/LCD 1，將Chip Select設爲NE1，將Memory type設爲LCD Interface，將LCD Register Select設爲A0，將Data設爲16 bits，其他選項使用預設，如圖6-6所示。

在完成FSMC模式與組態設定之後，由STM32CubeMX生成的預設腳位跟圖6-2的電路圖的腳位接方式有一些不同，需要對以下接腳以手動方式作修正。另須設定PD11、PF5與PG4爲GPIO_Output、GPIO_Output與GPIO_Input，修正User Label名稱爲LCD_RESET、LCD_BLCTRL與LCD_TE。完成設定後的腳位圖如圖6-7所示。

1. PD4 → FSMC_NOE

2. PD5 → FSMC_NWE

3. PD14 → FSMC_D0

4. PD0 → FSMC_D2

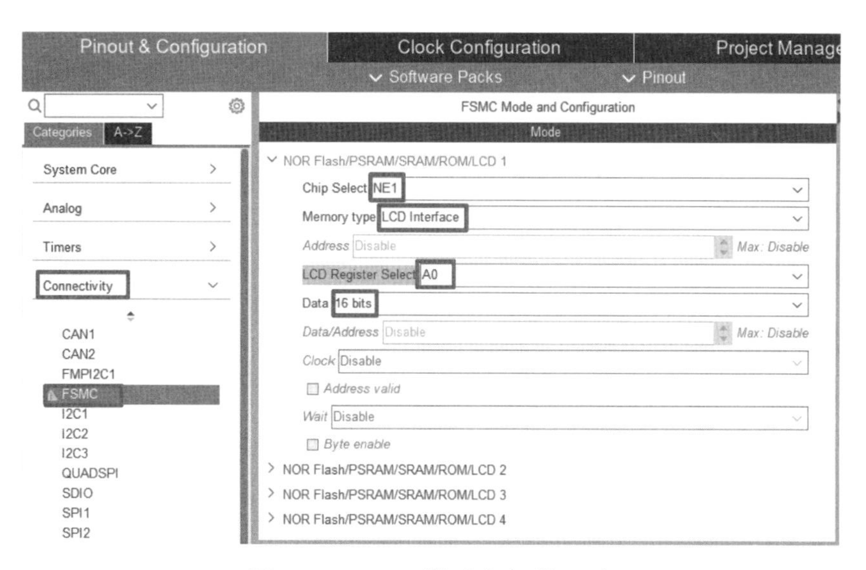


圖6-6　FSMC模式與組態設定

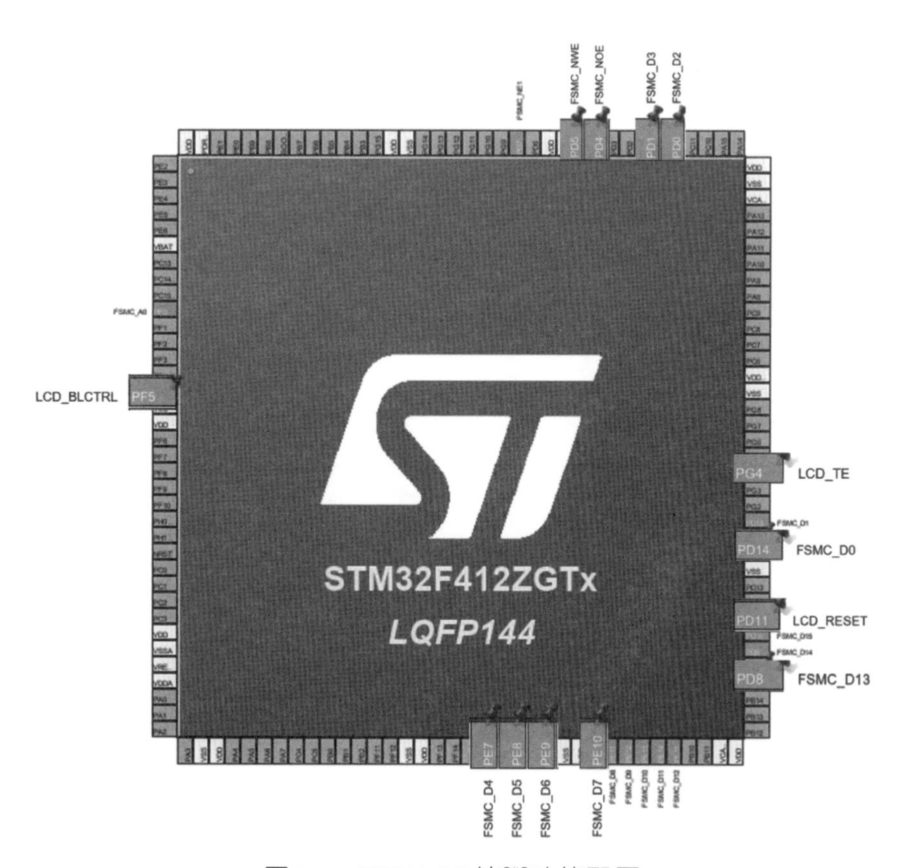


圖6-7　TFT LCD接腳功能配置

5. PD1 → FSMC_D3
6. PE7 → FSMC_D4
7. PE8 → FSMC_D5
8. PE9 → FSMC_D6
9. PE10 → FSMC_D7
10. PD8 → FSMC_D13
11. PD11 → LCD_RESET (GPIO OUTPUT)
12. PF5 → LCD_BLCTL (GPIO OUTPUT)
13. PG4 → LCD_TE (GPIO INPUT)

**步驟3**：專案設定

點擊Project Manager，開啓專案設定介面，如圖6-8所示。在Project Name輸入專案名稱：LCD_Display6-1，點選Browse選擇專案儲存的位置，在Toolchain/IDE選擇MDK-ARM V5，其他部分使用預設。

專案設定介面點選Code Generator，開啓程式碼生成的設定介面，如圖6-9。根據圖6-9，在STM32Cube Firmware Library Package的選項中點選Copy only the necessary library files，在Generated files的選項中點選第1、第3與第4個選項，設定完成後點擊OK。

**步驟4**：生成程式碼

點選Generate Code，將根據專案設定生成程式碼，STM32CubeMX生成程式碼後，將彈出程式碼生成成功對話框，點擊Open Project按鈕，將由Keil $\mu$ Vision5開啓LCD_Display6-1專案。

Project Settings

| | |
|---|---|
| Project Name | LCD_Display6-1 |
| Project Location | C:\Project |
| Application Structure | Basic |
| Toolchain Folder Location | C:\Project\LCD_Display6-1\ |
| Toolchain / IDE | MDK-ARM    Min V... V5 |

Linker Settings

| | |
|---|---|
| Minimum Heap Size | 0x200 |
| Minimum Stack Size | 0x400 |

Thread-safe Settings

Cortex-M4NS

☐ Enable multi-threaded support

| | |
|---|---|
| Thread-safe Locking Strategy | Default – Mapping suitable strategy depending on RTOS |

Mcu and Firmware Package

| | |
|---|---|
| Mcu Reference | STM32F412ZGTx |
| Firmware Package Name and Version | STM32Cube FW_F4 V1.27.1 |

圖6-8　專案設定介面

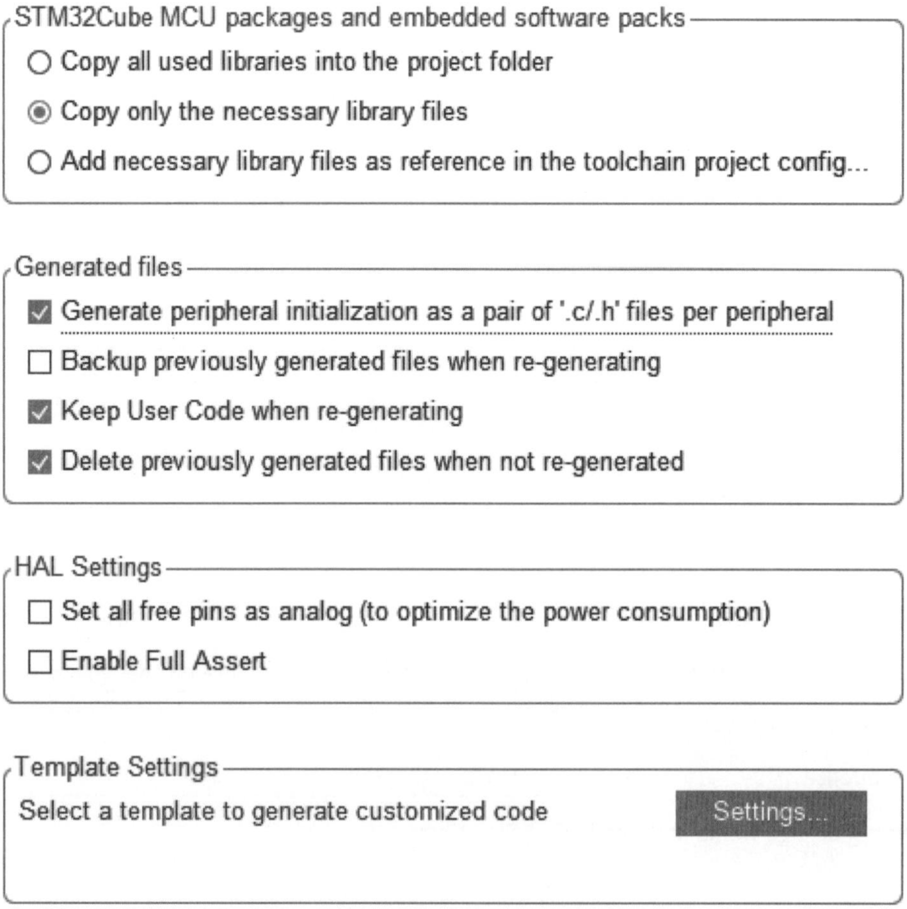

STM32Cube MCU packages and embedded software packs

- ○ Copy all used libraries into the project folder
- ◉ Copy only the necessary library files
- ○ Add necessary library files as reference in the toolchain project config...

Generated files

- ☑ Generate peripheral initialization as a pair of '.c/.h' files per peripheral
- ☐ Backup previously generated files when re-generating
- ☑ Keep User Code when re-generating
- ☑ Delete previously generated files when not re-generated

HAL Settings

- ☐ Set all free pins as analog (to optimize the power consumption)
- ☐ Enable Full Assert

Template Settings

Select a template to generate customized code　Settings...

圖6-9　程式碼生成的設定介面。

## 6-4　TFT LCD顯示文字的實驗

本節以BSP函數庫說明如何通過FSMC介面控制TFT LCD顯示文字，而BSP LCD函式的使用說明請參考使用者說明手冊。首先，由Keil μ Vision5開啓6-3小節所創建的專案，在本專案中加入必要的BSP原始碼：stm32412g_discovery.c、stm32412g_discovery_lcd.c、st7789h2.c以及ls016b8uy.c。步驟如下：

1. 首先，使用滑鼠右鍵在本專案名稱上點擊，於下拉選單中選取「Add Group ...」，便會在本專案中新增一個程式碼群組，然後將此群組的名稱改爲「Drivers/BSP」。其結果如下圖所示。

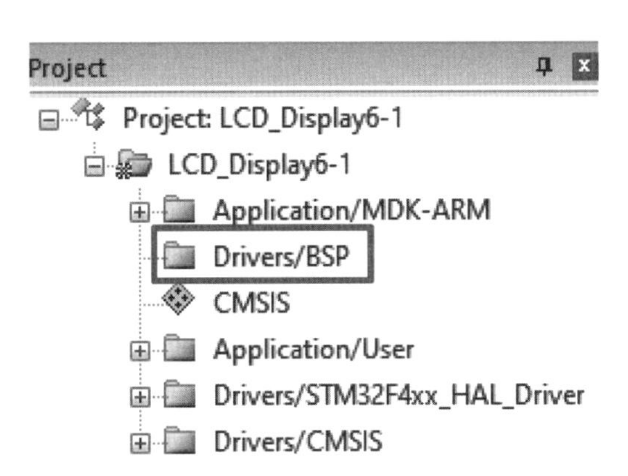


2. 用滑鼠雙擊Drivers/BSP群組，將C:\Users\User\STM32Cube\Repository \ STM32Cube_FW_F4_V1.27.1\Drivers\BSP\STM32412G-Discovery目錄下的stm32412g_discovery.c與stm32412g_discovery_lcd.c兩個檔案加入群組中。其結果如下圖所示。

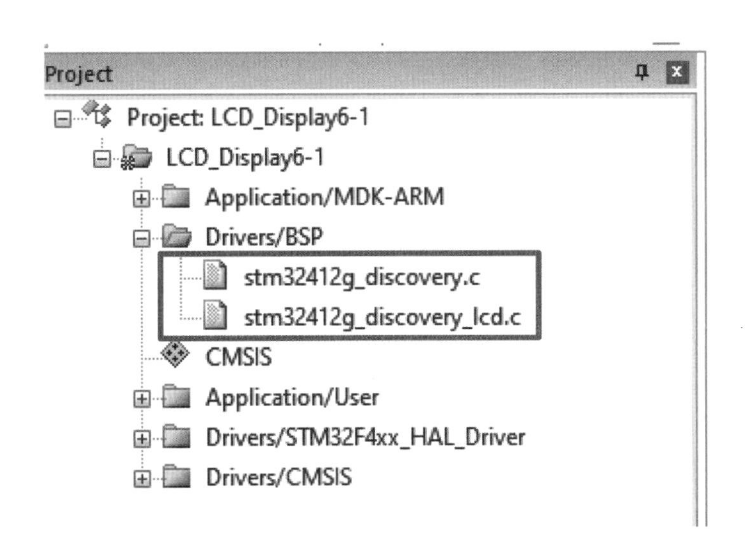


3. 另產生名為Drivers/Component群組，並將C:\Users\User\STM32Cube \Repository\STM32Cube_FW_F4_V1.27.1\Drivers\BSP\Components\st7789h2\st7789h2.c以及 C:\Users\User\STM32Cube\Repository\ STM32Cube_FW_F4_V1.27.1\Drivers\BSP\Components\ls016b8uy\ls016b8uy.c加入群組中。其結果如下圖所示。

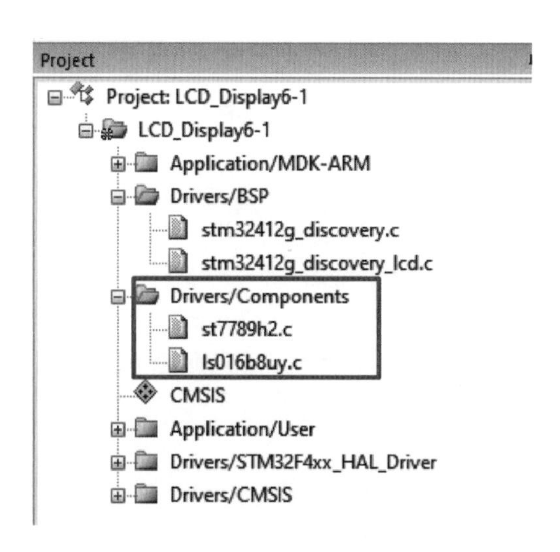


4. 修改stm32f4xx_hal_conf.h的內容來啟用I2C與UART介面，如圖6-10所示，將第55行、第66行的註解拿掉來啟用I2C與UART介面。

main.c　stm32f4xx_hal_conf.h

```
49  /* #define HAL_NAND_MODULE_ENABLED   */
50  /* #define HAL_NOR_MODULE_ENABLED   */
51  /* #define HAL_PCCARD_MODULE_ENABLED   */
52  #define HAL_SRAM_MODULE_ENABLED
53  /* #define HAL_SDRAM_MODULE_ENABLED   */
54  /* #define HAL_HASH_MODULE_ENABLED   */
55  #define HAL_I2C_MODULE_ENABLED
56  /* #define HAL_I2S_MODULE_ENABLED   */
57  /* #define HAL_IWDG_MODULE_ENABLED   */
58  /* #define HAL_LTDC_MODULE_ENABLED   */
59  /* #define HAL_RNG_MODULE_ENABLED   */
60  /* #define HAL_RTC_MODULE_ENABLED   */
61  /* #define HAL_SAI_MODULE_ENABLED   */
62  /* #define HAL_SD_MODULE_ENABLED   */
63  /* #define HAL_MMC_MODULE_ENABLED   */
64  /* #define HAL_SPI_MODULE_ENABLED   */
65  /* #define HAL_TIM_MODULE_ENABLED   */
66  #define HAL_UART_MODULE_ENABLED
67  /* #define HAL_USART_MODULE_ENABLED   */
68  /* #define HAL_IRDA_MODULE_ENABLED   */
69  /* #define HAL_SMARTCARD_MODULE_ENABLED   */
70  /* #define HAL_SMBUS_MODULE_ENABLED   */
71  /* #define HAL_WWDG_MODULE_ENABLED   */
72  /* #define HAL_PCD_MODULE_ENABLED   */
```

圖6-10　修改stm32f4xx_hal_conf.h的內容

5. 用滑鼠雙擊Drivers/STM32F4xx_HAL_Driver群組，將C:\Users\User\ STM-32Cube\Repository\STM32Cube_FW_F4_V1.27.1\Drivers.2\Drivers\STM-32F4xx_HAL_Driver\Src目錄下的stm32f4xx_hal_i2c.c與stm32f4xx_hal_uart.c兩個檔案加入群組中。其結果如下圖所示。

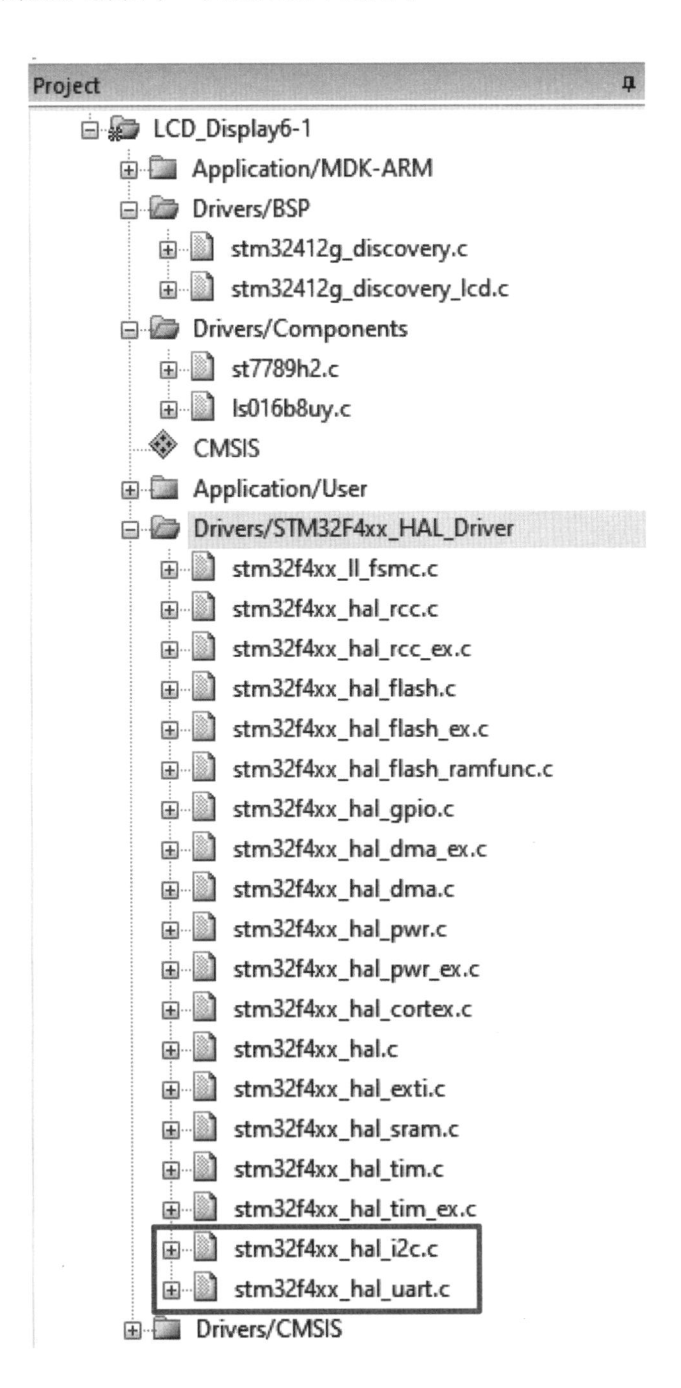

6. 將必須的含括檔資料夾路徑加入本專案的C/C++編譯器的設定當中。這些檔案都位於STM32Cube_FW_F4_Vx.xx.x的Drivers資料夾中，該資料夾的路徑可在STM32CubeMX的Project Setting視窗中找到，即STMCubeMX的Project Setting視窗中「Use Default Firmware Location」項目下方所顯示的路徑。在Vision點選上方選單「Project」中的「Options for target 'LCD_Display6-1'」項目，會跳出設定視窗。點選該視窗中的C/C++標籤，然後在Include Paths欄位中，將下列資料夾路徑加在現有路徑的末端，如圖6-11：

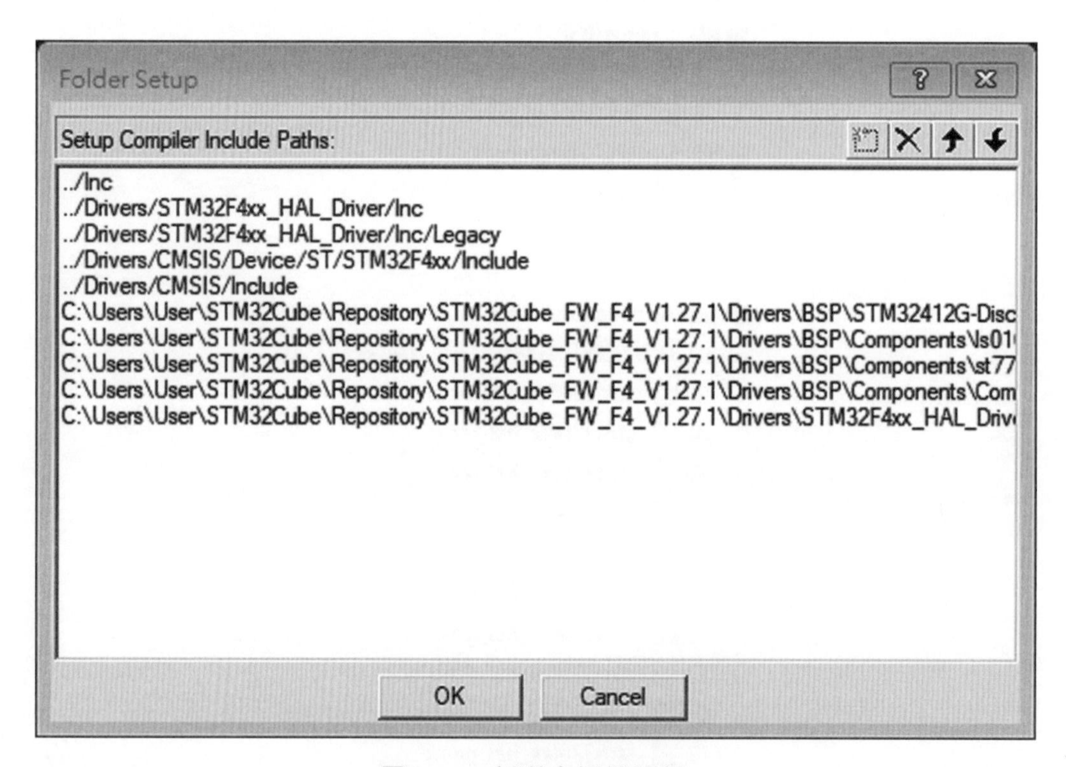


圖6-11　新增含括檔路徑

–C:\Users\User\STM32Cube\Repository\STM32Cube_FW_F4_V1.27.1\Drivers\BSP\STM32412G-Discovery;

–C:\Users\User\STM32Cube\Repository\STM32Cube_FW_F4_V1.27.1\Drivers\STM32F4xx_HAL_Driver\Inc;

–C:\Users\User\STM32Cube\Repository\STM32Cube_FW_F4_V1.27.1\Drivers\BSP\Components\Common;

–C:\Users\User\STM32Cube\Repository\STM32Cube_FW_F4_V1.27.1\Drivers\BSP\Components\st7789h2

–C:\Users\User\STM32Cube\Repository\STM32Cube_FW_F4_V1.27.1\Drivers\BSP\Components\ ls016b8uy

7. 開啓main.c檔進行編輯：

   在註解「/* USER CODE END Includes */」之下，加上如下的程式碼，引入必需的含括檔。

| 行號 | main.c程式碼 |
|---|---|
| 26 | */* USER CODE BEGIN Includes */* |
| 27 | *#include "stm32412g_discovery.h"* |
| 28 | *#include "stm32412g_discovery_lcd.h* |
| 29 | */* USER CODE END Includes */* |

在註解「/* USER CODE END PD */」之下，加上如下的程式碼，定義LCD螢幕解析度。

| 行號 | main.c程式碼 |
|---|---|
| 37 | */* USER CODE BEGIN PD */* |
| 38 | *#define LCD_PIXEL_WIDTH ((uint16_t)240)* |
| 39 | *#define LCD_PIXEL_HEIGHT ((uint16_t)240)* |
| 40 | */* USER CODE END PD */* |

在main()函式中的第91行呼叫函式MX_GPIO_Init()，用於初始化LCD驅動IC（ST7789h2）、LCD面板背光控制和同步LCD訊框記憶體。在第91行呼叫函式MX_FSMC_Init()，用於初始化FSMC介面。MX_GPIO_Init()函式以及MX_FSMC_Init()函式的程式碼如下：

MX_GPIO_Init()與MX_FSMC_Init()程式碼

```
void MX_GPIO_Init(void)
```

```
{
  GPIO_InitTypeDef GPIO_InitStruct = {0};

  /* GPIO Ports Clock Enable */
  __HAL_RCC_GPIOF_CLK_ENABLE();
  __HAL_RCC_GPIOE_CLK_ENABLE();
  __HAL_RCC_GPIOD_CLK_ENABLE();
  __HAL_RCC_GPIOG_CLK_ENABLE();

  /*Configure GPIO pin Output Level */
  HAL_GPIO_WritePin(LCD_BLCTRL_GPIO_Port, LCD_BLCTRL_Pin, GPIO_PIN_
RESET);

  /*Configure GPIO pin Output Level */
  HAL_GPIO_WritePin(LCD_RESET_GPIO_Port, LCD_RESET_Pin, GPIO_PIN_
RESET);

  /*Configure GPIO pin : PtPin */
  GPIO_InitStruct.Pin = LCD_BLCTRL_Pin;
  GPIO_InitStruct.Mode = GPIO_MODE_OUTPUT_PP;
  GPIO_InitStruct.Pull = GPIO_NOPULL;
  GPIO_InitStruct.Speed = GPIO_SPEED_FREQ_LOW;
  HAL_GPIO_Init(LCD_BLCTRL_GPIO_Port, &GPIO_InitStruct);

  /*Configure GPIO pin : PtPin */
  GPIO_InitStruct.Pin = LCD_RESET_Pin;
  GPIO_InitStruct.Mode = GPIO_MODE_OUTPUT_PP;
  GPIO_InitStruct.Pull = GPIO_NOPULL;
  GPIO_InitStruct.Speed = GPIO_SPEED_FREQ_LOW;
```

```
  HAL_GPIO_Init(LCD_RESET_GPIO_Port, &GPIO_InitStruct);

  /*Configure GPIO pin : PtPin */
  GPIO_InitStruct.Pin = LCD_TE_Pin;
  GPIO_InitStruct.Mode = GPIO_MODE_INPUT;
  GPIO_InitStruct.Pull = GPIO_NOPULL;
  HAL_GPIO_Init(LCD_TE_GPIO_Port, &GPIO_InitStruct);
}
void MX_FSMC_Init(void)
{
  /* USER CODE BEGIN FSMC_Init 0 */

  /* USER CODE END FSMC_Init 0 */

  FSMC_NORSRAM_TimingTypeDef Timing = {0};

  /* USER CODE BEGIN FSMC_Init 1 */

  /* USER CODE END FSMC_Init 1 */

  /** Perform the SRAM1 memory initialization sequence
  */
  hsram1.Instance = FSMC_NORSRAM_DEVICE;
  hsram1.Extended = FSMC_NORSRAM_EXTENDED_DEVICE;
  /* hsram1.Init */
  hsram1.Init.NSBank = FSMC_NORSRAM_BANK1;
  hsram1.Init.DataAddressMux = FSMC_DATA_ADDRESS_MUX_DISABLE;
  hsram1.Init.MemoryType = FSMC_MEMORY_TYPE_SRAM;
  hsram1.Init.MemoryDataWidth = FSMC_NORSRAM_MEM_BUS_WIDTH_16;
  hsram1.Init.BurstAccessMode = FSMC_BURST_ACCESS_MODE_DISABLE;
```

CHAPTER 6

```
  hsram1.Init.WaitSignalPolarity = FSMC_WAIT_SIGNAL_POLARITY_LOW;
  hsram1.Init.WaitSignalActive = FSMC_WAIT_TIMING_BEFORE_WS;
  hsram1.Init.WriteOperation = FSMC_WRITE_OPERATION_ENABLE;
  hsram1.Init.WaitSignal = FSMC_WAIT_SIGNAL_DISABLE;
  hsram1.Init.ExtendedMode = FSMC_EXTENDED_MODE_DISABLE;
  hsram1.Init.AsynchronousWait = FSMC_ASYNCHRONOUS_WAIT_DISABLE;
  hsram1.Init.WriteBurst = FSMC_WRITE_BURST_DISABLE;
  hsram1.Init.ContinuousClock = FSMC_CONTINUOUS_CLOCK_SYNC_ONLY;
  hsram1.Init.WriteFifo = FSMC_WRITE_FIFO_ENABLE;
  hsram1.Init.PageSize = FSMC_PAGE_SIZE_NONE;
  /* Timing */
  Timing.AddressSetupTime = 15;
  Timing.AddressHoldTime = 15;
  Timing.DataSetupTime = 255;
  Timing.BusTurnAroundDuration = 15;
  Timing.CLKDivision = 16;
  Timing.DataLatency = 17;
  Timing.AccessMode = FSMC_ACCESS_MODE_A;
  /* ExtTiming */

  if(HAL_SRAM_Init(&hsram1, &Timing, NULL) != HAL_OK)
  {
    Error_Handler( );
  }

  /* USER CODE BEGIN FSMC_Init 2 */

  /* USER CODE END FSMC_Init 2 */
}
```

```
static uint32_t FSMC_Initialized = 0;

static void HAL_FSMC_MspInit(void){
  /* USER CODE BEGIN FSMC_MspInit 0 */

  /* USER CODE END FSMC_MspInit 0 */
  GPIO_InitTypeDef GPIO_InitStruct = {0};
  if(FSMC_Initialized) {
    return;
  }
  FSMC_Initialized = 1;

  /* Peripheral clock enable */
  __HAL_RCC_FSMC_CLK_ENABLE();

  /** FSMC GPIO Configuration
  PF0   ------> FSMC_A0
  PE7   ------> FSMC_D4
  PE8   ------> FSMC_D5
  PE9   ------> FSMC_D6
  PE10   ------> FSMC_D7
  PE11   ------> FSMC_D8
  PE12   ------> FSMC_D9
  PE13   ------> FSMC_D10
  PE14   ------> FSMC_D11
  PE15   ------> FSMC_D12
  PD8   ------> FSMC_D13
  PD9   ------> FSMC_D14
  PD10   ------> FSMC_D15
  PD14   ------> FSMC_D0
```

```
PD15  ------> FSMC_D1
PD0  ------> FSMC_D2
PD1  ------> FSMC_D3
PD4  ------> FSMC_NOE
PD5  ------> FSMC_NWE
PD7  ------> FSMC_NE1
*/
/* GPIO_InitStruct */
GPIO_InitStruct.Pin = GPIO_PIN_0;
GPIO_InitStruct.Mode = GPIO_MODE_AF_PP;
GPIO_InitStruct.Pull = GPIO_NOPULL;
GPIO_InitStruct.Speed = GPIO_SPEED_FREQ_VERY_HIGH;
GPIO_InitStruct.Alternate = GPIO_AF12_FSMC;

HAL_GPIO_Init(GPIOF, &GPIO_InitStruct);

/* GPIO_InitStruct */
GPIO_InitStruct.Pin = GPIO_PIN_7|GPIO_PIN_8|GPIO_PIN_9|GPIO_PIN_10
            |GPIO_PIN_11|GPIO_PIN_12|GPIO_PIN_13|GPIO_PIN_14
            |GPIO_PIN_15;
GPIO_InitStruct.Mode = GPIO_MODE_AF_PP;
GPIO_InitStruct.Pull = GPIO_NOPULL;
GPIO_InitStruct.Speed = GPIO_SPEED_FREQ_VERY_HIGH;
GPIO_InitStruct.Alternate = GPIO_AF12_FSMC;

HAL_GPIO_Init(GPIOE, &GPIO_InitStruct);

/* GPIO_InitStruct */
GPIO_InitStruct.Pin = GPIO_PIN_8|GPIO_PIN_9|GPIO_PIN_10|GPIO_PIN_14
            |GPIO_PIN_15|GPIO_PIN_0|GPIO_PIN_1|GPIO_PIN_4
```

```
                    |GPIO_PIN_5|GPIO_PIN_7;
  GPIO_InitStruct.Mode = GPIO_MODE_AF_PP;
  GPIO_InitStruct.Pull = GPIO_NOPULL;
  GPIO_InitStruct.Speed = GPIO_SPEED_FREQ_VERY_HIGH;
  GPIO_InitStruct.Alternate = GPIO_AF12_FSMC;

  HAL_GPIO_Init(GPIOD, &GPIO_InitStruct);

  /* USER CODE BEGIN FSMC_MspInit 1 */

  /* USER CODE END FSMC_MspInit 1 */
}

void HAL_SRAM_MspInit(SRAM_HandleTypeDef* sramHandle){
  /* USER CODE BEGIN SRAM_MspInit 0 */

  /* USER CODE END SRAM_MspInit 0 */
  HAL_FSMC_MspInit();
  /* USER CODE BEGIN SRAM_MspInit 1 */

  /* USER CODE END SRAM_MspInit 1 */
}
```

在main()函式中的註解「/* USER CODE BEGIN 2 */」之下，加上如下程式碼，首先呼叫函式BSP_LCD_Init()，用於初始化LCD，呼叫函式BSP_LCD_SetFont()，用於設定字型大小，呼叫函式BSP_LCD_SetBackColor()，用於設置背景色的顏色，呼叫函式BSP_LCD_Clear()，用於清除螢幕，呼叫函式BSP_LCD_SetTextColor()，用於設置字體的顏色。

程式碼

```
/* USER CODE BEGIN 2 */
/* Initialize the LCD */
 BSP_LCD_Init();
 BSP_LCD_SetFont(&LCD_DEFAULT_FONT);
 /* Clear the LCD */
 BSP_LCD_SetBackColor(LCD_COLOR_BLACK);
 BSP_LCD_Clear(LCD_COLOR_BLACK);
 /* Set the LCD Text Color */
 BSP_LCD_SetTextColor(LCD_COLOR_WHITE);
);
/* USER CODE END 2 */
```

8. 將main()函式中的while(1)無窮迴圈，做如下的修改，呼叫函式BSP_LCD_DisplayStringAtLine()，用於在特定行顯示字串。最後在main.c修改完成後，將程式完成編譯並上傳到探索板，便可看見LCD每3秒閃爍字串一次。

程式碼

```
/* Infinite loop */
/* USER CODE BEGIN WHILE */
while(1)
{
/* Display LCD messages */
 BSP_LCD_DisplayStringAtLine(9,(uint8_t *)" ********************************");
 BSP_LCD_DisplayStringAtLine(10,(uint8_t *)" *         Hello!              *");
 BSP_LCD_DisplayStringAtLine(11,(uint8_t *)" *This is a LCD Display example.*");
 BSP_LCD_DisplayStringAtLine(12,(uint8_t *)" ********************************");
 HAL_Delay(2000);
 BSP_LCD_Clear(LCD_COLOR_BLACK);
 HAL_Delay(1000);
}
```

# 6-5 TFT LCD顯示棋盤圖案的實驗

本節將介紹如何利用BSP函數庫控制TFT LCD顯示棋盤。首先，請先參考6-3小節的內容創建名爲LCD_Display6-2的新專案，以及完成6-4小節的步驟1.~步驟7.。

編輯main()函式中的while(1)無窮迴圈，做如下的修改，呼叫函式BSP_LCD_FillRect()，用於在特定座標位置繪製一個大小爲LCD_PIXEL_WIDTH/8 x LCD_PIXEL_HEIGHT/8的矩形。最後在main.c修改完成後，將程式完成編譯並上傳到探索板，便可看見LCD螢幕顯示一個8x8圖案的棋盤。

程式碼

```
/* Infinite loop */
/* USER CODE BEGIN WHILE */
while(1)
{
  BSP_LCD_Clear(LCD_COLOR_WHITE);
  for(uint8_t i=0;i<8;i++)
  {
      for(uint8_t j=0; j<8;j++)
      {
            if((i+j)%2!=0)
            {
               BSP_LCD_SetTextColor(LCD_COLOR_BLACK);
               BSP_LCD_FillRect(i*LCD_PIXEL_WIDTH/8,j*LCD_PIXEL_HEIGHT/8,
                                           LCD_PIXEL_WIDTH/8,LCD_PIXEL_HEIGHT/8);
            }
      }
  }
  HAL_Delay(5000);
}
```

# 6-6 TFT LCD顯示動態圖案的實驗

本節將介紹如何利用BSP函數庫控制TFT LCD顯示一顆半徑爲10像素的小球沿螢幕對角線滾動的實驗。首先，請先參考6-3小節的內容創建名爲LCD_Display6-3的新專案，以及完成6-4小節的步驟(1)~步驟(7)。

編輯main()函式中的while(1)無窮迴圈，做如下的修改，此段程式碼每間隔30ms呼叫函式BSP_LCD_FillCircle()，在沿對角線的特定座標位置繪製一個大小爲10像素的小球。最後在main.c修改完成後，將程式完成編譯並上傳到探索板，便可看見LCD螢幕顯示一顆半徑爲10像素的小球沿螢幕對角線滾動。

程式碼

```
/* Infinite loop */
/* USER CODE BEGIN WHILE */
while(1)
{
    BSP_LCD_Clear(LCD_COLOR_DARKGREEN);
    for(uint8_t i=1;i<48;i++)
    {
        BSP_LCD_FillCircle(i*5,i*5,10);
        HAL_Delay(30);
        BSP_LCD_Clear(LCD_COLOR_DARKGREEN);
    }
}
```

# 基本計時器（Timer）

CHAPTER 7

本章介紹計時器的基本應用，利用計時器產生定時中斷請求，控制LED閃爍。STM32F412ZGT6微處理器共有14個計時器，分為基本計時器，通用計時器和高級控制計時器。基本計時器TIM6和TIM7是一個16位元自動重載計時器，可以產生定時中斷／DMA請求。通用計時器TIM2~TIM5（16/32位元）與TIM9~TIM14（16位元）是一個可遞增、遞減、遞增／遞減自動重載計時器，可以產生定時中斷／DMA請求、輸出比較、輸入捕捉、PWM生成（邊緣和中心對齊模式）或單脈衝模式輸出。TIM1和TIM8是兩個高級控制計時器，它們具有基本、通用計時器的所有功能，還允許在指定數目的計數器週期之後更新計時器暫存器的重復計數器、支援針對定位的增量（正交）編碼器和霍爾傳感器電路、作為外部時鐘或者按週期電流管理的觸發輸入、剎車功能（break function）及用於PWM驅動電路的死區時間（dead time）控制等。

## 7-1 基本計時器簡介

基本計時器（圖7-1）主要由下面三個暫存器組成。

1. 計數器暫存器（Counter Register，TIMx_CNT）
2. 預分頻器暫存器（Prescaler Register，TIMx_PSC）
3. 自動重載暫存器（Auto-Reload Register，TIMx_ARR）

計數器暫存器（TIMx_CNT）存儲的是當前的計數值。預分頻器（TIMx_PSC）為多少個CK_PSC脈衝計數一次，如圖7-2預分頻器的值為4，則4個脈衝計數一次。即為四分頻。如果要1000分頻，則預分頻器的值為1000-1。

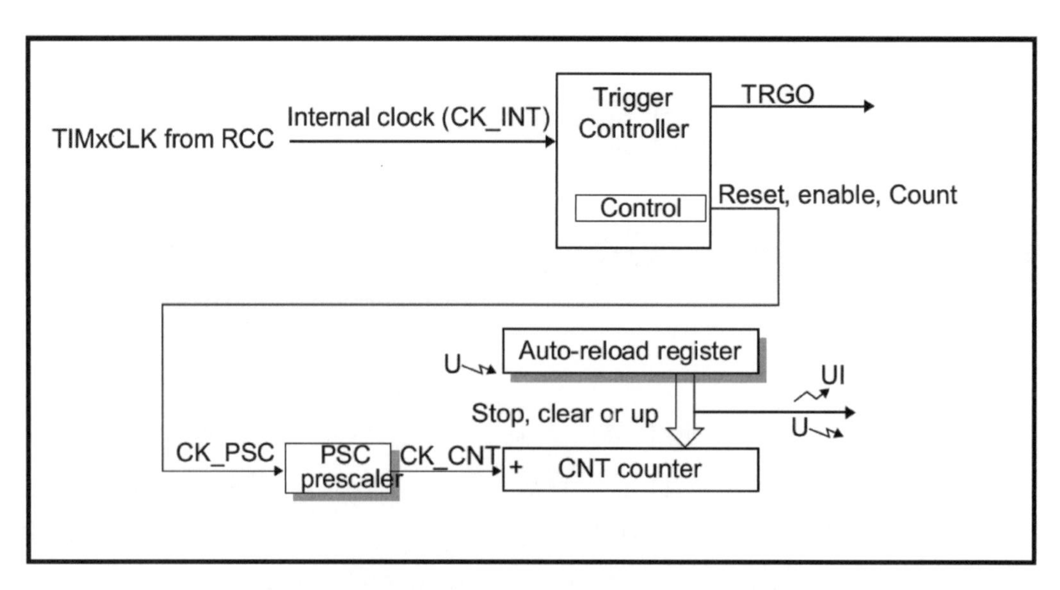


圖7-1　基本計時器（資料來源：意法半導體）

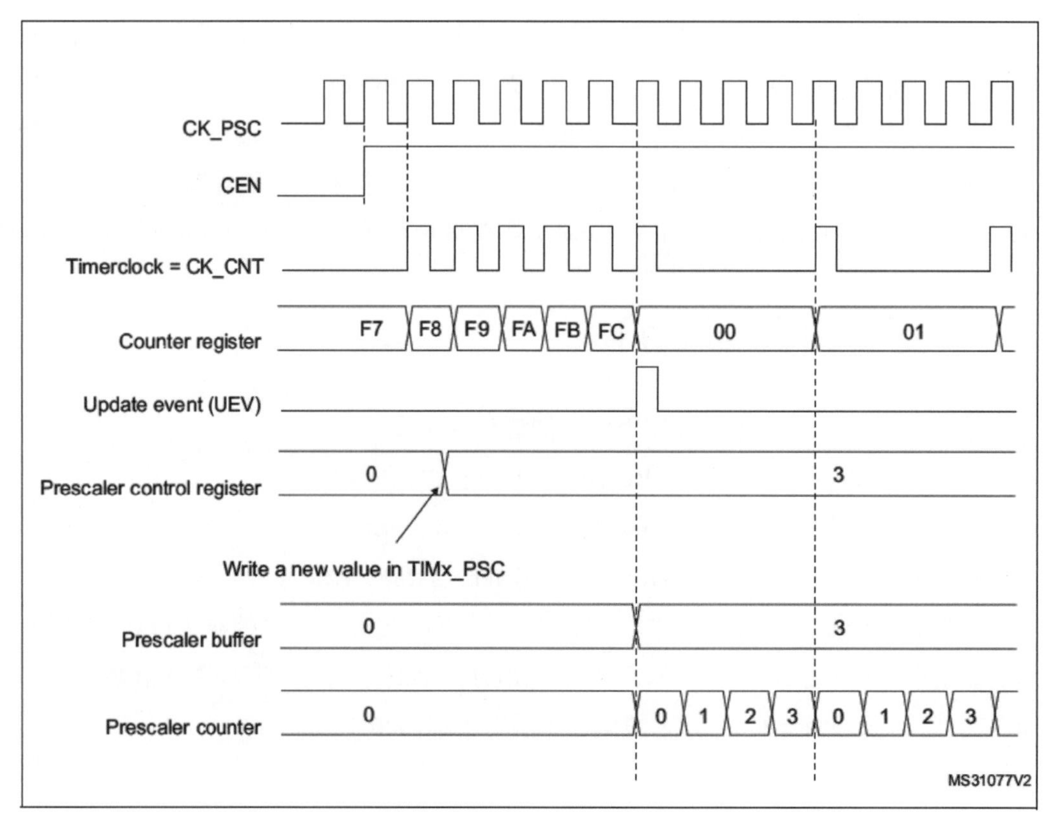


圖7-2　基本計時器時序圖（資料來源：意法半導體）

自動重載暫存器（TIMx_ARR）存儲的是計數器的溢出值，如圖7-3中計數器遞增計數到0x36計數器溢位，觸發一次更新事件（UEV）。

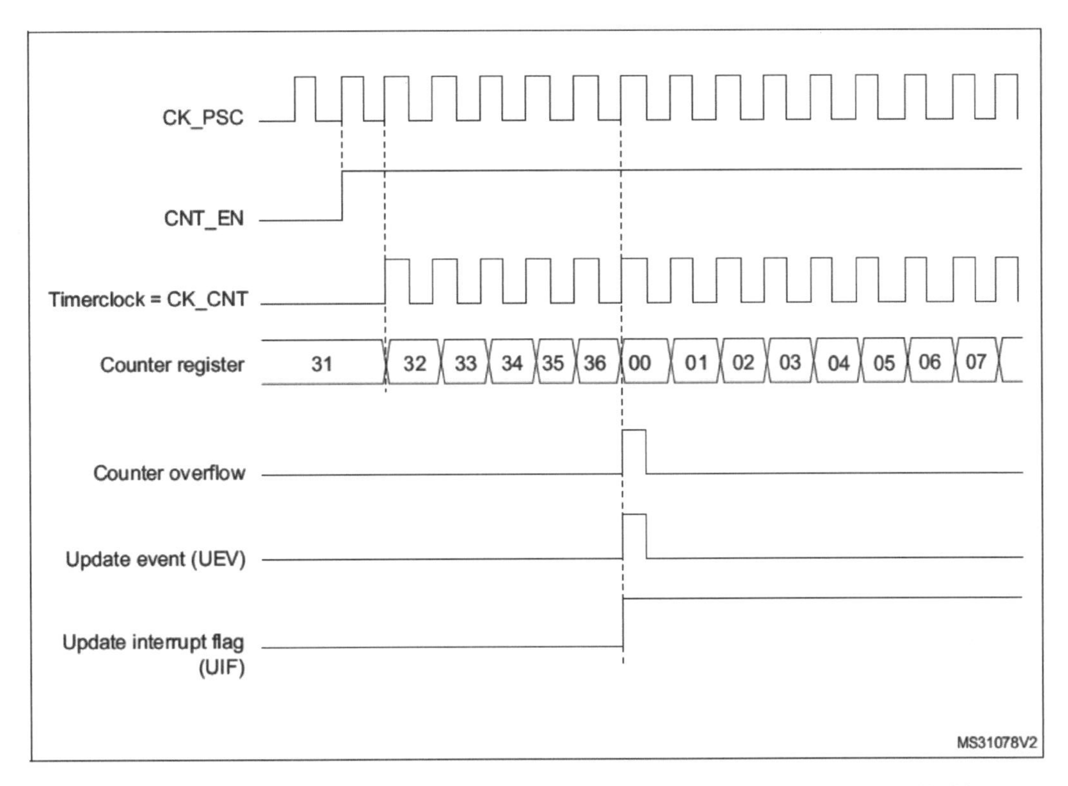


圖7-3　基本計時器時序圖，TIMx_ARR =0x36（資料來源：意法半導體）

## 7-2　定時中斷控制LED燈閃爍

利用STM32CubeMx軟體配置定時中斷控制專案，步驟如下：

**步驟1**：新建專案

開啓STM32cubeMX軟體，點擊New Project。根據圖7-4，在Part Number Search輸入STM32F412ZG，在MCUs List item選擇STM32F412ZGTx，然後點選Start Project。

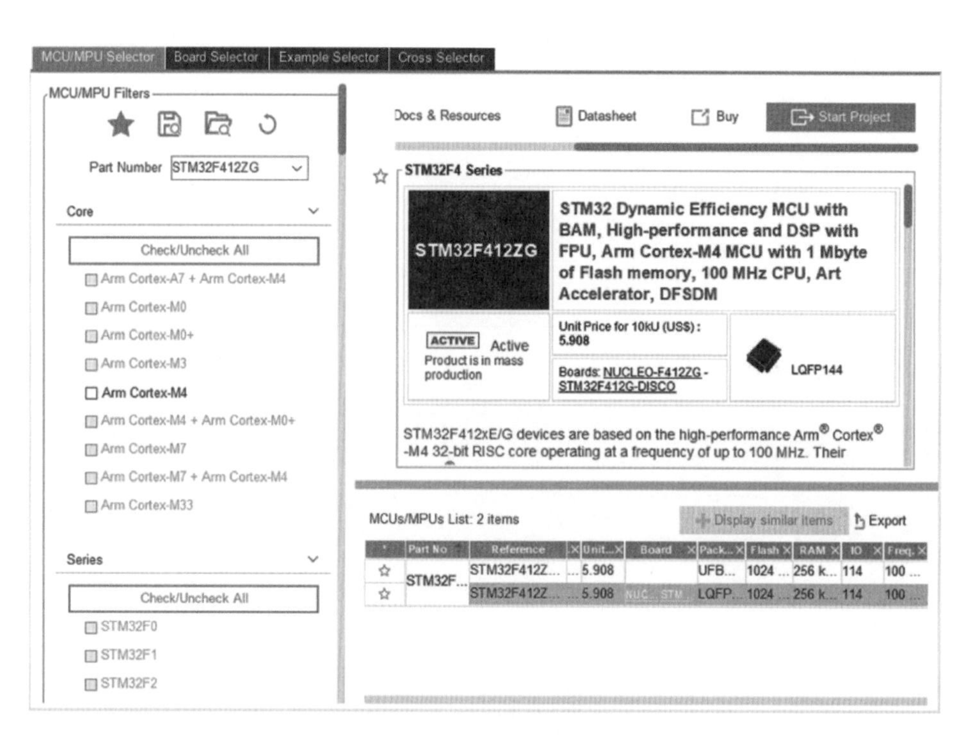


圖7-4　新建專案

**步驟2**：GPIO接腳功能配置

找到PE2對應接腳位置，並設置為GPIO_Output模式， User Label（使用者標籤）設置為Red_LED，如圖7-5。

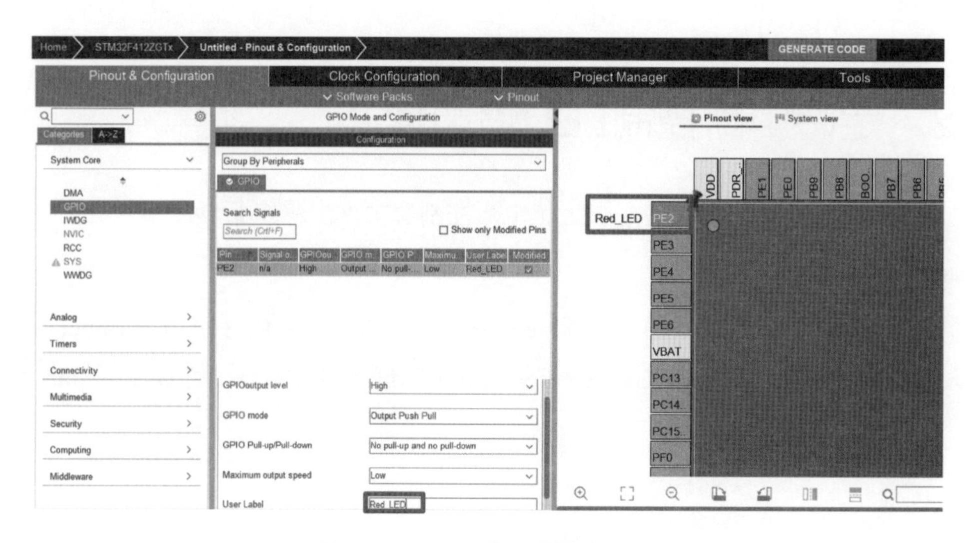


圖7-5　GPIO接腳功能配置

**步驟3**：TIM6基本計時器定時功能配置

開啓計時器TIM6（圖7-6）。預設的CK_PSC時鐘頻率等於APB1的時鐘頻率16MHz，若要定時時間爲1秒，則即可設置16000分頻（預分頻器寄存器（TIMx_PSC）的值爲16000-1），計時器的時鐘CK_CNT的頻率爲1000Hz，則自動重載寄存器（TIMx_ARR）設置爲1000-1即定時爲1秒。始能auto reload preload。在NVIC Settings框勾選開啓計時器中斷。優先順序爲預設（圖7-7）。或者在NVIC配置中使能TIM6中斷。

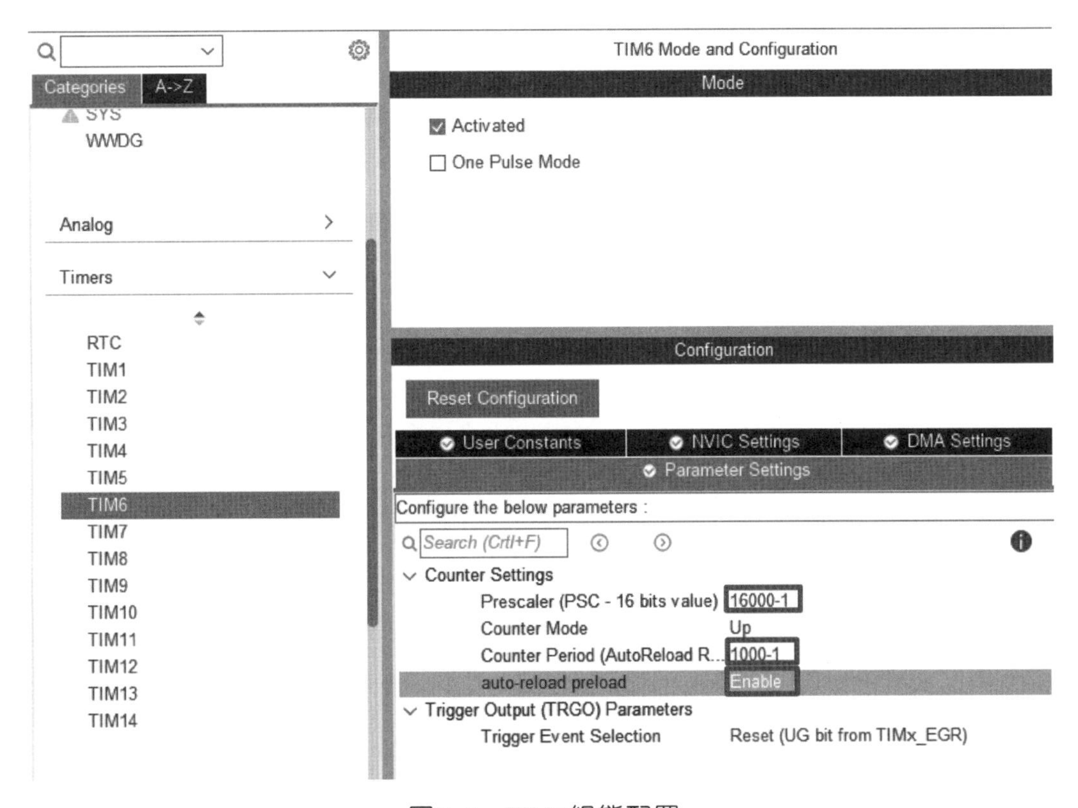


圖7-6 TIM6組態配置

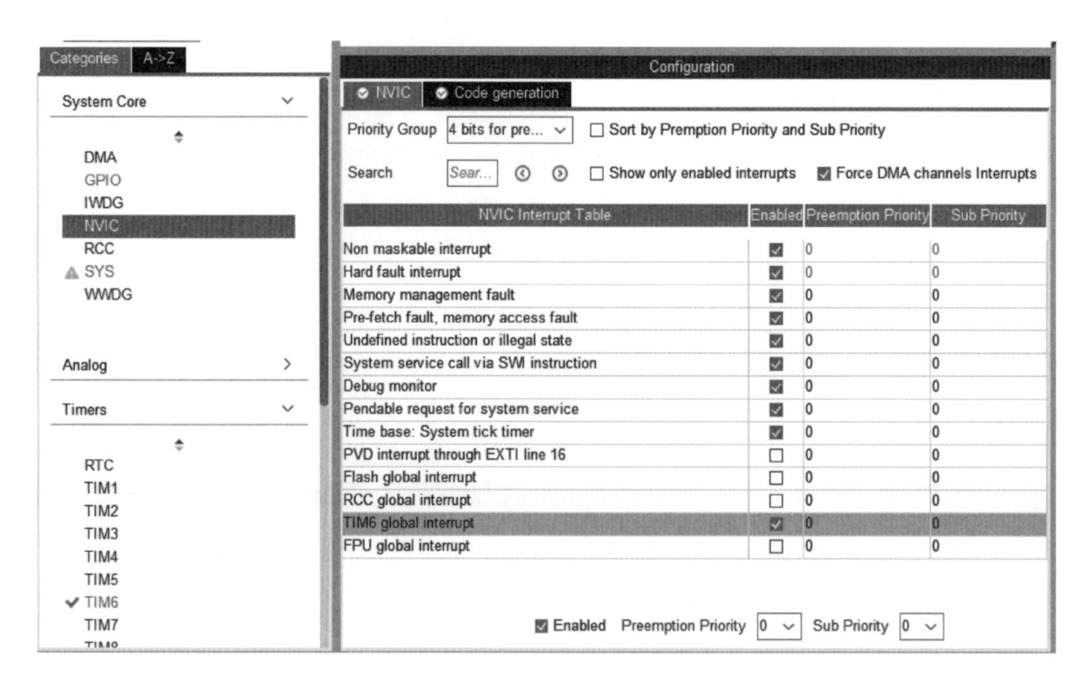


圖7-7　NVIC組態配置

**步驟4**：專案設定

點擊Project Manager，開啓專案設定介面，如圖7-8所示。在Project Name輸入專案名稱：TimerInterrupt，點選Browse選擇專案儲存的位置，在Application Structure部分選擇Basic，在Toolchain/IDE選擇MDK-ARM V5，其他部分使用預設。

專案設定介面點選Code Generator，開啓程式碼生成的設定介面，如圖7-9所示。根據圖7-9，在STM32Cube Firmware Library Package的選項中點選Copy only the necessary library files，在Generated files的選項中點選第1、第3與第4個選項，設定完成後點擊OK。

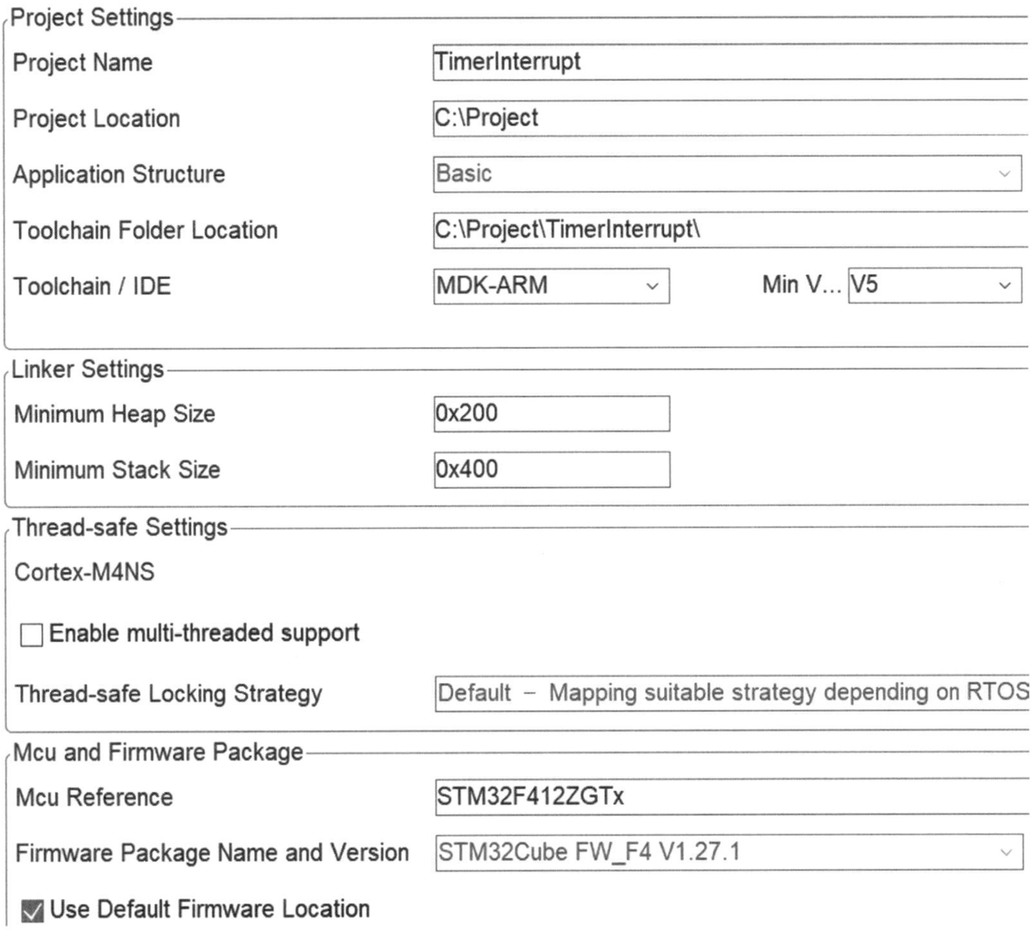

Project Settings

| | |
|---|---|
| Project Name | TimerInterrupt |
| Project Location | C:\Project |
| Application Structure | Basic |
| Toolchain Folder Location | C:\Project\TimerInterrupt\ |
| Toolchain / IDE | MDK-ARM  Min V... V5 |

Linker Settings

| | |
|---|---|
| Minimum Heap Size | 0x200 |
| Minimum Stack Size | 0x400 |

Thread-safe Settings

Cortex-M4NS

☐ Enable multi-threaded support

| | |
|---|---|
| Thread-safe Locking Strategy | Default – Mapping suitable strategy depending on RTOS |

Mcu and Firmware Package

| | |
|---|---|
| Mcu Reference | STM32F412ZGTx |
| Firmware Package Name and Version | STM32Cube FW_F4 V1.27.1 |

☑ Use Default Firmware Location

圖7-8　專案設定介面

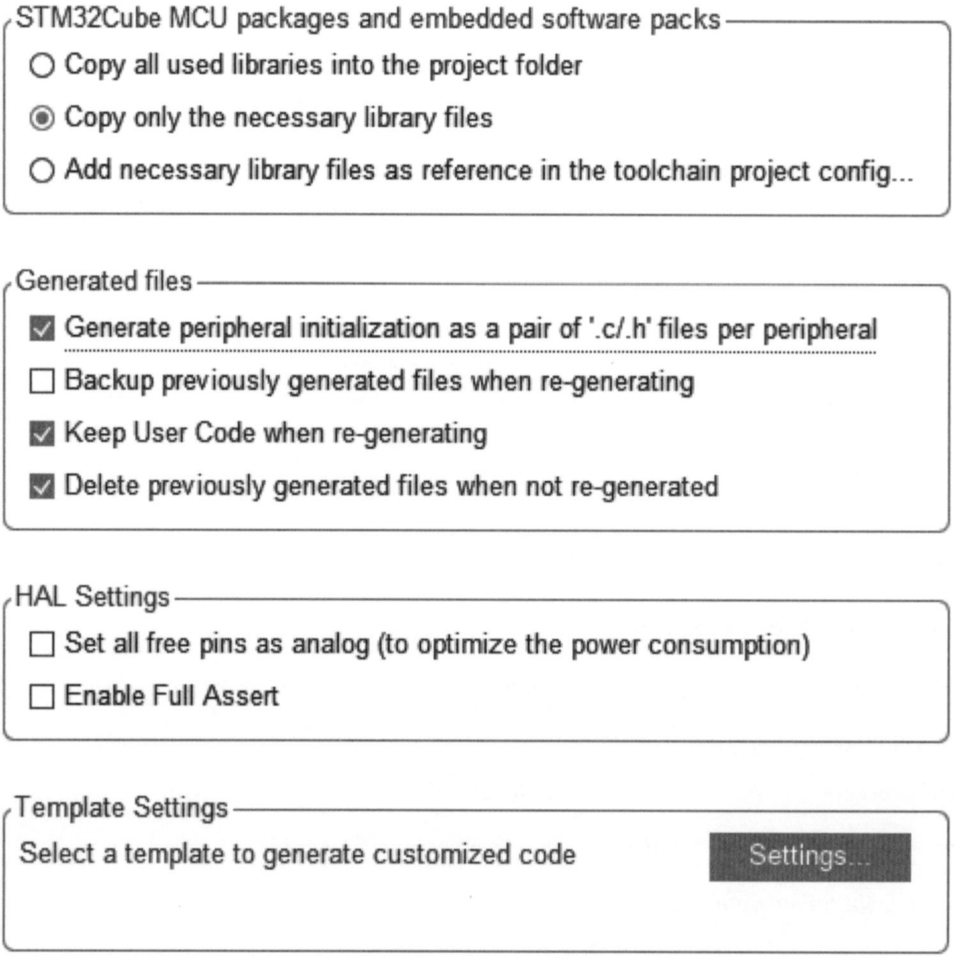

STM32Cube MCU packages and embedded software packs

- ○ Copy all used libraries into the project folder
- ◉ Copy only the necessary library files
- ○ Add necessary library files as reference in the toolchain project config...

Generated files

- ☑ Generate peripheral initialization as a pair of '.c/.h' files per peripheral
- ☐ Backup previously generated files when re-generating
- ☑ Keep User Code when re-generating
- ☑ Delete previously generated files when not re-generated

HAL Settings

- ☐ Set all free pins as analog (to optimize the power consumption)
- ☐ Enable Full Assert

Template Settings

Select a template to generate customized code　Settings...

圖7-9　程式碼生成的設定介面

**步驟5**：生成程式碼

點選Code Generate，將根據專案設定生成程式碼，STM32CubeMX生成程式碼後，將彈出程式碼生成成功對話框，點擊Open Project按鈕，將由Keil $\mu$ Vision5開啓TimerInterrupt專案。

**步驟6**：添加應用程式碼與執行

在main.c檔中while(1)迴圈前面USER CODE BEGIN 2和USER CODE END 2中間添加以下程式碼啓動基本計時器中斷模式計數（圖7-10）。

```
HAL_TIM_Base_Start_IT(&htim6);
```

```
85    /* USER CODE END SysInit */
86
87    /* Initialize all configured peripherals */
88    MX_GPIO_Init();
89    MX_TIM6_Init();
90    /* USER CODE BEGIN 2 */
91    HAL_TIM_Base_Start_IT(&htim6);
92    /* USER CODE END 2 */
93
94    /* Infinite loop */
95    /* USER CODE BEGIN WHILE */
96    while (1)
97    {
98      /* USER CODE END WHILE */
99
100     /* USER CODE BEGIN 3 */
101   }
102   /* USER CODE END 3 */
103 }
104
105 /**
106   * @brief System Clock Configuration
107   * @retval None
```

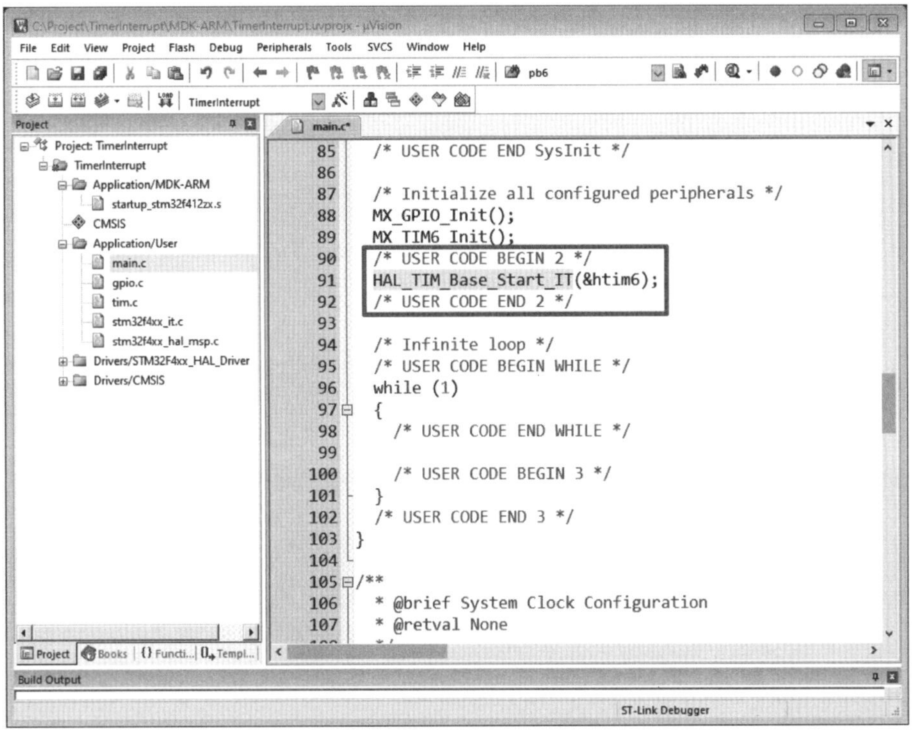

圖7-10 添加啓動基本計時器程式碼

在main.c後面USER CODE BEGIN 4和USER CODE END 4中間添加HAL_GPIO_EXTI_Callback()函數（圖7-11）。

```
void HAL_TIM_PeriodElapsedCallback(TIM_HandleTypeDef *htim)
{
  if (htim->Instance == htim6.Instance)
  {
    //Toggle Red_LED
    HAL_GPIO_TogglePin(Red_LED_GPIO_Port, Red_LED_Pin);
  }
}
```

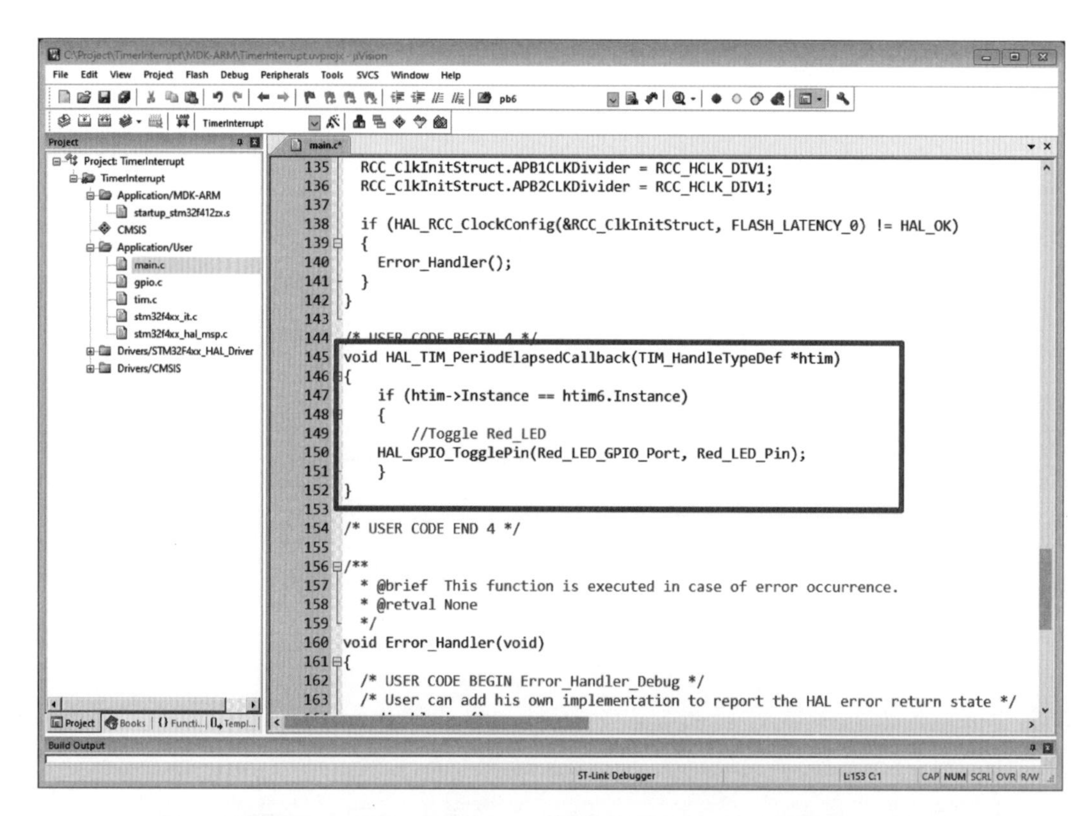


圖7-11 HAL_TIM_PeriodElapsedCallback()函數

本專案執行的流程，在main()函數中呼叫HAL_TIM_Base_Start_IT（&htim6）開啓計時器，計時器從0開始計數，當計數到1000-1，即999時，產生計數溢位事件，計數器又從0開始繼續計數。由於開啓了計時器中斷，所以發生計數溢位事件時會觸發計時器中斷，程式會跳去執行中斷處理，在此中斷處理程式中切換紅色LED的狀態，下次計時器再次計數溢位觸發中斷繼續切換紅色LED的狀態，所以會看到LED每間隔1秒鐘變化一次狀態，不斷閃爍。

# 外部中斷控制

CHAPTER 8

在第5章，微處理器以反覆輪詢方式檢查JOYSTICK按鈕是否有被按下（事件請求），這造成了大量微處理器運算資源被浪費，若以中斷方式處理裝置的事件請求，可以提升微處理器效能，避免不必要的運算資源浪費。這樣，在非裝置事件請求的處理周期內，微處理器可以執行其他一些有意義的任務。本章介紹STM32F412G-DISCO探索板的外部中斷，藉由按壓JOYSTICK按鈕來觸發一個外部中斷以改變LED的輸出狀態。

## 8-1 外部中斷控制器簡介

STM32F412ZGT6外部中斷／事件控制器（External interrupt/event controller，EXTI）的結構如圖8-1，管理21中斷／事件源（表8-1），每個中斷／事件源都對應有一個邊緣檢測器，可以實現輸入訊號的上升緣檢測或下降緣的檢測。邊緣檢測器檢測到的中斷／事件訊號連到或邏輯閘（OR logic gate）的一個輸入端，或邏輯閘的另一個輸入端是來自軟體中斷事件，或邏輯閘輸出的訊號會被儲存到等待請求暫存器（pending request register）對應的位元。等待請求暫存器的輸出連到與邏輯閘（AND logic gate），與邏輯閘的另一個輸入端是來自中斷遮蔽暫存器（EXTI_IMR），與邏輯閘的功能要求兩個輸入都是1時，輸出才等於1，因此如果中斷遮蔽暫存器設定爲0時，將阻斷外部中斷源或軟體中斷事件產生中斷，如果中斷遮蔽暫存器設定爲1，等待請求暫存器內容將輸出到NVIC內，從而實現系統中斷事件控制。

| EXTI編號 | 中斷／事件源 | EXTI編號 | 中斷／事件源 |
|---|---|---|---|
| 0~15 | GPIO | 16 | PVD |
| 17 | RTC鬧鐘 | 18 | USB喚醒事件 |
| 21 | RTC入侵 | 22 | RTC喚醒計時器 |

在表8-1中，EXTI0至EXTI15用於GPIO，GPIO接腳對應到EXTI中斷源的對應圖，如圖8-2所示。PA0、PB0、PC0或者PH0連到多工器，多工器的選擇控制訊號是SYSCFG_EXTICR1的EXTI0[3:0]，此選擇控制訊號選擇配置PA0、PB0、PC0或者PH0其中一個作爲EXTI0中斷源，其他EXTI中斷源選擇配置的方式類似。

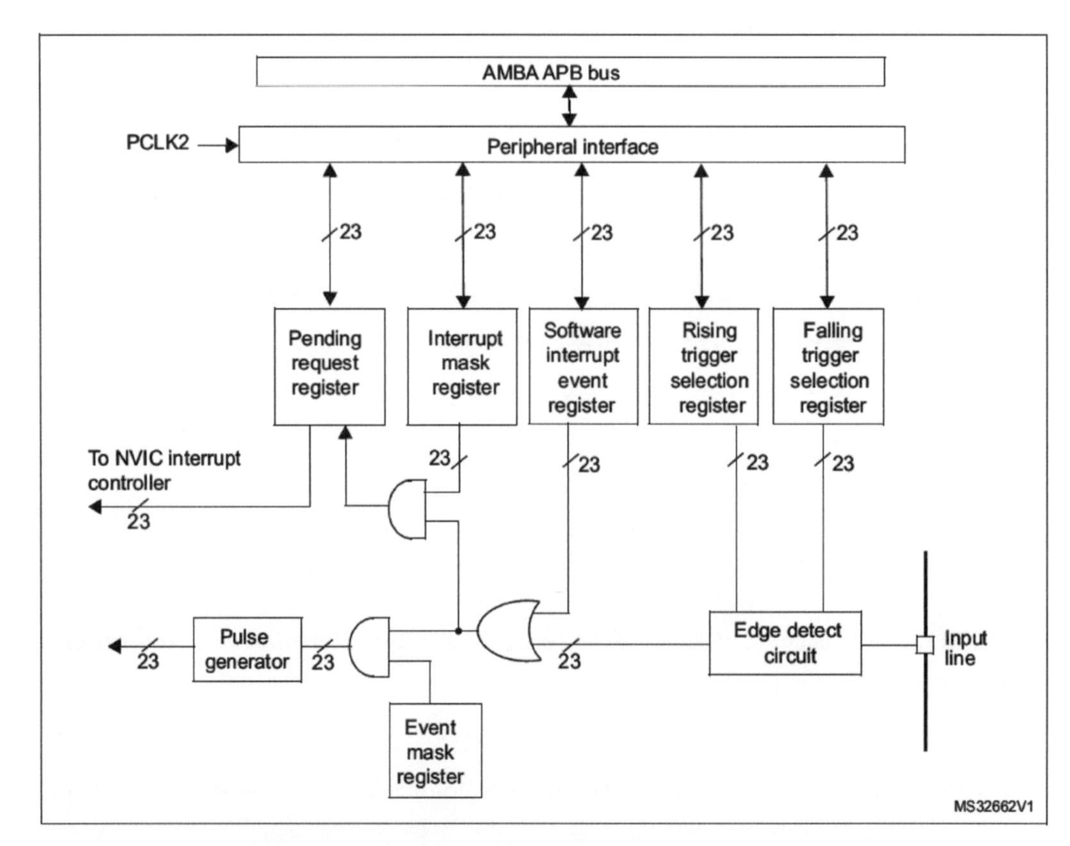


圖8-1　外部中斷／事件控制器結構圖（摘自STMicroelectronics公司文件）

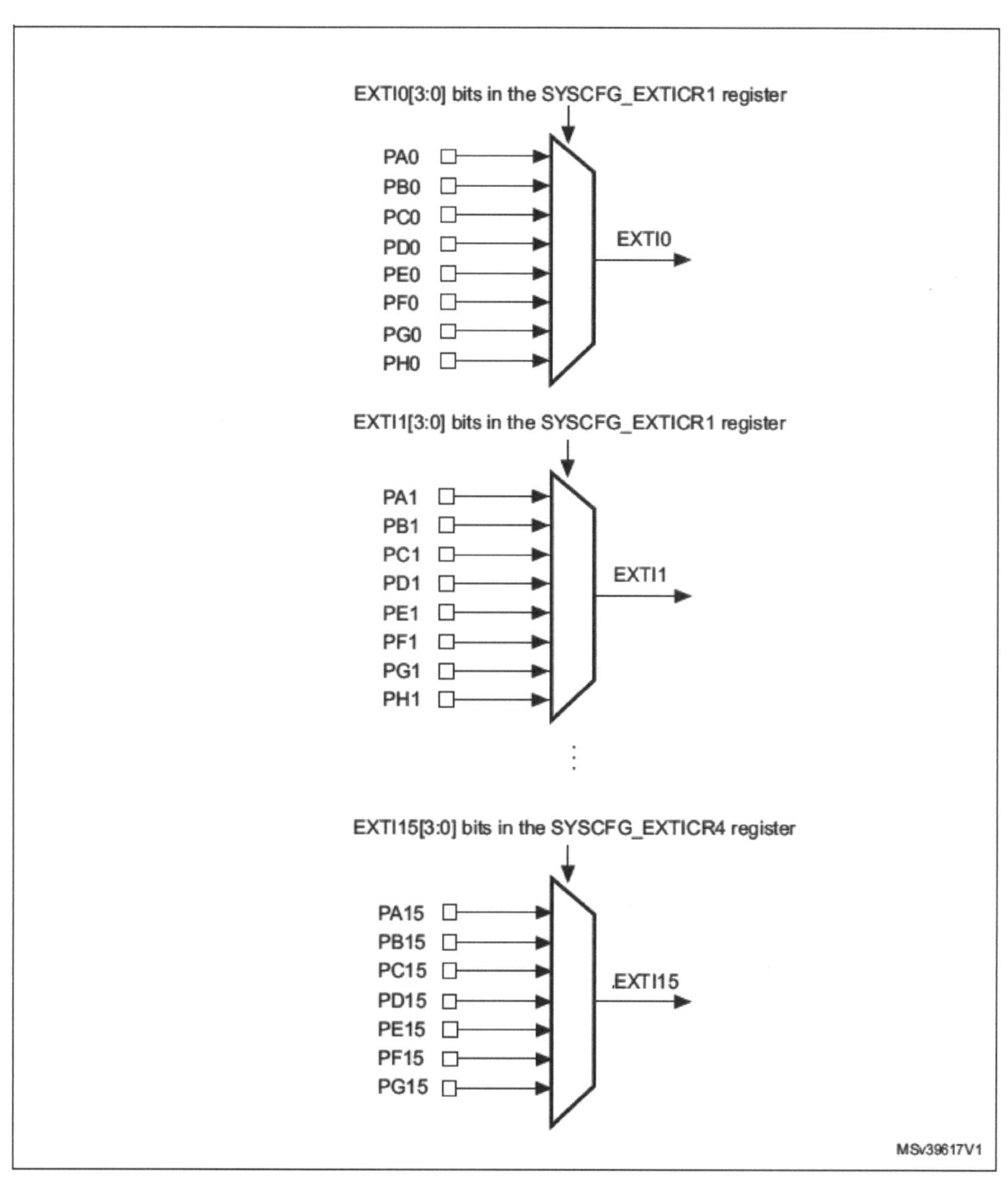


圖8-2　GPIO vs EXTI對應圖（摘自STMicroelectronics公司文件）

STM32F412ZGT6微處理器處理外部中斷的流程，包含以下幾個步驟：

(1) 設置GPIO接腳爲輸入。

(2) 設置GPIO接腳與EXTI中斷源的映射關係。

(3) 設置邊緣檢測器觸發條件。

(4) 設置中斷遮蔽暫存器

(5) 配置NVIC，用於處理中斷。

(6) 編寫中斷服務函式。

## 8-2 外部中斷控制專案配置與中斷處理程式設計與測試

利用STM32CubeMx軟體配置外部中斷控制專案，步驟如下：

**步驟1**：新建專案

開啓STM32cubeMX軟體，點擊New Project。根據圖5-4-3，在Part Number Search輸入STM32F412ZG，在MCUs List item選擇STM32F412ZGTx，然後點選Start Project。

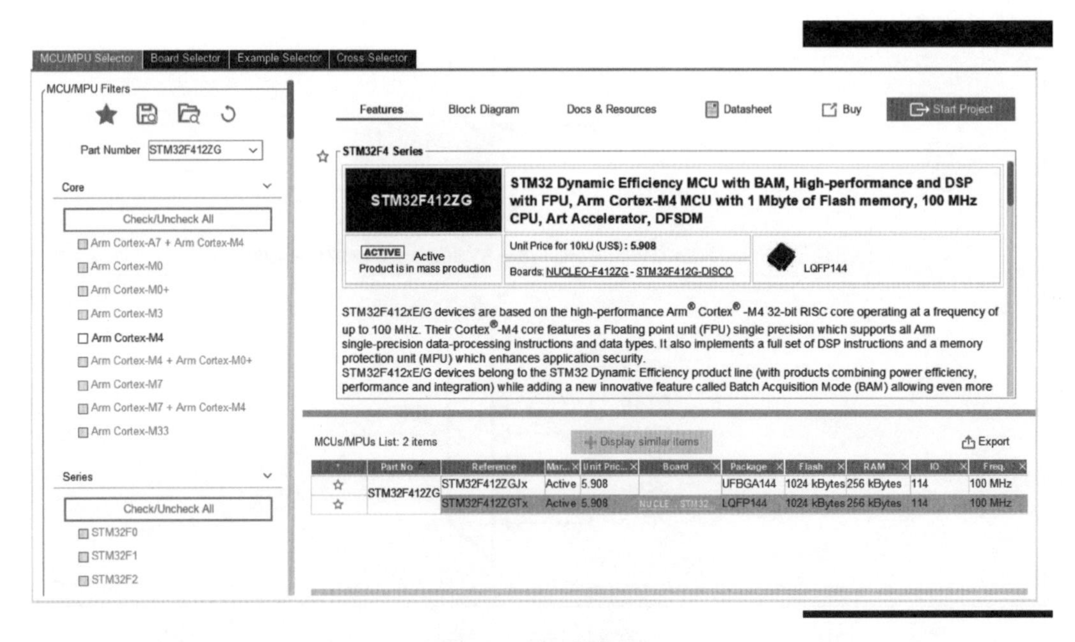


圖8-3　新建專案

**步驟2**：GPIO接腳功能配置

找到PA0對應接腳位置，並設置為GPIO_EXIT0模式，GPIO Pull Up/Pull Down設置為Pull down，GPIO mode設置為External Interrupt Mode with Rising edge trigger detection，User Label（使用者標籤）設置為JOY_SEL，如圖8-4。另外，找到PE2對應接腳位置，並設置為GPIO_Output模式，User Label（使用者標籤）設置為Red_LED。

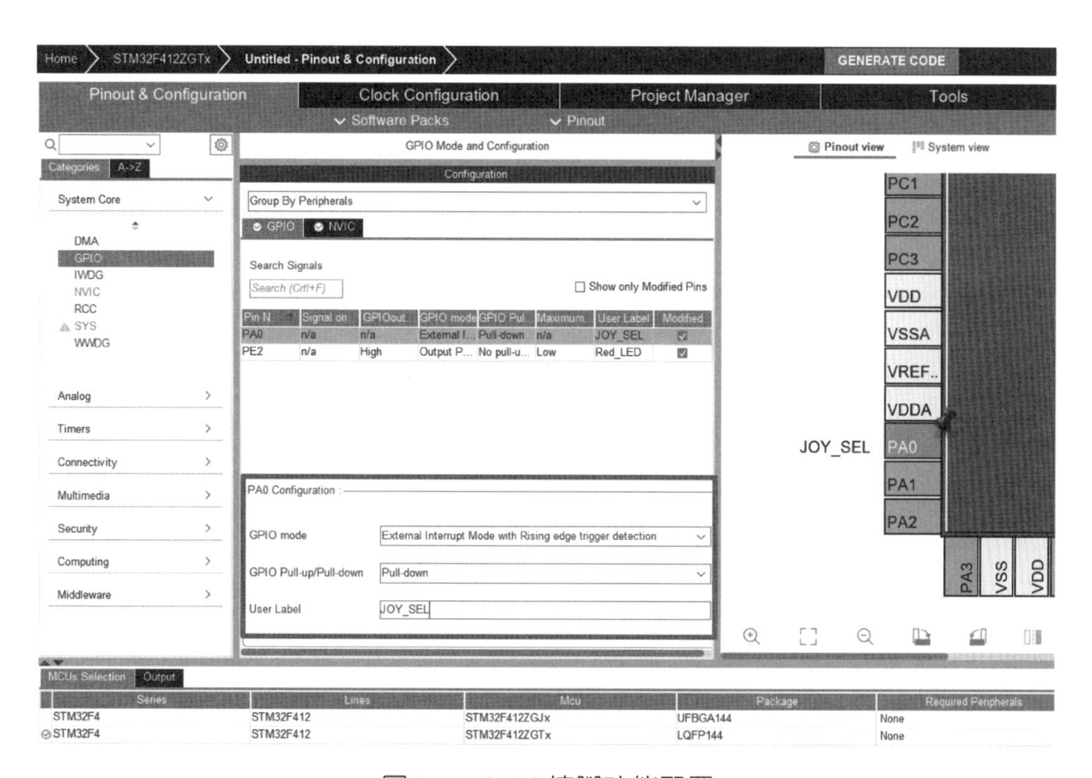


| Pin N... | Signal on... | GPIO out... | GPIO mode | GPIO Pul... | Maximum... | User Label | Modified |
|---|---|---|---|---|---|---|---|
| PA0 | n/a | n/a | External I... | Pull-down | n/a | JOY_SEL | ☑ |
| PE2 | n/a | High | Output P... | No pull-u... | Low | Red_LED | ☑ |

| Series | Lines | Mcu | Package | Required Peripherals |
|---|---|---|---|---|
| STM32F4 | STM32F412 | STM32F412ZGJx | UFBGA144 | None |
| STM32F4 | STM32F412 | STM32F412ZGTx | LQFP144 | None |

圖8-4　GPIO接腳功能配置

在NVIC（巢狀向量中斷控制器）中，勾選EXIT line 0 interrupts使能PA0中斷。右邊Preemption Priority選項選擇預設的，不修改，如圖8-5。

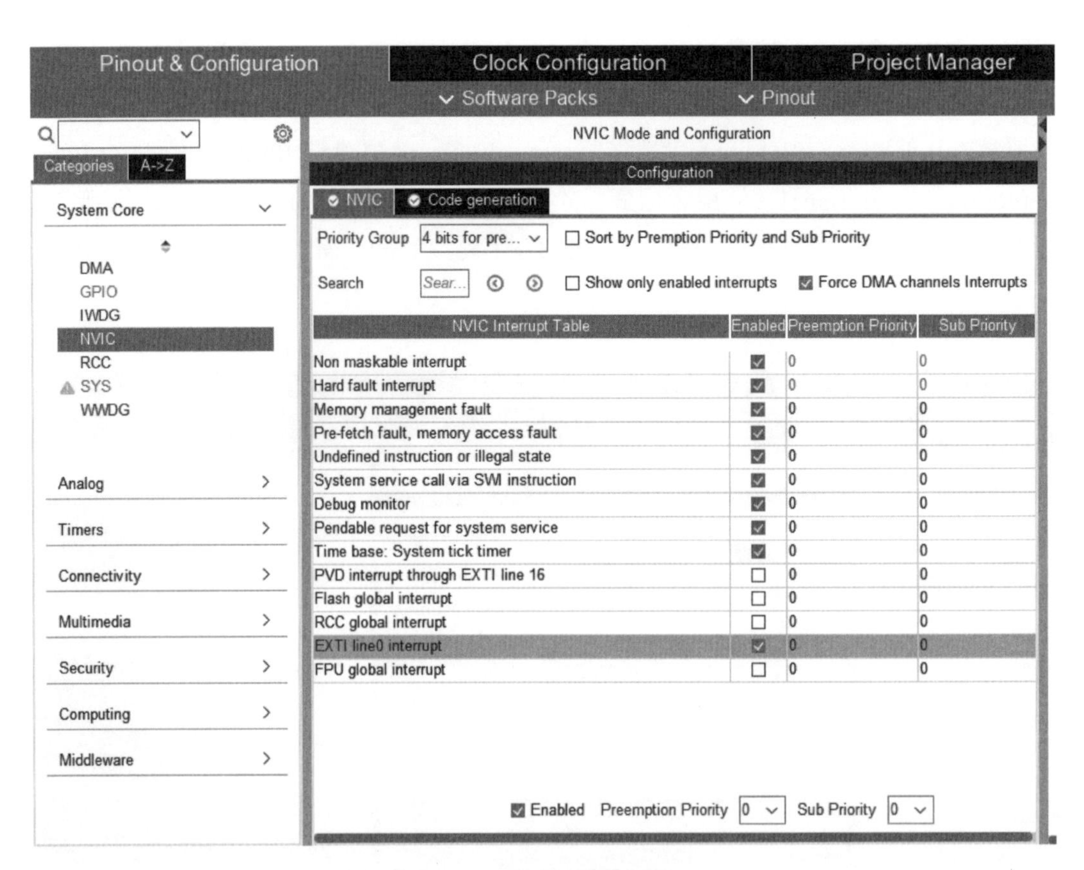


圖8-5　NVIC組態配置

**步驟3**：專案設定

點擊Project Manager，開啓專案設定介面，如圖8-6所示。在Project Name輸入專案名稱：ExternalInterrupt，點選Browse選擇專案儲存的位置，在Application Structure部分選擇Basic，在Toolchain/IDE選擇MDK-ARM V5，其他部分使用預設。

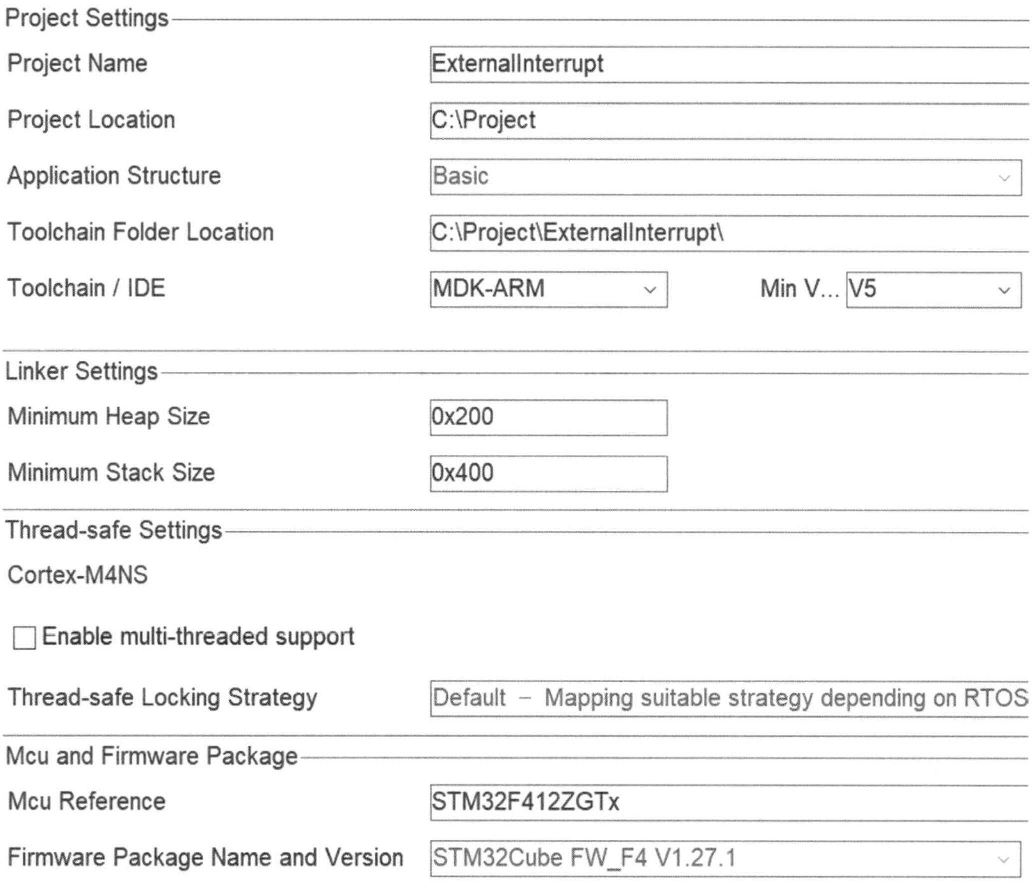

| Project Settings | |
|---|---|
| Project Name | ExternalInterrupt |
| Project Location | C:\Project |
| Application Structure | Basic |
| Toolchain Folder Location | C:\Project\ExternalInterrupt\ |
| Toolchain / IDE | MDK-ARM　Min V... V5 |
| **Linker Settings** | |
| Minimum Heap Size | 0x200 |
| Minimum Stack Size | 0x400 |
| **Thread-safe Settings** | |
| Cortex-M4NS | |
| ☐ Enable multi-threaded support | |
| Thread-safe Locking Strategy | Default – Mapping suitable strategy depending on RTOS |
| **Mcu and Firmware Package** | |
| Mcu Reference | STM32F412ZGTx |
| Firmware Package Name and Version | STM32Cube FW_F4 V1.27.1 |

圖8-6　專案設定介面

專案設定介面點選Code Generator，開啓程式碼生成的設定介面，如圖8-7所示。根據圖8-7，在STM32Cube Firmware Library Package的選項中點選Copy only the necessary library files，在Generated files的選項中點選第1、第3與第4個選項，設定完成後點擊OK。

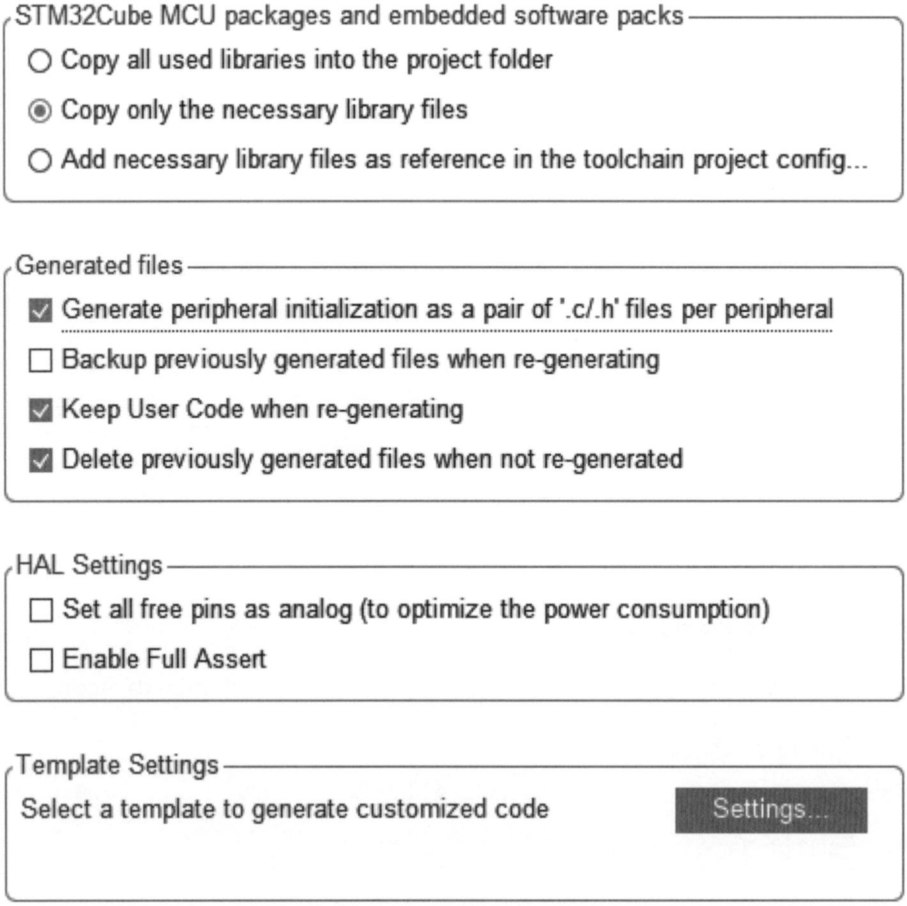

STM32Cube MCU packages and embedded software packs

○ Copy all used libraries into the project folder

◉ Copy only the necessary library files

○ Add necessary library files as reference in the toolchain project config...

Generated files

☑ Generate peripheral initialization as a pair of '.c/.h' files per peripheral

☐ Backup previously generated files when re-generating

☑ Keep User Code when re-generating

☑ Delete previously generated files when not re-generated

HAL Settings

☐ Set all free pins as analog (to optimize the power consumption)

☐ Enable Full Assert

Template Settings

Select a template to generate customized code　Settings...

圖8-7　程式碼生成的設定介面。

**步驟4**：生成程式碼

點選Code Generate，將根據專案設定生成程式碼，STM32CubeMX生成程式碼後，將彈出程式碼生成成功對話框，點擊Open Project按鈕，將由Keil μ Vision5開啓ExternalInterrupt專案。

**步驟5**：添加應用程式碼與執行

在main.c後面USER CODE BEGIN 4和USER CODE END 4中間添加HAL_GPIO_EXTI_Callback()函數（圖8-8）。

```
void HAL_GPIO_EXTI_Callback(uint16_t GPIO_Pin)
{
 if(GPIO_Pin == GPIO_PIN_0)
 {
     //Toggle Red_LED
     HAL_GPIO_TogglePin(Red_LED_GPIO_Port, Red_LED_Pin);
 }
}
```

HAL_GPIO_EXTI_Callback()函數先判斷是否為EXIT0中斷，如果是則切換Red_LED的狀態。本專案執行的流程，首先main主函數一直在while迴圈裡面執行。當JOYSTICK中間按鈕（PA0接腳）按下時，邊緣檢測電路檢測到上升緣，觸發中斷，設置中斷旗標位元。NVIC中斷控制器判斷EXTI0中斷優先級是否為最高，若為最高優先順序則執行EXIT0的中斷處理程式HAL_GPIO_EXTI_Callback()函數。

重新編譯專案，並下載程式碼到STM32F412G-DISCO探索板的快閃記憶體，重新重置系統後（按重置鍵），按JOYSTICK中間按鈕觀察紅色LED的狀態，是否每按一次，LED的狀態就變化一次。

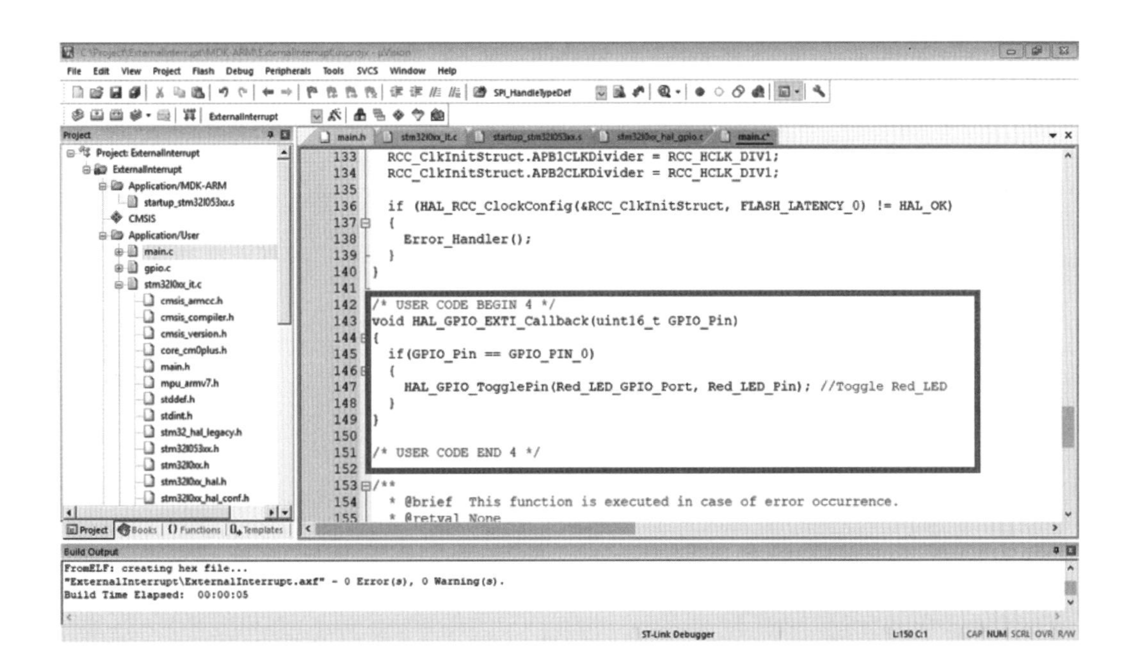

```
134   RCC_ClkInitStruct.APB2CLKDivider = RCC_HCLK_DIV1;
135
136   if (HAL_RCC_ClockConfig(&RCC_ClkInitStruct, FLASH_LATENCY_0) != HAL_OK)
137   {
138     Error_Handler();
139   }
140 }
141
142 /* USER CODE BEGIN 4 */
143 void HAL_GPIO_EXTI_Callback(uint16_t GPIO_Pin)
144 {
145   if(GPIO_Pin == GPIO_PIN_0)
146   {
147       //Toggle Red_LED
148     HAL_GPIO_TogglePin(Red_LED_GPIO_Port, Red_LED_Pin);
149   }
150 }
151
152 /* USER CODE END 4 */
153
154 /**
155   * @brief  This function is executed in case of error occurrence.
156   * @retval None
157   */
158 void Error_Handler(void)
159 {
160   /* USER CODE BEGIN Error_Handler_Debug */
161   /* User can add his own implementation to report the HAL error return state */
```

```
Program Size: Code=2746 RO-data=502 RW-data=16 ZI-data=1024
FromELF: creating hex file...
"ExternalInterrupt\ExternalInterrupt.axf" - 0 Error(s), 0 Warning(s).
Build Time Elapsed:  00:00:14
```

圖8-8 HAL_GPIO_EXTI_Callback()函數

# 8-3 JOYSTICK單鈕中斷觸發改變LED燈閃爍速度

利用8-2 STM32F412G-DISCO實驗版，只規劃PA0（JOYSTICK中間按鈕）為中斷輸入接腳，PE2當作輸出接腳。利用程式接收PA0輸入訊號，控制PE2輸出電位的變換速度，使得紅色LED有不同閃爍頻率。主程式main.c內容如下：

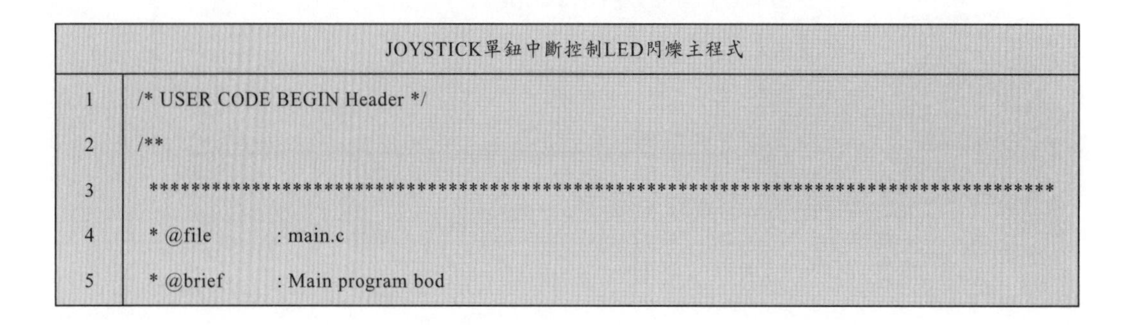

| JOYSTICK單鈕中斷控制LED閃爍主程式 | |
|---|---|
| 1 | /* USER CODE BEGIN Header */ |
| 2 | /** |
| 3 | ****************************************************************************** |
| 4 | * @file : main.c |
| 5 | * @brief : Main program bod |

```
6  ******************************************************************************
7   * @attention
8   *
9   * <h2><center>&copy; Copyright (c) 2022 STMicroelectronics.
10  * All rights reserved.</center></h2>
11  *
12  * This software component is licensed by ST under BSD 3-Clause license,
13  * the "License"; You may not use this file except in compliance with the
14  * License. You may obtain a copy of the License at:
15  *                opensource.org/licenses/BSD-3-Clause
16  *
17 ******************************************************************************
18  */
19 /* USER CODE END Header */
20 /* Includes ------------------------------------------------------------------*/
21 #include "main.h"
22 #include "gpio.h"
23
24 /* Private includes ----------------------------------------------------------*/
25 /* USER CODE BEGIN Includes */
26
27 /* USER CODE END Includes */
28
29 /* Private typedef -----------------------------------------------------------*/
30 /* USER CODE BEGIN PTD */
31
32 /* USER CODE END PTD */
33
34 /* Private define ------------------------------------------------------------*/
35 /* USER CODE BEGIN PD */
36 /* USER CODE END PD */
37
38 /* Private macro -------------------------------------------------------------*/
```

```
39  /* USER CODE BEGIN PM */
40
41  /* USER CODE END PM */
42
43  /* Private variables ---------------------------------------------------------*/
44
45  /* USER CODE BEGIN PV */
46  uint16_t Delay=250;
47  /* USER CODE END PV */
48
49  /* Private function prototypes -----------------------------------------------*/
50  void SystemClock_Config(void);
51  /* USER CODE BEGIN PFP */
52
53  /* USER CODE END PFP */
54
55  /* Private user code ---------------------------------------------------------*/
56  /* USER CODE BEGIN 0 */
57
58  /* USER CODE END 0 */
59
60  /**
61    * @brief  The application entry point.
62    * @retval int
63    */
64  int main(void)
65  {
66    /* USER CODE BEGIN 1 */
67
68    /* USER CODE END 1 */
69
70    /* MCU Configuration--------------------------------------------------------*/
71
```

```
72  /* Reset of all peripherals, Initializes the Flash interface and the Systick. */
73  HAL_Init();
74
75  /* USER CODE BEGIN Init */
76
77  /* USER CODE END Init */
78
79  /* Configure the system clock */
80  SystemClock_Config();
81
82  /* USER CODE BEGIN SysInit */
83
84  /* USER CODE END SysInit */
85
86  /* Initialize all configured peripherals */
87  MX_GPIO_Init();
88  /* USER CODE BEGIN 2 */
89
90  /* USER CODE END 2 */
91
92  /* Infinite loop */
93  /* USER CODE BEGIN WHILE */
94  while (1)
95  {
96          HAL_GPIO_TogglePin(Red_LED_GPIO_Port, Red_LED_Pin);
97          HAL_Delay(Delay);
98
99    /* USER CODE END WHILE */
100
101   /* USER CODE BEGIN 3 */
102 }
103 /* USER CODE END 3 */
104 }
```

| | |
|---|---|
| 105 | |
| 106 | /** |
| 107 | * @brief System Clock Configuration |
| 108 | * @retval None |
| 109 | */ |
| 110 | void SystemClock_Config(void) |
| 111 | { |
| 112 | RCC_OscInitTypeDef RCC_OscInitStruct = {0}; |
| 113 | RCC_ClkInitTypeDef RCC_ClkInitStruct = {0}; |
| 114 | |
| 115 | /** Configure the main internal regulator output voltage |
| 116 | */ |
| 117 | __HAL_RCC_PWR_CLK_ENABLE(); |
| 118 | |
| 119 | __HAL_PWR_VOLTAGESCALING_CONFIG(PWR_REGULATOR_VOLTAGE_SCALE1); |
| 120 | /** Initializes the RCC Oscillators according to the specified parameters |
| 121 | * in the RCC_OscInitTypeDef structure. |
| 122 | */ |
| 123 | RCC_OscInitStruct.OscillatorType = RCC_OSCILLATORTYPE_HSI; |
| 124 | RCC_OscInitStruct.HSIState = RCC_HSI_ON; |
| 125 | RCC_OscInitStruct.HSICalibrationValue = RCC_HSICALIBRATION_DEFAULT; |
| 126 | RCC_OscInitStruct.PLL.PLLState = RCC_PLL_NONE; |
| 127 | if (HAL_RCC_OscConfig(&RCC_OscInitStruct) != HAL_OK) |
| 128 | { |
| 129 | Error_Handler(); |
| 130 | } |
| 131 | /** Initializes the CPU, AHB and APB buses clocks |
| 132 | */ |
| 133 | RCC_ClkInitStruct.ClockType = RCC_CLOCKTYPE_HCLK\|RCC_CLOCKTYPE_SYSCLK |
| 134 | |
| 135 | \|RCC_CLOCKTYPE_PCLK1\|RCC_CLOCKTYPE_PCLK2; |
| 136 | RCC_ClkInitStruct.SYSCLKSource = RCC_SYSCLKSOURCE_HSI; |
| 137 | RCC_ClkInitStruct.AHBCLKDivider = RCC_SYSCLK_DIV1; |

```
138    RCC_ClkInitStruct.APB1CLKDivider = RCC_HCLK_DIV1;
139    RCC_ClkInitStruct.APB2CLKDivider = RCC_HCLK_DIV1;
140
141    if (HAL_RCC_ClockConfig(&RCC_ClkInitStruct, FLASH_LATENCY_0) != HAL_OK)
142    {
143      Error_Handler();
144    }
145  }
146
147  /* USER CODE BEGIN 4 */
148  void HAL_GPIO_EXTI_Callback(uint16_t GPIO_Pin)
149  {
150    if(GPIO_Pin == GPIO_PIN_0)
151    {
152                  if(Delay==250)
153                         Delay=1000;
154                  else
155                          Delay=250;
156    }
157  }
158
159  /* USER CODE END 4 */
160
161  /**
162    * @brief  This function is executed in case of error occurrence.
163    * @retval None
164    */
165  void Error_Handler(void)
166  {
167    /* USER CODE BEGIN Error_Handler_Debug */
168    /* User can add his own implementation to report the HAL error return state */
169    __disable_irq();
170    while (1)
```

```
171     {
172     }
173     /* USER CODE END Error_Handler_Debug */
174   }
175
176   #ifdef USE_FULL_ASSERT
177   /**
178     * @brief  Reports the name of the source file and the source line number
179     *         where the assert_param error has occurred.
180     * @param  file: pointer to the source file name
181     * @param  line: assert_param error line source number
182     * @retval None
183     */
184   void assert_failed(uint8_t *file, uint32_t line)
185   {
186     /* USER CODE BEGIN 6 */
187     /* User can add his own implementation to report the file name and line number,
188        ex: printf("Wrong parameters value: file %s on line %d\r\n", file, line) */
189     /* USER CODE END 6 */
190   }
191   #endif /* USE_FULL_ASSERT */
192   /************************ (C) COPYRIGHT STMicroelectronics *****END OF FILE****/
```

以上程式碼主要是透過JOYSTICK中間按鈕改變Delay變數的延遲時間數值，使得每次按壓會產生中斷副程序，改變Delay時間延遲設定值，讓主程式控制LED燈會有不同的閃爍速率。

## 8-4　JOYSTICK多按鈕中斷控制LED顯示

利用STM32CubeMx軟體規劃STM32F4121G-DISCO探索板JOYSTICK UP按鈕（PG0）、JOYSTICK DOWN按鈕（PG1）、JOYSTICK RIGHT按鈕（PF14）與JOYSTICK LEFT按鈕（PF15）具有中斷功能的輸入接腳，PE0~PE3當作LED輸出接

腳。利用程式接收PG0、PG1、PF14、PF15外部中斷訊號，分別控制PE0~PE3輸出電位，使得LED燈會依照不同按鈕觸發，分別控制綠、橘、紅、藍LED燈的亮滅。

本小節實驗的GPIO接腳功能配置與NVIC組態配置如圖8-9與圖8-10所示。

GPIO Mode and Configuration

Configuration

Group By Peripherals

GPIO NVIC

Search Signals

Search (Crtl+F)

Show only Modified Pins

| Pin Na... | Signal on ... | GPIOoutp... | GPIO mode | GPIO Pull... | Maximum... | User Label | Modified |
|---|---|---|---|---|---|---|---|
| PE0 | n/a | High | Output Pu... | No pull-up... | Low | Green_LED | ☑ |
| PE1 | n/a | High | Output Pu... | No pull-up... | Low | Orange_L... | ☑ |
| PE2 | n/a | High | Output Pu... | No pull-up... | Low | Red_LED | ☑ |
| PE3 | n/a | High | Output Pu... | No pull-up... | Low | Blue_LED | ☑ |
| PF14 | n/a | n/a | External I... | Pull-down | n/a | JOY_RIG... | ☑ |
| PF15 | n/a | n/a | External I... | Pull-down | n/a | JOY_LEFT | ☑ |
| PG0 | n/a | n/a | External I... | Pull-down | n/a | JOY_UP | ☑ |
| PG1 | n/a | n/a | External I... | Pull-down | n/a | JOY_DO... | ☑ |

PG1 Configuration :

GPIO mode: External Interrupt Mode with Rising edge trigger detection

GPIO Pull-up/Pull-down: Pull-down

User Label: JOY_DOWN

圖8-9　GPIO接腳功能配置

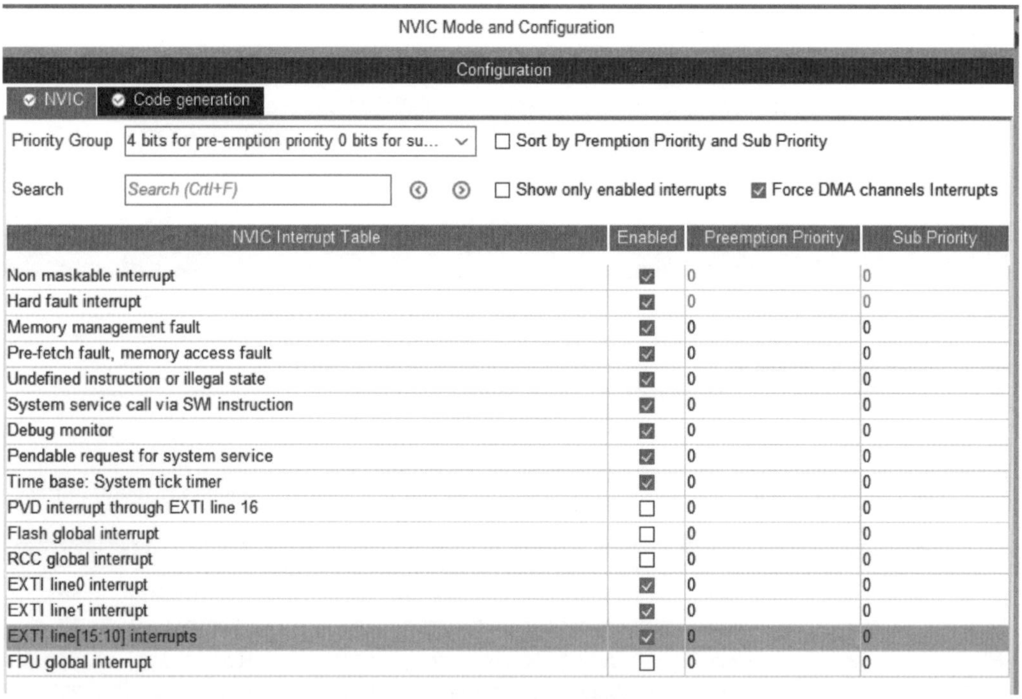

NVIC Mode and Configuration

Configuration

NVIC | Code generation

Priority Group: 4 bits for pre-emption priority 0 bits for su... ☐ Sort by Premption Priority and Sub Priority

Search: Search (Crtl+F) ☐ Show only enabled interrupts ☑ Force DMA channels Interrupts

| NVIC Interrupt Table | Enabled | Preemption Priority | Sub Priority |
|---|---|---|---|
| Non maskable interrupt | ☑ | 0 | 0 |
| Hard fault interrupt | ☑ | 0 | 0 |
| Memory management fault | ☑ | 0 | 0 |
| Pre-fetch fault, memory access fault | ☑ | 0 | 0 |
| Undefined instruction or illegal state | ☑ | 0 | 0 |
| System service call via SWI instruction | ☑ | 0 | 0 |
| Debug monitor | ☑ | 0 | 0 |
| Pendable request for system service | ☑ | 0 | 0 |
| Time base: System tick timer | ☑ | 0 | 0 |
| PVD interrupt through EXTI line 16 | ☐ | 0 | 0 |
| Flash global interrupt | ☐ | 0 | 0 |
| RCC global interrupt | ☐ | 0 | 0 |
| EXTI line0 interrupt | ☑ | 0 | 0 |
| EXTI line1 interrupt | ☑ | 0 | 0 |
| EXTI line[15:10] interrupts | ☑ | 0 | 0 |
| FPU global interrupt | ☐ | 0 | 0 |

圖8-10　NVIC組態配置

| JOYSTICK多按鈕中斷與優先權設定後產生之規劃程式碼 | |
|---|---|
| 1 | void MX_GPIO_Init（void） |
| 2 | { |
| 3 | GPIO_InitTypeDef GPIO_InitStruct = {0}; |
| 4 | /* GPIO Ports Clock Enable */ |
| 5 | __HAL_RCC_GPIOE_CLK_ENABLE(); |
| 6 | __HAL_RCC_GPIOF_CLK_ENABLE(); |
| 7 | __HAL_RCC_GPIOG_CLK_ENABLE(); |
| 8 | /*Configure GPIO pin Output Level */ |
| 9 | |
| 10 | HAL_GPIO_WritePin（GPIOE,Red_LED_Pin\|Blue_LED_Pin\|Green_LED_ |
| 11 | Pin\|Orange_LED_Pin, GPIO_PIN_SET）; |
| 12 | /*Configure GPIO pins : PEPin PEPin PEPin PEPin */ |
| 13 | GPIO_InitStruct.Pin = |

```
14  Red_LED_Pin|Blue_LED_Pin|Green_LED_Pin|Orange_LED_Pin;
15   GPIO_InitStruct.Mode = GPIO_MODE_OUTPUT_PP;
16   GPIO_InitStruct.Pull = GPIO_NOPULL;
17   GPIO_InitStruct.Speed = GPIO_SPEED_FREQ_LOW;
18   HAL_GPIO_Init（GPIOE, &GPIO_InitStruct）;
19   /*Configure GPIO pins : PFPin PFPin */
20   GPIO_InitStruct.Pin = JOY_RIGHT_Pin|JOY_LEFT_Pin;
21   GPIO_InitStruct.Mode = GPIO_MODE_IT_RISING;
22   GPIO_InitStruct.Pull = GPIO_PULLDOWN;
23   HAL_GPIO_Init（GPIOF, &GPIO_InitStruct）;
24
25   /*Configure GPIO pins : PGPin PGPin */
26   GPIO_InitStruct.Pin = JOY_UP_Pin|JOY_DOWN_Pin;
27   GPIO_InitStruct.Mode = GPIO_MODE_IT_RISING;
28   GPIO_InitStruct.Pull = GPIO_PULLDOWN;
29   HAL_GPIO_Init（GPIOG, &GPIO_InitStruct）;
30
31   /* EXTI interrupt init*/
32   HAL_NVIC_SetPriority（EXTI0_IRQn, 0, 0）;
33   HAL_NVIC_EnableIRQ（EXTI0_IRQn）;
34
35   HAL_NVIC_SetPriority（EXTI1_IRQn, 0, 0）;
36   HAL_NVIC_EnableIRQ（EXTI1_IRQn）;
37
38   HAL_NVIC_SetPriority（EXTI15_10_IRQn, 0, 0）;
39   HAL_NVIC_EnableIRQ（EXTI15_10_IRQn）;
40 }
```

以上程式碼是透過STM32CubeMx軟體工具所規劃產生，另外在main.c後面USER CODE BEGIN 4和USER CODE END 4中間添加HAL_GPIO_EXTI_Callback()函數（圖8-11）。

```
void HAL_GPIO_EXTI_Callback(uint16_t GPIO_Pin)
{
 if(GPIO_Pin == GPIO_PIN_0)
 {
     //Toggle Green LED
     HAL_GPIO_TogglePin(GPIOE, Green_LED_Pin);
     HAL_GPIO_WritePin(GPIOE, Orange_LED_Pin, GPIO_PIN_SET);
     HAL_GPIO_WritePin(GPIOE, Red_LED_Pin, GPIO_PIN_SET);
     HAL_GPIO_WritePin(GPIOE, Blue_LED_Pin, GPIO_PIN_SET);
 }
   else if(GPIO_Pin == GPIO_PIN_1)
 {
     //Toggle Orange LED
     HAL_GPIO_TogglePin(GPIOE, Orange_LED_Pin);
     HAL_GPIO_WritePin(GPIOE, Green_LED_Pin, GPIO_PIN_SET);
     HAL_GPIO_WritePin(GPIOE, Red_LED_Pin, GPIO_PIN_SET);
     HAL_GPIO_WritePin(GPIOE, Blue_LED_Pin, GPIO_PIN_SET);
 }
   else if(GPIO_Pin == GPIO_PIN_14)
 {
     //Toggle Red LED
     HAL_GPIO_TogglePin(GPIOE, Red_LED_Pin);
     HAL_GPIO_WritePin(GPIOE, Green_LED_Pin, GPIO_PIN_SET);
     HAL_GPIO_WritePin(GPIOE, Orange_LED_Pin, GPIO_PIN_SET);
     HAL_GPIO_WritePin(GPIOE, Blue_LED_Pin, GPIO_PIN_SET);
 }
   else if(GPIO_Pin == GPIO_PIN_15)
 {
     //Toggle Blue LED
     HAL_GPIO_TogglePin(GPIOE, Blue_LED_Pin);
```

```
      HAL_GPIO_WritePin(GPIOE, Green_LED_Pin, GPIO_PIN_SET);
      HAL_GPIO_WritePin(GPIOE, Orange_LED_Pin, GPIO_PIN_SET);
      HAL_GPIO_WritePin(GPIOE, Red_LED_Pin, GPIO_PIN_SET);
  }
}
```

C:\Project\ExternalInterrupt3\MDK-ARM\ExternalInterrupt3.uvprojx - µVision

File Edit View Project Flash Debug Peripherals Tools SVCS Window Help

bsp_sd_abor

ExternalInterrupt3

Project

- Project: ExternalInterrupt3
  - ExternalInterrupt3
    - Application/MDK-ARM
    - Application/User
      - main.c
      - gpio.c
      - stm32f4xx_it.c
      - stm32f4xx_hal_msp.c
    - Drivers/STM32F4xx_HAL_Driver
    - Drivers/CMSIS
    - CMSIS

stm32f4xx_it.c | gpio.c | stm32f4xx_hal_gpio.c | main.c | main.h

```
142  /* USER CODE BEGIN 4 */
143  void HAL_GPIO_EXTI_Callback(uint16_t GPIO_Pin)
144  {
145    if(GPIO_Pin == GPIO_PIN_0)
146    {
147          //Toggle Green LED
148          HAL_GPIO_TogglePin(GPIOE, Green_LED_Pin);
149          HAL_GPIO_WritePin(GPIOE, Orange_LED_Pin, GPIO_PIN_SET);
150          HAL_GPIO_WritePin(GPIOE, Red_LED_Pin, GPIO_PIN_SET);
151          HAL_GPIO_WritePin(GPIOE, Blue_LED_Pin, GPIO_PIN_SET);
152    }
153    else if(GPIO_Pin == GPIO_PIN_1)
154    {
155          //Toggle Orange LED
156          HAL_GPIO_TogglePin(GPIOE, Orange_LED_Pin);
157          HAL_GPIO_WritePin(GPIOE, Green_LED_Pin, GPIO_PIN_SET);
158          HAL_GPIO_WritePin(GPIOE, Red_LED_Pin, GPIO_PIN_SET);
159          HAL_GPIO_WritePin(GPIOE, Blue_LED_Pin, GPIO_PIN_SET);
160    }
161    else if(GPIO_Pin == GPIO_PIN_14)
162    {
163          //Toggle Red LED
164          HAL_GPIO_TogglePin(GPIOE, Red_LED_Pin);
165          HAL_GPIO_WritePin(GPIOE, Green_LED_Pin, GPIO_PIN_SET);
166          HAL_GPIO_WritePin(GPIOE, Orange_LED_Pin, GPIO_PIN_SET);
167          HAL_GPIO_WritePin(GPIOE, Blue_LED_Pin, GPIO_PIN_SET);
168    }
169    else if(GPIO_Pin == GPIO_PIN_15)
170    {
171          //Toggle Blue LED
172          HAL_GPIO_TogglePin(GPIOE, Blue_LED_Pin);
173          HAL_GPIO_WritePin(GPIOE, Green_LED_Pin, GPIO_PIN_SET);
174          HAL_GPIO_WritePin(GPIOE, Orange_LED_Pin, GPIO_PIN_SET);
175          HAL_GPIO_WritePin(GPIOE, Red_LED_Pin, GPIO_PIN_SET);
176    }
177  }
```

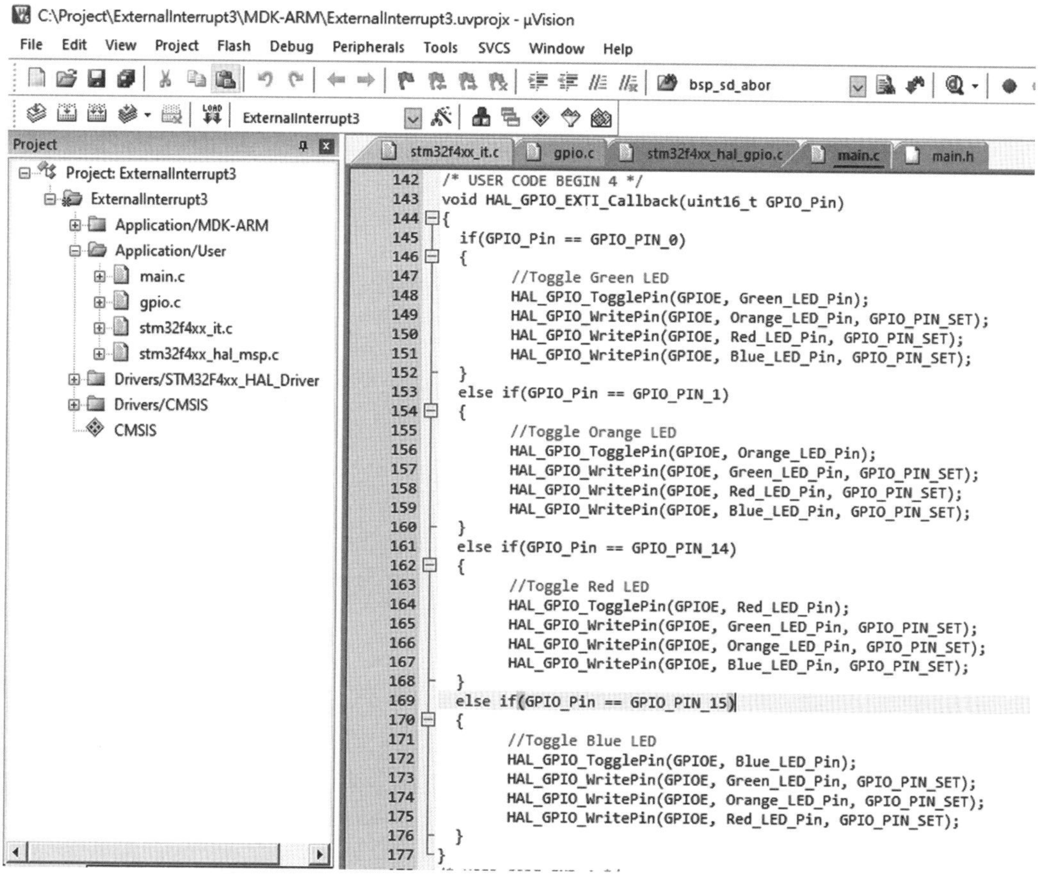

圖8-11　HAL_GPIO_EXTI_Callback()函數

# 脈波寬度調變控制

CHAPTER 9

脈波寬度調變（Pulse-Width Modulation, PWM）是指調整脈波訊號的工作週期（Duty Cycle），籍以模擬類比訊號的電壓輸出，如圖9-1 。

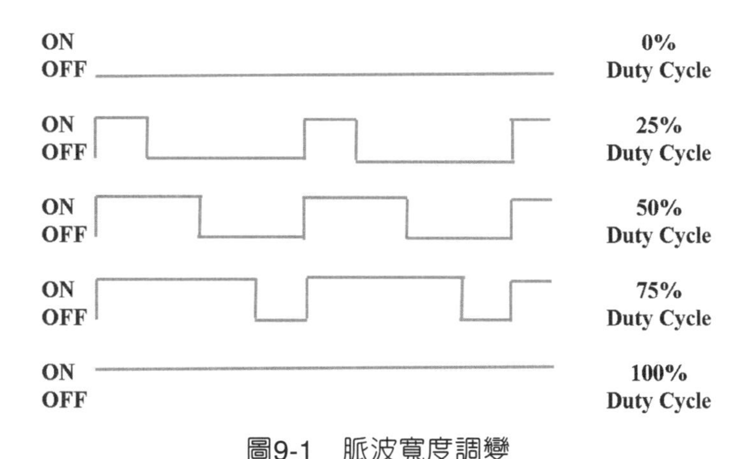


圖9-1　脈波寬度調變

工作週期代表正脈波的持續時間與脈波總周期的比值。類比電壓與工作週期間的關係可用以下方程式表示：

$$V = V_{REF} \times \text{Duty Cycle}\ (\%)$$，$V_{REF}$爲脈波振福

當工作週期較小（10% Duty Cycle）時，輸出的類比電壓較小；反之，當工作週期較大（90% Duty Cycle）時，輸出的類比電壓較大。

脈波寬度調變可用於通訊、伺服馬達轉速的控制、家電設備的音量調整或燈具的亮度控制等，本章將介紹透過計時器（Timer 2）控制通道2接腳輸出變動工作週期的PWM信號，控制LED亮度漸變閃爍、伺服馬達轉速或Buzzer音量。

# 9-1　計時器PWM模式

計時器的PWM模式可以產生PWM信號，該信號頻率由TIMx_ARR暫存器值決定，其工作週期則由TIMx_CCRx寄存器值決定。在PWM模式下，TIMx_CNT（計數暫存器）與TIMx_CCRx（捕獲／比較暫存器）進行比較，在遞增計數的模式下，當TIMx_CNT < TIMx_CCRx TIMx，則PWM參考信號OCxREF便爲高電壓，否則爲低電壓。如果TIMx_CCRx中的比較值大於自動重載值（TIMx_ARR），則OCxREF保持爲「1」。如果TIMx_CCRx的值爲0，則OCxRef保持爲「0」。在遞減計數的模式下，當TIMx_CNT > TIMx_CCRx，則PWM參考信號OCxRef即爲低電壓，否則其爲高電壓。如果TIMx_CCRx中的比較值大於TIMx_ARR中的自動重載值，則OCxREF保持爲「1」。

根據TIMx_CR1暫存器中的CMS位元狀態，計時器能夠產生邊緣對齊模式（edge-aligned mode）或中心對齊模式（center-aligned mode）的PWM信號。圖9-2

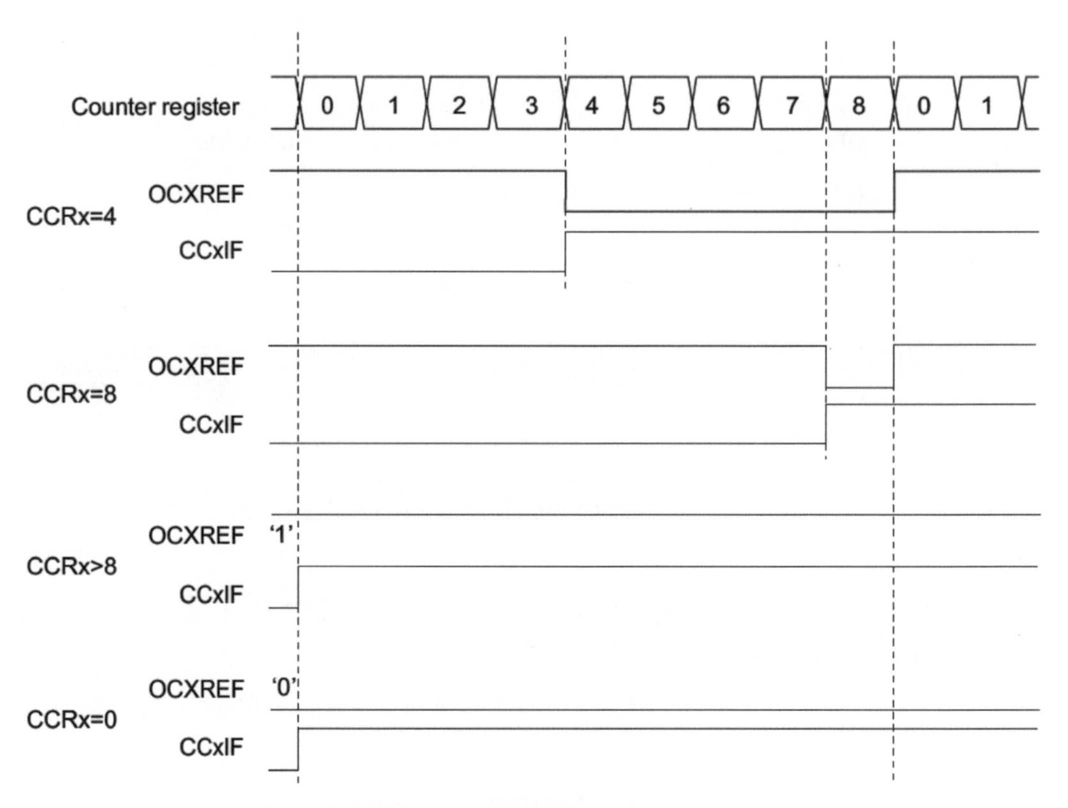


圖9-2　PWM邊緣對齊模式（摘自STMicroelectronics公司文件）

爲PWM邊緣對齊模式（遞增計數配置）。圖中CCRx爲捕獲／比較暫存器，OCxREF爲輸出比較信號，CCxIF爲中斷狀態旗標位元。當CCRX=4時，當捕獲／比較暫存器（TIMx_CCRx）比計數器小時，輸出高電壓，反之則輸出低電壓。

圖9-3爲PWM中心對齊模式，當TIMx_CR1暫存器中的CMS位元不等於「00」，則爲中心對齊模式。根據CMS位元的配置，可以在計數器遞增計數（CMS=10）、遞減計數（CMS=01）或同時遞增和遞減計數（CMS=11）時將中斷狀態旗標CCxIF位元設置1。

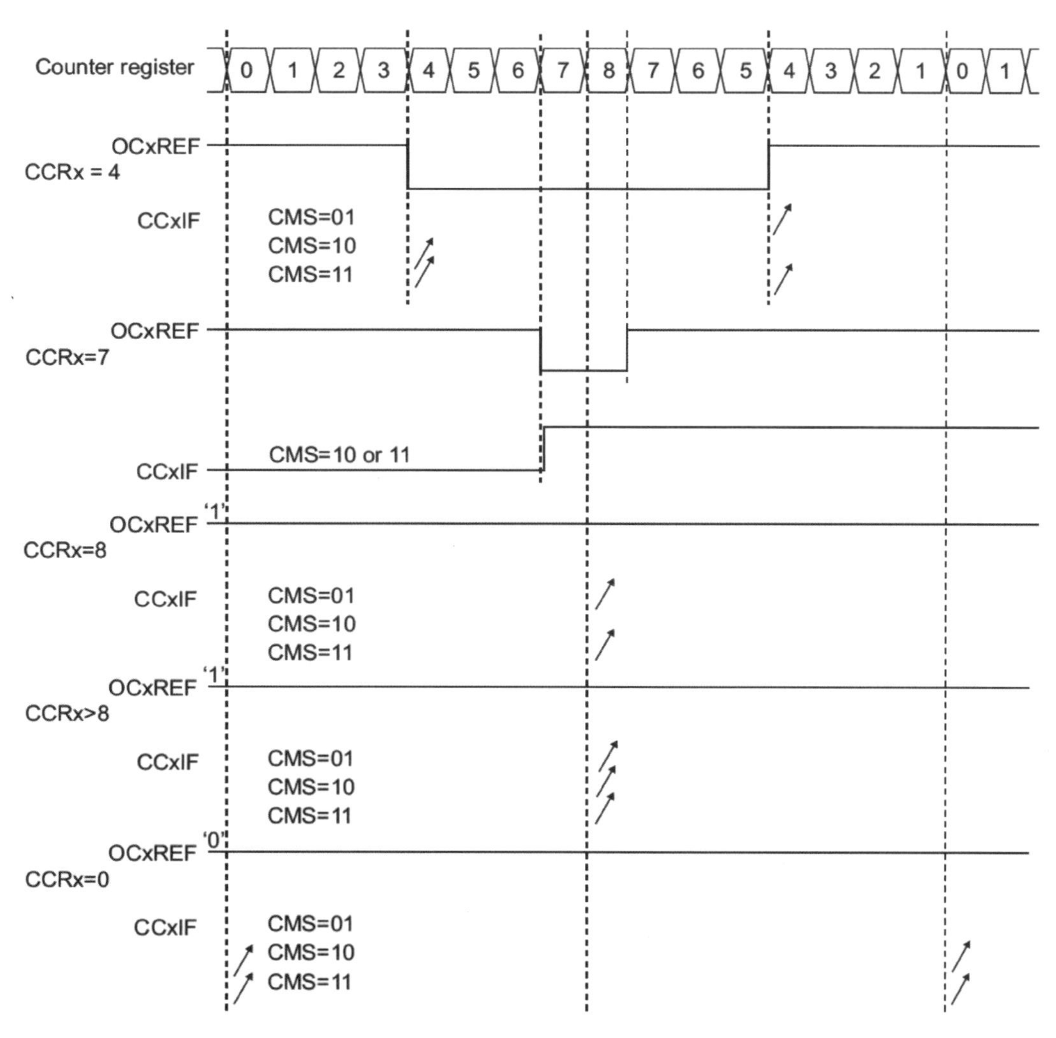


圖9-3　PWM中心對齊模式（摘自STMicroelectronics公司文件）

# 9-2　PWM控制的實驗

本節中以實例說明如何將計時器（Timer 2）配置爲PWM模式， PA1配置爲計時器2的通道2輸出。PA1是擴充連接器P1的第11支接腳，此接腳可外接LED、伺服馬達或Buzzer。

利用STM32CubeMX創建PWM專案，步驟如下：

**步驟1**：新建專案

開啓STM32cubeMX軟體，點擊New Project。根據圖9-4，在Part Number Search輸入STM32F412ZG，在MCUs List item選擇STM32F412ZGTx，然後點選Start Project。

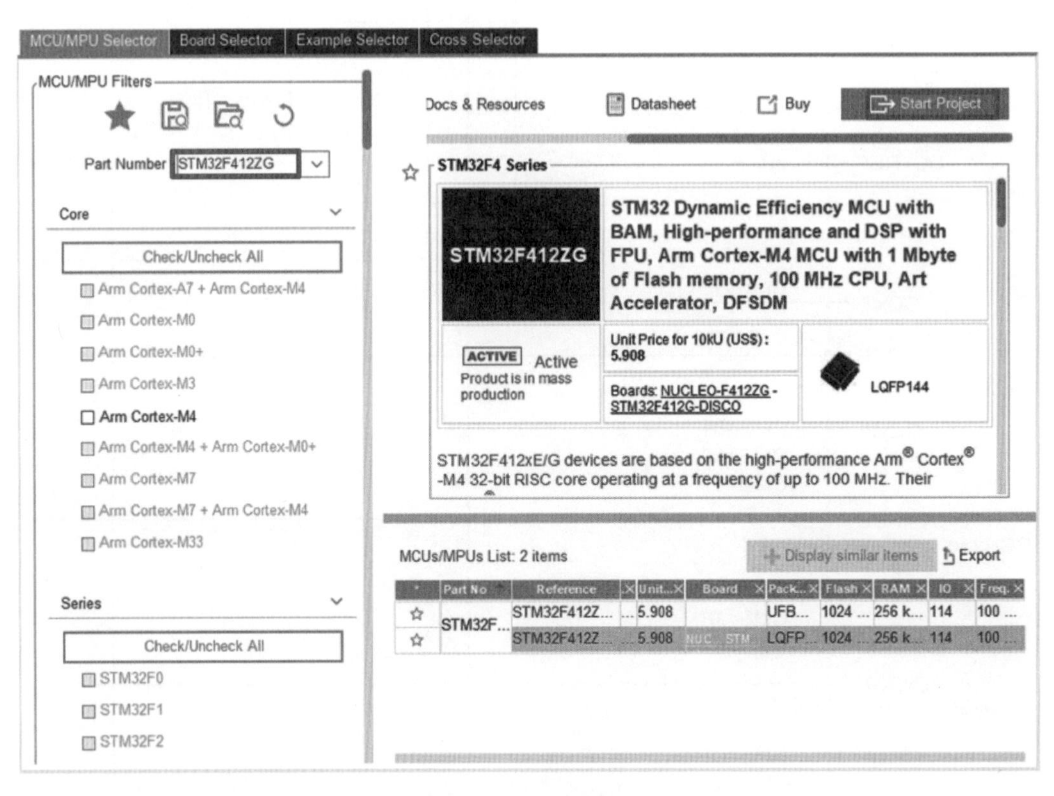


圖9-4　新建專案

**步驟2**：配置計時器1爲PWM模式

點選左側Tim2，在開啓的Tim2 Mode and Configuration視窗，設定時鐘來源爲

Internal Clock，計時器2通道2爲PWM Generation CH2。

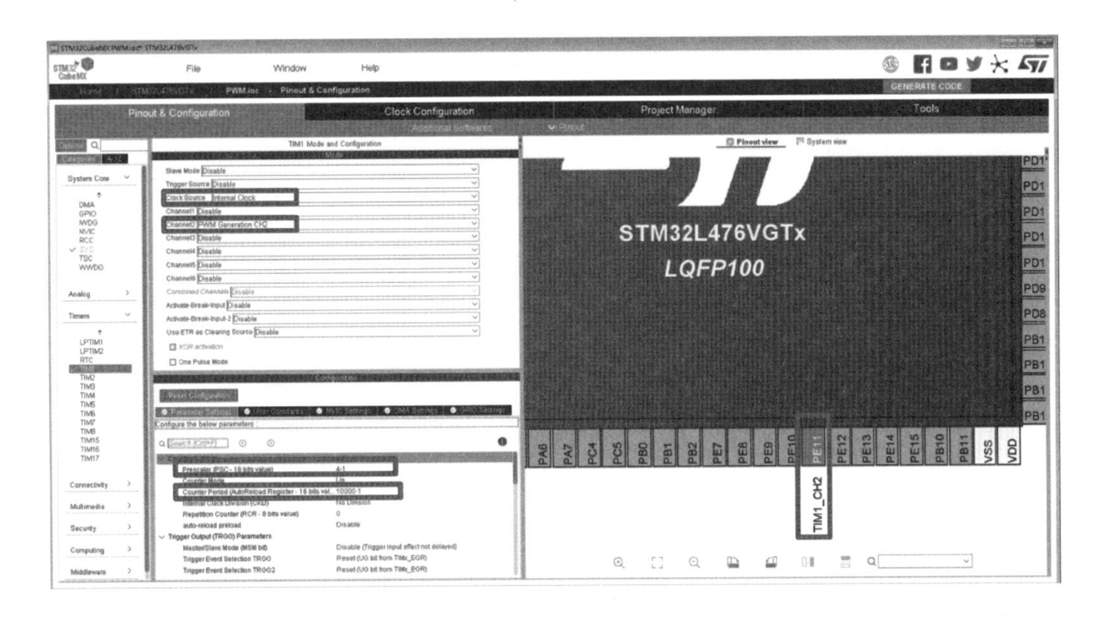


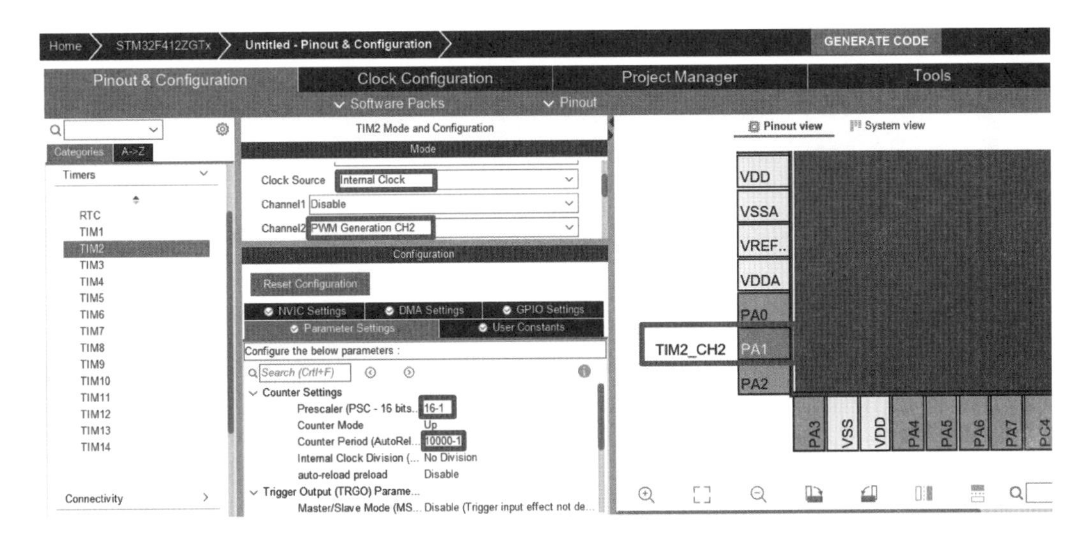


圖9-5　計時器2為PWM模式配置

**步驟3**：功能組態設置

在圖9-5中，點選Tim2進行計時器2參數設置（parameter settings）。本實驗使用預設的時鐘配置，所以計時器的時鐘頻率爲16MHz（如圖9-6）。設置預分頻器（prescaler）爲16-1，經過分頻後的時鐘頻率爲1MHz，若要設置PWM頻率爲100Hz，則計數器的值（TIM2_ARR）爲10000-1。其他參數爲預設不用修改。將參數設置視窗往下拉（如圖9-7），其中Pulse爲捕獲／比較暫存器（TIM2_CCR2）的值，表示PWM脈波寬度，通過修改它的值可以修改PWM工作週期。

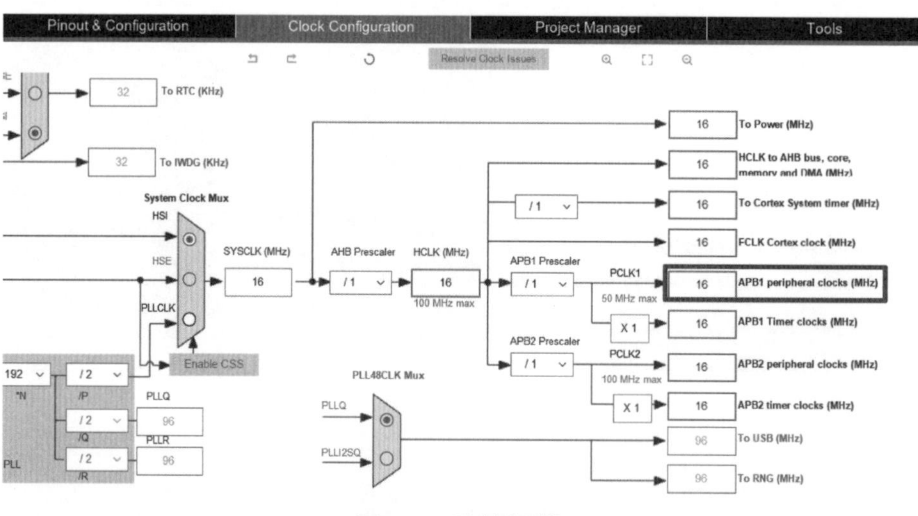


圖9-6　時鐘組態

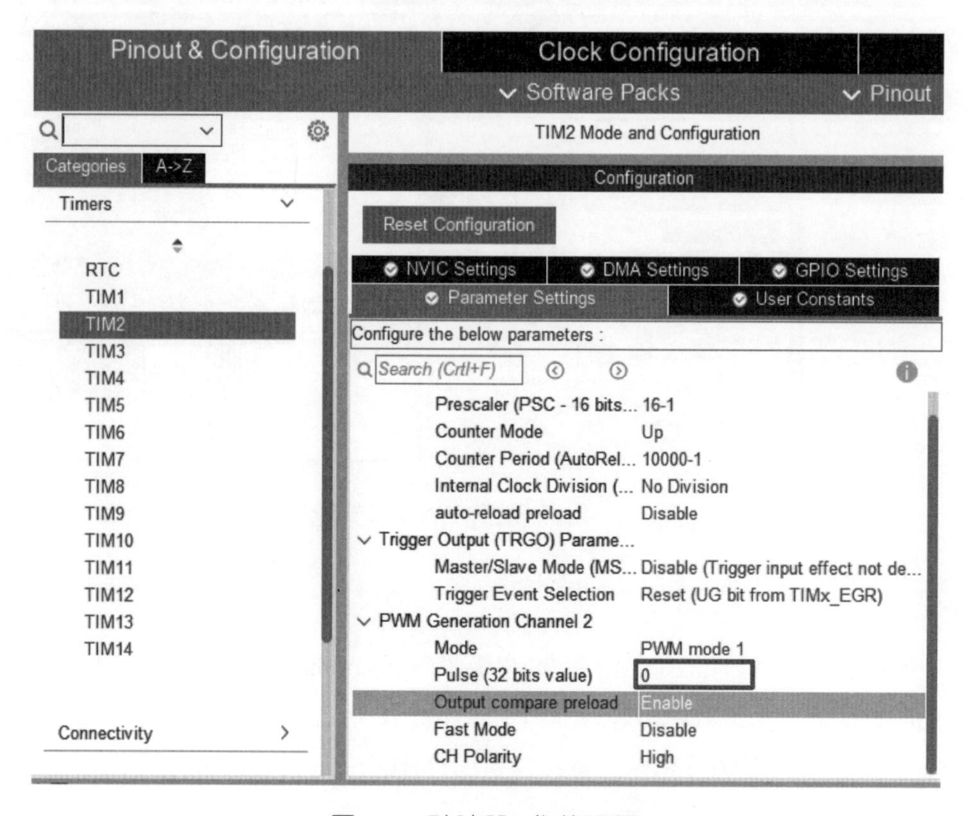


圖9-7　計時器2參數設置

**步驟4：**專案設定

點擊Project Manager，開啓專案設定介面，如圖9-8所示。在Project Name輸入專案名稱：PWM，點選Browse選擇專案儲存的位置，在Toolchain/IDE選擇MDK-ARM V5，其他部分使用預設。

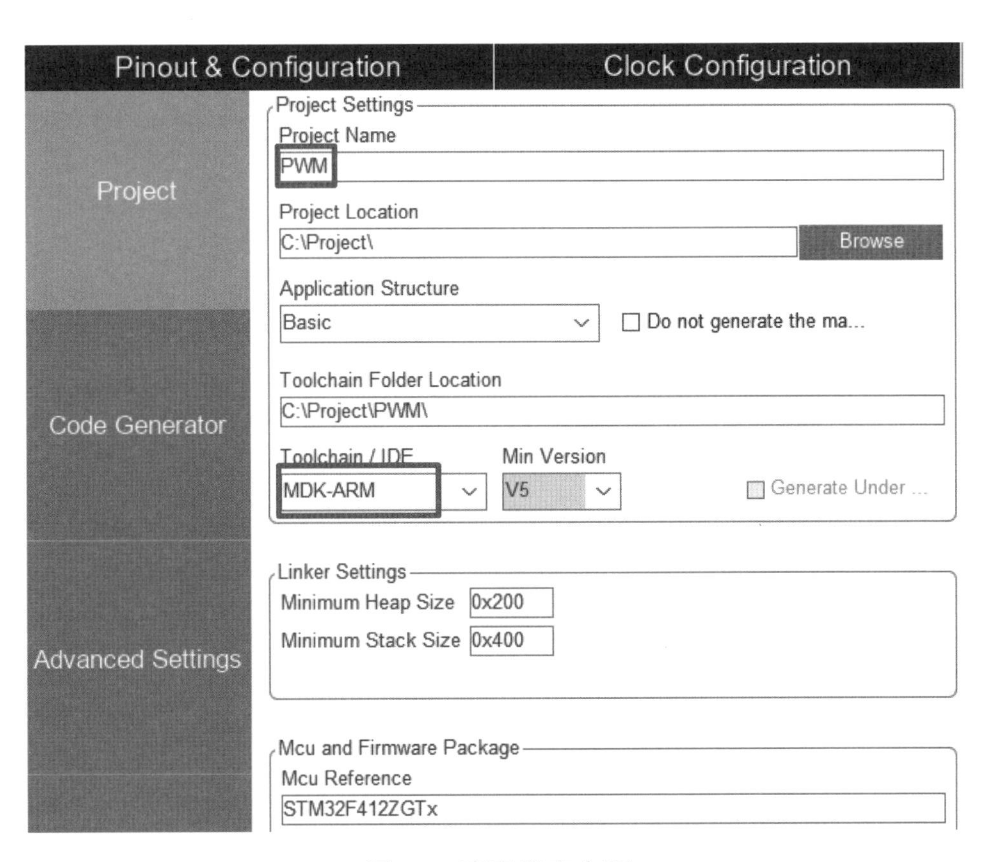


圖9-8　專案設定介面

專案設定介面點選Code Generator，開啓程式碼生成的設定介面，如圖9-9所示。根據圖9-9，在STM32Cube Firmware Library Package的選項中點選Copy only the necessary library files，在Generated files的選項中點選第1、第3與第4個選項。

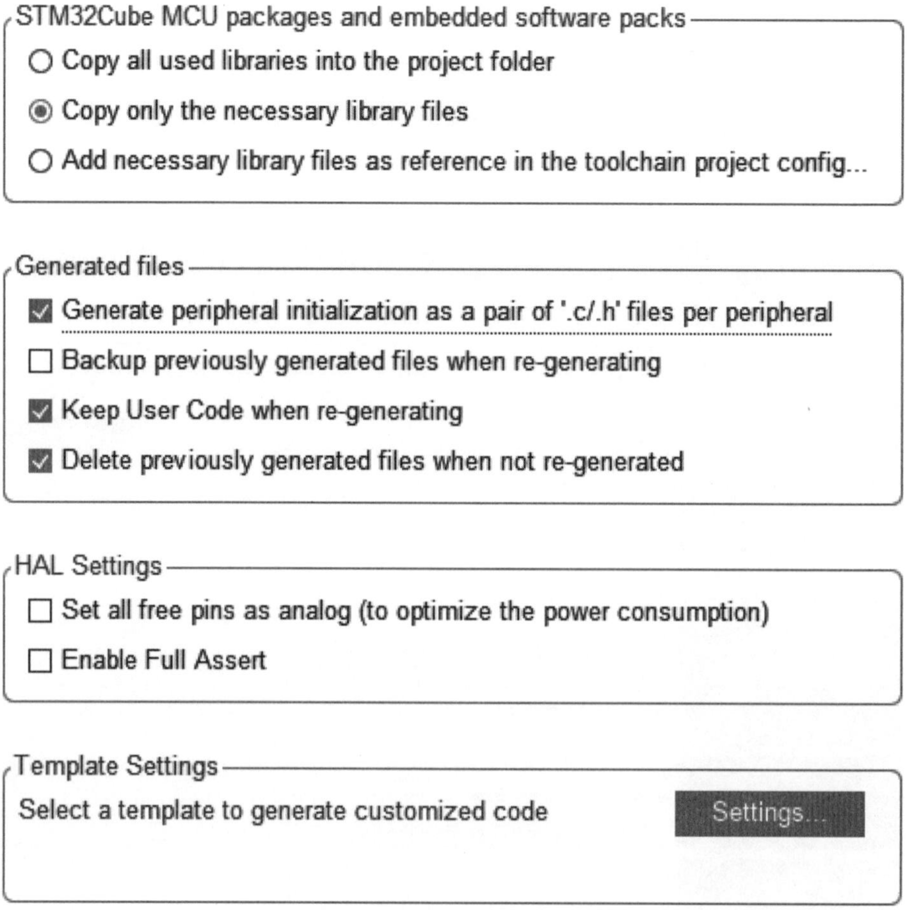

STM32Cube MCU packages and embedded software packs

○ Copy all used libraries into the project folder

◉ Copy only the necessary library files

○ Add necessary library files as reference in the toolchain project config...

Generated files

☑ Generate peripheral initialization as a pair of '.c/.h' files per peripheral

☐ Backup previously generated files when re-generating

☑ Keep User Code when re-generating

☑ Delete previously generated files when not re-generated

HAL Settings

☐ Set all free pins as analog (to optimize the power consumption)

☐ Enable Full Assert

Template Settings

Select a template to generate customized code　Settings...

圖9-9　程式碼生成的設定介面。

**步驟5**：生成程式碼

點選Generate Code，將根據專案設定生成程式碼，STM32CubeMX生成程式碼後，將彈出程式碼生成成功對話框（圖9-10），點擊Open Project按鈕，將由Keil μVision5開啓PWM專案。

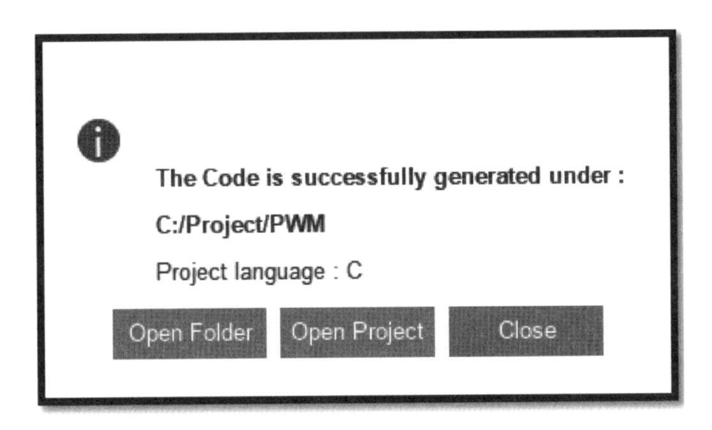


圖9-10 程式碼生成成功對話盒

由Keil μ Vision5開啓PWM專案，如圖9-11所示。在tim.c程式中，內含前面步驟中利用STM32CubeMX配置計時器的初始化函式（ MX_TIM2_Init()）。在stm-32f4xx_hal_tim.c的程式中包含計時器PWM硬體抽象層函數的實作（圖9-12）。

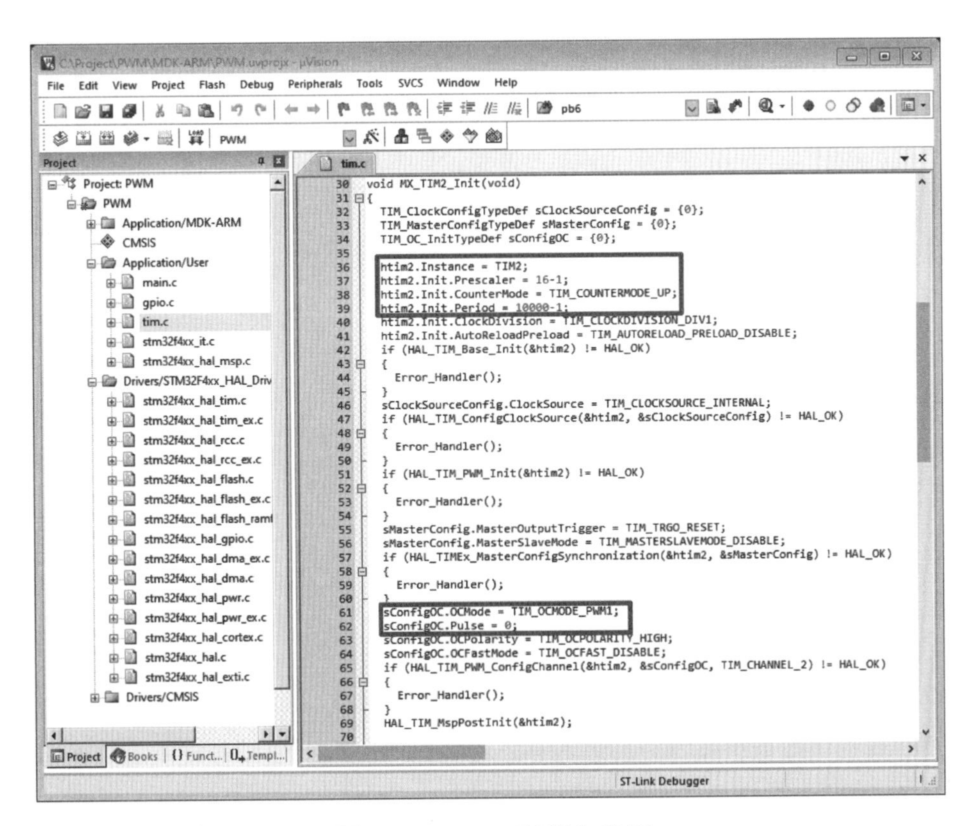


圖9-11 PWM專案主畫面

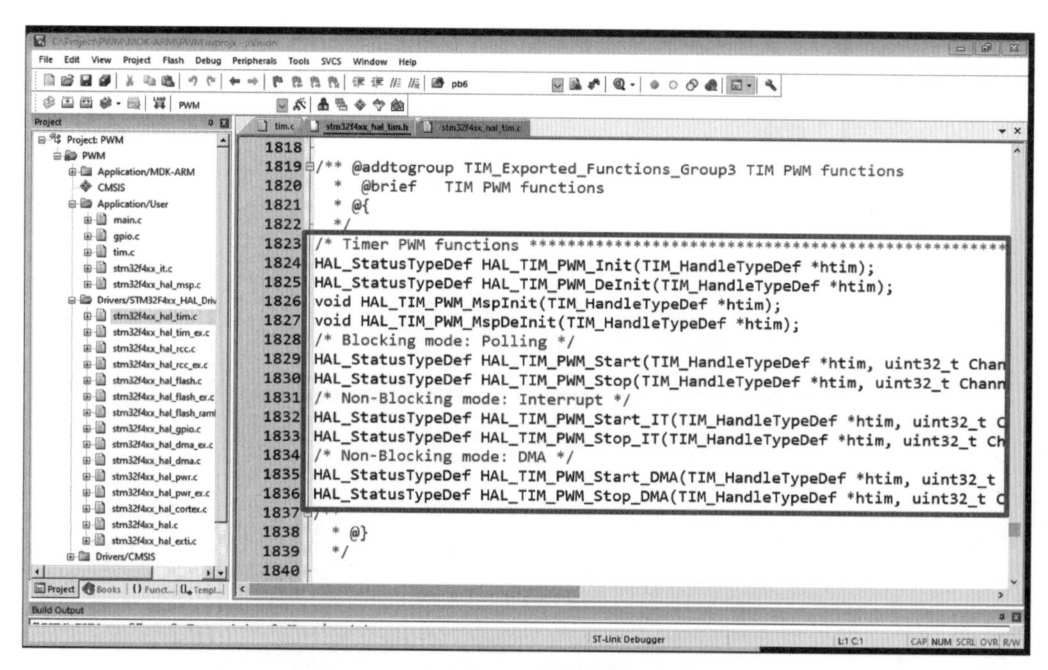


圖9-12 計時器PWM硬體抽象層函數

**步驟5**：添加應用程式碼與執行

在把main()函數中添加HAL_TIM_PWM_Start（&htim2, TIM_CHANNEL_2）開啓計時器PWM輸出。在while迴圈中添加以下程式碼，如圖9-14。此段程式碼不斷修改脈波寬度（TIM2_CCR2），pulseWidth的值最大爲10000，從0開始，每20ms增加100，當增加到10000時，又逐漸遞減到0。

```
HAL_Delay(20);
if(pulseWidth == 0)          step = 100;
if(pulseWidth == 10000)      step = -100;
pulseWidth += step;
TIM2->CCR2 = pulseWidth;
```

重新編譯專案，並下載程式碼到STM32F412G-DISCO探索板的快閃記憶體，重新重置系統後（按重置鍵），可以看到外接的LED亮度漸變閃爍或伺服馬達轉速變化、或者聽到Buzzer音量的變化。

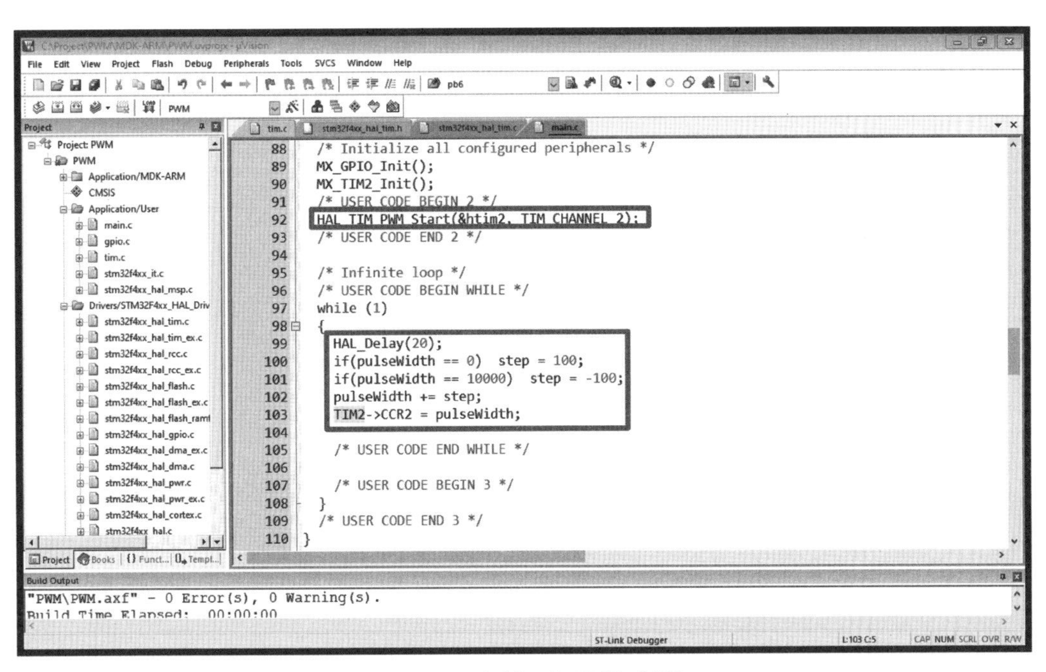


圖9-13 添加應用程式碼

# 即時時鐘控制

CHAPTER 10

即時時鐘（real-time clock, RTC）是一個獨立的BCD計時器／計數器。RTC可用來實現全功能日曆時鐘、鬧鐘中斷，以及一個具有中斷功能的定時喚醒單元。RTC還包含用於管理低功耗模式的自動喚醒單元。本章將簡介RTC與實作RTC日曆時鐘和鬧鐘中斷功能。

## 10-1　RTC簡介

RTC單元的主要特性如下（如圖10-1）：

1. 包含秒、分鐘、小時（12/24小時制）、星期、日期、月份和年份的日曆。
2. 軟體可程式設計的夏令時間補償。
3. 具有中斷功能的可程式設計鬧鐘。可通過任意日曆欄位的組合驅動鬧鐘。
4. 自動喚醒單元，可週期性地生成旗標以觸發自動喚醒中斷。
5. 參考時鐘檢測：可使用更加精確的第二時鐘源（50Hz或60Hz）來提高日曆的精確度。
6. 數位校準電路（週期性計數器調整）：精度爲5 ppm
7. 用於事件保存的時間戳記功能
8. 入侵偵測：帶可配置篩檢程式和內部上拉的入侵事件偵測
9. 可遮罩中斷／事件：
   (1) 鬧鐘A
   (2) 鬧鐘B
   (3) 喚醒中斷
   (4) 時間戳記
   (5) 入侵偵測

10.備份暫存器：發生入侵偵測事件時，將重置備份暫存器

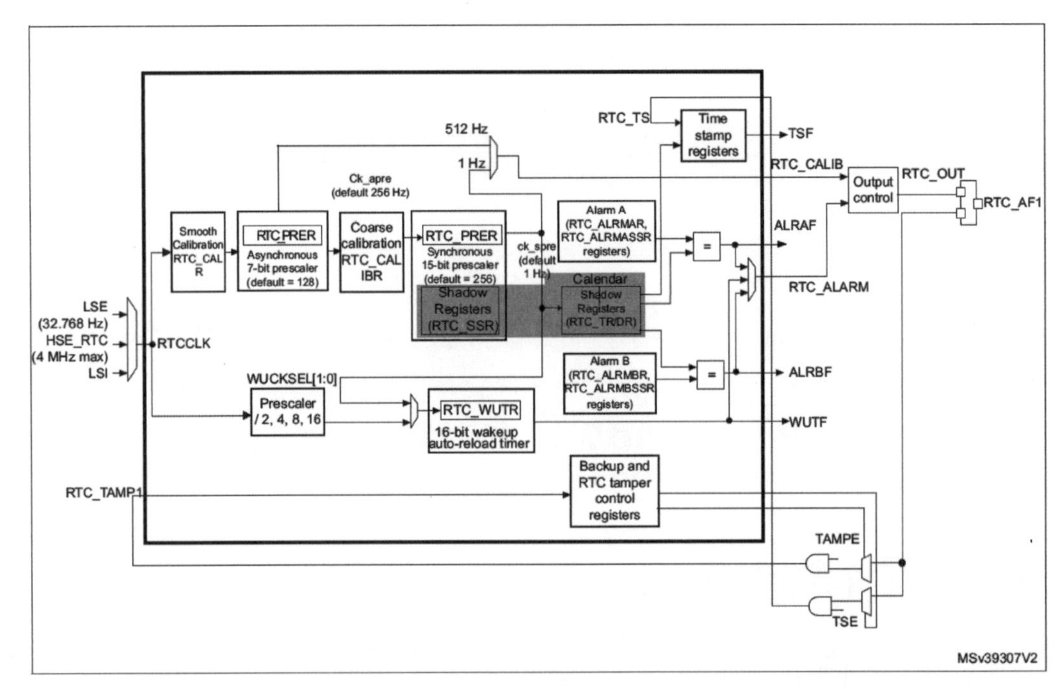


圖10-1　RTC功能方塊圖（摘自STMicroelectronics公司文件）

## 10-2　RTC日曆

日曆用於記錄時間（時、分和秒）和日期（日、周、月和年）。STM32F412ZG RTC日曆可配置和顯示下列日曆資料欄位（如圖10-2）：

1. 含有下列欄位的日曆：
   (1) 分秒（sub second）
   (2) 秒
   (3) 分
   (4) 時（分成12小時或24小時格式）
   (5) 星期
   (6) 日
   (7) 月
   (8) 年

2. 二進碼十進位編碼（BCD）格式的日曆
   (1) 自動管理天數爲28、29（閏年）、30和31的月份
   (2) 夏令時調整可用軟體程式設計

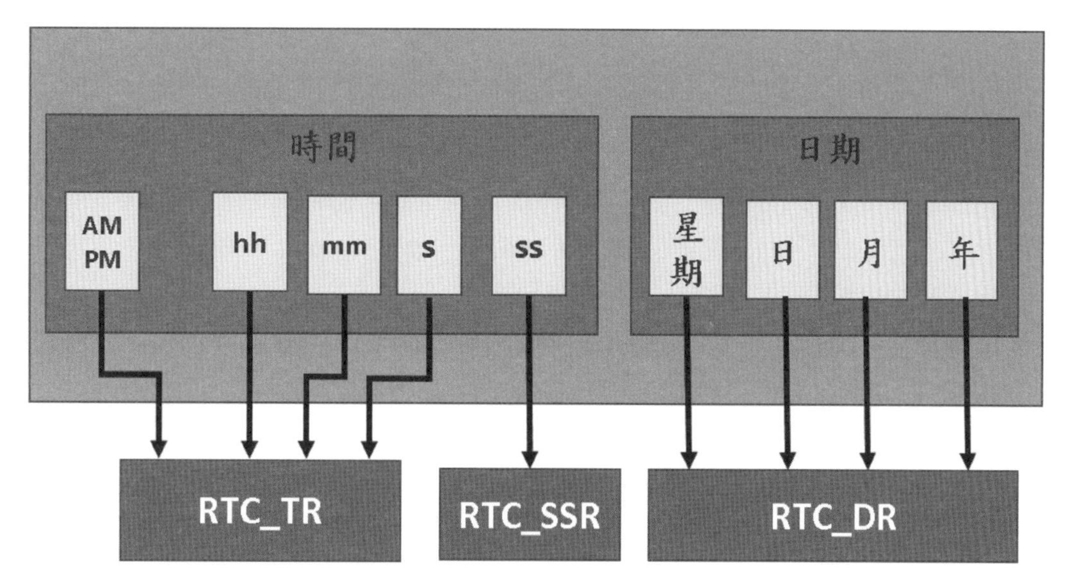


圖10-2　RTC日曆功能

在圖10-2中，RCT_DR、RTC_TR分別是RTC的日期和時間暫存器。RTC_SSR是RTC分秒暫存器（RTC sub second register）。以下介紹RCT_DR、RTC_TR與RTC_SSR三個暫存器：

1. RCT_DR：RTC日期暫存器

| 31 | 30 | 29 | 28 | 27 | 26 | 25 | 24 | 23 | 22 | 21 | 20 | 19 | 18 | 17 | 16 |
|---|---|---|---|---|---|---|---|---|---|---|---|---|---|---|---|
| | | | | | | | | YT[3:0] | | | | YU[3:0] | | | |
| | | | | | | | | rw | rw | rw | rw | rw | rw | rw | rw |

| 15 | 14 | 13 | 12 | 11 | 10 | 9 | 8 | 7 | 6 | 5 | 4 | 3 | 2 | 1 | 0 |
|---|---|---|---|---|---|---|---|---|---|---|---|---|---|---|---|
| WDU[2:0] | | | MT | MU[3:0] | | | | | | DT[1:0] | | DU[3:0] | | | |
| rw | rw | rw | rw | rw | rw | rw | rw | | | rw | rw | rw | rw | rw | rw |

- 位元23:20 **YT[3:0]**：年份的十位數（BCD格式）（Year tens in BCD format）

- 位元19:16 YU[3:0]：年份的個位數（BCD格式）（Year units in BCD format）
- 位元15:13 **WDU[2:0]**：星期幾的個位數（Week day units）
  000：禁止
  001：星期一
  ...
  111：星期日
- 位元12MT：月份的十位數（BCD格式）（Month tens in BCD format）
- 位元11:8MU：月份的個位數（BCD格式）（Month units in BCD format）
- 位元7:6保留。
- 位元5:4 DT[1:0]：日期的十位數（BCD格式）（Date tens in BCD format）
- 位元3:0 DU[3:0]：日期的個位數（BCD格式）（Date units in BCD format）

## 2.RTC_TR：RTC時間暫存器

| 31 | 30 | 29 | 28 | 27 | 26 | 25 | 24 | 23 | 22 | 21 | 20 | 19 | 18 | 17 | 16 |
|---|---|---|---|---|---|---|---|---|---|---|---|---|---|---|---|
| | | | | | | | | | PM | HT[1:0] | | HU[3:0] | | | |
| | | | | | | | | | rw | rw | rw | rw | rw | rw | rw |

| 15 | 14 | 13 | 12 | 11 | 10 | 9 | 8 | 7 | 6 | 5 | 4 | 3 | 2 | 1 | 0 |
|---|---|---|---|---|---|---|---|---|---|---|---|---|---|---|---|
| | MNT[2:0] | | | MNU[3:0] | | | | | ST[2:0] | | | SU[3:0] | | | |
| | rw | rw | rw | rw | rw | rw | rw | | rw | rw | rw | rw | rw | rw | rw |

- 位元22 PM：AM/PM符號（AM/PM notation）
  0：AM或24小時制
  1：PM
- 位元21:20 HT[1:0]：小時的十位數（BCD格式）（Hour tens in BCD format）
- 位元19:16 HU[3:0]：小時的個位數（BCD格式）（Hour units in BCD format）
- 位元15保留。
- 位元14:12 MNT[2:0]：分鐘的十位數（BCD格式）（Minute tens in BCD for-

mat）

- 位元11:8 MNU[3:0]：分鐘的個位數（BCD格式）（Minute units in BCD format）
- 位元7保留。
- 位元6:4 ST[2:0]：秒的十位數（BCD格式）（Second tens in BCD format）
- 位元3:0 SU[3:0]：秒的個位數（BCD格式）（Second units in BCD format）

## 3. RTC_SSR：RTC分秒暫存器

| 31 | 30 | 29 | 28 | 27 | 26 | 25 | 24 | 23 | 22 | 21 | 20 | 19 | 18 | 17 | 16 |
|---|---|---|---|---|---|---|---|---|---|---|---|---|---|---|---|
| | | | | | | | | | | | | | | | |
| | | | | | | | | | | | | | | | |

| 15 | 14 | 13 | 12 | 11 | 10 | 9 | 8 | 7 | 6 | 5 | 4 | 3 | 2 | 1 | 0 |
|---|---|---|---|---|---|---|---|---|---|---|---|---|---|---|---|
| SS[15:0] | | | | | | | | | | | | | | | |
| r | r | r | r | r | r | r | r | r | r | r | r | r | r | r | r |

- 位元31:16保留
- 位元15:0 SS：分秒值（Sub second value），唯讀

RTC日曆可透過三個時鐘源LSE、LSI或HSE驅動（圖10-3），經過7位元非同步預分頻器（PREDIV_A）與15位元同步預分頻器（PREDIV_S）後為日曆單元提供1Hz時鐘（圖10-4）。非同步預分頻器（PREDIV_A）與同步預分頻器（PREDIV_S）定義於RTC預分頻暫存器（RTC prescaler register，RTC_PRER）。

## 4. RTC_PRER：RTC預分頻暫存器

| 31 | 30 | 29 | 28 | 27 | 26 | 25 | 24 | 23 | 22 | 21 | 20 | 19 | 18 | 17 | 16 |
|---|---|---|---|---|---|---|---|---|---|---|---|---|---|---|---|
| | | | | | | | | | PREDIV_A[6:0] | | | | | | |
| | | | | | | | | | rw | rw | rw | rw | rw | rw | rw |

| 15 | 14 | 13 | 12 | 11 | 10 | 9 | 8 | 7 | 6 | 5 | 4 | 3 | 2 | 1 | 0 |
|---|---|---|---|---|---|---|---|---|---|---|---|---|---|---|---|
| | PREDIV_S[14:0] | | | | | | | | | | | | | | |
| | rw | rw | rw | rw | rw | rw | rw | rw | rw | rw | rw | rw | rw | rw | rw |

- 位元22:16 PREDIV_A[6:0]：非同步預分頻係數（Asynchronous prescaler factor）
- 位元14:0 PREDIV_S[14:0]：同步預分頻係數（Synchronous prescaler factor）

$$f_{CK\_SPRE} = \frac{f_{RTC\_CLK}}{(PREDIV\_A+1)\,x\,(PREDIV\_S+1)}$$

其中：

RTCCLK可以是任意一個可選的時鐘源：HSE/32、LSE或LSI

PREDIV_A可以是1、2、3...或127

PREDIV_S可以是0、1、2...或32768

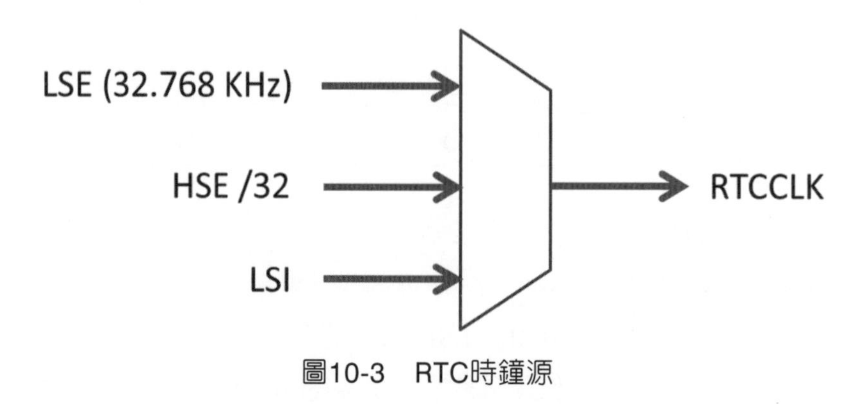


圖10-3　RTC時鐘源

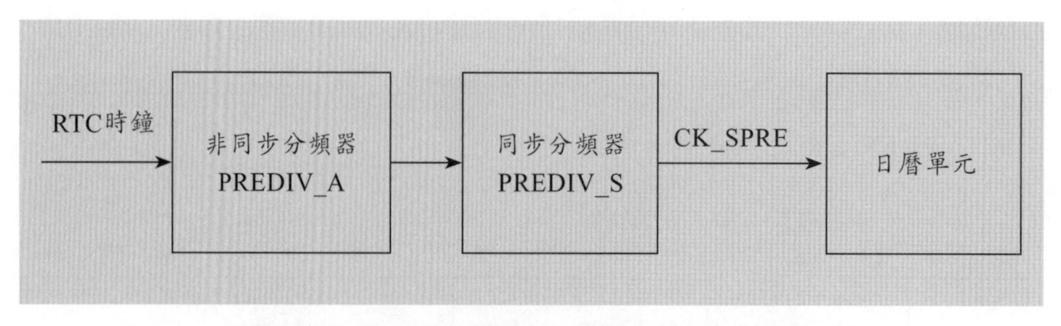


圖10-4　從RTC時鐘源到日曆單元的預分頻器

下表列出了3種時鐘源設定預分頻器得到1Hz日曆時鐘（CK_SPRE）的方法。

| RTCCLK 時鐘源 | 預分頻器 | | CK_SPRE |
| --- | --- | --- | --- |
| | PREDIV_A[6:0] | PREDIV_S[14:0] | |
| HSE/32 = 250 KHz | 124（Div 125） | 1999（Div 2000） | 1 Hz |
| LSE = 32.768 kHz | 127（Div 128） | 255（Div 256） | 1 Hz |
| LSI = 32 kHz | 127（Div 128） | 249（Div 250） | 1 Hz |



## 10-3 RTC鬧鐘

RTC單元提供兩個可程式設計鬧鐘：鬧鐘A和鬧鐘B。可通過將RTC_CR暫存器中的ALRAE和ALRBE位元設定爲1來使能可程式設計鬧鐘功能。如果日曆的時間（分秒、秒、分鐘、小時）、日期分別與鬧鐘A暫存器（RTC_ALRMASSR/RTC_ALRMAR）和鬧鐘B暫存器（RTC_ALRMBSSR /RTC_ALRMBR）的值相等，則ALRAF和ALRBF旗標會被設置爲1。可通過RTC_ALRMAR和RTC_ALRMBR暫存器的MSKx位元（x = 1、2、3、4）以及RTC_ALRMASSR和RTC_ALRMBSSR暫存器的MASKSSx位元選擇要比對的日曆欄位（圖10-5），表10-2顯示了所有可能的鬧鐘設置。可通過RTC_CR暫存器中的ALRAIE和ALRBIE位元使能鬧鐘中斷。

表10-2　鬧鐘設置組合

| MSK3 | MSK2 | MSK1 | MSK0 | 鬧鐘行為 |
| --- | --- | --- | --- | --- |
| 0 | 0 | 0 | 0 | 鬧鐘比較使用所有欄位 |
| 0 | 0 | 0 | 1 | 鬧鐘比較忽略秒 |
| 0 | 0 | 1 | 0 | 鬧鐘比較忽略分鐘 |
| 0 | 0 | 1 | 1 | 鬧鐘比較忽略分鐘和秒 |
| 0 | 1 | 0 | 0 | 鬧鐘比較忽略小時 |
| 0 | 1 | 0 | 1 | 鬧鐘比較忽略小時和秒 |
| 0 | 1 | 1 | 0 | 鬧鐘比較忽略小時和分鐘 |
| 0 | 1 | 1 | 1 | 鬧鐘比較忽略小時、分鐘和秒，每星期一全天的每一秒均設置鬧鐘。 |

| MSK3 | MSK2 | MSK1 | MSK0 | 鬧鐘行為 |
|---|---|---|---|---|
| 1 | 0 | 0 | 0 | 鬧鐘比較忽略星期幾 |
| 1 | 0 | 0 | 1 | 鬧鐘比較忽略星期幾和秒 |
| 1 | 0 | 1 | 0 | 鬧鐘比較忽略星期幾和分鐘 |
| 1 | 0 | 1 | 1 | 鬧鐘比較忽略星期幾、分鐘和秒 |
| 1 | 1 | 0 | 0 | 鬧鐘比較忽略星期幾和小時 |
| 1 | 1 | 0 | 1 | 鬧鐘比較忽略星期幾、小時和秒 |
| 1 | 1 | 1 | 0 | 鬧鐘比較忽略星期幾、小時和分鐘 |
| 1 | 1 | 1 | 1 | 每秒都會發生鬧鐘事件 |

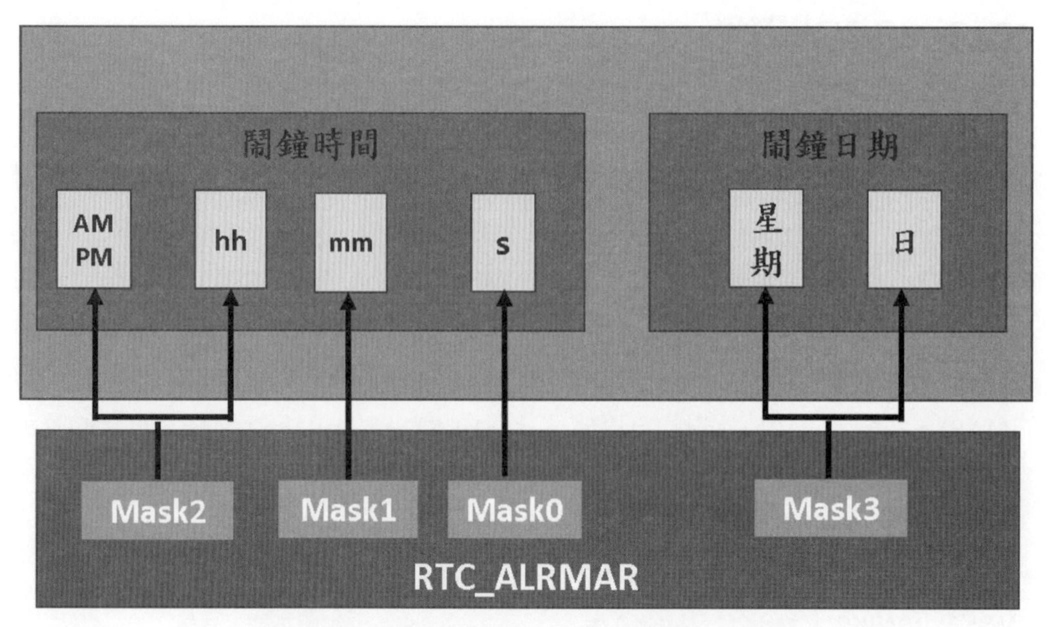


圖10-5　鬧鐘時間與日期之欄位的比對設置

# 10-4　RTC日曆與鬧鐘功能實驗

利用STM32CubeMX創建RTC專案，步驟如下：

**步驟1**：新建專案

開啓STM32cubeMX軟體，點擊New Project。根據圖10-6，在Part Number

Search輸入STM32F412ZG，在MCUs List item選擇STM32F412ZGTx，然後點選Start Project。

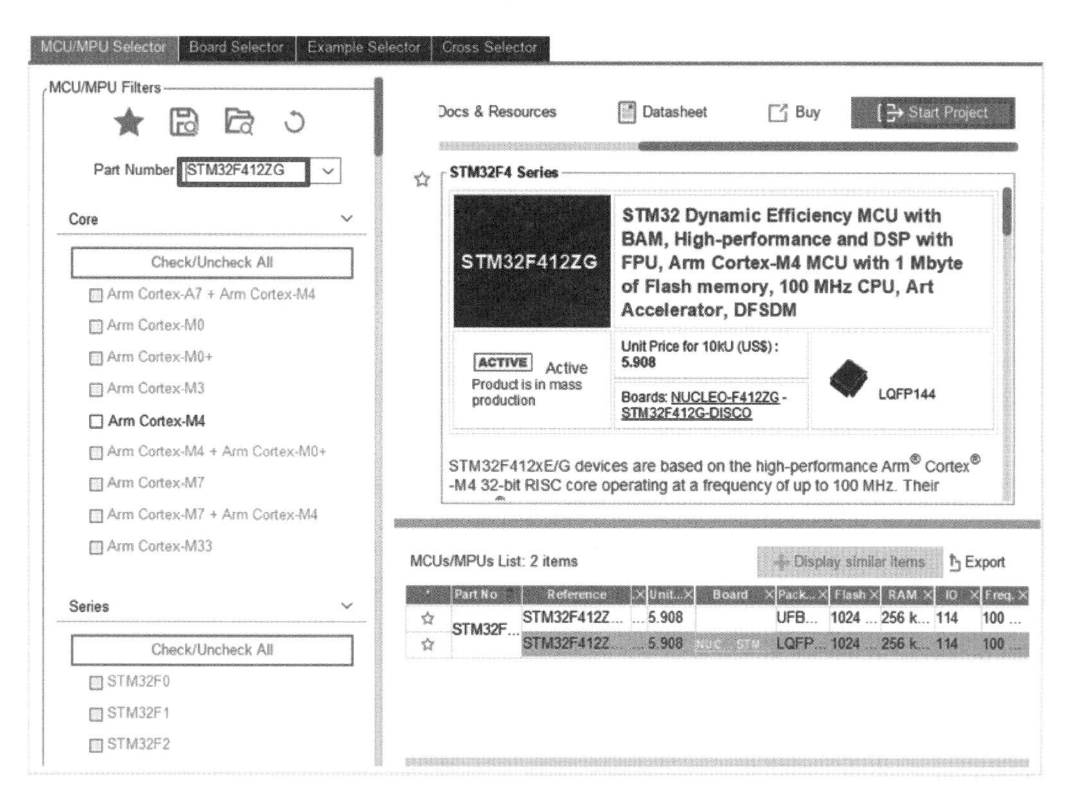


圖10-6　新建專案

**步驟2**：配置RTC時鐘源

本實驗選擇LSE作爲RTC時鐘源。在圖10-7中，點選左側RCC，在開啓的RCC Mode and Configuration視窗，設定低速時鐘（LSE）爲Crystal Ceramic Resonator。右側MCU接腳圖PC14與PC15分別顯示爲RCC_OSC32_IN與RCC_OSC32_OUT。

圖10-7　RTC時鐘源配置

**步驟3**：配置RTC日曆與鬧鐘功能

點選左側RTC，在開啓的RTC Mode and Configuration視窗，勾選Activate Clock Source與Activate Calendar，然後在Alarm A下拉選項中選擇Internal Alarm A，如圖10-8。

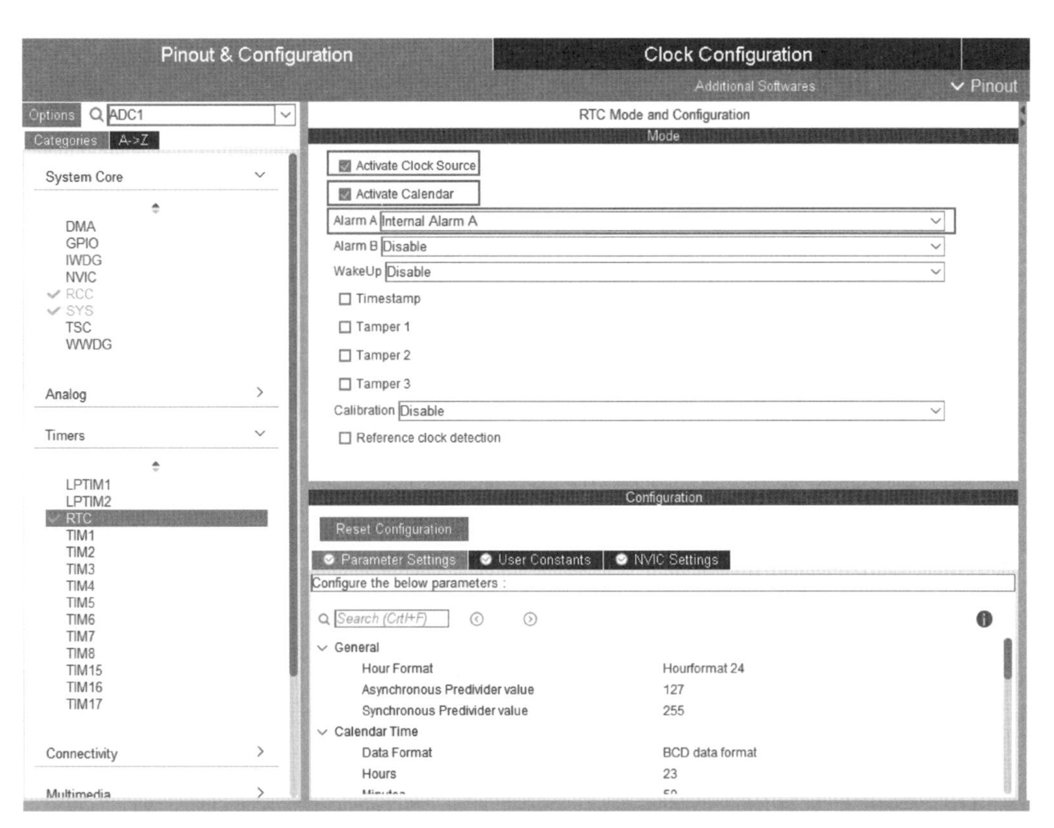


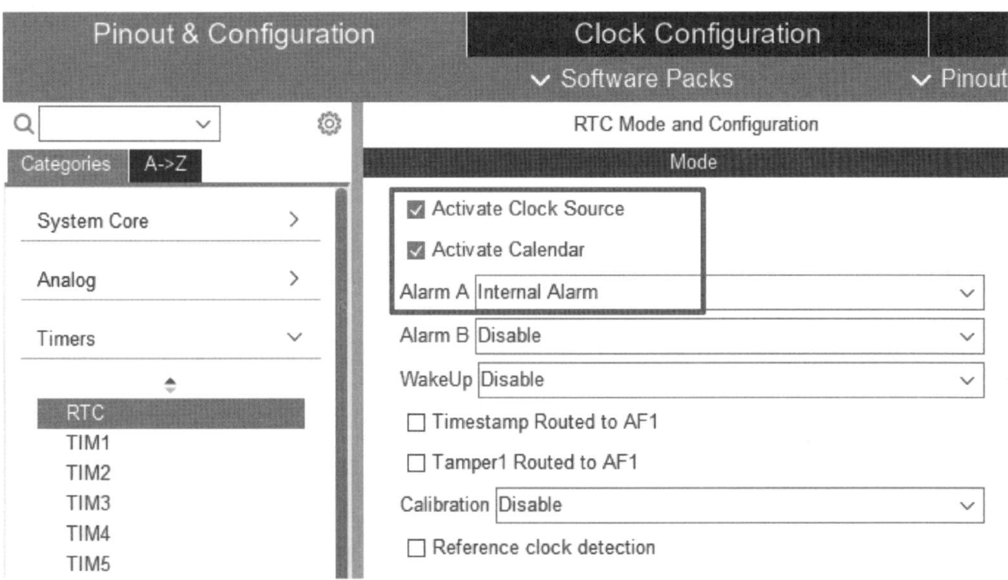


圖10-8　RTC日曆與鬧鐘功能配置

**步驟4**：RTC參數設置

RTC參數設置（parameter settings）如圖10-9。設置小時格式爲Hourformat24，非同步預除頻值（Asynchronous predivider value）爲127，同步預除頻值（Synchronous predivider value）爲255，日曆時間資料格式爲Binary data format，在本實驗中，時間設爲：9時59分0秒，日期設爲2024年1月1日，鬧鐘設爲10時0分20秒，讀者可視實際需求修改。

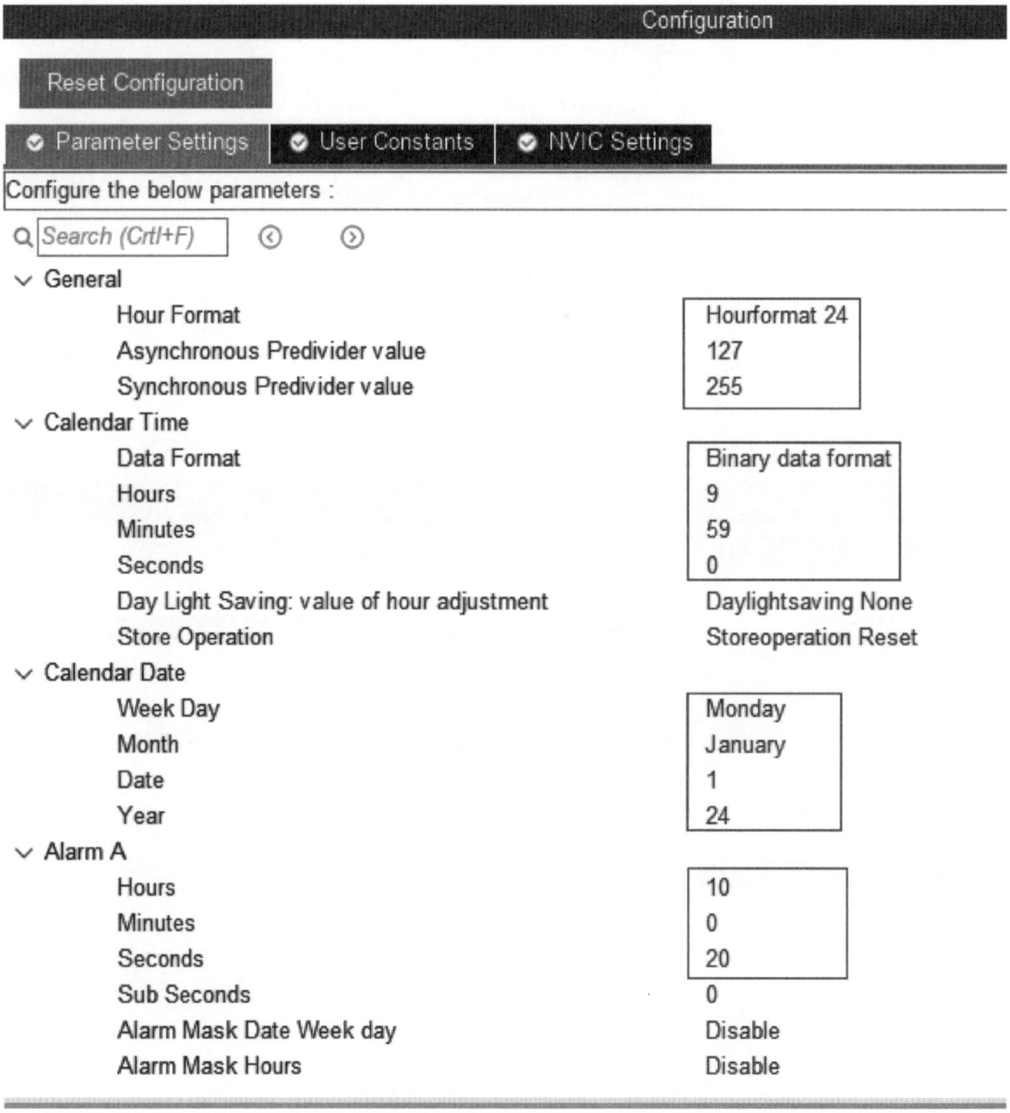

| Configuration | |
|---|---|
| Reset Configuration | |
| Parameter Settings / User Constants / NVIC Settings | |
| Configure the below parameters : | |
| Search (Crtl+F) | |
| **General** | |
| Hour Format | Hourformat 24 |
| Asynchronous Predivider value | 127 |
| Synchronous Predivider value | 255 |
| **Calendar Time** | |
| Data Format | Binary data format |
| Hours | 9 |
| Minutes | 59 |
| Seconds | 0 |
| Day Light Saving: value of hour adjustment | Daylightsaving None |
| Store Operation | Storeoperation Reset |
| **Calendar Date** | |
| Week Day | Monday |
| Month | January |
| Date | 1 |
| Year | 24 |
| **Alarm A** | |
| Hours | 10 |
| Minutes | 0 |
| Seconds | 20 |
| Sub Seconds | 0 |
| Alarm Mask Date Week day | Disable |
| Alarm Mask Hours | Disable |

圖10-9　RTC參數設置

**步驟5**：使能RTC鬧鐘中斷

點選左側NVIC，在開啓的NVIC Interrupt Table視窗，勾選RTC alarm A and B interrupt through EXTI line 17，如圖10-10，當RTC日曆的時間與日期和RTC鬧鐘A的時間與日期相等時，將觸發RTC鬧鐘中斷，執行HAL_RTC_AlarmAEvent Callback()函式。

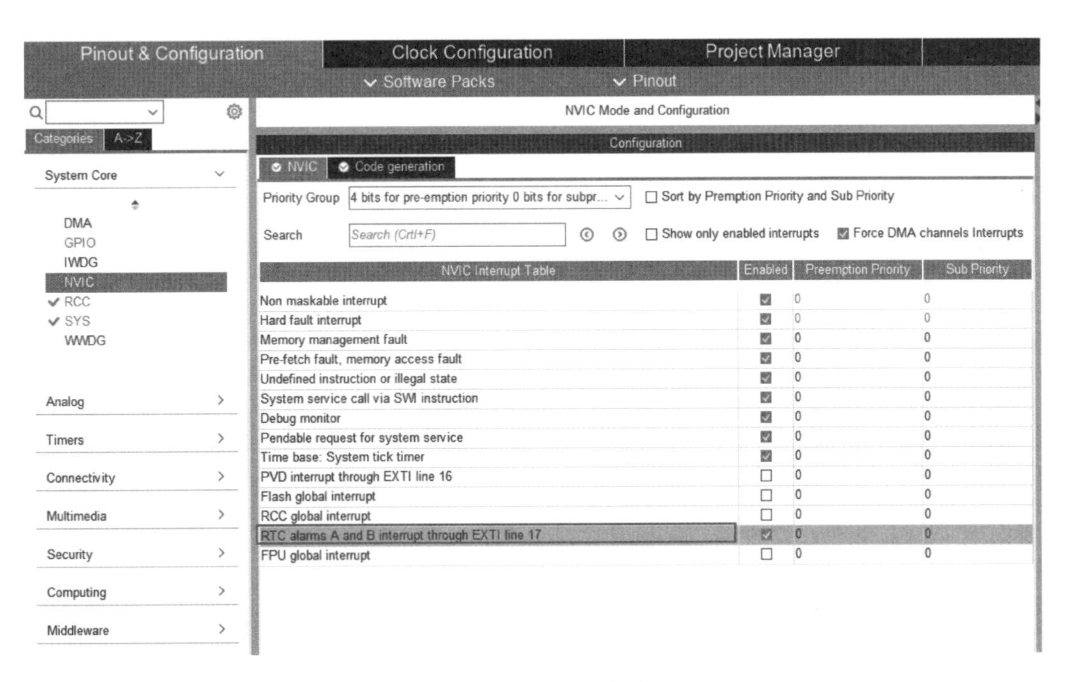


圖10-10　RTC鬧鐘中斷設置

**步驟6**：GPIO接腳功能設置

在本實驗中，當鬧鐘到達設定的時間時，點亮紅色LED，因此將PE2對應接腳位置設置爲GPIO_Output模式，在GPIO Mode and Configuration視窗中設定User Label（使用者標籤）爲RED_LED，如圖10-11。

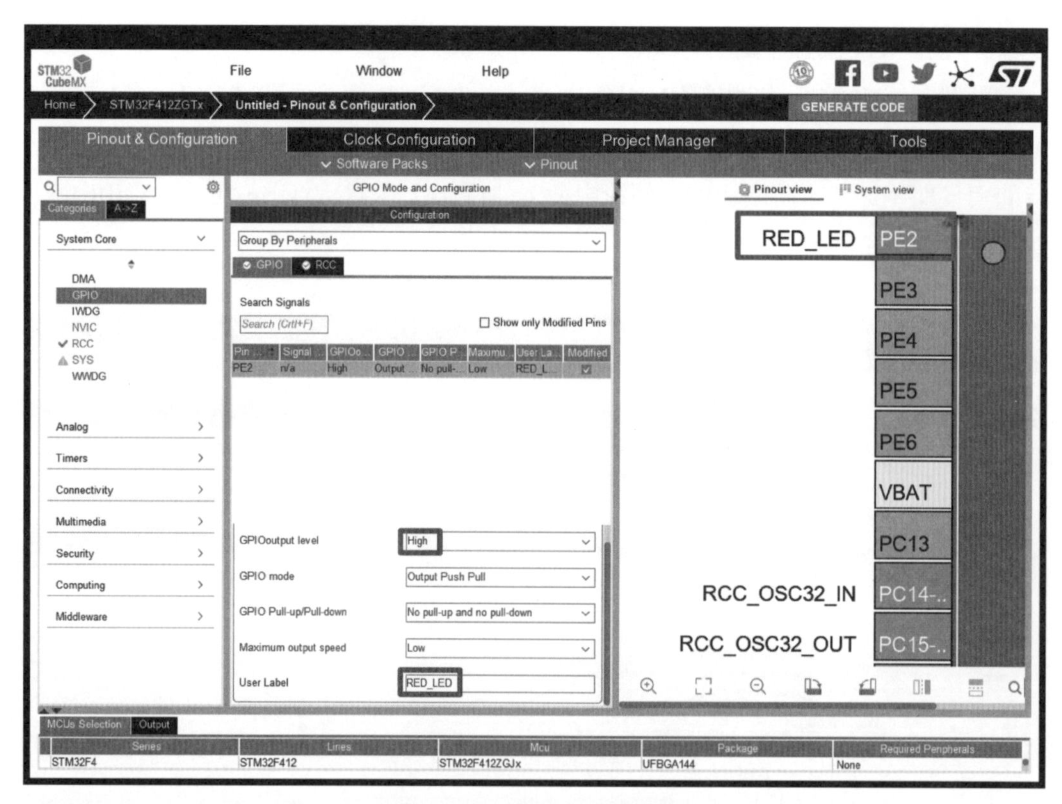


圖10-11 GPIO接腳設置

**步驟7：專案設定**

點擊Project Manager，開啓專案設定介面，如圖10-12所示。在Project Name輸入專案名稱：RTC，點選Browse選擇專案儲存的位置，在Toolchain/IDE選擇MDK-ARM V5，其他部分使用預設。

專案設定介面點選Code Generator，開啓程式碼生成的設定介面，如圖10-12所示。根據圖10-13，在STM32Cube Firmware Library Package的選項中點選Copy only the necessary library files，在Generated files的選項中點選第1、第3與第4個選項。

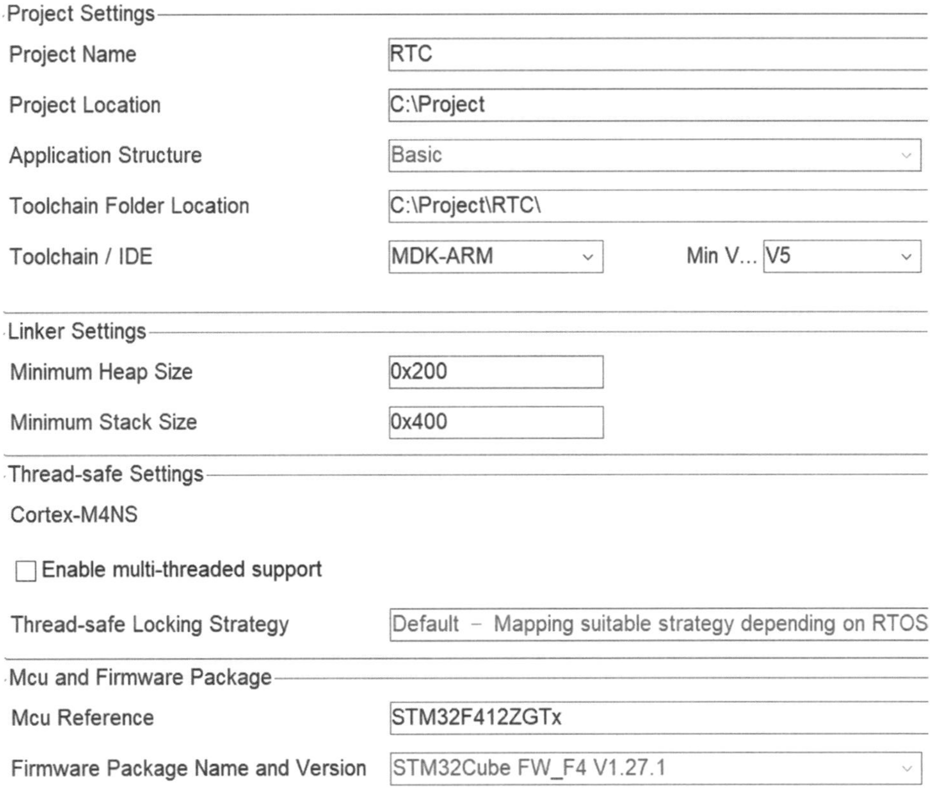

Project Settings

| | |
|---|---|
| Project Name | RTC |
| Project Location | C:\Project |
| Application Structure | Basic |
| Toolchain Folder Location | C:\Project\RTC\ |
| Toolchain / IDE | MDK-ARM — Min V... V5 |

Linker Settings

| | |
|---|---|
| Minimum Heap Size | 0x200 |
| Minimum Stack Size | 0x400 |

Thread-safe Settings

Cortex-M4NS

☐ Enable multi-threaded support

| | |
|---|---|
| Thread-safe Locking Strategy | Default – Mapping suitable strategy depending on RTOS |

Mcu and Firmware Package

| | |
|---|---|
| Mcu Reference | STM32F412ZGTx |
| Firmware Package Name and Version | STM32Cube FW_F4 V1.27.1 |

圖10-12　專案設定介面

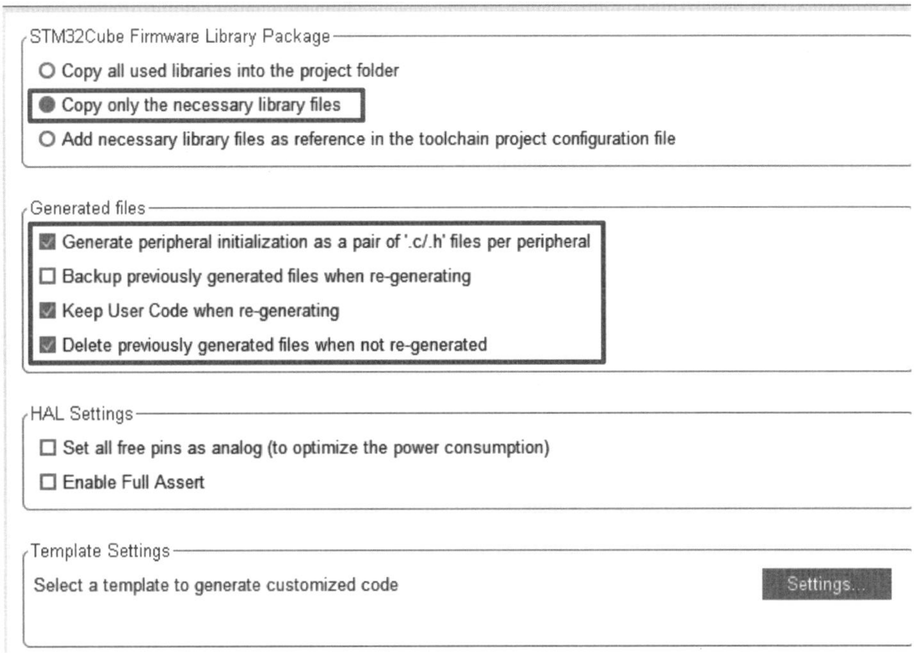

STM32Cube Firmware Library Package

- ○ Copy all used libraries into the project folder
- ● Copy only the necessary library files
- ○ Add necessary library files as reference in the toolchain project configuration file

Generated files

- ☑ Generate peripheral initialization as a pair of '.c/.h' files per peripheral
- ☐ Backup previously generated files when re-generating
- ☑ Keep User Code when re-generating
- ☑ Delete previously generated files when not re-generated

HAL Settings

- ☐ Set all free pins as analog (to optimize the power consumption)
- ☐ Enable Full Assert

Template Settings

Select a template to generate customized code　Settings...

圖10-13　程式碼生成的設定介面

**步驟8**：生成程式碼

點選Generate Code ，將根據專案設定生成程式碼，STM32CubeMX生成程式碼後，將彈出程式碼生成成功對話框（圖10-14），點擊Open Project按鈕，將由Keil μ Vision5開啓RTC專案。

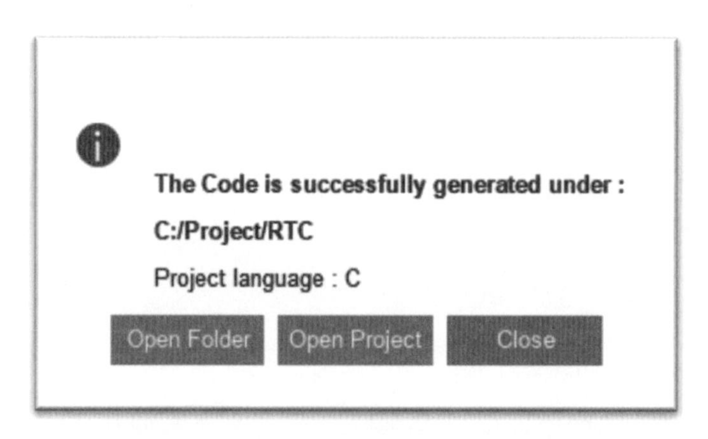


圖10-14　程式碼生成成功對話盒

由Keil μ Vision5開啓RTC專案，在rtc.c程式中，RTC的初始化函式（MX_RTC_Init()）配置RTC日曆的資料格式、時間、日期與RTC鬧鐘功能，MX_RTC_Init()程式碼如下：

```
/* RTC init function */
void MX_RTC_Init(void)
{
   RTC_TimeTypeDef sTime = {0};
   RTC_DateTypeDef sDate = {0};
   RTC_AlarmTypeDef sAlarm = {0};
   /**Initialize RTC Only   */
   hrtc.Instance = RTC;
   hrtc.Init.HourFormat = RTC_HOURFORMAT_24;
   hrtc.Init.AsynchPrediv = 127;
   hrtc.Init.SynchPrediv = 255;
```

```
hrtc.Init.OutPut = RTC_OUTPUT_DISABLE;
hrtc.Init.OutPutRemap = RTC_OUTPUT_REMAP_NONE;
hrtc.Init.OutPutPolarity = RTC_OUTPUT_POLARITY_HIGH;
hrtc.Init.OutPutType = RTC_OUTPUT_TYPE_OPENDRAIN;
if (HAL_RTC_Init(&hrtc) != HAL_OK)
{
  Error_Handler();
}
/**Initialize RTC and set the Time and Date   */
sTime.Hours = 9;
sTime.Minutes = 59;
sTime.Seconds = 0;
sTime.DayLightSaving = RTC_DAYLIGHTSAVING_NONE;
sTime.StoreOperation = RTC_STOREOPERATION_RESET;
if (HAL_RTC_SetTime(&hrtc, &sTime, RTC_FORMAT_BIN) != HAL_OK)
{
   Error_Handler();
}
sDate.WeekDay = RTC_WEEKDAY_MONDAY;
sDate.Month = RTC_MONTH_JANUARY;
sDate.Date = 1;
sDate.Year =24 ;
if (HAL_RTC_SetDate(&hrtc, &sDate, RTC_FORMAT_BIN) != HAL_OK)
{
   Error_Handler();
}
/**Enable the Alarm A
*/
sAlarm.AlarmTime.Hours = 10;
sAlarm.AlarmTime.Minutes = 0;
```

```
  sAlarm.AlarmTime.Seconds = 20;
  sAlarm.AlarmTime.SubSeconds = 0;
  sAlarm.AlarmTime.DayLightSaving = RTC_DAYLIGHTSAVING_NONE;
  sAlarm.AlarmTime.StoreOperation = RTC_STOREOPERATION_RESET;
  sAlarm.AlarmMask = RTC_ALARMMASK_NONE;
  sAlarm.AlarmSubSecondMask = RTC_ALARMSUBSECONDMASK_ALL;
  sAlarm.AlarmDateWeekDaySel = RTC_ALARMDATEWEEKDAYSEL_DATE;
  sAlarm.AlarmDateWeekDay = 1;
  sAlarm.Alarm = RTC_ALARM_A;
  if (HAL_RTC_SetAlarm_IT(&hrtc, &sAlarm, RTC_FORMAT_BIN) != HAL_OK)
  {
    Error_Handler();
  }
}
```

在rtc.c程式中，RTC的HAL_RTC_MspInit()函式使能RTC時鐘、設置RTC鬧鐘中斷優先權與使能RTC鬧鐘中斷，HAL_RTC_MspInit()程式碼如下：

```
void HAL_RTC_MspInit(RTC_HandleTypeDef* rtcHandle)
{
  if(rtcHandle->Instance==RTC)
  {
    /* RTC clock enable */
    __HAL_RCC_RTC_ENABLE();
    /* RTC interrupt Init */
    HAL_NVIC_SetPriority(RTC_Alarm_IRQn, 0, 0);
    HAL_NVIC_EnableIRQ(RTC_Alarm_IRQn);
  }
}
```

**步驟9**：添加應用程式碼

在把main()函數中添加sTime與sDate兩個變數的宣告，如圖10-15。sTime是RTC_TimeTypeDef結構體變數，sDate是RTC_DateTypeDef結構體變數，RTC_TimeTypeDef結構體與RTC_DateTypeDef結構體的定義分別如下：

```
typedef struct
{
    uint8_t Hours;
    uint8_t Minutes;
    uint8_t Seconds;
    uint8_t TimeFormat;
    uint32_t SubSeconds;
    uint32_t SecondFraction;
    uint32_t DayLightSaving;
    uint32_t StoreOperation;
}RTC_TimeTypeDef;
```

```
typedef struct
{
    uint8_t WeekDay;
    uint8_t Month;
    uint8_t Date;
    uint8_t Year;
}RTC_DateTypeDef;
```

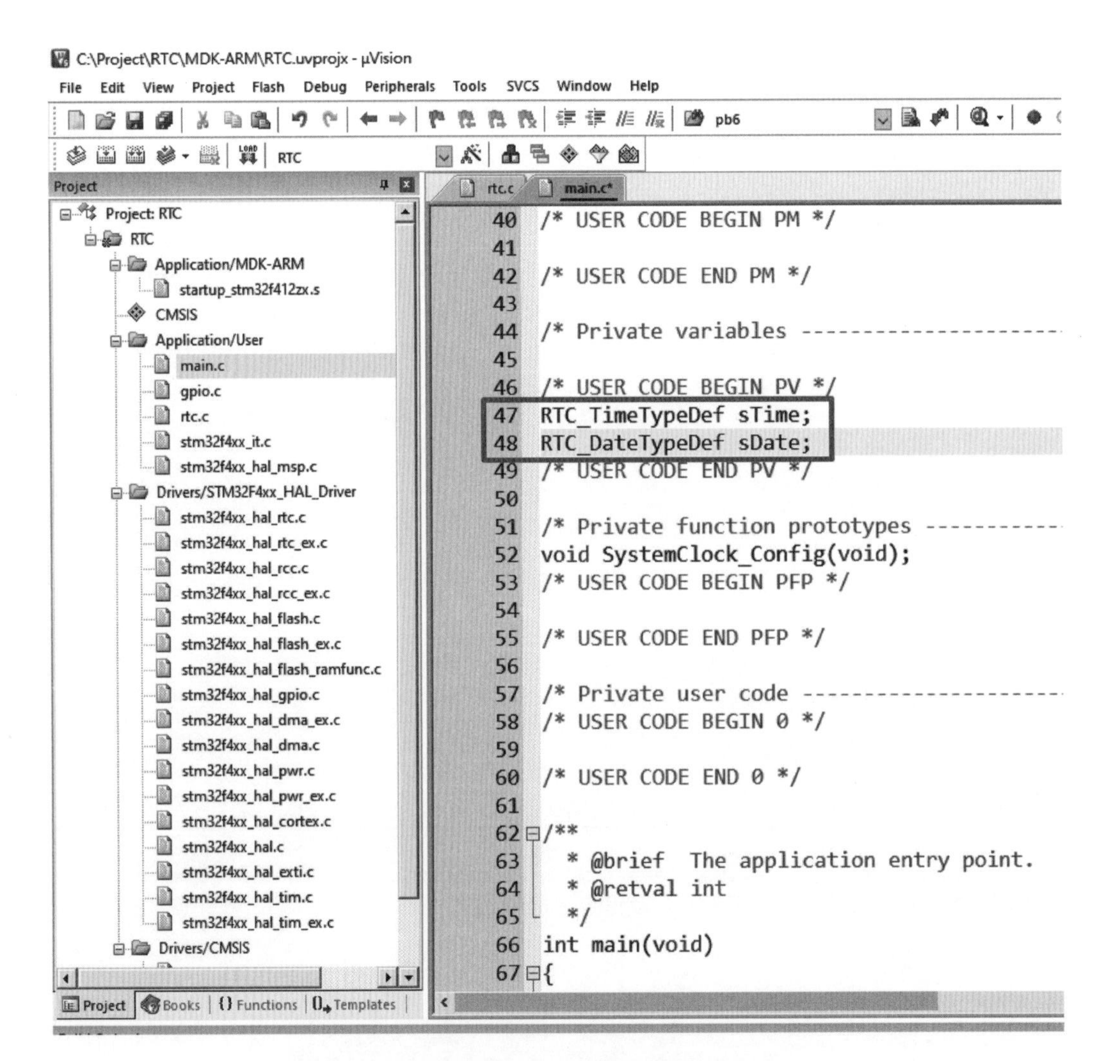


圖10-15　sTime與sDate兩個變數的宣告

在while迴圈中添加以下程式碼，此段程式碼每間隔1秒鐘讀取RTC日曆時間與日期，分別儲存於sTim與sDate結構體變數，如圖10-16。

```
while (1)
  {
    /* USER CODE END WHILE */
    /* USER CODE BEGIN 3 */
```

```
    HAL_RTC_GetTime(&hrtc,&sTime, RTC_FORMAT_BIN);
    HAL_RTC_GetDate(&hrtc, &sDate, RTC_FORMAT_BIN);
    HAL_Delay(1000);
}
```

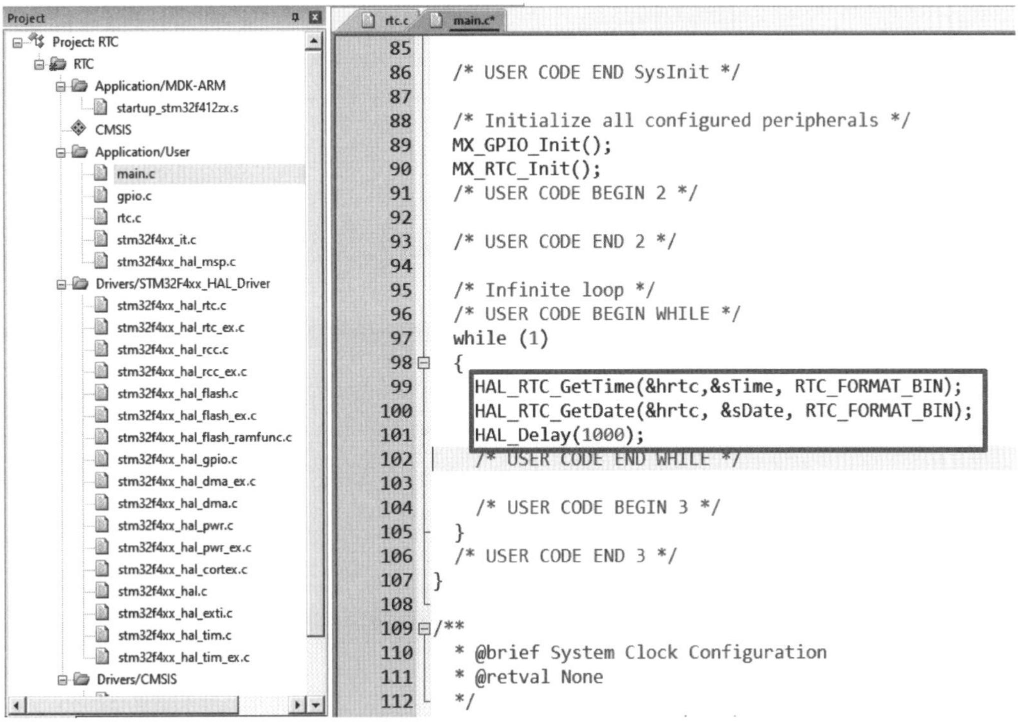

```
85
86    /* USER CODE END SysInit */
87
88    /* Initialize all configured peripherals */
89    MX_GPIO_Init();
90    MX_RTC_Init();
91    /* USER CODE BEGIN 2 */
92
93    /* USER CODE END 2 */
94
95    /* Infinite loop */
96    /* USER CODE BEGIN WHILE */
97    while (1)
98    {
99      HAL_RTC_GetTime(&hrtc,&sTime, RTC_FORMAT_BIN);
100     HAL_RTC_GetDate(&hrtc, &sDate, RTC_FORMAT_BIN);
101     HAL_Delay(1000);
102     /* USER CODE END WHILE */
103
104     /* USER CODE BEGIN 3 */
105   }
106   /* USER CODE END 3 */
107 }
108
109 /**
110   * @brief System Clock Configuration
111   * @retval None
112   */
```

圖10-16

最後在main()函式中加入如下HAL_RTC_AlarmAEventCallback()函式的程式碼，如圖10-17。

```
void HAL_RTC_AlarmAEventCallback(RTC_HandleTypeDef *hrtc)
{
  UNUSED(hrtc);
  HAL_GPIO_WritePin(GPIOB,GPIO_PIN_2,GPIO_PIN_SET);
}
```

Project

- Project: RTC
  - RTC
    - Application/MDK-ARM
      - startup_stm32f412zx.s
    - CMSIS
    - Application/User
      - main.c
      - gpio.c
      - rtc.c
      - stm32f4xx_it.c
      - stm32f4xx_hal_msp.c
    - Drivers/STM32F4xx_HAL_Driver
      - stm32f4xx_hal_rtc.c
      - stm32f4xx_hal_rtc_ex.c
      - stm32f4xx_hal_rcc.c
      - stm32f4xx_hal_rcc_ex.c
      - stm32f4xx_hal_flash.c
      - stm32f4xx_hal_flash_ex.c
      - stm32f4xx_hal_flash_ramfunc.c

rtc.c main.c*

```
148    }
149    PeriphClkInitStruct.PeriphClockSelection = RCC_PERIPHCLK_RTC;
150    PeriphClkInitStruct.RTCClockSelection = RCC_RTCCLKSOURCE_LSI;
151    if (HAL_RCCEx_PeriphCLKConfig(&PeriphClkInitStruct) != HAL_OK)
152    {
153      Error_Handler();
154    }
155  }
156
157  /* USER CODE BEGIN 4 */
158  void HAL_RTC_AlarmAEventCallback(RTC_HandleTypeDef *hrtc)
159  {
160    UNUSED(hrtc);
161    HAL_GPIO_WritePin(GPIOE,GPIO_PIN_2,GPIO_PIN_RESET);
162  }
163
164  /* USER CODE END 4 */
```

圖10-17

**步驟10**：執行結果

編譯並下載程式碼到STM32F412G-DISCO探索板。開啓STMStudio程式，Import以下變數sDate.Month、sDate.Date、sDate.Year、sTime.Hours、sTime.Minutes、sTime.Seconds，將這些變數加入List of variables視窗中，選擇顯示模式爲Table，點擊Run->Start S，開始即時監測，如圖10-18。當RTC日曆的時間與日期等於RTC鬧鐘的時間與日期（2024/1/1 10:00:20）時，紅色LED被點亮。

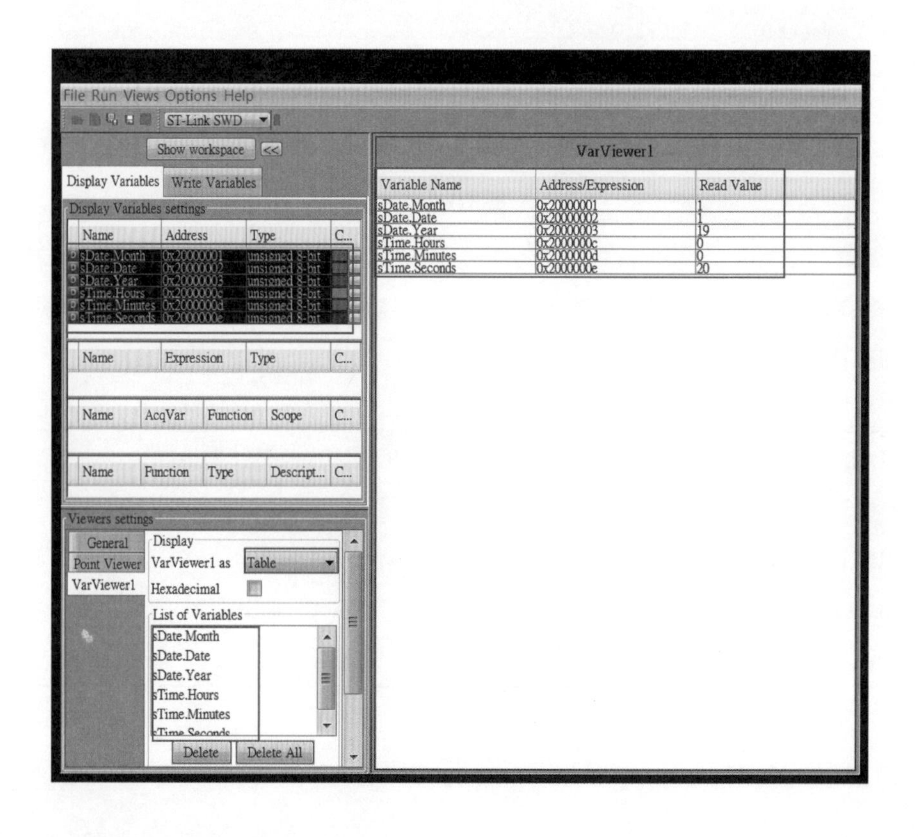

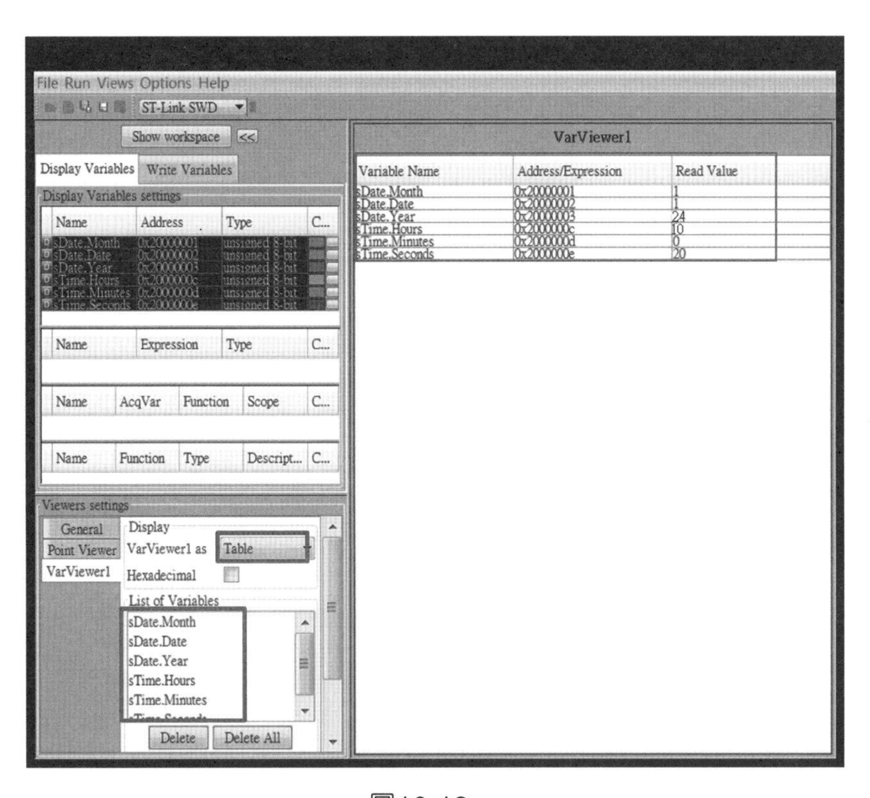
File Run Views Options Help
ST-Link SWD
Show workspace
Display Variables
Write Variables
Display Variables settings
VarViewer1
Variable Name
Address/Expression
Read Value
sDate.Month 0x20000001 1
sDate.Date 0x20000002 1
sDate.Year 0x20000003 24
sTime.Hours 0x2000000c 10
sTime.Minutes 0x2000000d 0
sTime.Seconds 0x2000000e 20
Viewers settings
General
Point Viewer
VarViewer1
Display
VarViewer1 as
Table
Hexadecimal
List of Variables
sDate.Month
sDate.Date
sDate.Year
sTime.Hours
sTime.Minutes
Delete
Delete All

圖10-18

# 觸控螢幕控制

CHAPTER 11

本章介紹STM32F412G-DISCO探索板之TFT LCD螢幕的觸摸控制。

## 11-1 觸摸晶片簡介

STM32F412G-DISCO探索板之1.54英吋240x240像素彩色TFT-LCD顯示模組是電容觸控式螢幕，觸控晶片是FT3267，它支援單點以及手勢觸摸檢測，主要應用於智慧手機、遊戲控制器、智慧型手錶、POS機、可攜式MP3、MP4媒體播放機、數位相機等。FT3267晶片將觸控螢幕的電容信號轉換為I2C信號後，由I2C匯流排傳送給STM32F412ZGT6，FT3267晶片的I2C控制位址為：0x70，其特性如下：

1. 自電容感測技術，支援單點觸摸和差分檢測；
2. 絕對X和Y座標或手勢檢測；
3. 自動校準：抗電容和環境變化干擾；
4. 內置增強型MCU；
5. 支持最高28通道的感測器或驅動；
6. 感測器報告頻率上至80Hz；
7. 支援I2C介面；
8. 支援單膜材料觸控式螢幕且不需要設置額外的菱形區域；
9. 內部精度ADC及平滑濾波；
10. 支持2.8V至3.6V的工作電壓；
11. 支持獨立的輸入／輸出電源；
12. 內建數位電路的LDO穩壓器；
13. 有3種工作模式：主動模式、監控模式、休眠模式；
14. 操作溫度範圍：-20°C + 85°C；

15.允許人體靜電放模式電壓（HBM）大於等於5000V。

觸控晶片FT3267與主MCU連接的示意圖如圖11-1所示，它透過序列介面（I2C）、重置訊號（RSTN）與中斷訊號（/INT）與主MCU連接。

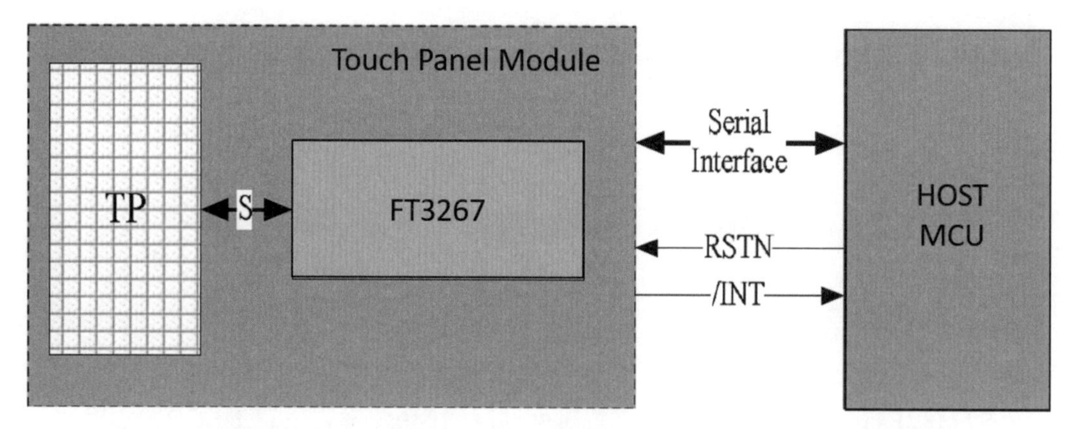


圖11-1　觸控晶片FT3267與主MCU連接的示意圖（摘自FT3x67手冊）

STM32F412G-DISCO探索板之觸控晶片FT3267與STM32F412ZGT6相連的電路圖如圖11-2所示，在圖11-2中，I2C1_SDA，I2C1_SCL爲I2C1通信接腳，CTP_RST爲STM32F412ZGT6輸出給觸控晶片的重置接腳，CTP_INT爲中斷信號接腳，在有觸摸時，CTP_INT輸出觸發信號，如果STM32F412ZGT6對應的接腳（PG5）開啓外部中斷則會觸發STM32F412ZGT6 MCU進入外部中斷處理。

## 11-2　I2C介面簡介

I2C（inter-integrated circuit）匯流排介面用作微控制器和I2C串列匯流排之間的介面。它提供多主模式功能，可以控制所有I2C匯流排特定的序列、協定、仲裁和時序。它支援標準和快速模式。它還與SMBus 2.0相容。

I2C介面可以用於多種用途，包括CRC生成和驗證、SMBus（系統管理匯流排）以及PMBus（電源管理匯流排）等。根據周邊裝置的不同，I2C介面可利用DMA功能來減輕CPU的工作量。

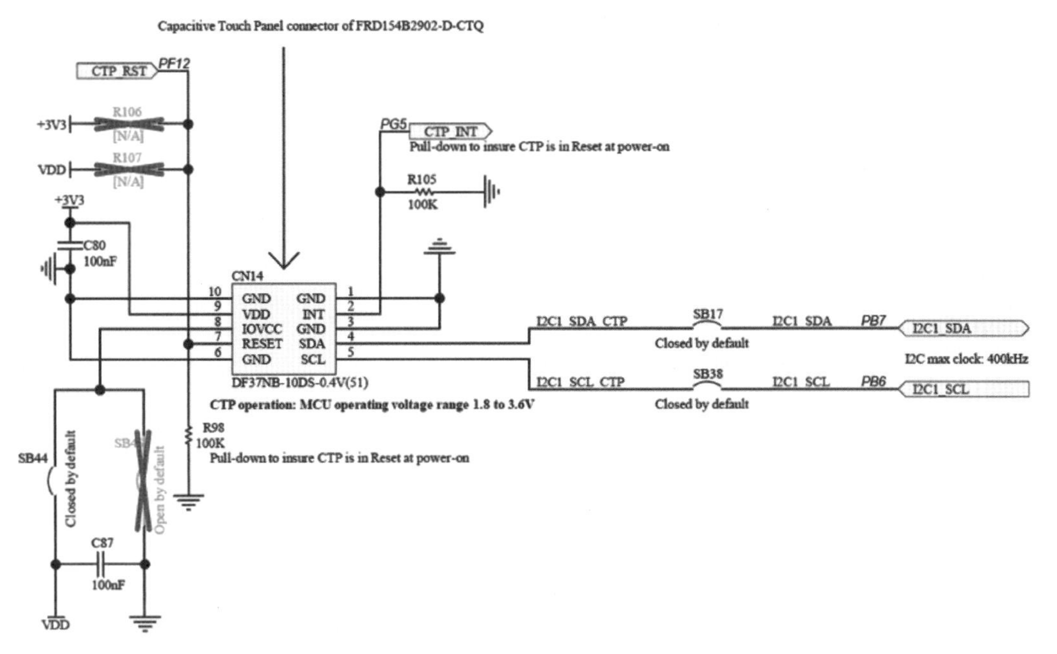


圖11-2　觸控晶片FT3267與STM32F412ZGT6相連的電路圖（摘自STMicroelectronics公司文件）

## 11-2-1　I2C主要特性

1. 平行匯流排／I2C協定轉換器
2. 多主模式功能：同一介面既可用作主模式（master mode）也可用作從模式（slave mode）
3. I2C主模式特性：
   (1) 時鐘生成
   (2) 起始位元和停止位元生成
4. I2C從模式特性：
   (1) 可程式設計I2C位址檢測
   (2) 雙定址模式，可對2個從位址確認（acknowledge）
   (3) 停止位元檢測
5. 7位元／10位元定址以及廣播呼叫的生成和檢測
6. 支援不同的通信速度：
   (1) 標準速度（高達100 kHz）

(2) 快速速度（高達400 kHz）

7. 可程式設計數位雜訊濾波器

8. 狀態旗標：

(1) 發送／接收模式旗標

(2) 位元組傳輸結束旗標

(3) I2C忙碌旗標

9. 錯誤旗標：

(1) 主模式下的仲裁丟失情況

(2) 位址／資料傳輸完成後的確認失敗

(3) 檢測誤放的起始位元和停止位元

(4) 禁止時鐘延長後出現的上溢／下溢

10.2個中斷向量：

(1) 一個中斷由成功的位址／資料位元組傳輸事件觸發

(2) 一個中斷由錯誤狀態觸發

11.可選的時鐘延長

12.帶DMA功能的1位元組緩衝

13. 可配置的PEC（資料包錯誤校驗）生成或驗證：

(1) 在Tx模式下，可將PEC值作爲最後一個位元組進行傳送

(2) 針對最後接收位元組的PEC錯誤校驗

14.SMBus 2.0相容性：

(1) 25 ms時鐘低電壓超時延遲

(2) 0 ms主設備累計時鐘低電壓延長時間

(3) 25 ms從設備累計時鐘低電壓延長時間

(4) 具有ACK控制的硬體PEC生成／驗證

(5) 支持位址解析通訊協定（ARP）

15.PMBus相容性

## 11-2-2 I2C介面功能說明

除了接收和發送資料之外，I2C介面還可以從串列格式轉換爲並行格式，反之亦然。中斷由軟體使能或禁止。I2C介面通過資料接腳（SDA）和時鐘接腳（SCL）連接到I2C匯流排。它可以連接到標準（高達100 kHz）或快速（高達400 kHz）I2C匯

流排。I2C介面在工作時可選用以下四種模式之一：

1. 從發送器
2. 從接收器
3. 主發送器
4. 主接收器

在預設情況下，它以從模式工作。I2C介面在生成起始位元後會自動由從模式切換爲主模式，並在出現仲裁丟失或生成停止位元時從主模式切換爲從模式，從而實現多主模式功能。

## 11-2-3 I2C介面通信流程

在主模式下，I2C介面會啓動資料傳輸並生成時鐘信號。串列資料傳輸始終是在出現起始位元時開始，在出現停止位元時結束。起始位元和停止位元均在主模式下由軟體生成。

在從模式下，I2C介面能夠識別其自身位址（7或10位元）以及廣播呼叫位址。廣播呼叫位址檢測可由軟體使能或禁止。

資料和位址均以8位元位元組傳輸，MSB在前。起始位元後緊隨位址位元組（7位元位址佔據一個位元組10位元位址佔據兩個位元組）。位址始終在主模式下傳送。

在位元組傳輸8個時鐘週期後是第9個時鐘脈衝，在此期間接收器必須向發送器發送一個確認位元，如圖11-3所示。

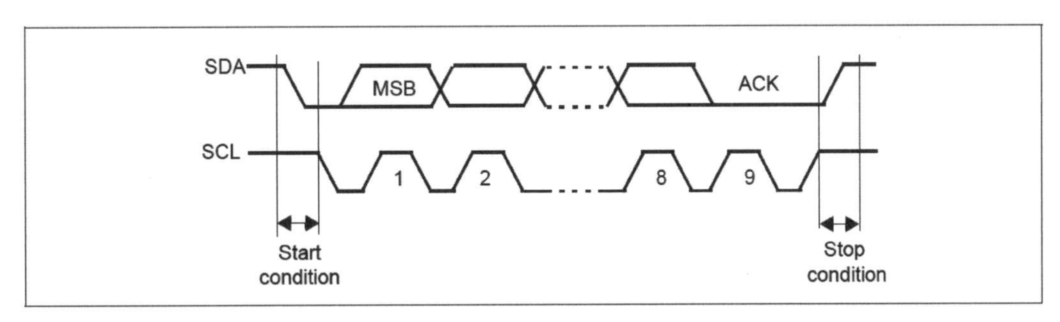


圖11-3　I2C匯流排通信流程（摘自STMicroelectronics公司文件）

I2C介面的功能方塊圖如圖11-4所示。

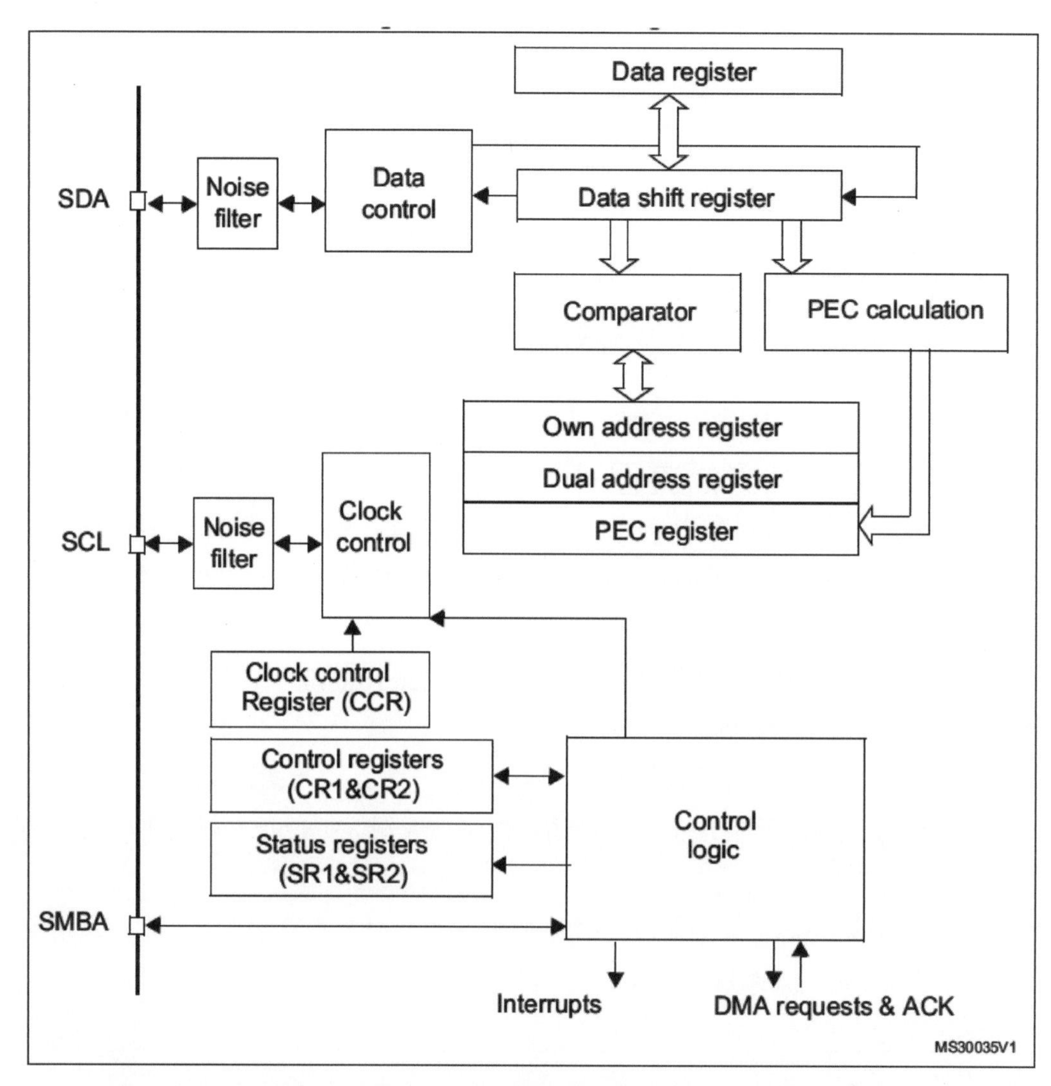


圖11-4　I2C介面之功能方塊圖（摘自STMicroelectronics公司文件）

## 11-2-4　I2C從模式

預設情況下，I2C介面在從模式下工作。爲了生成正確的時序，必須在I2C_CR2暫存器中對外部輸入時鐘進行程式設計。外部輸入時鐘頻率的下限爲：

1. 標準模式下2 MHz
2. 快速模式下4 MHz

I2C介面在從模式下檢測到起始位元後，便會立即接收到來自SDA信號線的位址並將其送到移位暫存器。之後，會將其與介面位址OAR1和OAR2（若ENDUAL=1）

或者廣播呼叫位址（若ENGC = 1）進行比較。若位址匹配，則I2C介面會依次：

1. 發出確認信號（ACK位元設置爲1）
2. ADDR位元會由硬體設置爲1並在I2C_CR2暫存器的ITEVTEN（事件中斷使能）位元被設置爲1時生成一個中斷。
3. 如果I2C_OAR2暫存器的ENDUAL=1，則軟體必須讀取I2C_SR2暫存器的DUALF位元狀態來核對哪些從位址進行了確認。

I2C_SR2暫存器的TRA（傳送器／接收器）位元指示從設備是處於接收模式還是處於傳送模式。若在傳送模式，從設備在接收到位址並將ADDR清零後，會通過內部移位暫存器將DR暫存器中的位元組發送到SDA信號線。若在接收模式，從設備在接收到位址並將ADDR位清零後，會通過內部移位暫存器接收SDA信號線中的位元組並將其保存到DR暫存器。



## 11-2-5 I2C主模式

在主模式下，I2C介面會啓動資料傳輸並生成時鐘信號。串列資料傳輸是在出現起始位元時開始，在出現停止位元時結束。

在傳輸前，主設備需要執行以下序列：

1. 在I2C_CR2暫存器中對外部輸入時鐘進行程式設計，以生成正確的時序
2. 配置時鐘控制暫存器
3. 配置上升時間暫存器
4. 對I2C_CR1暫存器進行程式設計，以便使能外部設備
5. 將I2C_CR1暫存器的START位元設置爲1，以生成起始位元

若在傳送模式，主設備在發送出位址並將ADDR清零後，會通過內部移位暫存器將DR暫存器中的位元組發送到SDA信號線。主設備會一直等待，直到首個資料位元組被寫入I2C_DR爲止。當最後一個位元組寫入DR暫存器後，軟體會將STOP位元設置爲1以生成一個停止位元。之後，I2C介面會自動返回從模式（I2C_CR2暫存器的M/SL位元清零）。若在接收模式，I2C介面會通過內部移位暫存器接收SDA信號線中的位元組並將其保存到DR暫存器。在每個位元組傳輸結束後，I2C介面都會依次：

1. 發出確認信號（ACK位元設置爲1）
2. 若RxNE位元設置爲1並在ITEVTEN和ITBUFEN位元均設置爲1時生成一個中斷

當主設備接收到最後一個位元組資料後，會發送NACK給從設備。在從設備接收

到此NACK之後，會釋放對SCL和SDA信號線的控制，結束I2C介面通信。

# 11-3 建立觸控螢幕專案

本小節建立的觸控螢幕專案包含LCD顯示與觸控晶片的介面配置。利用STM-32CubeMX創建TouchPanel專案，步驟如下：

**步驟1**：新建專案

開啓STM32cubeMX軟體，點擊New Project。根據圖11-5，在Part Number Search輸入STM32F412ZG，在MCUs List item選擇STM32F412ZGTx，然後點選Start Project，將開啓新專案主畫面。

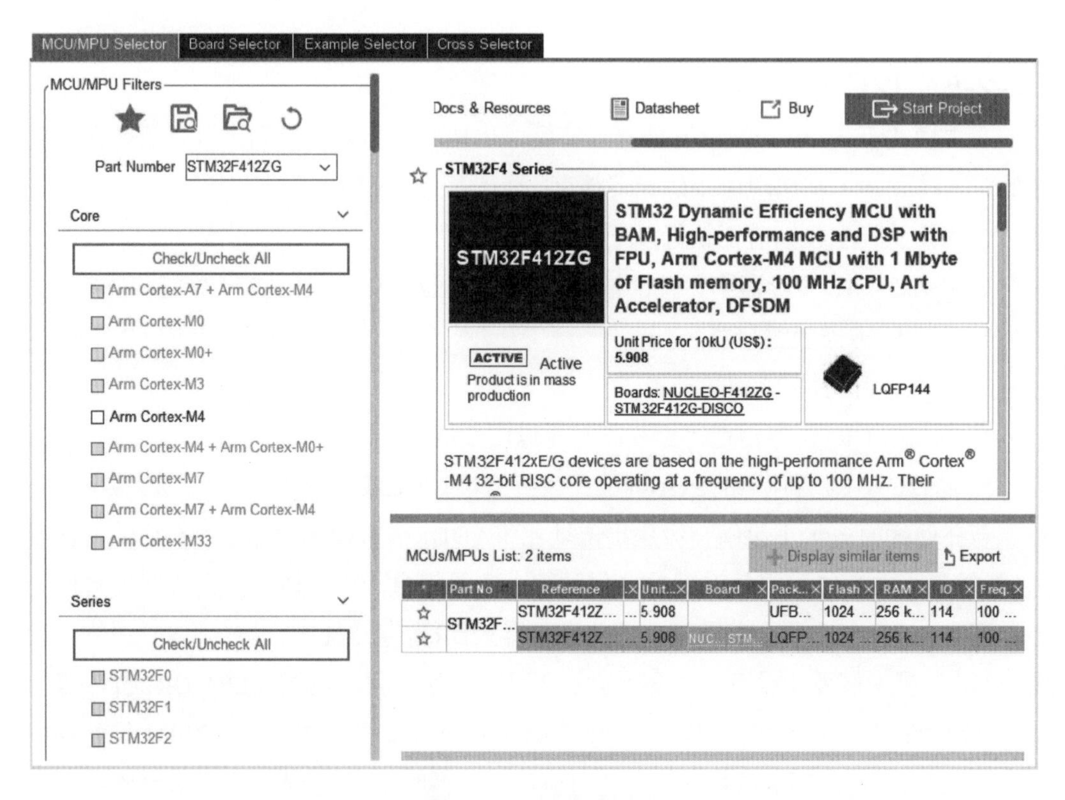


圖11-5 新建專案

**步驟2**：配置FSMC介面

根據圖6-2 TFT LCD電路圖的腳位連接方式配置FSMC介面，首先點選FSMC，在FSMC Mode and Configuration視窗中，展開NOR Flash/PSRAM/SRAM/ROM/LCD 1，將Chip Select設爲NE1，將Memory type設爲LCD Interface，將LCD Register Select設爲A0，將Data設爲16 bits，其他選項使用預設，如圖11-6所示。

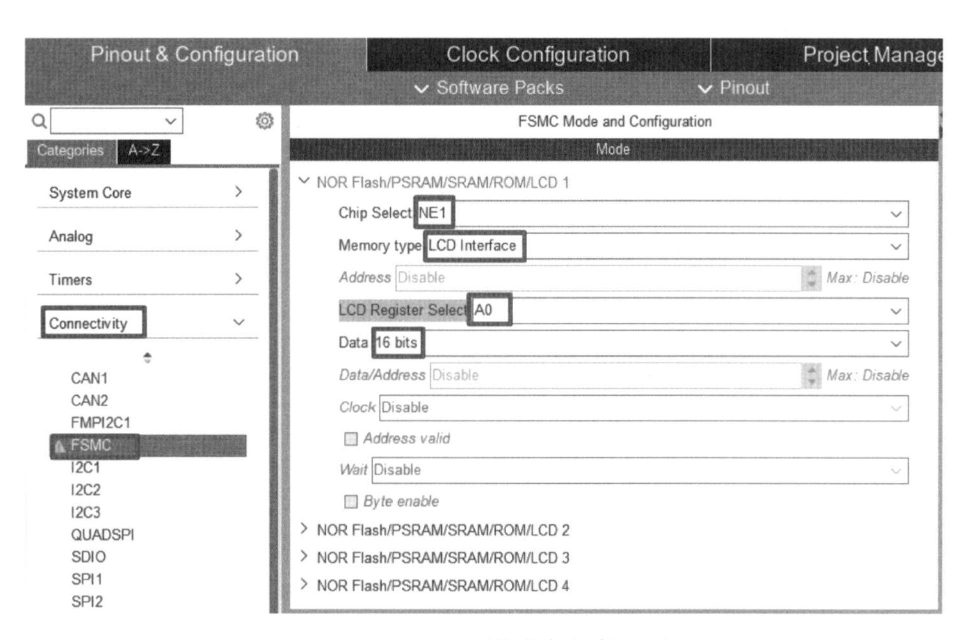


圖11-6 FSMC模式與組態設定

在完成FSMC模式與組態設定之後，由STM32CubeMX生成的預設腳位跟圖6-2的電路圖的腳位接方式有一些不同，需要對以下接腳以手動方式作修正。另須設定PD11、PF5與PG4爲GPIO_Output、GPIO_Output與GPIO_Input，修正User Label名稱爲LCD_RESET、LCD_BLCTRL與LCD_TE。完成設定後的腳位圖如圖11-7所示。

1. PD4 → FSMC_NOE
2. PD5 → FSMC_NWE
3. PD14 → FSMC_D0
4. PD0 → FSMC_D2
5. PD1 → FSMC_D3
6. PE7 → FSMC_D4
7. PE8 → FSMC_D5
8. PE9 → FSMC_D6
9. PE10 → FSMC_D7

10.PD8 → FSMC_D13

11.PD11 → LCD_RESET (GPIO OUTPUT)

12.PF5 → LCD_BLCTL (GPIO OUTPUT)

13.PG4 → LCD_TE (GPIO INPUT)

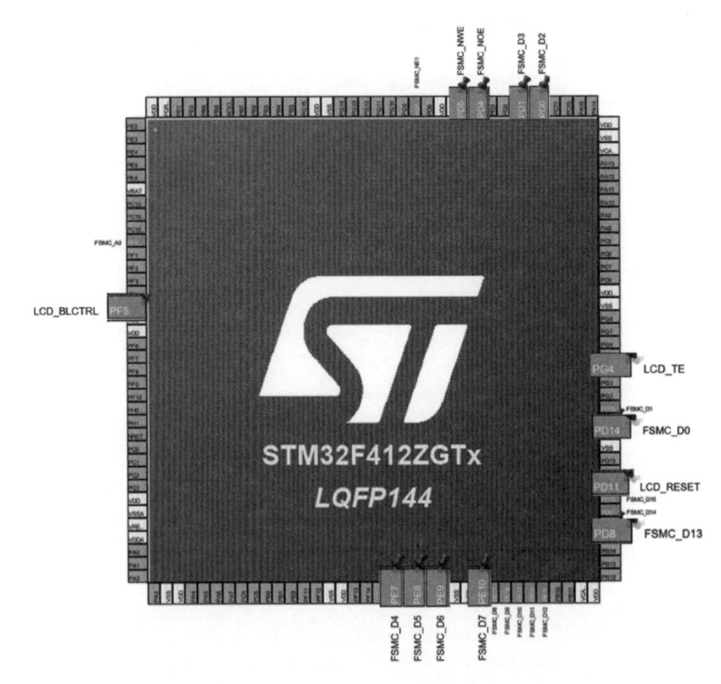


圖11-7　TFT LCD接腳功能配置

**步驟3：**I2C介面

展開Connectivity，點選I2C1，在I2C1 Mode and Configuration視窗中，將I2C Mode設爲I2C，其他選項使用預設，即完成I2C介面的配置，如圖11-8所示。

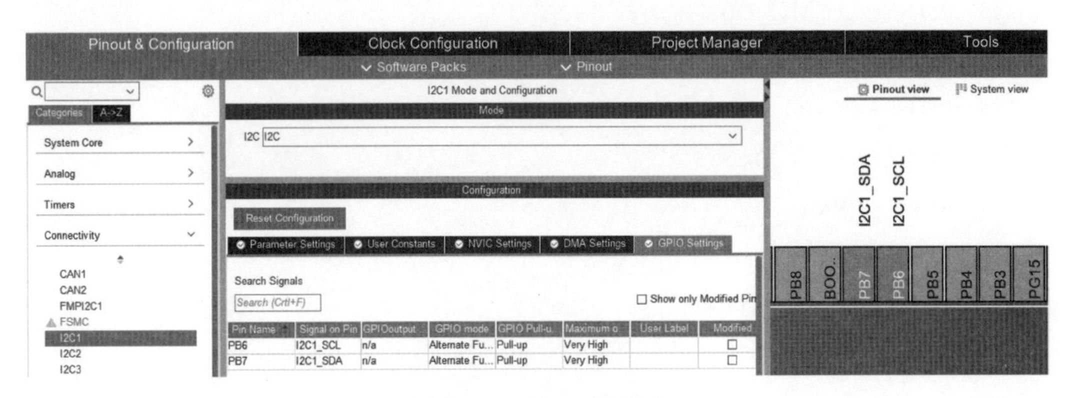


圖11-8　I2C介面配置

**步驟4**：GPIO接腳功能配置

在此步驟要配置觸控晶片的中斷（CTP_INT）控制訊號的GPIO接腳。找到PG5對應接腳位置，並設置爲GPIO_EXIT5模式，GPIO Pull Up/Pull Down設置爲No pull-up and no pull down，GPIO mode設置爲External Interrupt Mode with Rising edge trigger detection，User Label（使用者標籤）設置爲CTP_INT。在NVIC（巢狀向量中斷控制器）中，勾選EXIT line [9:5] interrupts使能PG5中斷。右邊Preemption Priority選項選擇預設的，不修改。

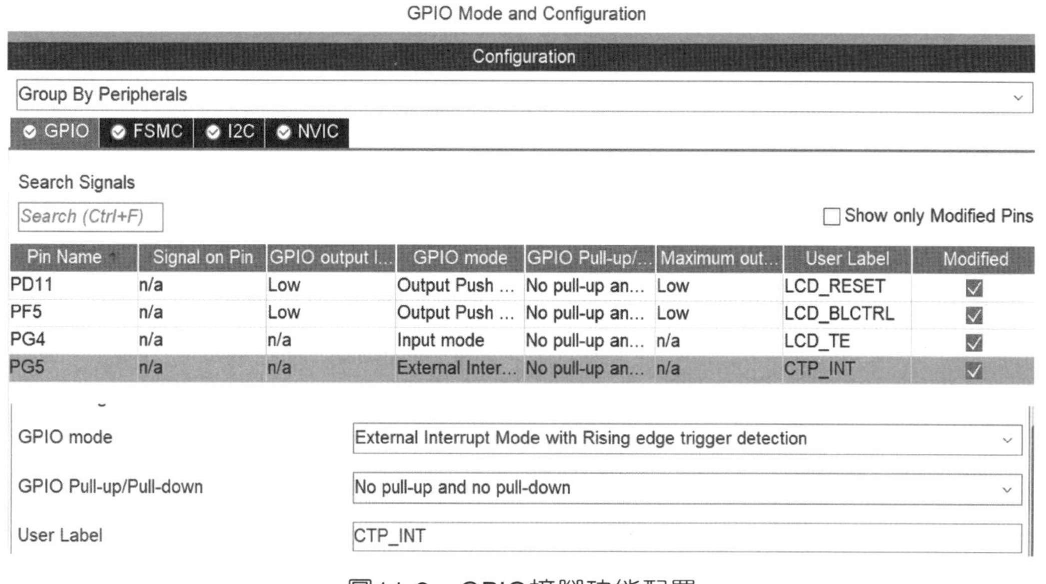


圖11-9　GPIO接腳功能配置

**步驟5**：專案設定

點擊Project Manager，開啓專案設定介面，如圖11-10所示。在Project Name輸入專案名稱：TouchPanel，點選Browse選擇專案儲存的位置，在Toolchain/IDE選擇MDK-ARM V5，其他部分使用預設。

Project Settings

| | |
|---|---|
| Project Name | TouchPanel |
| Project Location | C:\Project |
| Application Structure | Basic |
| Toolchain Folder Location | C:\Project\TouchPanel\ |
| Toolchain / IDE | MDK-ARM   Min V... V5 |

Linker Settings

| | |
|---|---|
| Minimum Heap Size | 0x200 |
| Minimum Stack Size | 0x400 |

Thread-safe Settings

Cortex-M4NS

☐ Enable multi-threaded support

| | |
|---|---|
| Thread-safe Locking Strategy | Default – Mapping suitable strategy depending on RTOS |

Mcu and Firmware Package

| | |
|---|---|
| Mcu Reference | STM32F412ZGTx |
| Firmware Package Name and Version | STM32Cube FW_F4 V1.27.1 |

圖11-10　專案設定介面

專案設定介面點選Code Generator，開啓程式碼生成的設定介面，如圖11-11。根據圖11-11，在STM32Cube Firmware Library Package的選項中點選Copy only the necessary library files，在Generated files的選項中點選第1、第3與第4個選項，設定完成後點擊OK。

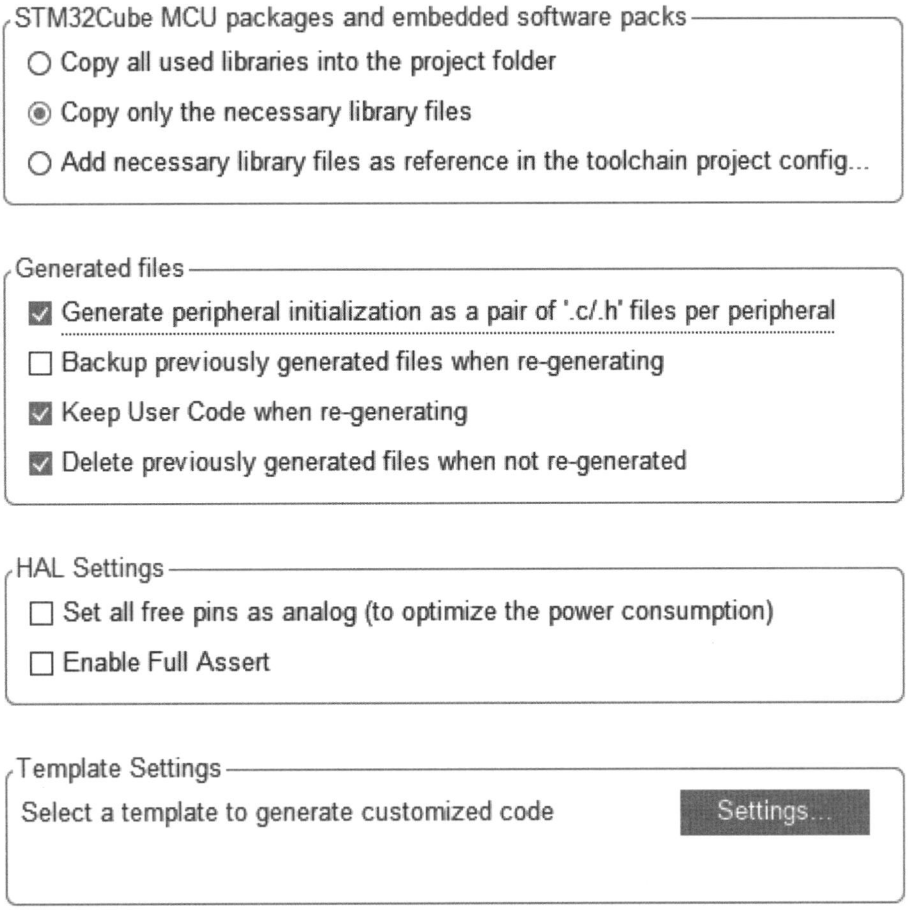

STM32Cube MCU packages and embedded software packs

○ Copy all used libraries into the project folder

◉ Copy only the necessary library files

○ Add necessary library files as reference in the toolchain project config...

Generated files

☑ Generate peripheral initialization as a pair of '.c/.h' files per peripheral

☐ Backup previously generated files when re-generating

☑ Keep User Code when re-generating

☑ Delete previously generated files when not re-generated

HAL Settings

☐ Set all free pins as analog (to optimize the power consumption)

☐ Enable Full Assert

Template Settings

Select a template to generate customized code　Settings...

圖11-11　程式碼生成的設定介面

**步驟6**：生成程式碼

點選Generate Code，將根據專案設定生成程式碼，STM32CubeMX生成程式碼後，將彈出程式碼生成成功對話框，點擊Open Project按鈕，將由Keil μ Vision5開啓TouchPanel專案。

# 11-4　TFT LCD觸控螢幕控制的實驗

本節以BSP函數庫說明如何進行TFT LCD觸控螢幕控制的實驗。在本專案中加入必要的BSP原始碼：stm32412g_discovery.c、stm32412g_discovery_lcd.c、stm32412g_discovery_ts.c、st7789h2.c、ls016b8uy.c、ft6x06.c以及ft3x67.c。步驟如下：

1. 首先，使用滑鼠右鍵在本專案名稱上點擊，於下拉選單中選取「Add Group ...」，便會在本專案中新增一個程式碼群組，然後將此群組的名稱改為「Drivers/BSP」。其結果如下圖所示。

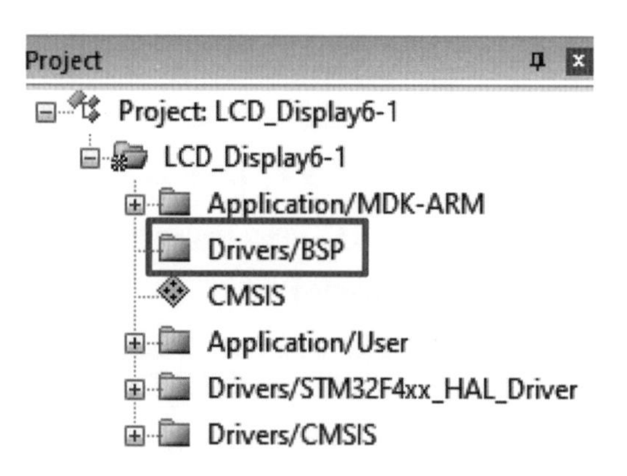


2. 用滑鼠雙擊Drivers/BSP群組，將C:\Users\User\STM32Cube\Repository \ STM32Cube_FW_F4_V1.27.1\Drivers\BSP\STM32412G-Discovery目錄下的stm32412g_discovery.c、stm32412g_discovery_lcd.c與stm32412g_ discovery_ ts.c三個檔案加入群組中。其結果如下圖所示。

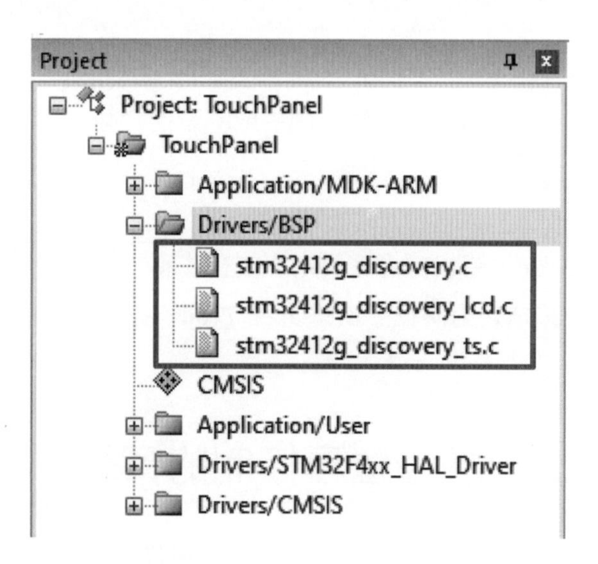


3. 另產生名為Drivers/Components群組，並將C:\Users\User\STM32Cube \Repository\STM32Cube_FW_F4_V1.27.1\Drivers\BSP\Components\st7789h2\

st7789h2.c、C:\Users\User\STM32Cube\Repository\STM32Cube_FW_ F4 _ V1.27.1 \Drivers\BSP\Components\ls016b8uy\ls016b8uy.c、C:\Users\User\STM32Cube\Repository\STM32Cube_FW_F4_V1.27.1\ Drivers\BSP\Components\ft6x06\ft6x06.c以及C:\Users\User\STM32Cube\Repository\STM32Cube_FW_F4_V1.27.1\\Drivers\BSP\Components\ft3x67\ft3x67.c加入群組中。其結果如下圖所示。

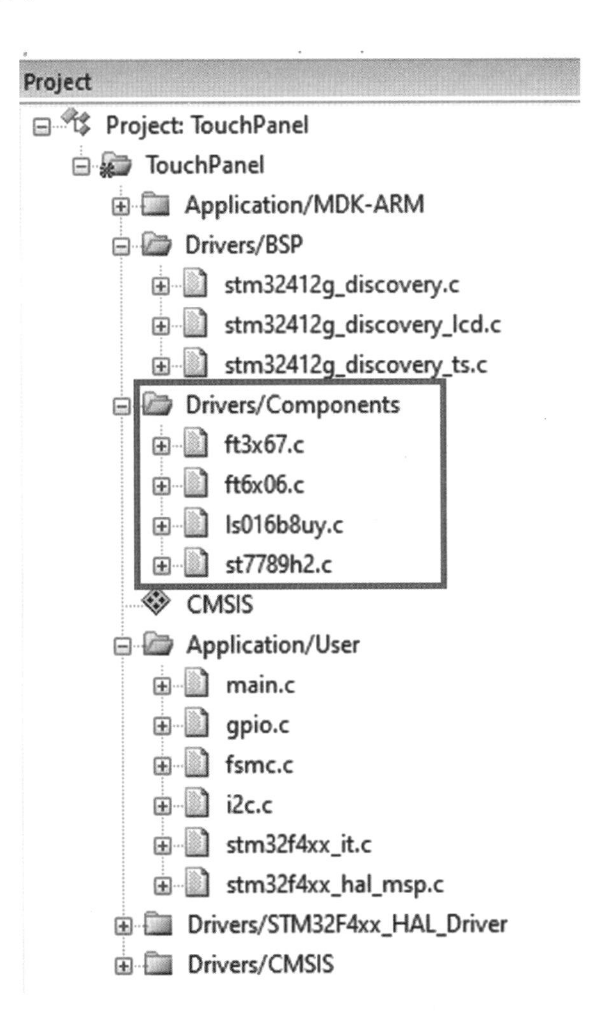


4. 修改stm32f4xx_hal_conf.h的內容來啓用UART介面，如圖11-12所示，將第66行的註解拿掉來啓用UART介面。

```
main.c    stm32f4xx_hal_conf.h
49  /* #define HAL_NAND_MODULE_ENABLED   */
50  /* #define HAL_NOR_MODULE_ENABLED   */
51  /* #define HAL_PCCARD_MODULE_ENABLED   */
52  #define HAL_SRAM_MODULE_ENABLED
53  /* #define HAL_SDRAM_MODULE_ENABLED   */
54  /* #define HAL_HASH_MODULE_ENABLED   */
55  #define HAL_I2C_MODULE_ENABLED
56  /* #define HAL_I2S_MODULE_ENABLED   */
57  /* #define HAL_IWDG_MODULE_ENABLED   */
58  /* #define HAL_LTDC_MODULE_ENABLED   */
59  /* #define HAL_RNG_MODULE_ENABLED   */
60  /* #define HAL_RTC_MODULE_ENABLED   */
61  /* #define HAL_SAI_MODULE_ENABLED   */
62  /* #define HAL_SD_MODULE_ENABLED   */
63  /* #define HAL_MMC_MODULE_ENABLED   */
64  /* #define HAL_SPI_MODULE_ENABLED   */
65  /* #define HAL_TIM_MODULE_ENABLED   */
66  #define HAL_UART_MODULE_ENABLED
67  /* #define HAL_USART_MODULE_ENABLED   */
68  /* #define HAL_IRDA_MODULE_ENABLED   */
69  /* #define HAL_SMARTCARD_MODULE_ENABLED   */
70  /* #define HAL_SMBUS_MODULE_ENABLED   */
71  /* #define HAL_WWDG_MODULE_ENABLED   */
72  /* #define HAL_PCD_MODULE_ENABLED   */
```

圖11-12　修改stm32f4xx_hal_conf.h的內容

5. 用滑鼠雙擊Drivers/STM32F4xx_HAL_Driver群組，將C:\Users\User\ STM-32Cube\Repository\STM32Cube_FW_F4_V1.27.1\Drivers\STM32F4xx_HAL_Driver\Src目錄下的stm32f4xx_hal_uart.c加入群組中。其結果如下圖所示。

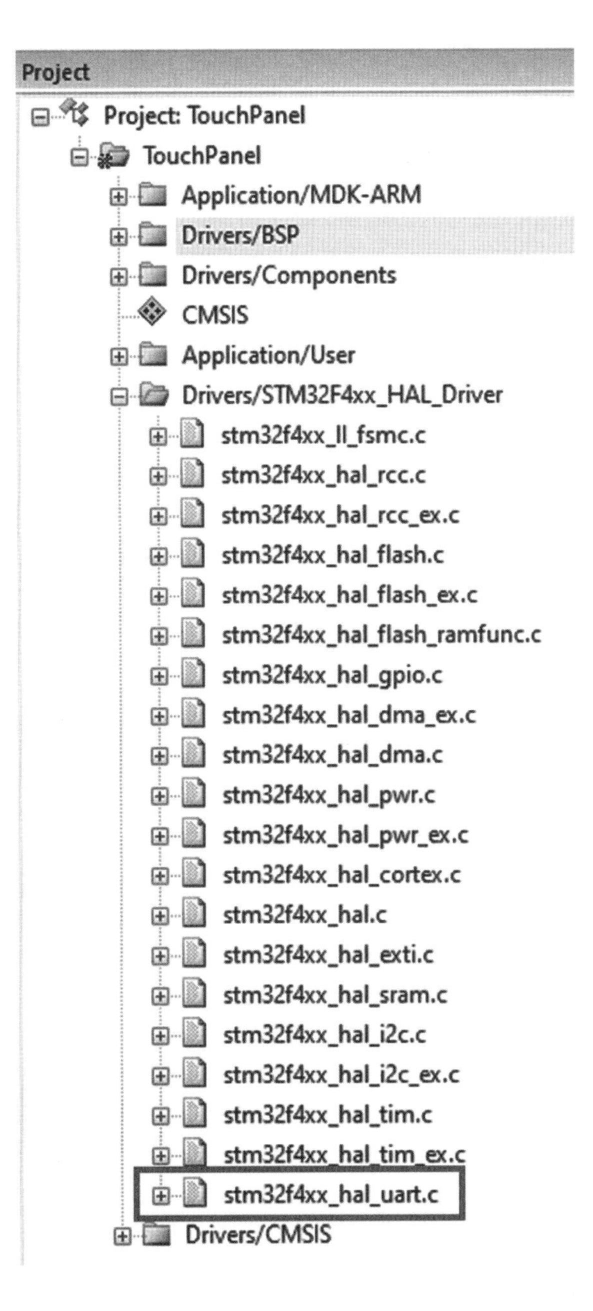


6. 將必須的含括檔資料夾路徑加入本專案的C/C++編譯器的設定當中。這些檔案都位於STM32Cube_FW_F4_Vx.xx.x的Drivers資料夾中，該資料夾的路徑可在STM32CubeMX的Project Setting視窗中找到，即STMCubeMX的Project Setting視窗中「Use Default Firmware Location」項目下方所顯示的路徑。在Vision點選上方選單「Project」中的「Options for target 'TouchPanel'」項

目，會跳出設定視窗。點選該視窗中的C/C++標籤，然後在Include Paths欄位中，將下列資料夾路徑加在現有路徑的末端，如圖11-13：

–C:\Users\User\STM32Cube\Repository\STM32Cube_FW_F4_V1.27.1\Drivers\BSP\STM32412G-Discovery;

–C:\Users\User\STM32Cube\Repository\STM32Cube_FW_F4_V1.27.1\Drivers\STM32F4xx_HAL_Driver\Inc;

–C:\Users\User\STM32Cube\Repository\STM32Cube_FW_F4_V1.27.1\Drivers\BSP\Components\Common;

–C:\Users\User\STM32Cube\Repository\STM32Cube_FW_F4_V1.27.1\Drivers\BSP\Components\st7789h2

–C:\Users\User\STM32Cube\Repository\STM32Cube_FW_F4_V1.27.1\Drivers\BSP\Components\ls016b8uy

–C:\Users\User\STM32Cube\Repository\STM32Cube_FW_F4_V1.27.1\Drivers\BSP\Components\ft6x06

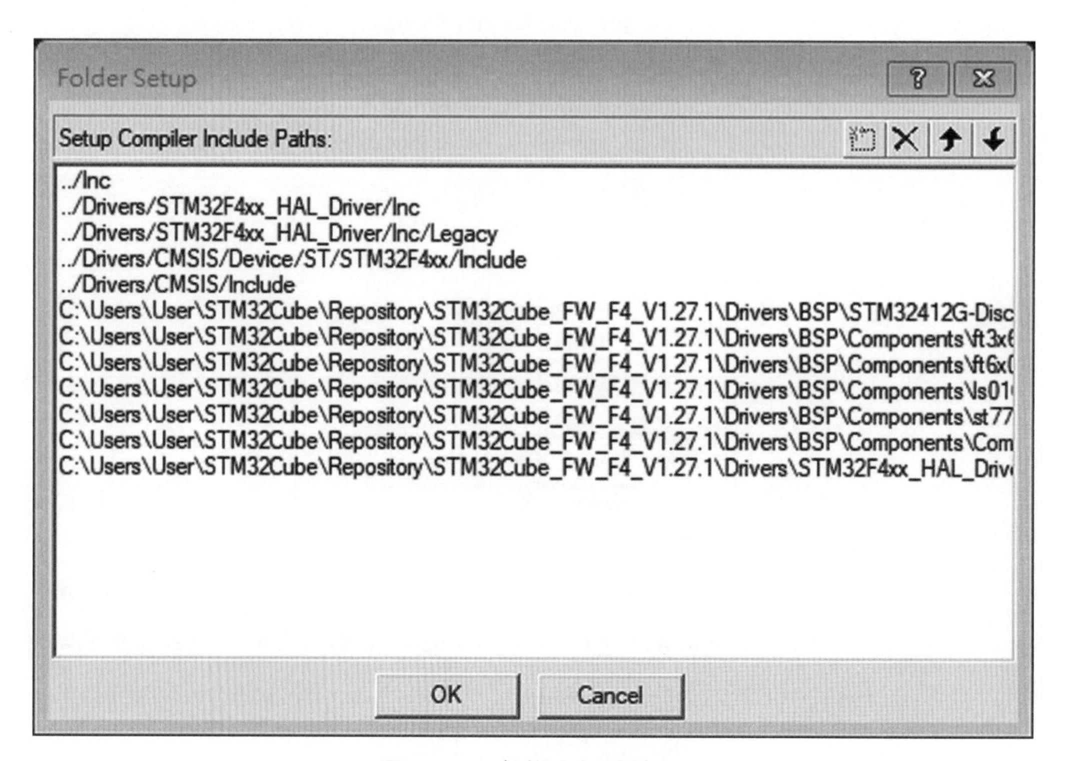


圖11-13　新增含括檔路徑

7. 開啓stm32412g_discovery_ts.h檔進行編輯：
   在第31行加上如下的程式碼，表示所使用的STM32F412G_DISCO探索板是修訂版。

| 行號 | stm32412g_discovery_ts.h程式碼 |
|---|---|
| 30 | #include “stm32412g_discovery_lcd.h |
| 31 | #define USE_STM32412G_DISCOVERY_REVD TRUE |
| 32 | /* Include TouchScreen component driver */ |

8. 開啓main.c檔進行編輯：
   在註解「/* USER CODE BEGIN Includes */」之下，加上如下的程式碼，引入必需的含括檔。

| 行號 | main.c程式碼 |
|---|---|
| 27 | */* USER CODE BEGIN Includes */* |
| 28 | *#include “stm32412g_discovery.h”* |
| 29 | *#include “stm32412g_discovery_lcd.h* |
| 30 | *#include “stm32412g_discovery_ts.h”* |
| 31 | */* USER CODE END Includes */* |

在main()函式中的註解「/* USER CODE BEGIN 2 */」之下，加上如下程式碼，首先呼叫函式BSP_LCD_Init()，用於初始化LCD，呼叫函式BSP_LCD_Clear()，用於清除螢幕，呼叫函式BSP_TS_Init()，用於初始化觸控螢幕，如果觸控螢幕初始化成功，在螢幕上繪製一個大小是80 x 240像素的藍色矩形，並在螢幕座標（60，120）、（60，200）、（180，120）、（180，200）位置上，繪製四個顏色分別爲藍色、黃色、紅色、綠色，半徑爲37像素的小圓。同時在藍色的矩形區顯示「Touch the screen to activate the colored circle inside the rectangle.」訊息，提示使用者觸控四個小圓中的一個。

CHAPTER 11

程式碼

```
/* USER CODE BEGIN 2 */
BSP_LCD_Init();
BSP_LCD_Clear(LCD_COLOR_WHITE);
ts_status =BSP_TS_Init(BSP_LCD_GetXSize(), BSP_LCD_GetYSize());
if(ts_status == TS_OK)
{
  /* Clear the LCD */
  BSP_LCD_Clear(LCD_COLOR_BLACK);
  /* Display Touchscreen Test description */
  BSP_LCD_SetTextColor(LCD_COLOR_BLUE);
  BSP_LCD_FillRect(0, 0, BSP_LCD_GetXSize(), 80);
  BSP_LCD_SetTextColor(LCD_COLOR_WHITE);
  BSP_LCD_SetBackColor(LCD_COLOR_BLUE);
  BSP_LCD_SetFont(&Font16);
  BSP_LCD_DisplayStringAt(0, 0, (uint8_t *)"TouchScreenTest", CENTER_MODE);
  BSP_LCD_SetFont(&Font12);
  BSP_LCD_DisplayStringAt(0, 30, (uint8_t *)"Touch the screen to activate", CENTER_MODE);
  BSP_LCD_DisplayStringAt(0, 45, (uint8_t *)"the colored circle inside the", CENTER_MODE);
  BSP_LCD_DisplayStringAt(0, 60, (uint8_t *)"rectangle.", CENTER_MODE);
  BSP_LCD_SetTextColor(LCD_COLOR_BLUE);
  BSP_LCD_DrawCircle(60, 120, CIRCLE_RADIUS);
  BSP_LCD_SetTextColor(LCD_COLOR_RED);
  BSP_LCD_DrawCircle(180, 120, CIRCLE_RADIUS);
  BSP_LCD_SetTextColor(LCD_COLOR_YELLOW);
  BSP_LCD_DrawCircle(60, 200, CIRCLE_RADIUS);
  BSP_LCD_SetTextColor(LCD_COLOR_GREEN);
  BSP_LCD_DrawCircle(180, 200, CIRCLE_RADIUS);
  }
else
{
  /* Clear the LCD */
```

```
  BSP_LCD_Clear(LCD_COLOR_BLACK);
  /* Set Touchscreen Demo1 description */
  BSP_LCD_SetTextColor(LCD_COLOR_BLUE);
  BSP_LCD_FillRect(0, 0, BSP_LCD_GetXSize(), 80);
  BSP_LCD_SetTextColor(LCD_COLOR_WHITE);
  BSP_LCD_SetBackColor(LCD_COLOR_BLUE);
  BSP_LCD_SetFont(&Font16);
    BSP_LCD_DisplayStringAt(0, 20, (uint8_t *)"Touch Screen", CENTER_MODE);
    BSP_LCD_DisplayStringAt(0, 40, (uint8_t *)" Init Error", CENTER_MODE);
}
/* USER CODE END 2 */
```

將main()函式中的while(1)無窮迴圈，做如下的修改，呼叫函式BSP_TS_GetState()，以輪詢方式監測使用者是否觸控了螢幕，若螢幕有被觸控，則返回觸控處的螢幕座標位置。根據被觸控的螢幕座標位置，被觸控的小圓被原有小圓的顏色塗滿，其他三個小圓以背景顏色塗滿。

程式碼

```
/* Infinite loop */
/* USER CODE BEGIN WHILE */
while (1)
{
    if(BSP_TS_GetState(&TS_State)!=TS_State.touchDetected)
    {
        /* One or dual touch have been detected          */
        /* Only take into account the first touch so far */

        /* Get X and Y position of the first touch post calibrated */
        x1 = TS_State.touchX[0];
        y1 = TS_State.touchY[0];
```

```
if((y1>83) && (y1<157))
{
   if ((x1 > 23) && (x1 < 97))
   {
      BSP_LCD_SetTextColor(LCD_COLOR_BLUE);
      BSP_LCD_FillCircle(60, 120, CIRCLE_RADIUS);
      BSP_LCD_SetTextColor(LCD_COLOR_WHITE);
      BSP_LCD_FillCircle(180, 120, CIRCLE_RADIUS-1);
      BSP_LCD_FillCircle(60, 200, CIRCLE_RADIUS-1);
      BSP_LCD_FillCircle(180, 200, CIRCLE_RADIUS-1);
   }
   if ((x1 > 143) && (x1 < 217))
   {
      BSP_LCD_SetTextColor(LCD_COLOR_RED);
      BSP_LCD_FillCircle(180, 120, CIRCLE_RADIUS);
      BSP_LCD_SetTextColor(LCD_COLOR_WHITE);
      BSP_LCD_FillCircle(60, 120, CIRCLE_RADIUS-1);
      BSP_LCD_FillCircle(60, 200, CIRCLE_RADIUS-1);
      BSP_LCD_FillCircle(180, 200, CIRCLE_RADIUS-1);
   }
}
if((y1>163) && (y1<237))
{
   if ((x1 > 23) && (x1 < 97))
   {
      BSP_LCD_SetTextColor(LCD_COLOR_YELLOW);
      BSP_LCD_FillCircle(60, 200, CIRCLE_RADIUS);
      BSP_LCD_SetTextColor(LCD_COLOR_WHITE);
      BSP_LCD_FillCircle(180, 120, CIRCLE_RADIUS-1);
      BSP_LCD_FillCircle(60, 120, CIRCLE_RADIUS-1);
```

```
            BSP_LCD_FillCircle(180, 200, CIRCLE_RADIUS-1);
        }
        if ((x1 > 143) && (x1 < 217))
        {
            BSP_LCD_SetTextColor(LCD_COLOR_GREEN);
            BSP_LCD_FillCircle(180, 200, CIRCLE_RADIUS);
            BSP_LCD_SetTextColor(LCD_COLOR_WHITE);
            BSP_LCD_FillCircle(180, 120, CIRCLE_RADIUS-1);
            BSP_LCD_FillCircle(60, 120, CIRCLE_RADIUS-1);
            BSP_LCD_FillCircle(60, 200, CIRCLE_RADIUS-1);
        }
      }
}}
```

# 類比至數位轉換器（ADC）

CHAPTER 12

在現實世界中的信號，例如聲音、溫度，當使用感測器變成電的信號後，都是在某個電壓範圍內連續變化的值，稱爲類比信號，而電腦只能處理0與1的信號，稱爲數位信號，所以若要用電腦來處理現實世界中的物理量，必須將這些類比信號轉爲數位信號，執行此功能的電路稱爲類比至數位轉換器（Analog To Digital Converter，ADC），STM32F412ZGT6 MCU具有1個ADC。

本章將介紹如何設定STM32F412G-DISCO探索板ADC的轉換模式、資料對齊模式以及觸發的方式。

## 12-1 逐次逼近型（SAR：Successive Approximation Register）ADC原理

STM32F412ZGT6使用逐次逼近的方式來做A/D，故必須配合DAC的使用，主要觀念是增加一半或減少一半來逐漸趨近輸入的類比電壓。其做法是先由DAC輸出參考電壓（$V_{ref}$）一半的類比電壓值，將此值與輸入的類比電壓做比較，如果DAC的輸出較小，則將ADC轉換結果的MSB設爲1，然後將VDAC的值加上$V_{ref}/4$，然後再去比較，反之，如果DAC的輸出較大，則將ADC轉換結果的MSB設爲0，然後將VDAC的值減去$V_{ref}/4$，然後再去比較，如此重複N次，N爲ADC的解析度，此過程可以下列類似C語言的方式來描述：

```
vdac_new = vdac_old= vref/2;
scale = 2;
for (i=1;i=N;i++)
{
```

```
        scale <<1;
        if (vdac_new < Vin)
        {
            set_MSB();
            vdac_new = vdac_old + vref/scale;
        }
        else
        {
            clear_MSB();
            vdac_new = vdac_old - vref/scale;
        }
        check_next_bit();
}
```

其電路方塊圖如圖12-1所示：

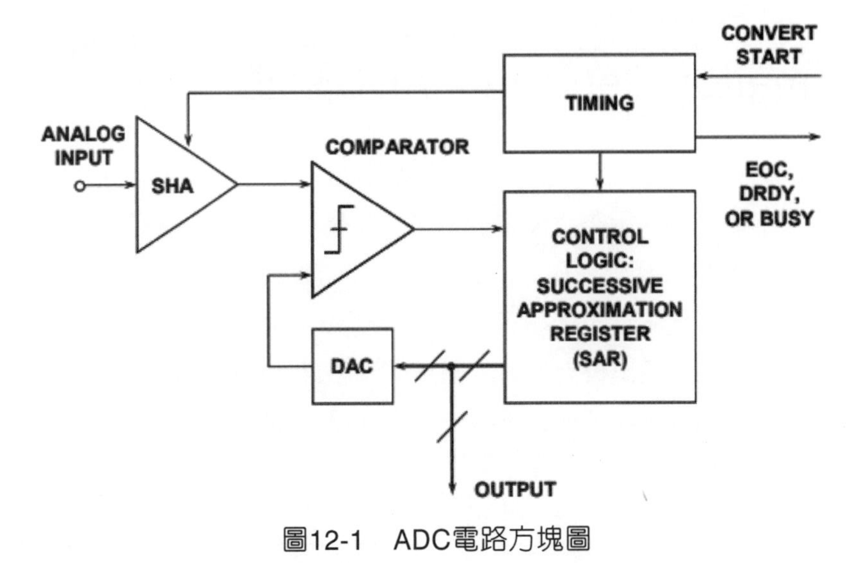


圖12-1　ADC電路方塊圖

4位元ADC的轉換過程示意圖如圖12-2所示：

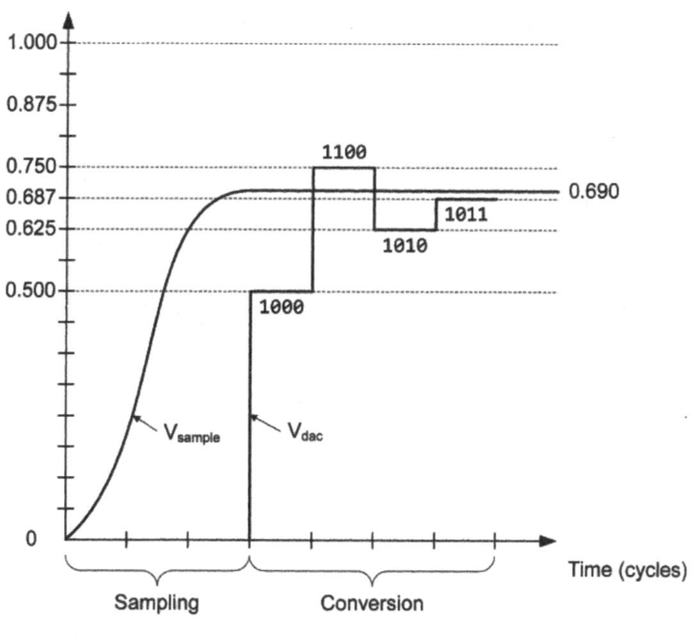


圖12-2　4位元SAR ADC示意圖

ADC的轉換結果爲：

$$V_{\mathrm{ADC}} = \frac{V_{\mathrm{in}}}{V_{\mathrm{ret}}} \times (2^N - 1)$$

以12位元爲例，$N = 12$，所以

$$V_{\mathrm{ADC}} = \frac{V_{\mathrm{in}}}{V_{\mathrm{ret}}} \times 4095$$

## 12-2　ADC的主要參數

ADC的主要參數有下列3個：

1. 取樣頻率（Sampling Rate）：這個參數表示每秒鐘可以做幾次的轉換。在數位信號處理中，根據取樣定理，取樣的頻率必須是入類比信號中最高頻率的2倍以上，所以此參數對是否可以可以直接對輸入信號做ADC轉換很重要，例如在通訊系統中射頻的頻率太高，無法加以數位化，故必須先用硬體的混波器（Mixer）將之降爲中頻後才可以數位化。另外，在雷達的應用上，此取樣頻率也牽涉到其測距的準確度，雷達（RAdio Detection And Ranging）是使用電磁波來測量目標的距離，如果雷達所發射的脈波由雷達到目標，然後經由目標反射後再返回目標的時間爲T，則雷達與目標間的距離爲$R=\frac{cT}{2}$，其中c爲光速，如果T爲1毫秒，則可知雷達與目標的距離爲$R=\frac{3\times10^8\times10^{-3}}{2}$ $=1.5\times10^5=150$km，其中的T就關係到測距的準確度，若T可以準確到1$\mu$s，即取樣頻率爲1MHz，則距離的準確度可以達到$\frac{3\times10^8\times10^{-6}}{2}=1.5\times10^2=$ 150m。若T可以準確到1ns，即取樣頻率爲1GHz，則距離的準確度可以達到$\frac{3\times10^8\times10^{-9}}{2}=1.5\times10^{-1}=15$cm。以上的原理亦可應用到超音波上，只要把公式中的光速改成空氣中的音速即可。由於IC製程技術的進步，目前已有取樣頻率可達GHz級的ADC。

2. 解析度（Resolution）：此參數表示ADC的LSB代表多少電壓，即$\Delta V=\frac{V_{ref}}{2^N}$，其中$V_{ref}$爲參考電壓，N爲ADC的位元數，即爲解析度，即LSB所代表的類比電壓爲多少。例如$V_{ref}$ = 5V，N = 12bits，則$\Delta V=\frac{V_{ref}}{2^N}=\frac{5V}{4096}=1.22$ mV。所以若ADC的值爲0XF0時，表示類比的輸入電壓$V_{in}$爲2401.22mV = 292.8 mV。通常爲了簡單起見，可用ADC的輸出爲多少位元來代表解析度。在過去數十年來，解析度沒什麼大的提升，因爲通常12~16位元的解析度已足夠。
3. 功率消耗（Power Consumption）：此參數表示ADC耗電的程度，對行動裝置而言，耗電量往往是決定是否使用某原件的因素，當取樣頻率愈高或是解析度愈高的時後，相對的就愈耗電。所以實際使用ADC時必須參考dada sheets對這三個因素做整體的考量。Dada sheets會針對取樣頻率、解析度提供相對的功耗參數，例如下表爲Analog Device公司的AD7980 ADC data sheets，針對16位元SAR ADC所提供的功耗資料，由表中可看出當取樣頻率爲10 Ksps（samples per second）時，其典型的功耗爲20$\mu$W，但若將取樣頻率提高到1 Msps時，其典型功耗爲7mW，即取樣頻率雖增加了100倍，但功耗也增加了100倍。

表12-1　AD7980 ADC的功耗資料

| Parameter | Conditions | Min | Typ | Max | Unit |
|---|---|---|---|---|---|
| Power Dissipation | $V_{DD}$ = 2.625V, $V_{REF}$ = 5V, VIO = 3V | | | | |
| Total | 10 kSPS throughput | | 70 | | μW |
| | 1 MSPS throughput, B Grade | | 7.0 | 9.0 | mW |
| | 1 MSPS throughput, A Grade | | 7.0 | 10 | mW |
| $V_{DD}$ Only | | | 4 | | mW |
| REF Only | | | 1.7 | | mW |
| VIO Only | | | 1.3 | | mW |

# 12-3　STM32F412ZGT6上的ADC

STM32F412ZGT6上有1個ADC模組，具有類比看門狗特性，允許用於檢測輸入電壓是否超過了使用者自訂的閾値上限或下限。ADC系統方塊圖如圖12-3所示，ADC的接腳說明列於表12-2。它最多可以有19個通道，可測量來自16個外部訊號源、兩個內部訊號源和VBAT通道的信號。這些通道的A/D轉換可在單次、連續、掃描或不連續取樣模式下進行。ADC的結果儲存在一個左對齊或右對齊的16位元資料暫存器中。這些通道又可分爲兩類，普通通道（Regular Channel）與注入通道（Injected Channel），屬於何種通道是由ADC_SQRX及ADC_JSQR來決定（於12-4節說明）。其中，普通通道是共享同一個ADC資料暫存器（Data Register）的通道稱爲普通通道，再由這些普通通道構成普通群組（Regular Group），在一個程式中，最多可以有16個普通通道。而注入通道是具有專屬資料暫存器的通道稱爲注入通道，由這些注入通道構成注入群組（Injected Group），在一個程式中，最多可以有4個注入通道。

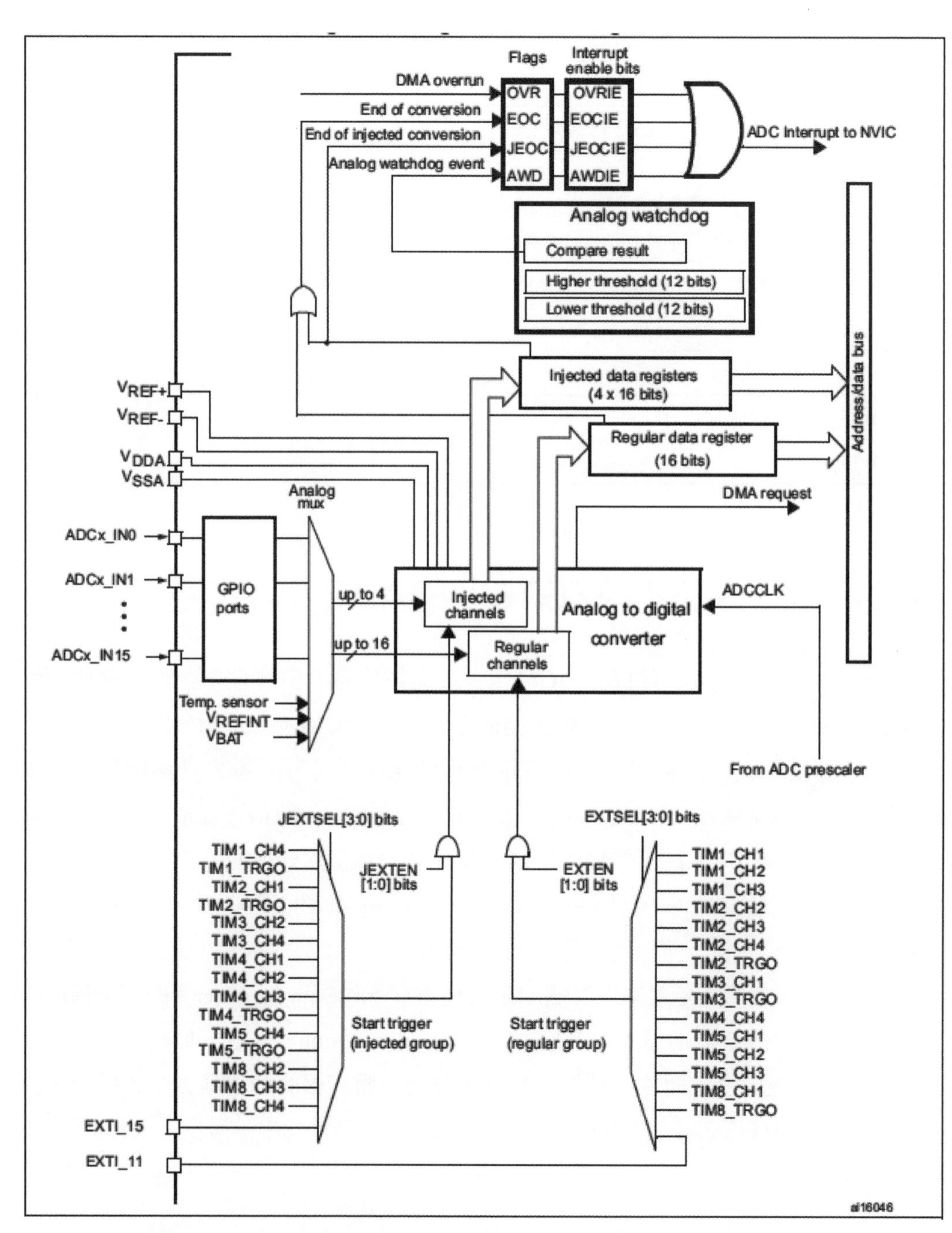


圖12-3　ADC系統方塊圖（摘自STMicroelectronics公司文件）

表12-2　ADC的接腳說明

| Name | Signal type | Remarks |
|---|---|---|
| $V_{REF+}$ | Input analog reference positive | The higher/positive reference voltage for the ADC, 1.8V = $V_{REF+} \leq V_{DDA}$ |
| $V_{DDA}$ | Input, analog supply | Analog power supply equal to $V_{DD}$ and 2.4V ≤ $V_{DD}$(3.6V) for full speed |
| $V_{REF-}$ | Input analog reference negative | The lower/megative referemce voltage for the ADC, $V_{REF-} \leq V_{SSA}$ |
| $V_{SSA}$ | Input, analog supply ground | Ground for analog power supply dupply equal to $V_{SS}$ |
| ADCx_IN[15.0] | Analog input signals | 16 analog input channels |

STM32F412ZGT6包含了下列幾個重要的暫存器：

## 1. ADC控制暫存器1（ADC Control Register 1，縮寫ADC_CR1）

| 31 | 30 | 29 | 28 | 27 | 26 | 25 | 24 | 23 | 22 | 21 | 20 | 19 | 18 | 17 | 16 |
|---|---|---|---|---|---|---|---|---|---|---|---|---|---|---|---|
| Res. | Res. | Res. | Res. | Res. | OVRIE | RES | | AWDEN | JAWDEN | Res. | Res. | Res. | Res. | Res. | Res. |
| | | | | | rw | rw | rw | rw | rw | | | | | | |

| 15 | 14 | 13 | 12 | 11 | 10 | 9 | 8 | 7 | 6 | 5 | 4 | 3 | 2 | 1 | 0 |
|---|---|---|---|---|---|---|---|---|---|---|---|---|---|---|---|
| DISCNUM[2:0] | | | JDISCEN | DISCEN | JAUTO | AWDSGL | SCAN | JEOCIE | AWDIE | EOCIE | AWDCH[4:0] | | | | |
| rw | rw | rw | rw | rw | rw | rw | rw | rw | rw | rw | rw | rw | rw | rw | rw |

Bit 31:27：保留，必須保持重置値。

Bit 26 OVRIE：溢位中斷使能（Overrun interrupt enable）

通過軟體將該位元設置爲1和清零可使能／禁止溢位中斷。

0：禁止溢出中斷

1：使能溢出中斷。OVR位元置1時產生中斷。

Bit 25:24 RES[1:0]：解析度（Resolution）

通過軟體寫入這些位元可選擇轉換的解析度。

00：12位元（15 ADCCLK週期）

01：10位元（13 ADCCLK週期）

10：8位元（11 ADCCLK週期）

11：6位元（9 ADCCLK週期）

Bit 23 AWDEN：普通通道上的類比看門狗使能（Analog watchdog enable on regular channels）

此位元由軟體設置爲1和清零。

0：在普通通道上禁止類比看門狗

1：在普通通道上使能類比看門狗

Bit 22 JAWDEN：注入通道上的類比看門狗使能（Analog watchdog enable on injected channels）

此位元元由軟體設置爲1和清零。

0：在注入通道上禁止類比看門狗

1：在注入通道上使能類比看門狗

Bit 21:16保留，必須保持重置値。

Bit 15:13 DISCNUM[2:0]：不連續採樣模式通道計數（Discontinuous mode channel count）

軟體將寫入這些位元，用於定義在接收到外部觸發後於不連續採樣模式下轉換的普通通道數。

000：1個通道

001：2個通道

...

111：8個通道

Bit 12 JDISCEN：注入通道的不連續採樣模式（Discontinuous mode on injected channels）

通過軟體將該位元設置爲1和清零可使能／禁止注入通道的不連續採樣模式。

0：禁止注入通道的不連續採樣模式

1：使能注入通道的不連續採樣模式

Bit 11 DISCEN：普通通道的不連續採樣模式（Discontinuous mode on regular channels）

通過軟體將該位元設置爲1和清零可使能／禁止普通通道的不連續採樣模式。

0：禁止普通通道的不連續採樣模式

1：使能普通通道的不連續採樣模式

Bit 10 JAUTO：注入組自動轉換（Automatic injected group conversion）

通過軟體將該位元設置爲1和清零可在普通組轉換後分別使能／禁止注入組自動轉換。

0：禁止注入組自動轉換

1：使能注入組自動轉換

Bit 9 AWDSGL：在掃描模式下使能單一通道上的看門狗（Enable the watchdog on a single channel in scan mode）

通過軟體將該位元設置爲1和清零可分別使能／禁止通過AWDCH[4:0]位元確定的通道上的類比看門狗。

0：在所有通道上使能類比看門狗

1：在單一通道上使能類比看門狗

Bit 8 SCAN：掃描模式（Scan mode）

通過軟體將該位元設置爲1和清零可使能／禁止掃描模式。在掃描模式下，轉換通過ADC_SQRx或ADC_JSQRx暫存器選擇的輸入。

0：禁止掃描模式

1：使能掃描模式

注意： EOCIE位元設置爲1時將生成EOC中斷：

—如果EOCS位元清零，在每個普通組序列轉換結束時

—如果EOCS位元設置爲1，在每個普通通道轉換結束時

注意：JEOCIE位元設置爲1時，JEOC中斷僅在最後一個通道轉換結束時生成。

Bit 7 JEOCIE：注入通道的中斷使能（Interrupt enable for injected channels）

通過軟體將該位元設置爲1和清零可使能／禁止注入通道的轉換結束中斷。

0：禁止JEOC中斷

1：使能JEOC中斷。JEOC位元置1時產生中斷。

Bit 6 AWDIE：類比看門狗中斷使能（Analog watchdog interrupt enable）

通過軟體將該位元設置爲1和清零可使能／禁止類比看門狗中斷。

0：禁止類比看門狗中斷

1：使能類比看門狗中斷

Bit 5 EOCIE：EOC中斷使能（Interrupt enable for EOC）

通過軟體將該位元設置爲1和清零可使能／禁止轉換結束中斷。

0：禁止EOC中斷

1：使能EOC中斷EOC位元置1時產生中斷。

Bit 4:0 AWDCH[4:0]：類比看門狗通道選擇位元（Analog watchdog channel select bits）

這些位元元將由軟體設置為1和清零。它們用於選擇由類比看門狗監控的輸入通道。

00000：ADC類比輸入通道0

00001：ADC類比輸入通道1

...

01111：ADC類比輸入通道15

10000：ADC類比輸入通道16

10001：ADC類比輸入通道17

10010：ADC類比輸入通道18

保留其它值

## 2.ADC控制暫存器1（ADC Control Register 1，縮寫ADC_CR1）

| 31 | 30 | 29 | 28 | 27 | 26 | 25 | 24 | 23 | 22 | 21 | 20 | 19 | 18 | 17 | 16 |
|---|---|---|---|---|---|---|---|---|---|---|---|---|---|---|---|
| Res. | SWSTART | EXTEN | | EXTSEL[3:0] | | | | Res. | JSWSTART | JEXTEN | | JEXTSEL[3:0] | | | |
| | rw | rw | rw | rw | rw | rw | rw | | rw | rw | rw | rw | rw | rw | rw |
| **15** | **14** | **13** | **12** | **11** | **10** | **9** | **8** | **7** | **6** | **5** | **4** | **3** | **2** | **1** | **0** |
| Res. | Res. | Res. | Res. | ALIGN | EOCS | DDS | DMA | Res. | Res. | Res. | Res. | Res. | Res. | CONT | ADON |
| | | | | rw | rw | rw | rw | | | | | | | rw | rw |

Bit 31保留，必須保持重置值。

Bit 30 SWSTART：開始轉換普通通道（Start conversion of regular channels）

通過軟體將該位元設置1可開始轉換，而硬體會在轉換開始後將該位元清零。

0：重定模式

1：開始轉換普通通道

注意：該位元只能在ADON = 1時置1，否則不會啓動轉換。

Bit 29:28 EXTEN：普通通道的外部觸發使能（External trigger enable for regular channels）

通過軟體將這些位元設置為1和清零可選擇外部觸發極性和使能普通組的觸發。

00：禁止觸發檢測

01：上升沿上的觸發檢測

10：下降沿上的觸發檢測

11：上升沿和下降沿上的觸發檢測

Bit 27:24 EXTSEL[3:0]：爲普通組選擇外部事件（External event select for regular group）

這些位元元可選擇用於觸發普通組轉換的外部事件。

0000：計時器1 CC1事件

0001：計時器1 CC2事件

0010：計時器1 CC3事件

0011：計時器2 CC2事件

0100：計時器2 CC3事件

0101：計時器2 CC4事件

0110：計時器2 TRGO事件

0111：計時器3 CC1事件

1000：計時器3 TRGO事件

1001：計時器4 CC4事件

1010：計時器5 CC1事件

1011：計時器5 CC2事件

1100：計時器5 CC3事件

1101：計時器8 CC1事件

1110：計時器8 TRGO事件

1111：EXTI線11

Bit 23保留，必須保持重置値。

Bit 22 JSWSTART：開始轉換注入通道（Start conversion of injected channels）

轉換開始後，軟體將該位元設置爲1，而硬體將該位元清零。

0：重定模式

1：開始轉換注入通道

注意：該位元只能在ADON = 1時設置爲1，否則不會啓動轉換。

Bit 21:20 JEXTEN：注入通道的外部觸發使能（External trigger enable for injected channels）

通過軟體將這些位元設置爲1和清零可選擇外部觸發極性和使能注入組的觸發。

00：禁止觸發檢測

01：上升沿上的觸發檢測

10：下降沿上的觸發檢測

11：上升沿和下降沿上的觸發檢測

Bit 19:16 JEXTSEL[3:0]：爲注入組選擇外部事件（External event select for injected group）

這些位元可選擇用於觸發注入組轉換的外部事件。

0000：計時器1 CC4事件

0001：計時器1 TRGO事件

0010：計時器2 CC1事件

0011：計時器2 TRGO事件

0100：計時器3 CC2事件

0101：計時器3 CC4事件

0110：計時器4 CC1事件

0111：計時器4 CC2事件

1000：計時器4 CC3事件

1001：計時器4 TRGO事件

1010：計時器5 CC4事件

1011：計時器5 TRGO事件

1100：計時器8 CC2事件

1101：計時器8 CC3事件

1110：計時器8 CC4事件

1111：EXTI線15

Bit 15:12保留，必須保持重設置爲值。

Bit 11 ALIGN：數據對齊（Data alignment）

此位元由軟體設置爲1和清零，如圖12-4所示。。

0：右對齊

1：左對齊

Bit 10 EOCS：結束轉換選擇（End of conversion selection）

此位元由軟體設置爲1和清零。

0：在每個普通轉換序列結束時將EOC位元設置爲1。溢出檢測僅在DMA=1時使能。

1：在每個普通轉換結束時將EOC位元設置爲1。使能溢位檢測。

Bit 9 DDS：DMA禁止選擇（對於單一ADC模式）（DMA disable selection（for sin-

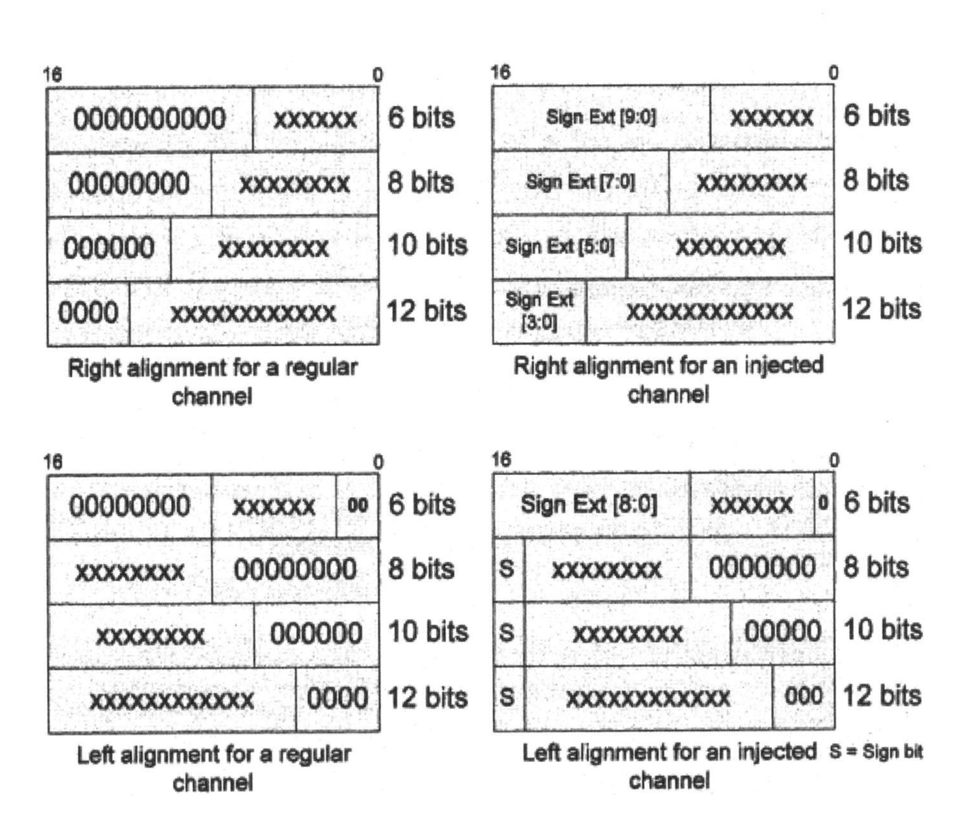


圖12-4　資料對齊模式示意圖

gle ADC mode））

此位元由軟體設置爲1和清零。

0：最後一次傳輸後不發出新的DMA請求（在DMA控制器中進行配設置爲）

1：只要發生資料轉換且DMA = 1，便會發出DAM請求

Bit 8 DMA：直接記憶體存取模式（對於單一ADC模式）（Direct memory access mode（for single ADC mode））

此位元元由軟體設置爲1和清零。

0：禁止DMA模式

1：使能DMA模式

Bit 7:2保留，必須保持重置值。

Bit 1 CONT：連續轉換（Continuous conversion）

此位元由軟體設置爲1和清零。該位元設置爲1時，轉換將持續進行，直到該位元清零，則其轉換過程如圖12-5所示。

0：單次轉換模式

1：連續轉換模式

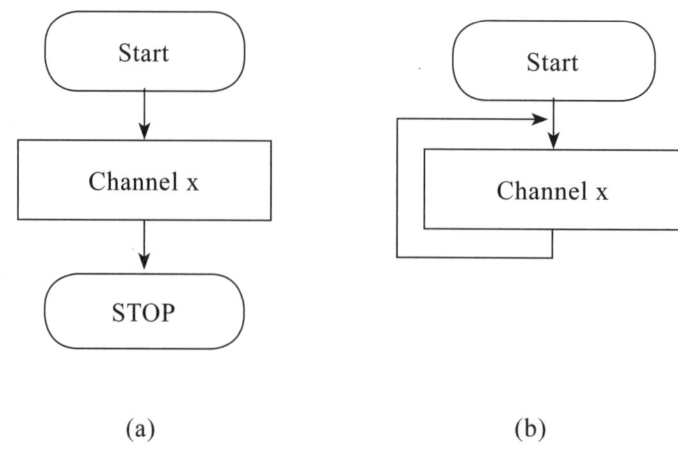


圖12-5 單通道轉換模式，(a)為單次轉換模式，(b)為連續轉換模式

Bit 0 ADON：A/D轉換器開啓／關閉（A/D Converter ON / OFF）

此位元元由軟體設置爲1和清零。

0：禁止ADC轉換並轉至掉電模式

1：使能ADC

3. ADC狀態暫存器（ADC Status Register, ADC_SR）

| 31 | 30 | 29 | 28 | 27 | 26 | 25 | 24 | 23 | 22 | 21 | 20 | 19 | 18 | 17 | 16 |
|---|---|---|---|---|---|---|---|---|---|---|---|---|---|---|---|
| Res. | Res. | Res. | Res. | Res. | Res. | Res. | Res. | Res. | Res. | Res. | Res. | Res. | Res. | Res. | Res. |
| | | | | | | | | | | | | | | | |

| 15 | 14 | 13 | 12 | 11 | 10 | 9 | 8 | 7 | 6 | 5 | 4 | 3 | 2 | 1 | 0 |
|---|---|---|---|---|---|---|---|---|---|---|---|---|---|---|---|
| Res. | Res. | Res. | Res. | Res. | Res. | Res. | Res. | Res. | Res. | OVR | STRT | JSTRT | JEOC | EOC | AWD |
| | | | | | | | | | | rc_w0 | rc_w0 | rc_w0 | rc_w0 | rc_w0 | rc_w0 |

Bit 31:6保留，必須保持重置值。

Bit 5 OVR：溢位（Overrun）

資料遺失時，硬體將該位設置爲1（在單一模式或雙重／三重模式下）。但需要通過軟體清零。溢位檢測僅在DMA = 1或EOCS = 1時使能。

0：未發生溢位

1：發生溢位

Bit 4 STRT：普通通道開始旗標（Regular channel start flag）

普通通道轉換開始時，硬體將該位元設置爲1。但需要通過軟體清零。

0：未開始普通通道轉換

1：已開始普通通道轉換

Bit 3 JSTRT：注入通道開始旗標（Injected channel start flag）

注入組轉換開始時，硬體將該位元設置爲1。但需要通過軟體清零。

0：未開始注入組轉換

1：已開始注入組轉換

Bit 2 JEOC：注入通道轉換結束（Injected channel end of conversion）

組內所有注入通道轉換結束時，硬體將該位元設置爲1。但需要通過軟體清零。

0：轉換未完成

1：轉換已完成

Bit 1 EOC：普通通道轉換結束（Regular channel end of conversion）

普通組通道轉換結束後，硬體將該位元設置爲1。通過軟體或通過讀取ADC_DR暫存器將該位清零。

0：轉換未完成（EOCS=0）或轉換序列未完成（EOCS=1）

1：轉換已完成（EOCS=0）或轉換序列已完成（EOCS=1）

Bit 0 AWD：類比看門狗旗標（Analog watchdog flag）

當轉換電壓超過在ADC_LTR和ADC_HTR暫存器中程式設計的值時，硬體將該位元設置爲1。但需要通過軟體清零。

0：未發生類比看門狗事件

1：發生類比看門狗事件

## 4. ADC取樣時間暫存器1（ADC sample time register 1，ADC_SMPR1）

| 31 | 30 | 29 | 28 | 27 | 26 | 25 | 24 | 23 | 22 | 21 | 20 | 19 | 18 | 17 | 16 |
|---|---|---|---|---|---|---|---|---|---|---|---|---|---|---|---|
| Res. | Res. | Res. | Res. | Res. | SMP18[2:0] | | | SMP17[2:0] | | | SMP16[2:0] | | | SMP15[2:1] | |
| | | | | | rw | rw | rw | rw | rw | rw | rw | rw | rw | rw | rw |

| 15 | 14 | 13 | 12 | 11 | 10 | 9 | 8 | 7 | 6 | 5 | 4 | 3 | 2 | 1 | 0 |
|---|---|---|---|---|---|---|---|---|---|---|---|---|---|---|---|
| SMP15_0 | SMP14[2:0] | | | SMP13[2:0] | | | SMP12[2:0] | | | SMP11[2:0] | | | SMP10[2:0] | | |
| rw | rw | rw | rw | rw | rw | rw | rw | rw | rw | rw | rw | rw | rw | rw | rw |

Bits 26:0 SMPx[2:0] (Channel x sampling time selection)

這27個位元用來設定Channel x的取樣時間間隔，每個通道都個別設定。

000: 3 ADC clock cycles

001: 15 ADC clock cycles

010: 28 ADC clock cycles

011: 56 ADC clock cycles

100: 84 ADC clock cycles

101: 112 ADC clock cycles

110: 144 ADC clock cycles

111: 480 ADC clock cycles

## 5. ADC取樣時間暫存器2（ADC sample time register 1，ADC_SMPR2）

| 31 | 30 | 29 | 28 | 27 | 26 | 25 | 24 | 23 | 22 | 21 | 20 | 19 | 18 | 17 | 16 |
|---|---|---|---|---|---|---|---|---|---|---|---|---|---|---|---|
| Res. | Res. | SMP9[2:0] | | | SMP8[2:0] | | | SMP7[2:0] | | | SMP6[2:0] | | | SMP5[2:1] | |
| | | rw | rw | rw | rw | rw | rw | rw | rw | rw | rw | rw | rw | rw | rw |
| **15** | **14** | **13** | **12** | **11** | **10** | **9** | **8** | **7** | **6** | **5** | **4** | **3** | **2** | **1** | **0** |
| SMP5_0 | SMP4[2:0] | | | SMP3[2:0] | | | SMP2[2:0] | | | SMP1[2:0] | | | SMP0[2:0] | | |
| rw | rw | rw | rw | rw | rw | rw | rw | rw | rw | rw | rw | rw | rw | rw | rw |

功能與ADC_SMPR1相同。

## 6. ADC普通順序暫存器1（ADC regular sequence register 1，ADC_SQR1）

| 31 | 30 | 29 | 28 | 27 | 26 | 25 | 24 | 23 | 22 | 21 | 20 | 19 | 18 | 17 | 16 |
|---|---|---|---|---|---|---|---|---|---|---|---|---|---|---|---|
| Res. | Res. | Res. | Res. | Res. | Res. | Res. | Res. | L[3:0] | | | | SQ16[4:1] | | | |
| | | | | | | | | rw | rw | rw | rw | rw | rw | rw | rw |
| **15** | **14** | **13** | **12** | **11** | **10** | **9** | **8** | **7** | **6** | **5** | **4** | **3** | **2** | **1** | **0** |
| SQ16_0 | SQ15[4:0] | | | | | SQ14[4:0] | | | | | SQ13[4:0] | | | | |
| rw | rw | rw | rw | rw | rw | rw | rw | rw | rw | rw | rw | rw | rw | rw | rw |

Bits 23:20 L[3:0]（Regular channel sequence length：普通通道序列長度）

這4個位元用來定義普通通道序列的長度，所以一個普通通道序列最長可以有$2^4$=16個通道。

Bits 19:16 SQ16[4:0]（1st conversion in regular sequence：普通序列的第16個通道）

這5個位元定義普通序列的第16個通道，餘類推。

## 7. ADC_SQR2~ADC_SQR3

功能與ADC_SQR1相同。

## 8. ADC普通資料暫存器（ADC regular Data Register, ADC_DR）

| 31 | 30 | 29 | 28 | 27 | 26 | 25 | 24 | 23 | 22 | 21 | 20 | 19 | 18 | 17 | 16 |
|---|---|---|---|---|---|---|---|---|---|---|---|---|---|---|---|
| Res. | Res. | Res. | Res. | Res. | Res. | Res. | Res. | Res. | Res. | Res. | Res. | Res. | Res. | Res. | Res. |
| | | | | | | | | | | | | | | | |
| **15** | **14** | **13** | **12** | **11** | **10** | **9** | **8** | **7** | **6** | **5** | **4** | **3** | **2** | **1** | **0** |
| RDATA[15:0] | | | | | | | | | | | | | | | |
| r | r | r | r | r | r | r | r | r | r | r | r | r | r | r | r |

Bits 15:0 RDATA[15:0]（Regular Data converted）

普通通道轉換的結果，會根據ADC_CFGR中的設定，靠左對齊或靠右對齊。

## 9. ADC注入序列暫存器（ADC injected sequence register，ADC_JSQR）

| 31 | 30 | 29 | 28 | 27 | 26 | 25 | 24 | 23 | 22 | 21 | 20 | 19 | 18 | 17 | 16 |
|---|---|---|---|---|---|---|---|---|---|---|---|---|---|---|---|
| Res. | Res. | Res. | Res. | Res. | Res. | Res. | Res. | Res. | Res. | JL[1:0] | | JSQ4[4:1] | | | |
| | | | | | | | | | | rw | rw | rw | rw | rw | rw |
| **15** | **14** | **13** | **12** | **11** | **10** | **9** | **8** | **7** | **6** | **5** | **4** | **3** | **2** | **1** | **0** |
| JSQ4[0] | JSQ3[4:0] | | | | | JSQ2[4:0] | | | | | JSQ1[4:0] | | | | |
| rw | rw | rw | rw | rw | rw | rw | rw | rw | rw | rw | rw | rw | rw | rw | rw |

Bits 21:20 JL[1:0]: Injected channel sequence length

這2個位元用來定義注入通道序列的長度，所以一個注入通道序列最長可以有$2^2$=4個通道。

Bits 19:15 JSQ4[4:0]（4th conversion in the injected sequence）

這5個位元定義注入序列的第4個通道。

Bits 14:10 JSQ3[4:0]: 3rd conversion in the injected sequence

這5個位元定義注入序列的第3個通道。

Bits 9:5 JSQ1[4:0]: 2nd conversion in the injected sequence

這5個位元定義注入序列的第2個通道。

Bits 4:0 JSQ1[4:0]: 1st conversion in the injected sequence

這5個位元定義注入序列的第1個通道。

# 12-4 利用ADC量測MCU內部溫度

此小節實驗利用ADC將STM32F412ZGT6內部溫度感測器輸出電壓轉換爲數位値，然後得出STM32F412ZGT6 MCU的環境溫度，並用STMStudio觀察STM-32F412ZGT6 MCU的環境溫度變化。要讀取溫度感測器的步驟如下：

1. 選擇ADC1_IN18輸入通道。
2. 在ADC_CCR暫存器中的TSVREFE位元設置爲1，將溫度感測器從掉電模式中喚醒。
3. 將SWSTART位元設置爲1（或通過外部觸發）開始ADC轉換
4. 讀取ADC資料暫存器中生成的$V_{SENSE}$資料
5. 使用以下公式計算溫度：

$$\text{MCU溫度（單位爲°C）} = (V_{SENSE} - V_{25}) / Avg\_Slope + 25 \qquad \text{(Eq. 1)}$$

其中：

(1) $V_{25}$ = 25°C時的$V_{SENSE}$值

(2) Avg_Slope =溫度與$V_{SENSE}$曲線的平均斜率（以mV/°C或μV/°C表示）

$V_{25}$與Avg_Slope的值如表12-3所示。

表12-3　溫度感測器的電器特性（摘自STMicroelectronics公司文件）

| Symbol | Paraneter | Min | Typ | Max | Unit |
|---|---|---|---|---|---|
| $T_L$ (1) | $V_{SENSE}$ linearnty with temperature | - | ±1 | ±2 | °C |
| Avg_Slope(1) | Average slope | - | 2.5 | - | mV/°C |
| $V_{25}$ (1) | Voltage at 25°C | - | 0.76 | - | V |
| $t_{START}$ (2) | Startup time | - | 6 | 10 | μs |
| $T_{S\_tamp}$ (2) | ADC sampling time when reading the temperature (1°C accuracy) | 10 | - | - | μs |

利用STM32CubeMx軟體配置定時中斷控制專案，步驟如下：

**步驟1**：新建專案

開啓STM32cubeMX軟體，點擊New Project。根據圖12-6，在Part Number

Search輸入STM32F412ZG，在MCUs List item選擇STM32F412ZGTx，然後點選Start Project。

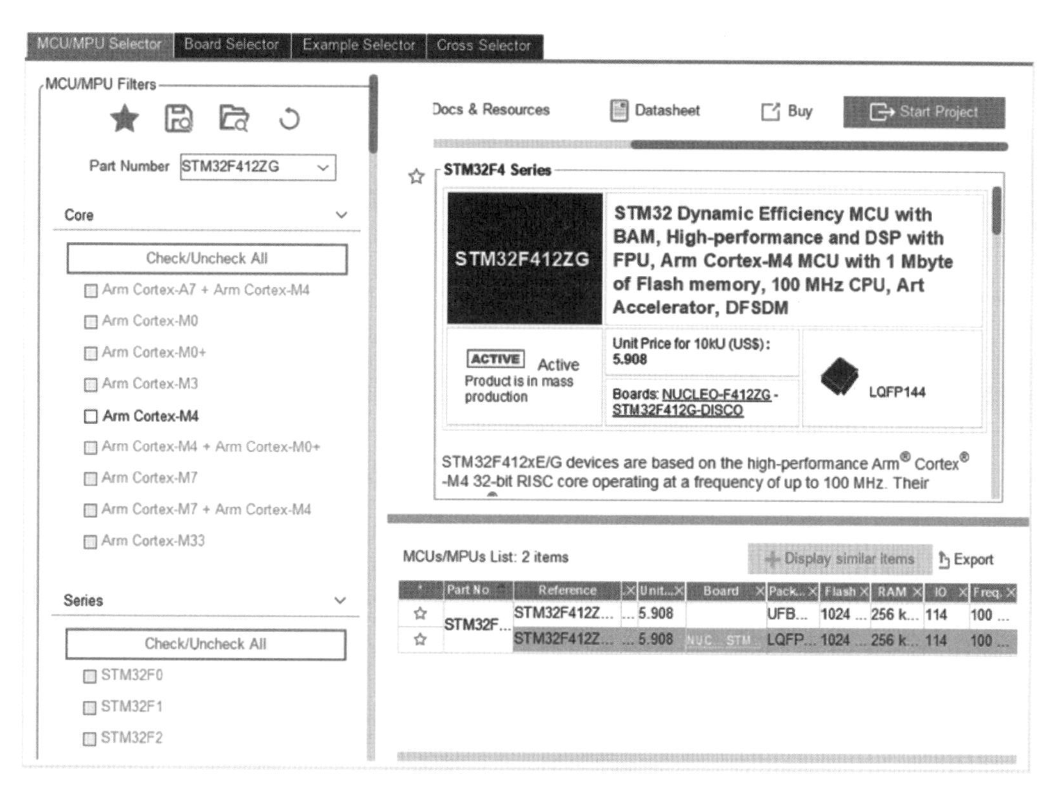


圖12-6　新建專案

**步驟2**：ADC功能配置

ADC1通道選擇溫度感測器通道，參數配置部分，選擇預設設置。而Data Alignment設置爲數據右對齊，如圖12-7所示。

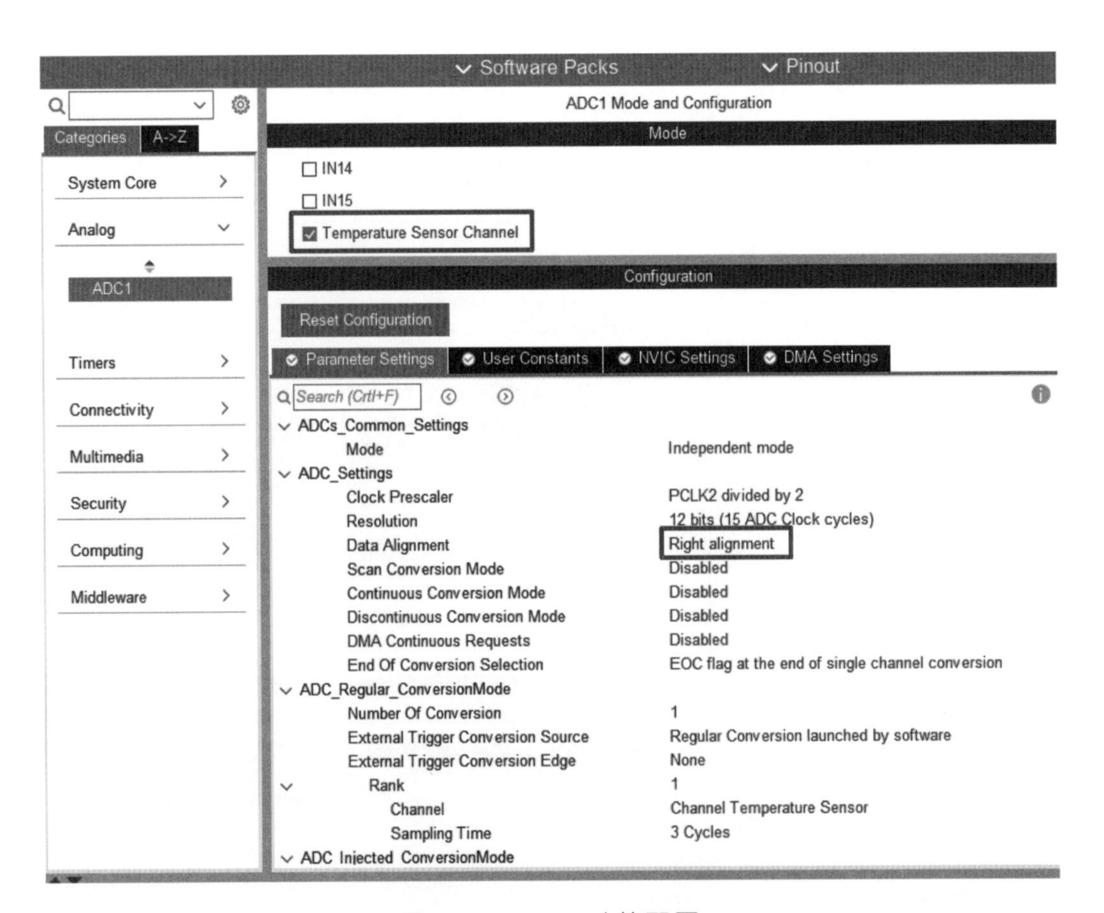


圖12-7　ADC1功能配置

**步驟3**：專案設定

點擊Project Manager，開啓專案設定介面，如圖12-8所示。在Project Name輸入專案名稱：ADC_MCU_Temperature，點選Browse選擇專案儲存的位置，在Application Structure部分選擇Basic，在Toolchain/IDE選擇MDK-ARM V5，其他部分使用預設。

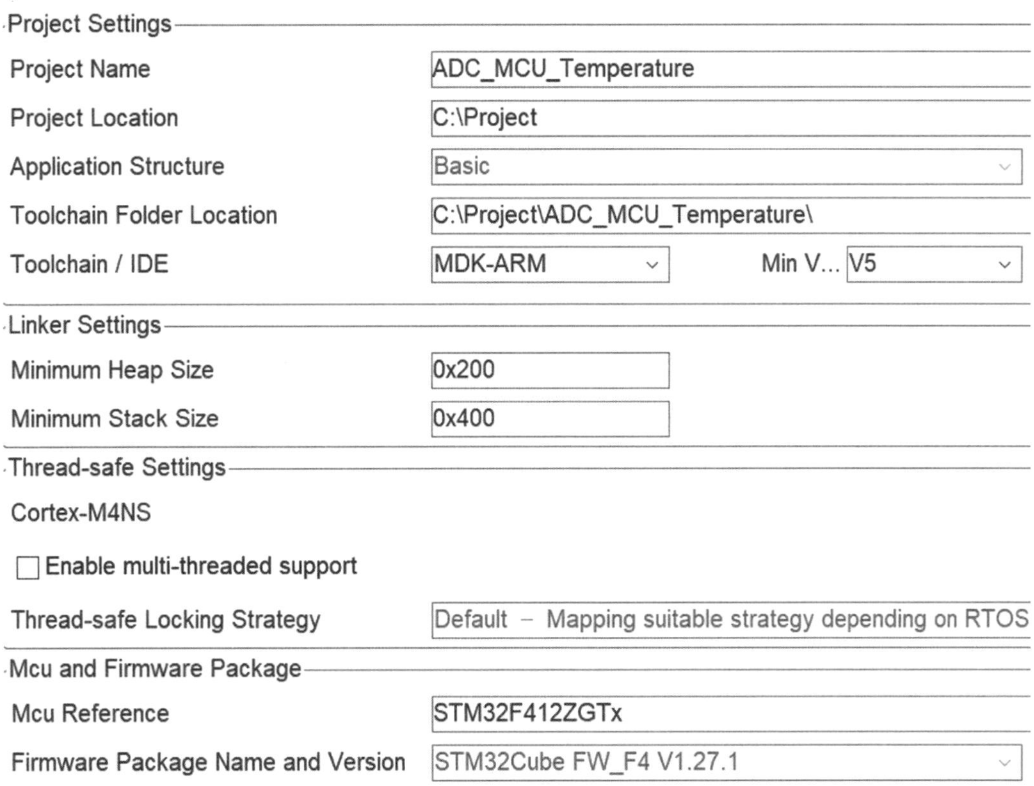

Project Settings

| | |
|---|---|
| Project Name | ADC_MCU_Temperature |
| Project Location | C:\Project |
| Application Structure | Basic |
| Toolchain Folder Location | C:\Project\ADC_MCU_Temperature\ |
| Toolchain / IDE | MDK-ARM　Min V... V5 |

Linker Settings

| | |
|---|---|
| Minimum Heap Size | 0x200 |
| Minimum Stack Size | 0x400 |

Thread-safe Settings

Cortex-M4NS

☐ Enable multi-threaded support

| | |
|---|---|
| Thread-safe Locking Strategy | Default – Mapping suitable strategy depending on RTOS |

Mcu and Firmware Package

| | |
|---|---|
| Mcu Reference | STM32F412ZGTx |
| Firmware Package Name and Version | STM32Cube FW_F4 V1.27.1 |

圖12-8　專案設定介面

專案設定介面點選Code Generator，開啓程式碼生成的設定介面，如圖12-9所示。根據圖12-9，在STM32Cube Firmware Library Package的選項中點選Copy only the necessary library files，在Generated files的選項中點選第1、第3與第4個選項，設定完成後點擊OK。

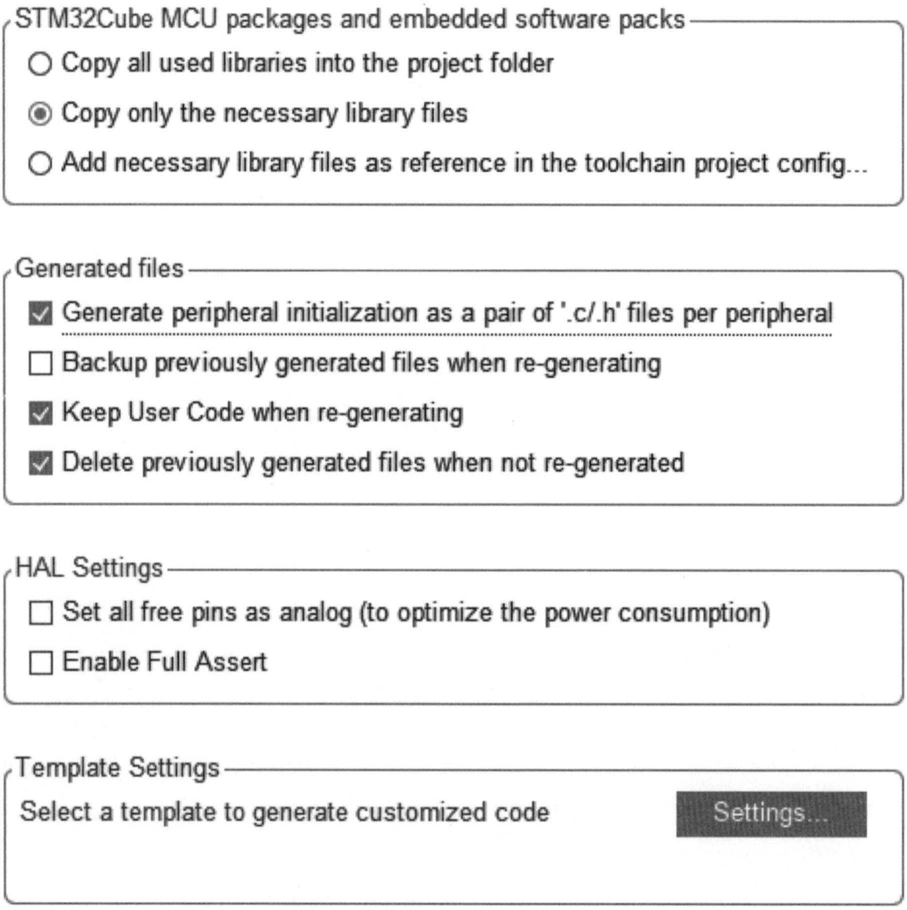

STM32Cube MCU packages and embedded software packs
○ Copy all used libraries into the project folder
◉ Copy only the necessary library files
○ Add necessary library files as reference in the toolchain project config...

Generated files
☑ Generate peripheral initialization as a pair of '.c/.h' files per peripheral
☐ Backup previously generated files when re-generating
☑ Keep User Code when re-generating
☑ Delete previously generated files when not re-generated

HAL Settings
☐ Set all free pins as analog (to optimize the power consumption)
☐ Enable Full Assert

Template Settings
Select a template to generate customized code　Settings...

圖12-9　程式碼生成的設定介面

**步驟4**：生成程式碼

點選Code Generate，將根據專案設定生成程式碼，STM32CubeMX生成程式碼後，將彈出程式碼生成成功對話框，點擊Open Project按鈕，將由Keil μ Vision5開啓ADC_MCU_Temperature專案。

**步驟5**：添加應用程式碼與執行

在main.c檔中，第46行添加MCU_Temperature全域變數的宣告。while(1)迴圈前面USER CODE BEGIN 2和USER CODE END 2中間添加以下程式碼啓動基本計時器中斷模式計數（圖12-10）。

```
uint16_t MCU_Temperature = 0;
```

在while(1)迴圈前面USER CODE BEGIN 2和USER CODE END 2中間添加以下程式碼啓動ADC1轉換。

```
HAL_ADC_Start(&hadc1);
```

在while(1)迴圈中添加以下程式碼用於每隔1秒讀取溫度感測器輸出電壓，並轉換爲MCU溫度值，如圖12-10。

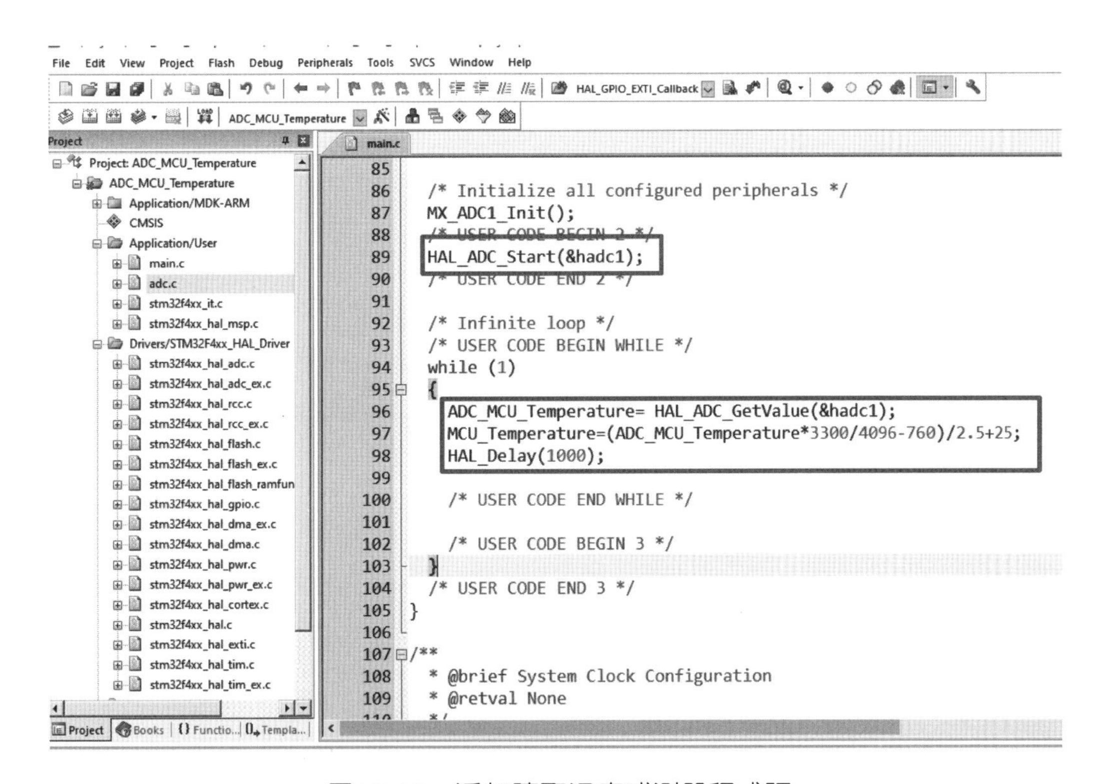

圖12-10　添加讀取溫度感測器程式碼

**步驟6：**使用STMStudio觀看波形（即變數的值）

1. 啓動STMStudio後，畫面如下：

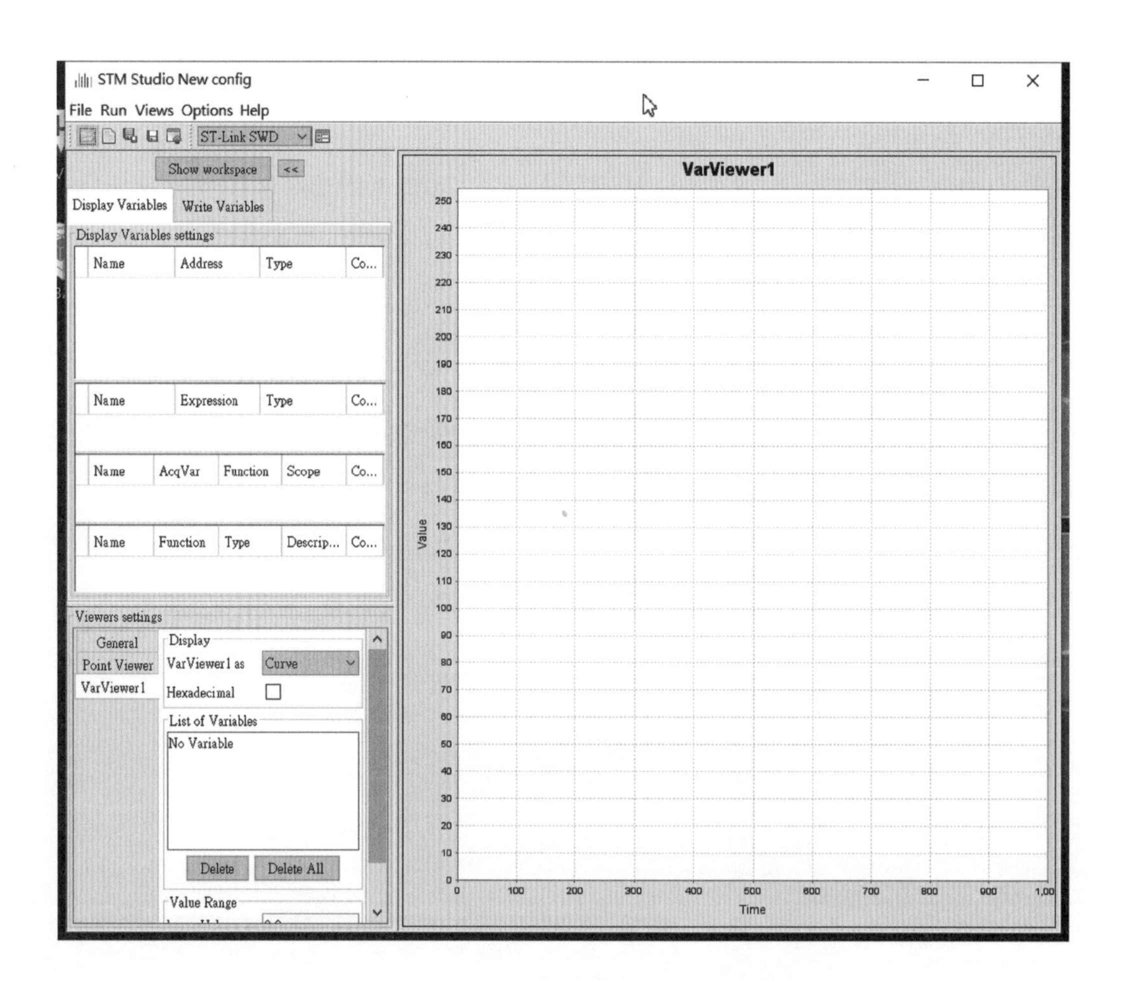


2. 選擇File → Import Variables

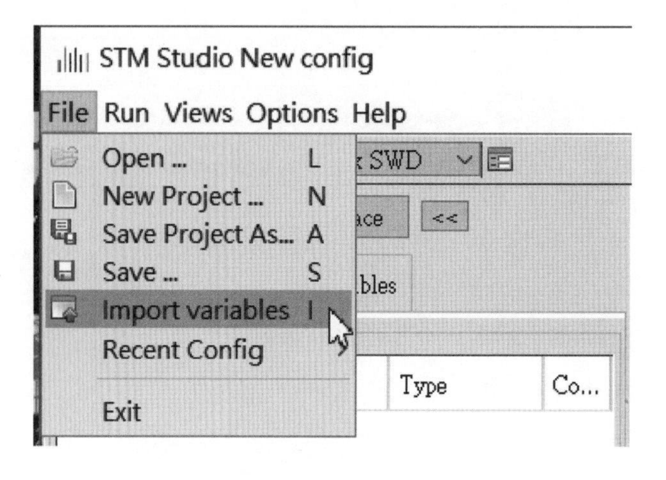

在出現的Import variables from executable視窗中，選擇.axf的執行檔，它的位置會在專案的MDK-ARM的子資料夾下，然後選擇要輸入的變數，在此是ADC_MCU_Temperature然後按Import，然後按Close，將視窗關掉。

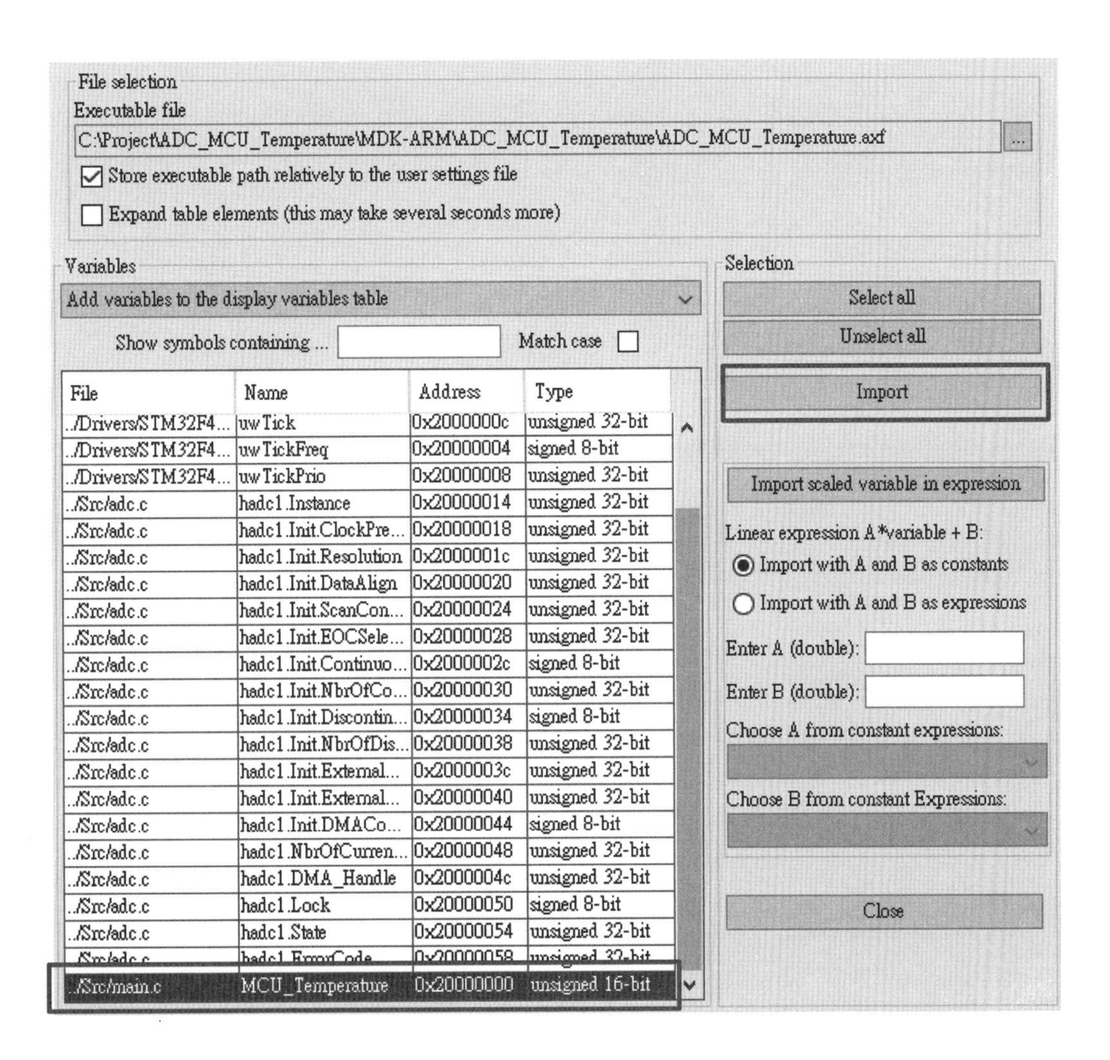


3. 還必須將變數拖曳到List of Variables中，才可以看得到波形。

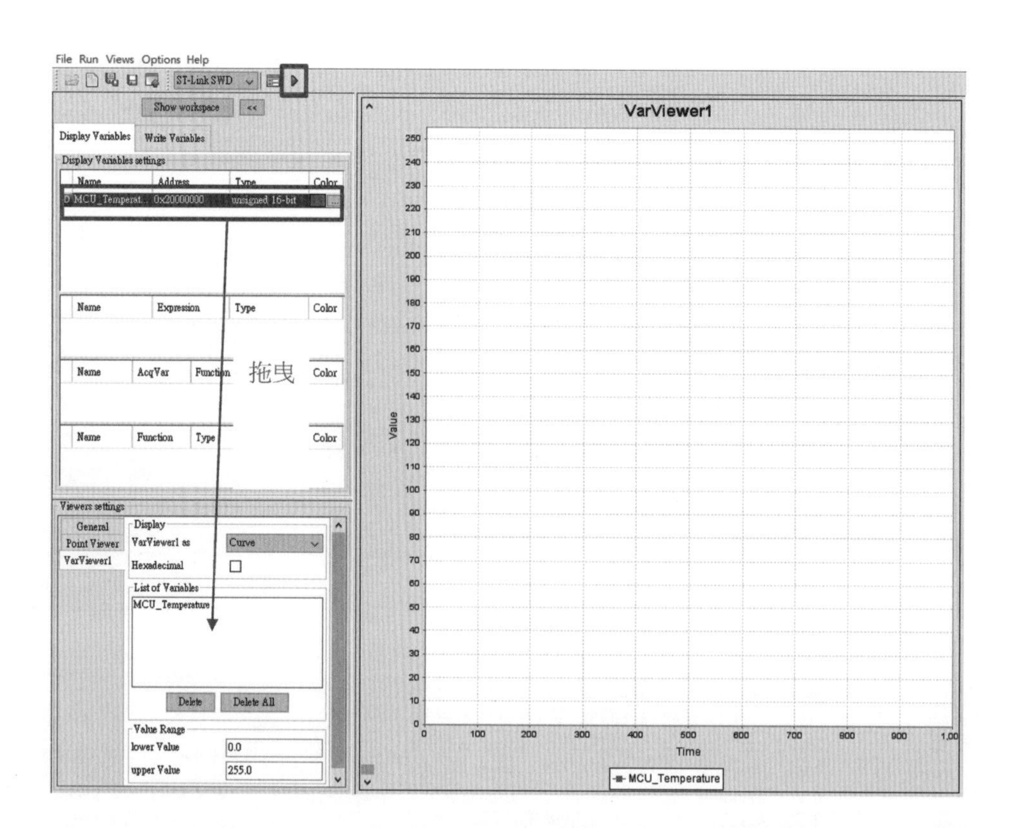


4. 按StMStudio的Run → Start S即可看到波形，顯示有3種方式可以選擇：Curve，Bar Graph及Table，以下是選擇Curve與Bar Graph的顯示方式。

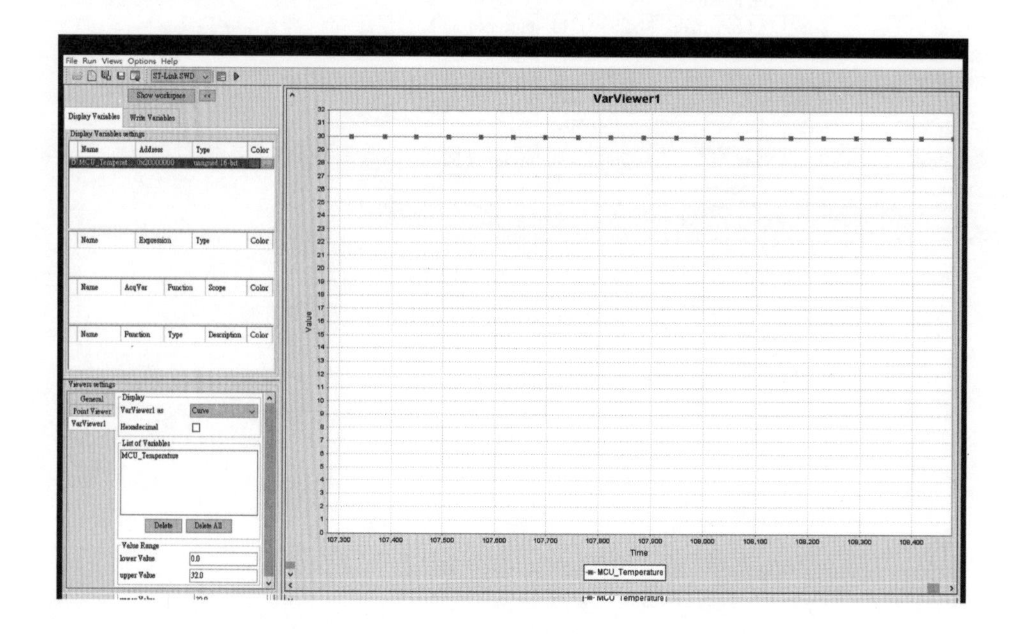

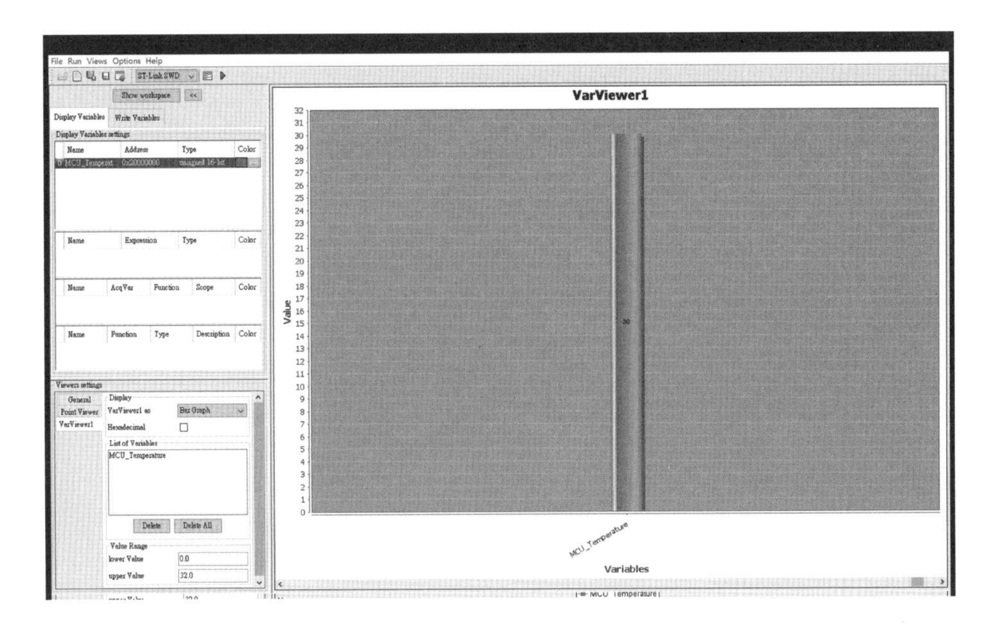


按File → Save將此次的設定存起來，下次只要使用File　Open就可以開啓了，不用重新再Import variables

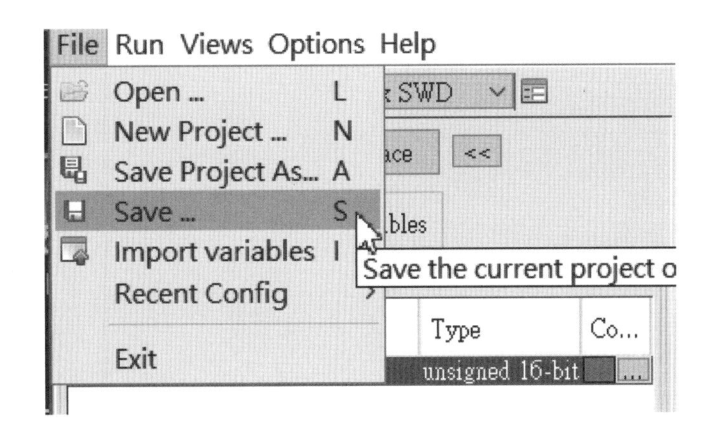

# UART 通訊界面

CHAPTER 13

## 13-1　UART簡介

「通用非同步收發器」（Universal Asynchronous Receiver Transmitter，簡稱UART）是目前最常間的通訊界面之一，其主要用途作爲微控制器之間以及微控制器與電腦之間的資料傳輸介面，以序列（Serial）的方式將資料位元以訊框（frame）爲單位進行傳輸，目前市面上許多設備都備有UART的通訊界面，而幾乎所有的微控制器也都內建UART界面。有些微控制器所提供的UART界面，也同時提供以同步（Synchronous）的方式進行通訊，也就是說有其中一個通訊端以一條額外的線路提供統一的參考時脈，此種UART界面被稱爲USART界面。本章主要討論非同步方式的通訊方式。

非同步UART的傳輸模式可分爲全雙工（full-duplex）與半雙工（half-duplex），如圖13-1所示。UART界面的資料傳輸，是由兩條傳輸線路所構成：一條用於將資料傳輸出去，通常標示爲TX；另一條則是用於接收資料，通常標示爲RX。在全雙工模式中，通訊雙方的TX線路與RX線路互相對接，資料位元就逐一由TX線路傳輸出去，而被對方從RX線路一一接收，再將其組合成資料位元組。此種模式的特性就是兩組TX-RX的連線可獨立運作，可以做到同時收送，達到全雙工的效果。在半雙工模式中，裝置內部的TX與RX線路是連接在一起的，通訊雙方只透過TX線路的互連來收送資料，因此一次只能由其中一方傳輸，而由另一方接收，對裝置來說不能同時進行收送，故稱爲半雙工模式。在這個模式下，通訊雙方的TX線路必須被設置成漏極開路（open-drain）模式，因此在電路上需要接一個上拉電阻到電源。

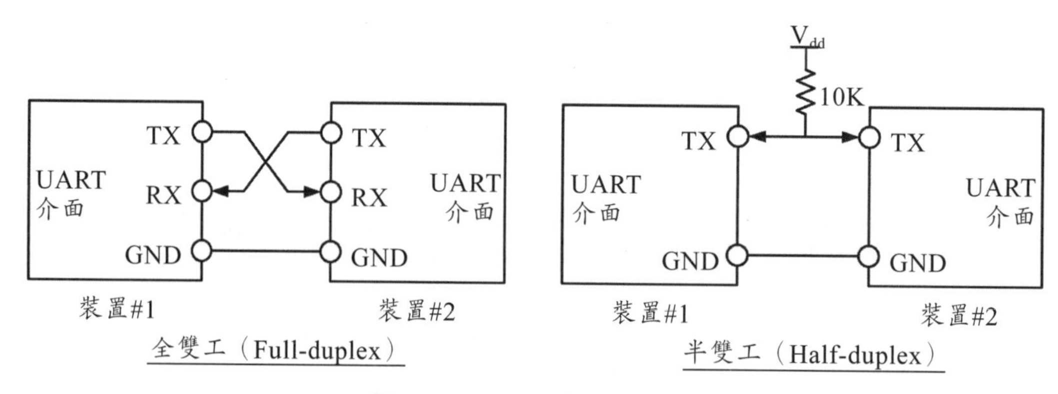


圖13-1　UART的傳輸模式

UART的資料傳輸協定如圖13-2所示，資料以訊框（frame）爲單位來傳輸，一個訊框內的資料長度（data length）可以是7、8、或9個位元，必須在開始通訊之前就設定好，通訊雙方都必須設爲同一個值，才能成功傳輸，其他UART參數也是如此。訊框起始時會以一個「起始位元」（start bit）作爲開始，實際信號是持續一個位元時間的低電位。而訊框結束時則以「停止位元」（stop bit）爲訊框結束信號，實際信號是持續0.5、1、1.5、或2位元時間的高電位。

UART也提供同位位元（parity bit）的錯誤檢查選項，使用者可以指定在資料位元之後額外加傳一個同位位元，使得接收端可以透過同位檢查（parity check）得知接收到的資料是否有錯誤。使用者可以指定以「奇同位」（odd parity）或「偶同位」（even parity）的方式來設定同位位元。奇同位的方式是讓資料位元連同同位位元的1的總數爲奇數，而偶同位的方式則是讓1的總數爲偶數。例如傳送的資料爲10011010，因爲1的總數爲4個，即偶數，故使用奇同位的方式，同位位元就會被設爲1，使用偶同位方式則被會被設爲0。

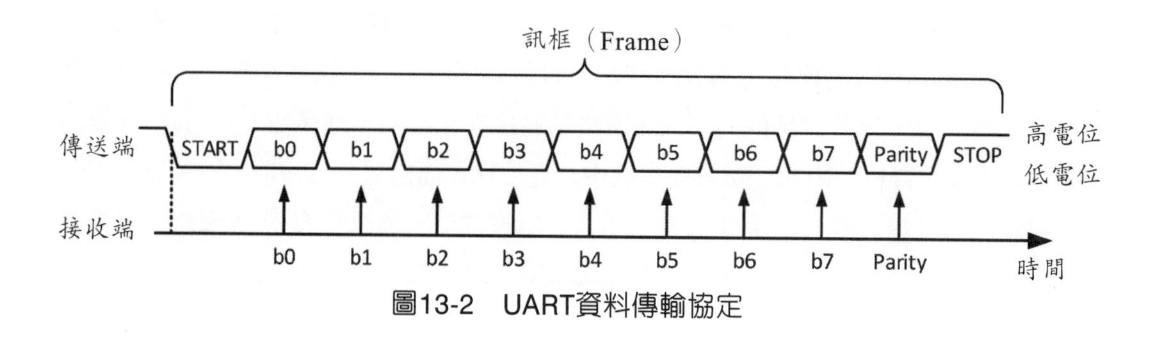


圖13-2　UART資料傳輸協定

通常資料位元的實際傳輸信號大多是採用NRZ（Non-Return-to-Zero）的線碼來實現，即位元1使用高電位、位元0使用低電位來傳送。UART的資料是以固定速率來傳送，必須在開始通訊之前就指定好。接收端在每個位元週期內在RX線路上執行取樣（sampling）以獲得該位元值。由於在非同步模式下，傳送端與接收端的時脈各自獨立運作難免會有誤差，因此目前多數UART控制器採用「過取樣」（oversampling）的方式來消除時脈誤差的效應以及避免高頻雜訊的干擾。常用的過取樣頻率是以鮑率（baud rate）的8倍頻率或16倍頻率來進行取樣，如圖13-3所示。接收端以一個位元週期內的所有取樣值來估計該位元值，以達到比較可靠的資料傳輸。

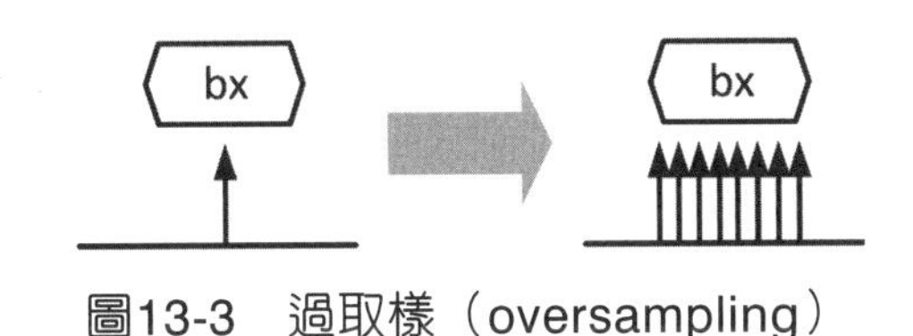


圖13-3　過取樣（oversampling）

在數據通訊中，鮑率（baud rate）的定義為：在傳輸媒介上每秒傳遞的通訊信號數量。對於UART通訊界面來說，其通訊信號即為高電位或低電位的脈衝，每個位元週期依所要傳遞的位元送出對應的電位脈衝，因此UART的鮑率相當於其傳送資料的位元速率（bit rate）。但要注意的是，因為UART的一個訊框中除了資料位元之外，也包含了起始位元、結束位元、以及同位位元等協定所規範的信號或資訊，因此實際的資料速率應該略低於鮑率。例如，假設鮑率設為9600 bps，訊框結構設定為資料位元8位元、無同位位元、以及1位元的停止位元（通常稱為8-N-1的設定），也就是每個訊框傳遞一個位元組（byte）的資料，則實際的資料速率為9600/(1 + 8 + 1) = 960 bytes/sec。使用UART界面進行資料收送，必須事先指定鮑率。一般常用鮑率為300, 600, 1200, 2400, 4800, 9600, 19200, 38400, 57600, 115200 bps等。

STM32F412ZGT6微控制器內含一組USART暫存器，有關UART的各種組態設定以及運作狀態探查，都需要透過這些暫存器的讀寫。在STM32F412ZGT6微控制器中，UART收發界面的鮑率是由處理器內部時脈（$f_{ck}$）依下列算式計算而得：

$$\text{Baud Rate} = \frac{(1+\text{OVER8}) \times f_{CK}}{\text{USARTDIV}}$$

其中OVER8為UART組態參數之一，是UART控制暫存器1（USART_CR1）中的一個位元，其值意義如下：

$$\text{OVER8}=\begin{cases}0\text{，使用 16 倍過取樣}\\1\text{，使用 8 倍過取樣}\end{cases}$$

除數USARTDIV則是依鮑率暫存器（Baud Rate Register，BRR）內容以下式計算而得：

$$\text{USARTDIV}=\begin{cases}\text{BRR，} & \text{使用 16 倍過取樣}\\ \text{BRR}[15:4]\times 16+\text{BRR}[2:0]\times 2\text{，} & \text{使用 8 倍過取樣}\end{cases}$$

**例1** 若STM32F412ZGT6的UART設定為16倍過取樣，內部時脈為20 MHz，鮑率為9600 bps，則BRR應設為何值？

**解答** 16倍過取樣所對應的OVER8值為0，且BRR應設為USARTDIV值。USART-DIV計算如下：

$$\text{USARTDIV}=\frac{(1+\text{OVER8})\times f_{CK}}{\text{Baud Rate}}=\frac{20{,}000{,}000}{9{,}600}=2083.33\approx 2083$$

$$\text{BRR}=\text{USARTDIV}=2083=0\text{x}823$$

■

**例2** 若STM32F412ZGT6的UART設定為8倍過取樣，內部時脈為20 MHz，鮑率為9600 bps，則BRR應設為何值？

**解答** 8倍過取樣所對應的OVER8值為1，且BRR應設為USARTDIV值。USARTDIV計算如下：

$$\text{USARTDIV}=\frac{(1+\text{OVER8})\times f_{CK}}{\text{Baud Rate}}=\frac{2\times 20{,}000{,}000}{9{,}600}=4166.67\approx 4167=0\text{x}1047$$

從USARTDIV值的計算式可以得知，當使用8倍過取樣時，BRR暫存器的位元4~15（即最大的12個位元）與UASRTDIV的位元4~15是相同的，而BRR暫存器的位元0~2則是把USARTDIV位元0~3的值右移（right shift）一個位元而得（因為要除以2）。至於BRR的位元3，按照STM32F412ZGT6的說明書規範，應該清除為0。因此，

$$BRR[15:4] = USARTDIV[15:4] = 0x104$$

$$BRR[3:0] = USARTDIV[3:0] >> 1 = 0x7 >> 1 = 0x3$$

故BRR暫存器應設為0x1043。

■

圖13-2所述為UART的資料傳輸方式，而實際上UART的實體電路界面有各種不同的標準。一般微控制器本身所直接提供的UART界面統稱為TTL（Transistor–Transistor Logic）界面，TTL界面通常是以電壓0V代表數位0，以晶片的電源電壓（通常是5V或3.3V）代表數位1。此種用固定電位來代表位元資訊的方式稱為「單端信號」（single-ended signaling）。然而TTL界面只能提供微控制器與其他模組進行短距離通訊，無法提供數公尺以上的長距離通訊，因此電腦或工業設備之間的通訊通常是採用RS-232、RS-485、RS-422等界面標準。RS-232也採用單端信號的方式來傳輸位元資訊，但與TTL不同的是其電位為正負相反的電壓值，0V不採用。RS-422與RS-485則採用「差分信號」（differential signaling）的方式來傳輸數位資料，此種方式利用兩條線路（記為D+與D-）的電位差來代表數位資訊：D+高於D-代表數位1，D-高於D+代表數位0。因為差分信號可有效消弭雜訊的影響，因此可以提供較高的資料速率。除此之外，三者所訂規範的裝置連接方式亦不同，RS-232只允許兩個裝置互連，即點對點（point-to-point）的方式連接，而RS-422與RS-485則允許多個裝置串接在傳輸線路上，以主從（master-slave）的方式達到多個裝置共用同一線路通訊的功能，主裝置（master）可傳輸資料給從裝置（slave）接收。RS-422與RS-485的不同處在於RS-422只允許單一個主裝置在線路中，而RS-485則允許最多32個主裝置。表13-1為RS-232、RS-485、RS-422的特性比較。

表13-1　RS-232、RS-485、RS-422特性比較表

| | RS-232 | RS-422 | RS-485 |
|---|---|---|---|
| 電位信號 | 單端信號<br>（數位1：+5V~+15V）<br>（數位0：-5V~-15V） | 差分信號<br>（-6V~+6V） | 差分信號<br>（-7V~+12V） |
| 最大線路長度 | 50呎 | 4000呎 | 4000呎 |
| 最高資料速率 | 20 Kbps | 10 Mbps | 10 Mbps |

| | RS-232 | RS-422 | RS-485 |
|---|---|---|---|
| 裝置數量 | 2個（1對1） | 1主裝置（master）<br>10從裝置（slave） | 32主裝置（master）<br>32從裝置（slave） |
| 雙工模式 | 全雙工 | 全雙工、半雙工 | 全雙工、半雙工 |

STM32F412ZGT6的UART通訊界面可透過三種方式進行資料讀寫：輪詢式（Polling）、中斷式（Interrupt）、以及直接記憶體存取式（DMA）。輪詢式是最簡單但最沒有效率的做法，中斷式較輪詢式有效率，但不適用於高速的資料傳輸。DMA是最複雜但卻是最有效率的做法。

## 13-2　輪詢式（Polling）UART通訊

本節介紹輪詢式的STM32F412ZGT6 UART資料讀寫，並以如圖13-4的情境爲例進行實驗並說明作法。本情境也將用於稍後兩節介紹中斷式與DMA式UART資料讀寫中。本書所採用STM32F412ZGT6微控制器共有4個UART通訊界面，本實驗使用其中的UART2，ST-LINK/V2-1 Micro-B USB虛擬COM埠，其TX與RX所對應的腳位分別爲PA2與PA3。在軟體方面，個人電腦上需安裝終端機軟體（如putty等），而實驗板則執行我們撰寫的程式，實現以下情境：使得使用者在終端機輸入的每個字元，都會透過UART線路傳到實驗板，而實驗板上的程式會將每個收到的字元（即每個收到的位元組）回傳到電腦並在終端機顯示出來。

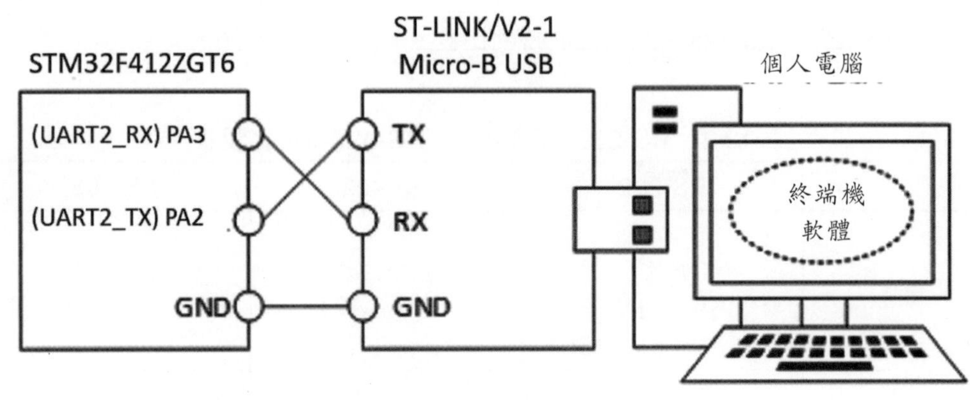


圖13-4　UART實驗情境

本節實驗的範例程式是先使用STM32CubeMX工具軟體進行實驗情境所需的組態設定後，產生Keil MDK的專案原始碼，再依據實驗想要達到的結果進行修改。在STM32CubeMX中，STM32F412ZGT6的UART2被設定為Asynchronous模式，如圖13-5所示。UART2通訊參數為：鮑率9600 bps、資料位元8 bits、無同位檢查、停止位元1位元、採用16倍過取樣，如圖13-6示。而時脈源則選用了PCLK1（即APB1 peripheral clock），其值為20 MHz。圖13-7顯示本實驗的主要系統時脈配置。

主程式（main.c: main()）的原始碼如圖13-8所示，首先進行系統各項週邊的初始化（HAL_Init()）以及系統時脈配置（SystemClock_Config()）。由於UART2使用GPIO的PA2與PA3腳位，所以接下來需要先對GPIO做初始化設定（MX_GPIO_Init()），再做UART2的各項參數設定以及初始化（MX_USART2_UART_Init()），如此便可以開始使用輪詢的方式使用UART2做資料收送。若要修改UART的相關參數，必須修改函數MX_USART2_UART_Init()的內容，如圖13-9所示。

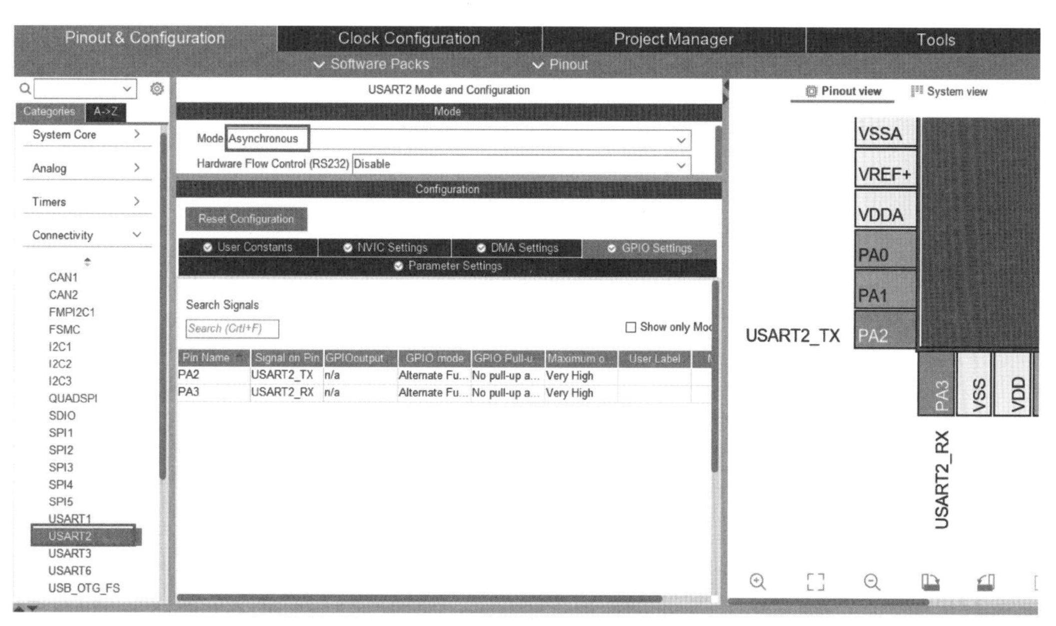


圖13-5 UART功能組態配置

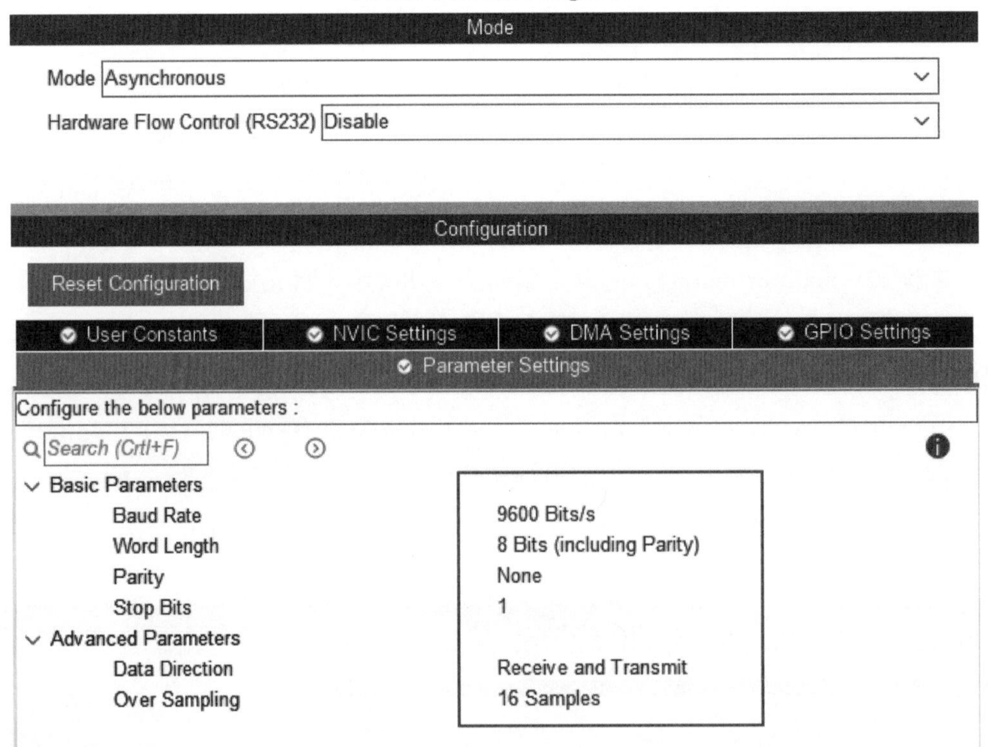


圖13-6　UART2通訊參數

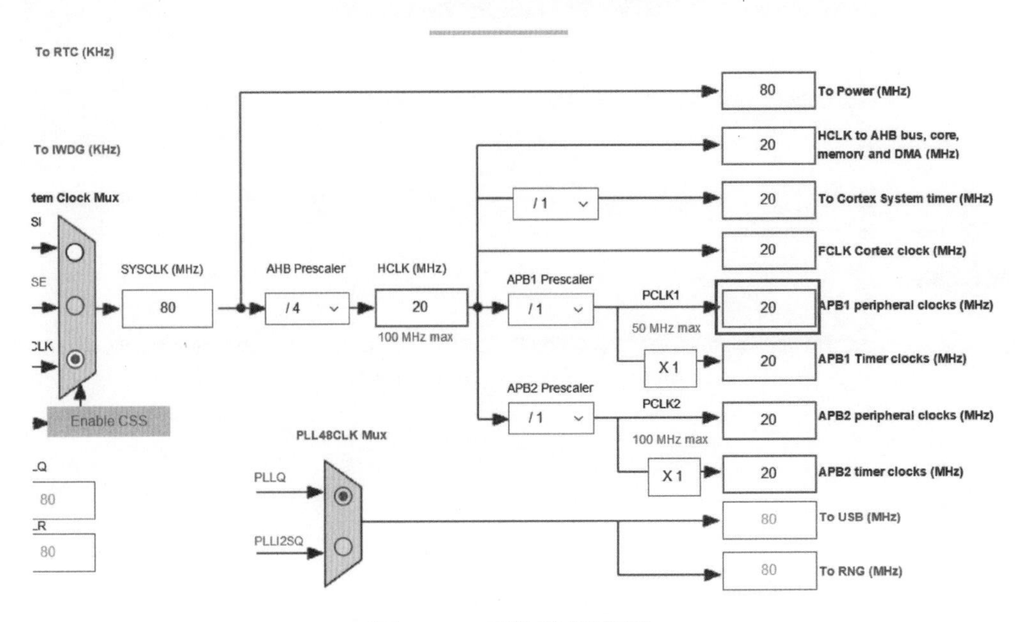


圖13-7　系統時脈配置

main.c（16~50行）：main()

| 行號 | 程式碼 |
|---|---|
| 16 | **int** main(**void**) |
| 17 | { |
| 18 | /*重置所有週邊,初始化Flash介面和Systick */ |
| 19 | HAL_Init(); |
| 20 | |
| 21 | /*配置系統時脈*/ |
| 22 | SystemClock_Config(); |
| 23 | |
| 24 | /*初始化所有配置的週邊：GPIO，UART4 */ |
| 25 | MX_GPIO_Init(); |
| 26 | MX_UART4_Init(); |
| 27 | |
| 28 | /*無窮迴圈：從RX讀一個byte就將它寫到TX */ |
| 29 | **while** (1) |
| 30 | { |
| 31 | HAL_StatusTypeDef status; |
| 32 | **uint8_t** recv_buf[10]; |
| 33 | |
| 34 | //從Rx接收一個byte，（沒有timeout，即無限時等待） |
| 35 | status = HAL_UART_Receive(&huart4, recv_buf, 1, |
| 36 | HAL_MAX_DELAY); |
| 37 | **if** (status ! = HAL_OK) |
| 38 | { |
| 39 | _Error_Handler(); |
| 40 | } |
| 41 | |
| 42 | |
| 43 | //將接收到的byte從Tx傳遞出去 |
| 44 | status = HAL_UART_Transmit(&huart4, recv_buf, 1, |
| 45 | HAL_MAX_DELAY); |
| 46 | **if** (status ! = HAL_OK) |
| 47 | { |
| 48 | Error_Handler(); |
| 49 | } |
| 50 | |
| | } |
| | } |

圖13-8　函數main()原始碼

MX_USART2_UART_Init()程式碼

```
/* UART2 初始化設定 */
void MX_USART2_UART_Init(void)
{
  huart2.Instance = USART2;
  huart2.Init.BaudRate = 9600;  // 鮑率(baud rate): 9600bps
  huart2.Init.WordLength = UART_WORDLENGTH_8B; // 字長(word length): 8 位元
  huart2.Init.StopBits = UART_STOPBITS_1;    // 停止位元(stop bit)長度: 1 位元
  huart2.Init.Parity = UART_PARITY_NONE;    // 同位元檢察(Parity): 無
  huart2.Init.Mode = UART_MODE_TX_RX;    // 傳輸模式: 可收可送
  huart2.Init.HwFlowCtl = UART_HWCONTROL_NONE;       // 流量控制: 無
  huart2.Init.OverSampling = UART_OVERSAMPLING_8; // 過取樣(over sampling)
模式: 16
 if (HAL_UART_Init(&huart2) != HAL_OK) // 呼叫HAL_UART_Init()進行UART4初始化
設定
  {
    Error_Handler();
  }
}
```

圖13-9　函數MX_UART4_Init()原始碼

在主程式main.c中的while無窮迴圈則是持續將每個從UART2 RX接收到的位元組資料，轉由UART2 TX送出。採用輪詢的方式使用UART，必須由使用者的程式主動去探測是否有資料從RX線路進來，以及主動將資料從TX線路傳送出去。接收資料時呼叫函數HAL_UART_Receive()，傳送資料時則呼叫函數HAL_UART_Receive()。函數HAL_UART_Receive()會將來自UART RX的n個位元組資料存放到字元陣列recv_buf中，此處我們將n值設爲1，讓HAL_UART_Receive()每次呼叫時都只收一個位元祖資料進來。函數HAL_UART_Transmit()則會將n個在字元陣列recv_buf中的資料位元組從UART TX送出，此助我們也是將n值設爲1。

注意，HAL_UART_Receive()與HAL_UART_Transmit()的執行都是阻塞式（blocking）的，也就是說它們會一直到接收或傳送的動作執行完畢之後，或是等到呼叫者所設定的逾時時間超過後，才會返回主程式。以HAL_UART_Receive()來說，若來自RX線路的資料位元組不足n個，則會一直等待到有n個位元組進來，或是超過呼叫者所設定的逾時時間（timeout）才會返回主程式。在我們的程式中，逾時時間被設爲無窮大（HAL_MAX_DELAY），即沒有逾時時間，函數會一直等到執行完畢才會返回。圖13-10爲HAL_UART_Receive()的原始碼（在stm32f4xx_hal_uart.c中），1129~1177行的while迴圈即爲一個一個從RX讀取資料位元組並存入字元陣列的動作。

| stm32f4xx_hal_uart.c（1100~1188行）：HAL_UART_Receive() | |
|---|---|
| 行號 | 程式碼 |
| 1100 | HAL_StatusTypeDef HAL_UART_Receive(UART_HandleTypeDef *huart, uint8_t *pData, uint16_t Size, uint32_t Timeout) |
| 1101 | { |
| 1102 | uint16_t *tmp; |
| 1103 | uint32_t tickstart = 0U; |
| 1104 | |
| 1105 | /*檢查RX行程是否已經就緒*/ |
| 1106 | if (huart->RxState == HAL_UART_STATE_READY) |
| 1107 | { |
| 1108 | if ((pData == NULL) \|\| (Size == 0U)) |
| 1109 | { |
| 1110 | return HAL_ERROR; |
| 1111 | } |
| 1112 | |
| 1113 | /* Process Locked */ |
| 1114 | __HAL_LOCK(huart); |
| 1115 | |
| 1116 | huart->ErrorCode = HAL_UART_ERROR_NONE; |
| 1117 | huart->RxState = HAL_UART_STATE_BUSY_RX; |
| 1118 | |
| 1119 | /*取得目前系統時間，記錄到tickstart，爲稍後檢查是否timeout準備*/ |
| 1120 | tickstart = HAL_GetTick(); |
| 1121 | |
| 1122 | huart->RxXferSize = Size; // 設定待收位元組總量 |
| 1123 | huart->RxXferCount = Size; // 初始化接收數量倒數計數器 |
| 1124 | |
| 1125 | /* Process Unlocked */ |
| 1126 | __HAL_UNLOCK(huart); |
| 1127 | |
| 1128 | /*連續接收RxXferCount個位元組資料*/ |
| 1129 | while (huart->RxXferCount > 0U) |
| 1130 | { |
| 1131 | huart->RxXferCount--; |

```
1132        if (huart->Init.WordLength == UART_WORDLENGTH_9B)
1133        {  //等待RXNE事件的發生
1134          if (UART_WaitOnFlagUntilTimeout(huart, UART_FLAG_RXNE, RESET,
     tickstart, Timeout) != HAL_OK)
1135          {
1136            return HAL_TIMEOUT; //若逾時則回傳HAL_TIMEOUT
1137          }
1138          tmp = (uint16_t *) pData;
1139          if (huart->Init.Parity == UART_PARITY_NONE)
              {
1140            *tmp = (uint16_t)(huart->Instance->DR & (uint16_t)0x01FF);
1141            pData += 2U;
1142          }
1143          else
1144          {
1145            *tmp = (uint16_t)(huart->Instance->DR & (uint16_t)0x00FF);
1146            pData += 1U;
1147          }
1148
1149        }
1150        else
1151        {
1152          if (UART_WaitOnFlagUntilTimeout(huart, UART_FLAG_RXNE, RESET,
1153   tickstart, Timeout) != HAL_OK)
1154          {
1155            return HAL_TIMEOUT;
1156          }
1157          if (huart->Init.Parity == UART_PARITY_NONE)
1158          {
1159            *pData++ = (uint8_t)(huart->Instance->DR & (uint8_t)0x00FF);
1160          }
1161          else
1162          {
1163            *pData++ = (uint8_t)(huart->Instance->DR & (uint8_t)0x007F);
1164          }
1165        }
1166      }
1167      /*接收完畢，將UART狀態回復成READY */
1168      huart->RxState = HAL_UART_STATE_READY;
1169
          return HAL_OK;
```

```
1171      }
1172      else
1173      {
1174         return HAL_BUSY;
1175      }
1176    }
1177
```

圖13-10　函數HAL_UART_Receive()原始碼

打開裝置管理員視窗，記錄所對應的序列埠名稱（COMxx，其中xx爲數字）。以圖13-11爲例，STMicroelectronics STLink Virtual COM Port連接埠名稱爲COM6。

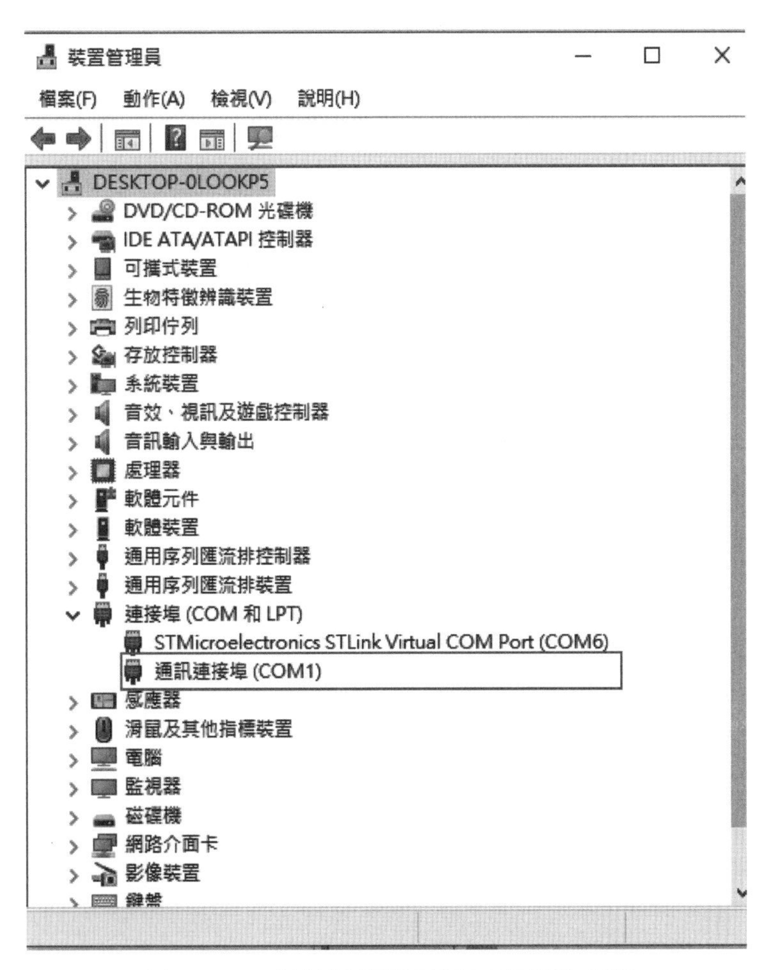


圖13-11　從裝置管理員得知序列埠名稱

啓動pytty終端機程式，做如下設定（圖13-12）：

1. Session設定：

   (1) Connection Type：Serial

2. Serial設定：

   (1) Serial Line to connect to： USB-to-TTL的序列埠名稱

   (2) Speed：9600

   (3) Data bits：8

   (4) Stop bits：1

   (5) Parity：None

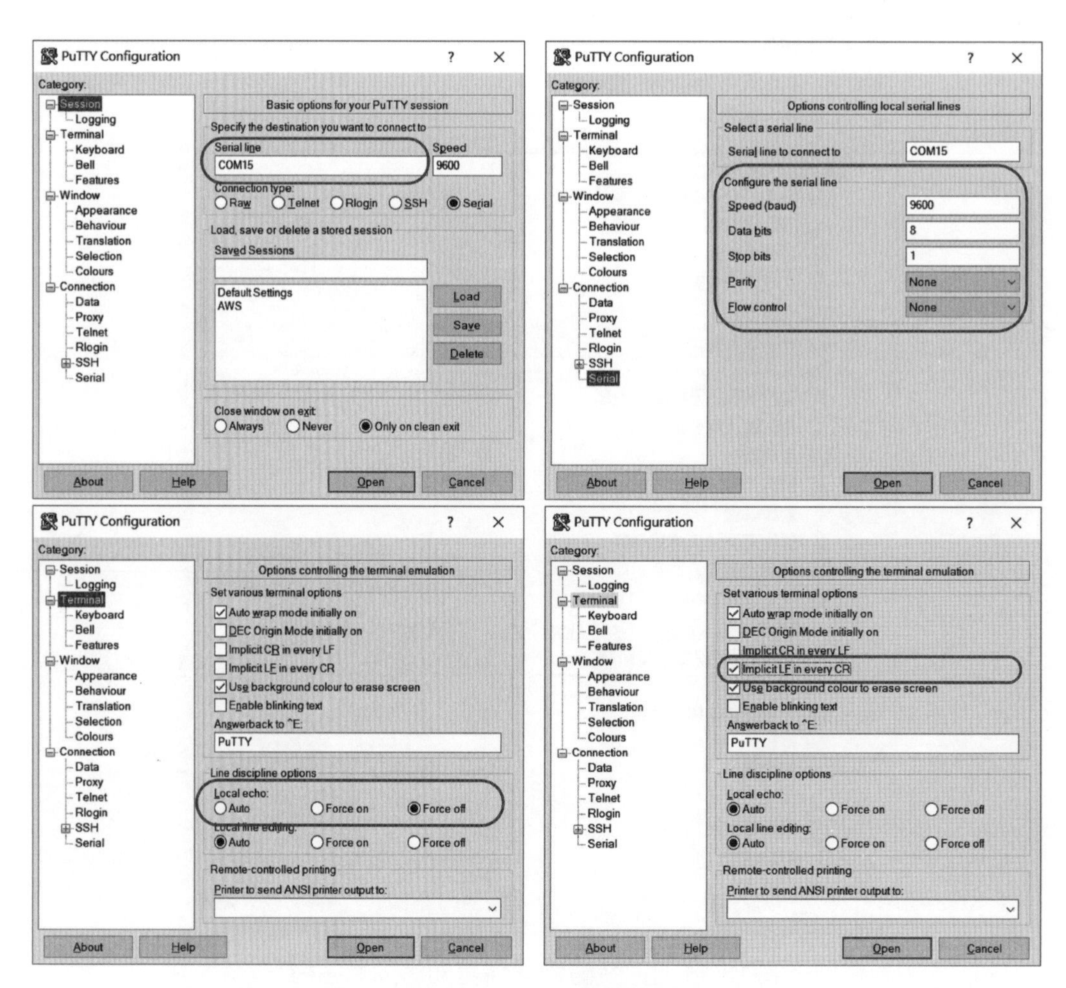


圖13-12　putty設定

(6) Flow control：None

3. Terminal：

   (1) Line echo：Force off（在鍵盤輸入的字不由putty直接顯示出來）

   (2) Implicit LF in every CR（因爲按下Enter鍵時，putty只會送出CR符號，因此做此設定，讓收到CR符號時，自動加印LF換行符號）

操作Keil uVision下載程式碼到STM32F412G-DISCO探索板Flash記憶體，開始執行程式，再按下putty的Open按鈕，開啓如圖13-13的終端機視窗。在終端機視窗中以鍵盤輸入任何字元，便可看到實驗板程式回送的字元。

圖13-13　實驗結果

## 13-3　中斷式（Interrupt）UART通訊

輪詢式UART通訊需要在使用者的程式中，主動以迴圈方式不斷讀取或寫入UART暫存器才能進行資料收送，浪費相當多的CPU運算資源，若採用中斷式就可避免運算資源的浪費，可以讓CPU在做資料通訊的同時去處理其他事情。在中斷式

UART通訊方式中，當從RX線路傳進來的資料完成接收、或是把要傳出去的資料在TX線路完成傳輸、或是發生錯誤狀況等，UART的硬體便會對CPU產生一個中斷信號，CPU便會自動執行我們事先準備好的一段專門處理中斷信號的程式，即中斷處理常式（Interrupt Service Routing，簡稱ISR）。在ISR中，可對傳送與接收所發生的各項事件進行處理，例如將收進來的資料複製到記憶體中、把下一筆要傳輸的資料往TX線路傳送、處理錯誤狀況等等，因此不需要在主程式中隨時主動介入各項UART事件的處理，使得CPU的使用更有效率。

STM32F4的UART硬體傳輸結構如圖13-14所示。當CPU或DMA控制器要傳輸一個位元組的資料時，必須將該資料寫入傳送資料暫存器（Transmit Data Register，簡稱TDR）中，UART的硬體線路就會自動將TDR的資料移入傳送移位暫存器（Transmit Shift Register），然後再從TX線路依UART訊框協定傳送出去。當有資料從RX線路進來的時候，則是先接收到接收移位暫存器（Receive Shift Register），再轉存到接收資料站暫存器（Receive Data Register，簡稱RDR）中。

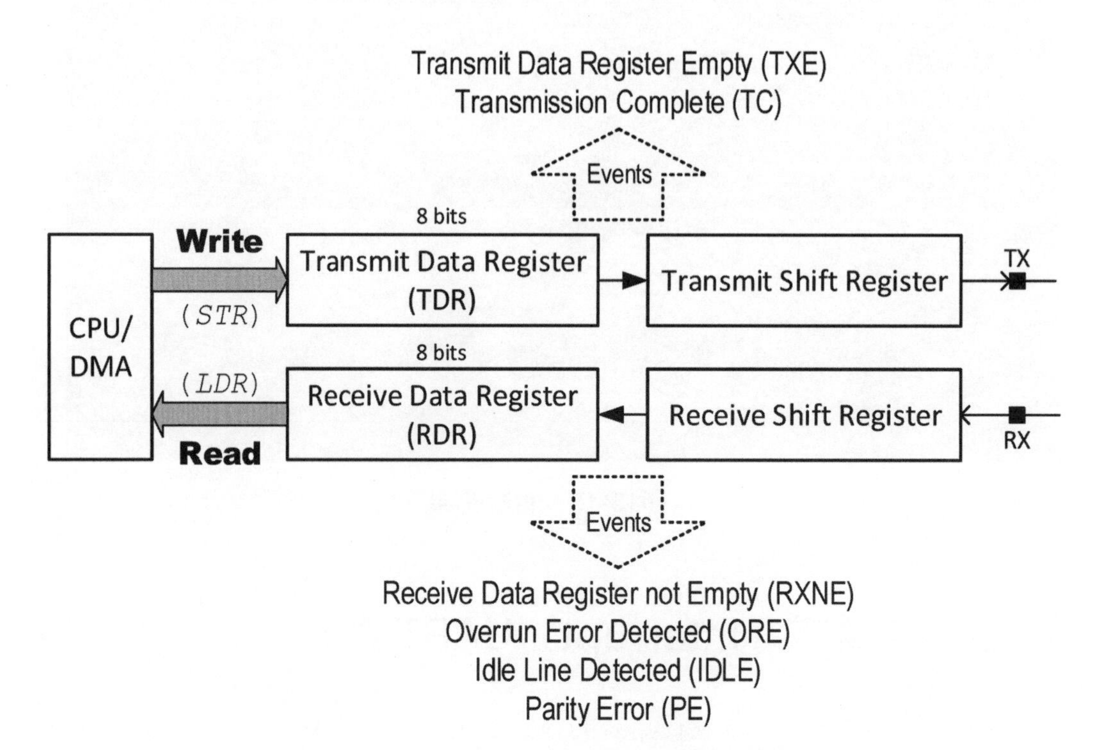


圖13-14　STM32F4的UART硬體傳輸結構

STM32F4定義了許多在UART資料收送過程中會發生的事件（Event），而這些事件的發生可以誘發硬體產生一個UART中斷信號，讓CPU可以跳去執行對應的中斷處理常式，進行該事件所需的後續處理。表13-2是在採用中斷方式進行非同步UART通訊時，常會引用到的事件。但要注意的是，在STM32F4中，所有UART事件所觸發的中斷都對應到同一個中斷向量，即所有的中斷都會觸發同一個ISR被執行，因此在UART的ISR程式裡，必須先判斷發生了何種事件，再分別進行處理。

表13-2　常見的UART事件

| 發生時機 | 事件名稱 | 簡稱 | 意義 |
|---|---|---|---|
| 傳送過程 | Transmit Data Register Empty | TXE | 傳送資料暫存器（TDR）裡的資料已經搬移到資料移位暫存器，TDR已清空。 |
| | Transmission Complete | TC | 在傳送暫存器中的資料已經在TX線路完成傳送（即stop位元已經送出）。 |
| 接收過程 | Receive Data Register Not Empty | RXNE | 有資料從RX線路接收進來，並已經存放到接收資料暫存器（RDR）中。 |
| | Overrun Error Detected | ORE | 當有資料從RX線路接收進來，但接收資料暫存器（RDR）尚未清空，無法把資料存放進去。 |
| | Idle Line Detected | IDLE | 收到一個IDLE訊框（即整個訊框從start位元開始，到stop位元爲止，都是持續處在「1」的訊號狀態）。 |
| | Parity Error | PE | 接收進來的資料發生同位檢查錯誤 |

以資料接收爲例，圖13-15爲中斷式資料接收的過程。當有一個位元組的資料從RX線路進來之後，這個位元組的資料最後會被存放到RDR中，並對CPU產生一個RXNE中斷。CPU在接收到RXNE中斷後，便跳去執行UART的ISR，然後在ISR中把資料從RDR複製到指定的記憶體位置。

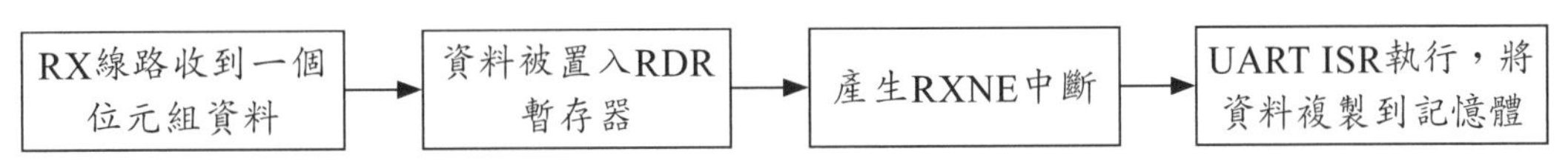


圖13-15　中斷式資料接收過程

本節實驗的情境與前一節（13-2）相同，由探索板的UART2接收來自使用者在電腦終端機軟體所輸入的每個字元，再將之回傳到電腦並顯示在終端機上，但本節將改由ISR自動做接收並回傳的功能，不再由主程式以無窮迴圈持續輪詢的方式進行。本範例程式也是先使用STM32CubeMX工具軟體進行實驗情境所需的組態設定後（如圖13-16），產生Keil MDK的專案原始碼，再依據實驗情境進行修改。

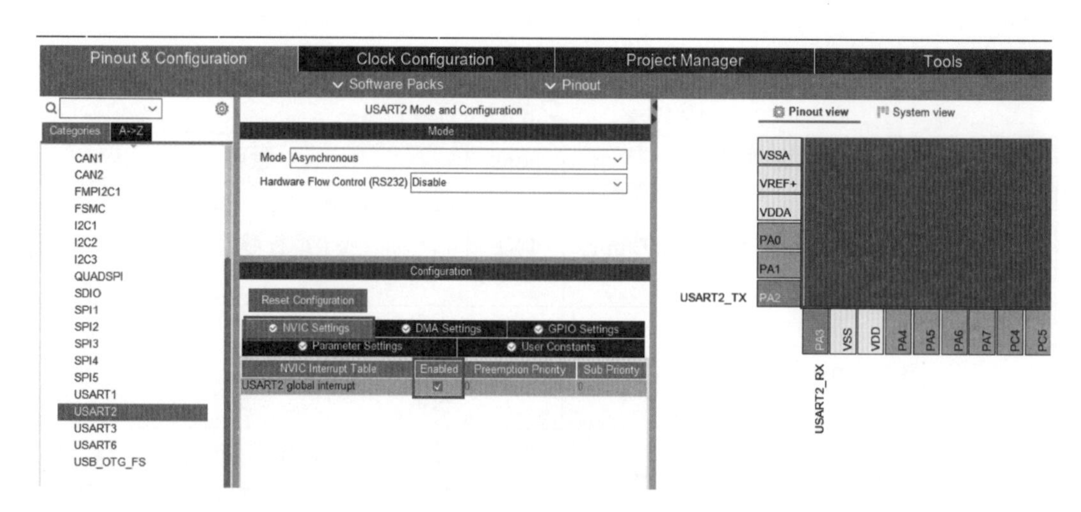


圖13-16 UART2中斷傳輸模式的設定

主程式main.c第47行宣告一個buffer陣列，用於儲存接收到的數據。在第92行添加HAL_UART_Receive_IT(&huart2, (uint8_t *) buffer, 1)函數，用於調用UART接收中斷函數。在USER CODE BEGIN 4與USER CODE END 4中間添加以下程式碼，中斷接收回調函數HAL_UART_RxCpltCallback()將接收到的資料又通過UART2串列埠發送回去。主程式main.c的程式碼列於圖13-7。

```
void HAL_UART_RxCpltCallback(UART_HandleTypeDef *huart)
{
  /* Prevent unused argument(s) compilation warning */
  UNUSED(huart);
  HAL_UART_Receive_IT(&huart2, (uint8_t *) buffer, 1);
  HAL_UART_Transmit_IT(&huart2, (uint8_t *) buffer, 1);
}
```

```
/* USER CODE BEGIN Header */
/**
 ******************************************************************************
 * @file          : main.c
 * @brief         : Main program body
 ******************************************************************************
 * @attention
 *
 * <h2><center>&copy; Copyright (c) 2022 STMicroelectronics.
 * All rights reserved.</center></h2>
 *
 * This software component is licensed by ST under BSD 3-Clause license,
 * the "License"; You may not use this file except in compliance with the
 * License. You may obtain a copy of the License at:
 *                        opensource.org/licenses/BSD-3-Clause
 *
 ******************************************************************************
 */
/* USER CODE END Header */
/* Includes ------------------------------------------------------------------*/
#include "main.h"
#include "usart.h"
#include "gpio.h"

/* Private includes ----------------------------------------------------------*/
/* USER CODE BEGIN Includes */

/* USER CODE END Includes */

/* Private typedef -----------------------------------------------------------*/
```

```
/* USER CODE BEGIN PTD */

/* USER CODE END PTD */

/* Private define ----------------------------------------------------------*/
/* USER CODE BEGIN PD */
/* USER CODE END PD */

/* Private macro -----------------------------------------------------------*/
/* USER CODE BEGIN PM */

/* USER CODE END PM */

/* Private variables -------------------------------------------------------*/

/* USER CODE BEGIN PV */
uint8_t buffer[1];
/* USER CODE END PV */

/* Private function prototypes ---------------------------------------------*/
void SystemClock_Config(void);
/* USER CODE BEGIN PFP */

/* USER CODE END PFP */

/* Private user code -------------------------------------------------------*/
/* USER CODE BEGIN 0 */

/* USER CODE END 0 */
```

```
/**
  * @brief  The application entry point.
  * @retval int
  */
int main(void)
{
  /* USER CODE BEGIN 1 */

  /* USER CODE END 1 */

  /* MCU Configuration--------------------------------------------------------*/

  /* Reset of all peripherals, Initializes the Flash interface and the Systick. */
  HAL_Init();

  /* USER CODE BEGIN Init */

  /* USER CODE END Init */

  /* Configure the system clock */
  SystemClock_Config();

  /* USER CODE BEGIN SysInit */

  /* USER CODE END SysInit */

  /* Initialize all configured peripherals */
  MX_GPIO_Init();
  MX_USART2_UART_Init();
  /* USER CODE BEGIN 2 */
```

```
  HAL_UART_Receive_IT(&huart2, (uint8_t *) buffer, 1);
  /* USER CODE END 2 */

  /* Infinite loop */
  /* USER CODE BEGIN WHILE */
  while (1)
  {
    /* USER CODE END WHILE */

    /* USER CODE BEGIN 3 */
  }
  /* USER CODE END 3 */
}

/**
  * @brief System Clock Configuration
  * @retval None
  */
void SystemClock_Config(void)
{
  RCC_OscInitTypeDef RCC_OscInitStruct = {0};
  RCC_ClkInitTypeDef RCC_ClkInitStruct = {0};

  /** Configure the main internal regulator output voltage
  */
  __HAL_RCC_PWR_CLK_ENABLE();
  __HAL_PWR_VOLTAGESCALING_CONFIG(PWR_REGULATOR_VOLTAGE_SCALE1);
  /** Initializes the RCC Oscillators according to the specified parameters
  * in the RCC_OscInitTypeDef structure.
  */
```

```
  RCC_OscInitStruct.OscillatorType = RCC_OSCILLATORTYPE_HSI;
  RCC_OscInitStruct.HSIState = RCC_HSI_ON;
  RCC_OscInitStruct.HSICalibrationValue = RCC_HSICALIBRATION_DEFAULT;
  RCC_OscInitStruct.PLL.PLLState = RCC_PLL_NONE;
  if (HAL_RCC_OscConfig(&RCC_OscInitStruct) != HAL_OK)
  {
    Error_Handler();
  }
  /** Initializes the CPU, AHB and APB buses clocks
  */
  RCC_ClkInitStruct.ClockType =
RCC_CLOCKTYPE_HCLK|RCC_CLOCKTYPE_SYSCLK
|RCC_CLOCKTYPE_PCLK1|RCC_CLOCKTYPE_PCLK2;
  RCC_ClkInitStruct.SYSCLKSource = RCC_SYSCLKSOURCE_HSI;
  RCC_ClkInitStruct.AHBCLKDivider = RCC_SYSCLK_DIV1;
  RCC_ClkInitStruct.APB1CLKDivider = RCC_HCLK_DIV1;
  RCC_ClkInitStruct.APB2CLKDivider = RCC_HCLK_DIV1;

  if (HAL_RCC_ClockConfig(&RCC_ClkInitStruct, FLASH_LATENCY_0) != HAL_OK)
  {
    Error_Handler();
  }
}

/* USER CODE BEGIN 4 */
void HAL_UART_RxCpltCallback(UART_HandleTypeDef *huart)
{
  /* Prevent unused argument(s) compilation warning */
  UNUSED(huart);
  HAL_UART_Receive_IT(&huart2, (uint8_t *) buffer, 1);
```

```
  HAL_UART_Transmit_IT(&huart2, (uint8_t *) buffer, 1);
}
/* USER CODE END 4 */

/**
  * @brief  This function is executed in case of error occurrence.
  * @retval None
  */
void Error_Handler(void)
{
  /* USER CODE BEGIN Error_Handler_Debug */
  /* User can add his own implementation to report the HAL error return state */
  __disable_irq();
  while (1)
  {
  }
  /* USER CODE END Error_Handler_Debug */
}

#ifdef  USE_FULL_ASSERT
/**
  * @brief  Reports the name of the source file and the source line number
  *         where the assert_param error has occurred.
  * @param  file: pointer to the source file name
  * @param  line: assert_param error line source number
  * @retval None
  */
void assert_failed(uint8_t *file, uint32_t line)
{
  /* USER CODE BEGIN 6 */
```

```
  /* User can add his own implementation to report the file name and line number,
     ex: printf("Wrong parameters value: file %s on line %d\r\n", file, line) */
  /* USER CODE END 6 */
}
#endif /* USE_FULL_ASSERT */

/************************ (C) COPYRIGHT STMicroelectronics *****END OF FILE****/
```

圖13-17　主程式main.c程式碼

本節實驗的執行步驟以及電腦端的各項設定皆與前一節相同，最後可在putty終端機軟體上得到與圖13-13相同的結果。

## 13-4　直接記憶體存取式（DMA）UART通訊

除了前兩節所敘述的方式外，STM32F412ZGT6也提供經由直接記憶體存取（Direct Memory Access，簡稱DMA）的方式來進行UART通訊。DMA的基本運作原理如圖13-18所示。在不使用DMA的情形下，要把週邊資料存入記憶體，或是把記憶體內的資料輸出到週邊，都需要CPU執行讀寫指令才能完成。對於讀寫速度慢的週邊來說，往往造成系統整體執行效率的瓶頸，尤其當需要做大量資料讀寫時。DMA控制器是獨立於CPU之外的元件，可接受來自CPU的命令，直接讀取指定週邊的資料並寫到指定的記憶體位置，也可直接將指定記憶體位置的資料寫到指定週邊，並且可以一次連續讀寫多個位元組資料。因此，使用DMA來做週邊資料的讀寫，便可讓CPU同時執行其他程式，且由於DMA控制器是以硬體線路直接做資料的搬移，讀寫速度遠比由CPU執行指令來得快，故可大大提升系統的執行效能。

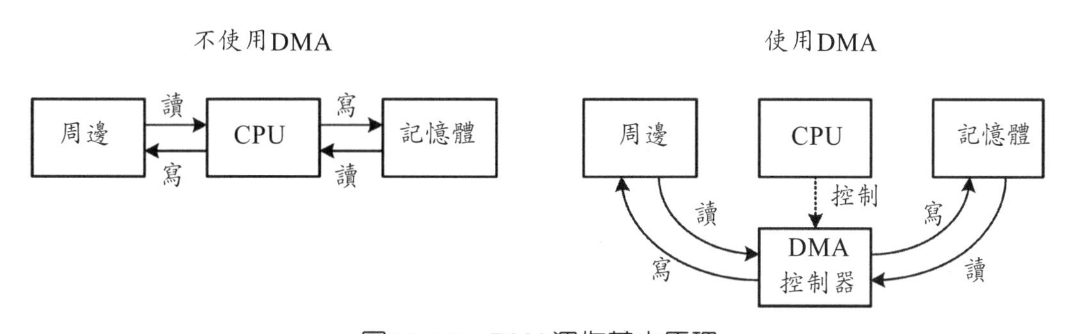


圖13-18　DMA運作基本原理

STM32F412ZGT6內建兩個DMA控制器：DMA1與DMA2，每個DMA控制器有8個DMA通道（DMA Channel）。每個DMA通道可以獨立針對某指定週邊所提出的記憶體存取要求，執行DMA讀寫動作。但因STM32F412ZGT6內建的週邊種類甚多，因此STM32F412ZGT6在設計上將每個DMA通道對應到8種不同的週邊（以Stream編號0~7對應），但必須在初始化時就指定這個DMA通道要接受哪個週邊的DMA要求。表13-3爲DMA1與DMA2各通道與週邊對應表（取材自意法半導體官方文件）。以本章實驗所用的UART2來說，其接收端（UART2_RX）對應的是DMA1/Channel4/Stream5，而傳輸端（UART2_TX）對應的是DMA1/Channel4/Stream6。

表13-3 DMA1與DMA2各通道與週邊對應表

| Peripheral requests | Stream 0 | Stream 1 | Stream 2 | Stream 3 | Stream 4 | Stream 5 | Stream 6 | Stream 7 |
|---|---|---|---|---|---|---|---|---|
| Channel 0 | SPI3_RX | I2C1_TX | SPI3_RX | SPI2_RX | SPI2_TX | SPI3_TX | - | SPI3_TX |
| Channel 1 | I2C1_RX | I2C3_RX | TIM7_RX | I2CFMP1_RX | TIM7_UP | I2C1_RX | I2C1_TX | I2C1_TX |
| Channel 2 | TIM4_CH1 | I2CFMP1_TX | I2S3_EXT_RX | TIM4_CH2 | I2S2_EXT_TX | I2S3_EXT_TX | TIM4_UP | TIM4_CH3 |
| Channel 3 | I2S3_EXT_EX | TIM2_CH3<br>TIM2_UP | I2C3_RX | I2S2EXT_RX | I2C3_TX | TIM2_CH1 | TIM2_CH2<br>TIM2_CH4 | TIM2_UP<br>TIM2_CH4 |
| Channel 4 | - | USART3_RX | - | USART3_TX | - | USART2_RX | USART2_TX | I2CFMP1_TX |
| Channel 5 | - | - | TIM3_UP<br>TIM3_CH4 | - | TIM3_CH1<br>TIM3_TRIG | TIM3_CH2 | - | TIM3_CH3 |
| Channel 6 | TIM5_CH3<br>TIM5_UP | TIM5_CH4<br>TIM5_TRIG | TIM5_CH1 | TIM5_CH4<br>TIM5_TRIG | TIM5_CH2 | I2C3_TX | TIM5_UP | USART2_RX |
| Channel 7 | I2CFMP1_RX | TIM6_UP | I2C2_RX | I2C2_RX | USART3_RX | - | - | IC2C_TX |

| Peripheral requests | Stream 0 | Stream 1 | Stream 2 | Stream 3 | Stream 4 | Stream 5 | Stream 6 | Stream 7 |
|---|---|---|---|---|---|---|---|---|
| Channel 0 | ADC1 | - | TIM8_CH1<br>TIM8_CH2<br>TIM8_CH3 | - | ADC1 | - | TIM8_CH1<br>TIM8_CH2<br>TIM8_CH3 | - |
| Channel 1 | - | - | - | - | - | - | - | - |
| Channel 2 | - | - | SPI1_TX | SPI5_RX | SPI1_TX | - | - | - |
| Channel 3 | SPI1_RX | DFSDM1_FLT1 | SPI1_TX | SPI1_TX | DFSDM1_FLT1 | SPI1_TX | DFSDM1_FLT0 | QUADSPI |
| Channel 4 | SPI4_RX | SPI4_TX | USART1_RX | SDIO | SPI4_RX | USART1_RX | SDIO | USART1_TX |
| Channel 5 | - | USART6_RX | USART6_RX | SPI4_RX | SPI4_TX | SPI5_TX | USART6_TX | USART6_TX |
| Channel 6 | TIM1_TRIG | TIM1_CH1 | TIM1_CH2 | TIM1_CH1 | TIM1_CH4<br>TIM1_TRIG<br>TIM1_COM | TIM1_UP | TIM1_CH3 | - |
| Channel 7 | DFSDM1_FLT0 | TIM8_UP | TIM8_CH1 | TIM8_CH2 | TIM8_CH3 | SPI5_RX | SPI5_TX | TIM8_CH4<br>TIM8_TRIG<br>TIM8_COM |

以下以本節所要進行的實驗以及程式原始碼來說明如何在UART的通訊中使用DMA做資料收送。爲了凸顯DMA可一次將多個位元組的資料在週邊與記憶體之間搬移，本節實驗與前兩節稍有不同。本節的實驗情境爲：從UART2的RX線路以DMA方式接收從putty軟體送過來的每個字元，先依次儲存於接收緩衝區中；當putty的使用者按下Enter鍵時，亦即從RX線路收到CR字元（Carriage Return字元，ASCII碼爲0x0D）時，馬上以DMA方式從TX線路送出字串「Echo:<*接收緩衝區內的字串*>」，使得putty可以顯示出此字串。例如，使用者在putty輸入「Hello」字串後按下Enter鍵，則會看到探索板送回字串「Echo:Hello」。

利用STM32CubeMX創建UART_DMA專案，步驟如下：

**步驟1**：新建專案

開啓STM32cubeMX軟體，點擊New Project。根據圖13-19，在Part Number Search輸入STM32F412ZG，在MCUs List item選擇STM32F412ZGTx，然後點選Start Project，將開啓如圖13-20的專案主畫面。



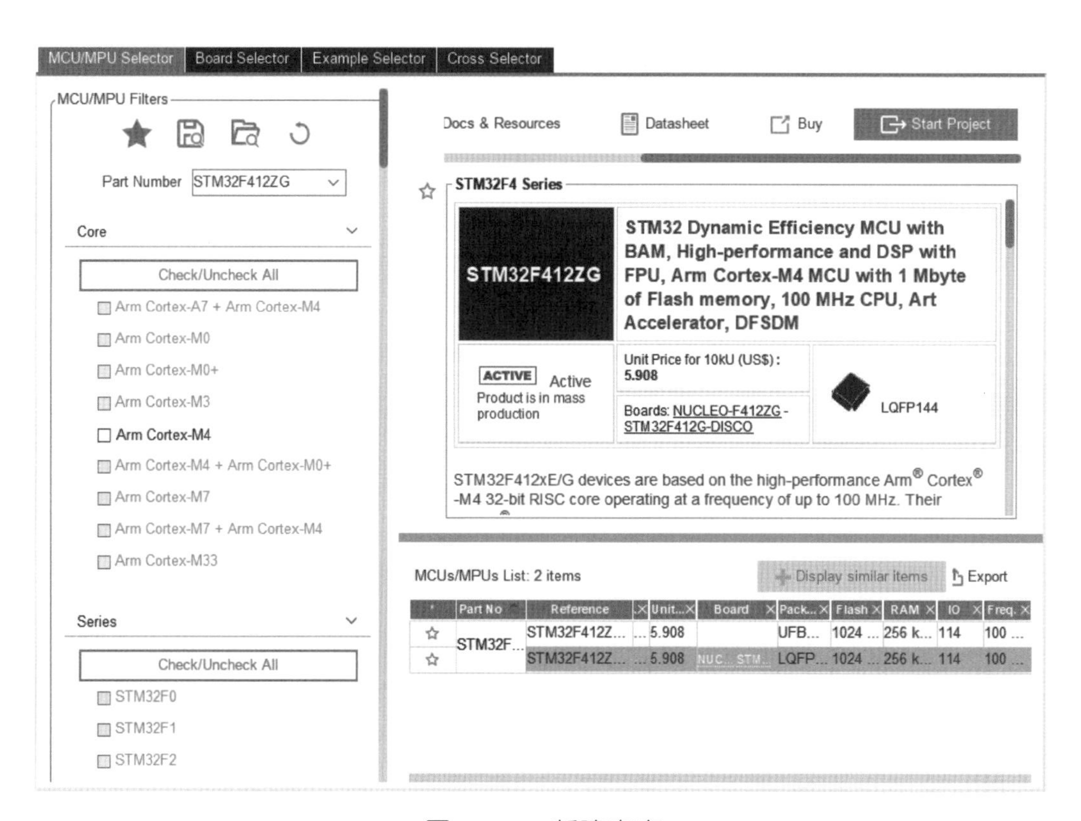


圖13-19　新建專案

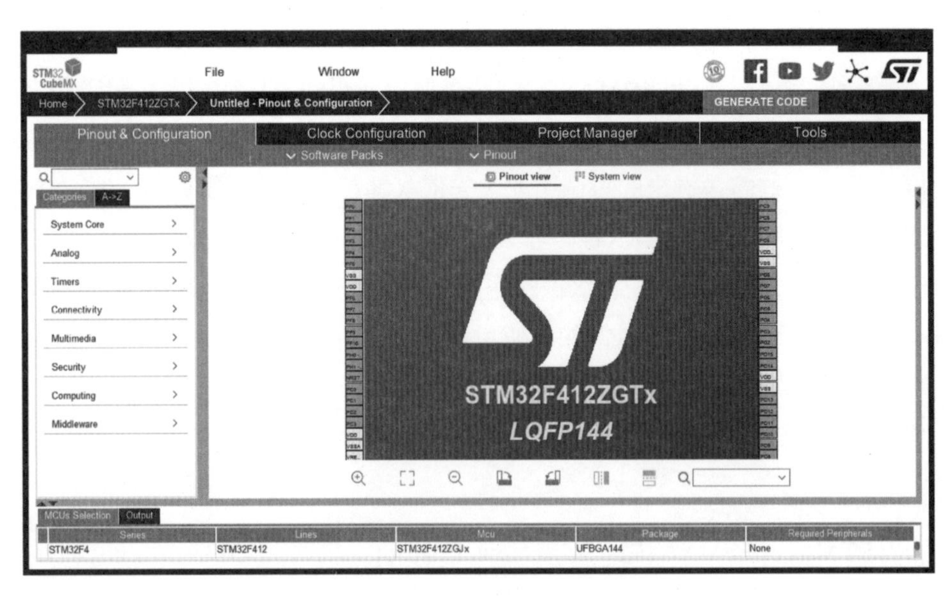


圖13-20　專案主畫面

**步驟2**：UART功能組態配置

在Connectivity中選擇USART2設定，並選擇Asynchronous非同步通訊。鮑率設爲9600 Bits/s。傳輸資料長度爲8 Bit。奇偶檢驗None，停止位1，接收和傳送都使能，如圖13-21所示。

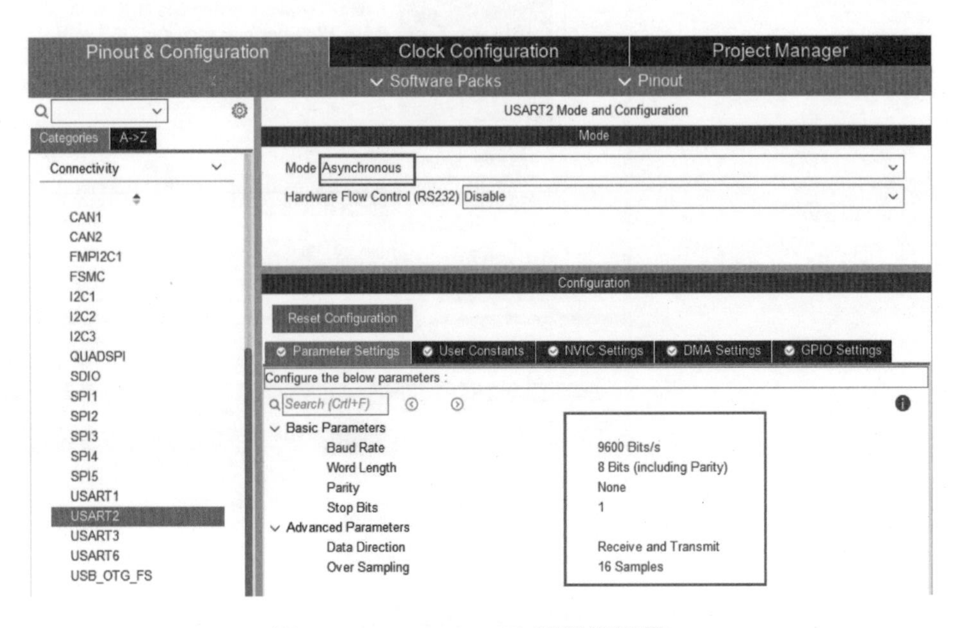


圖13-21　USART2功能組態配置

點選NVIC Settings，使能USART2 global interrupt，如圖13-22所示。

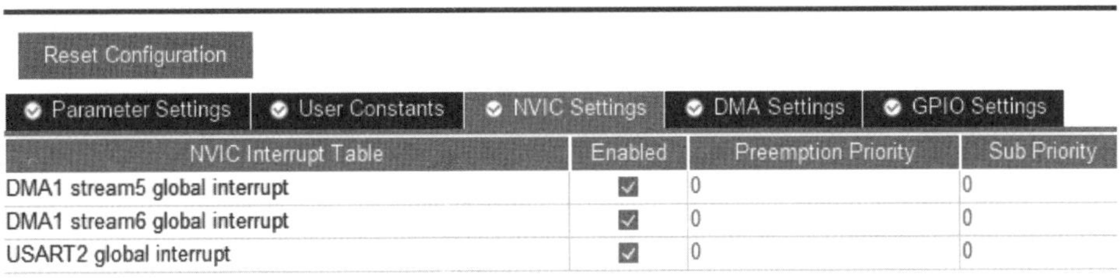

Reset Configuration

Parameter Settings | User Constants | NVIC Settings | DMA Settings | GPIO Settings

| NVIC Interrupt Table | Enabled | Preemption Priority | Sub Priority |
| --- | --- | --- | --- |
| DMA1 stream5 global interrupt | ☑ | 0 | 0 |
| DMA1 stream6 global interrupt | ☑ | 0 | 0 |
| USART2 global interrupt | ☑ | 0 | 0 |

圖13-22　USART2 NVIC功能組態設置

**步驟3**：DMA配置

點選DMA Settings，新增USART12 TX和USART2 RX分別對應DMA1的通道5和通道6，其他部分使用預設，如圖13-23所示。

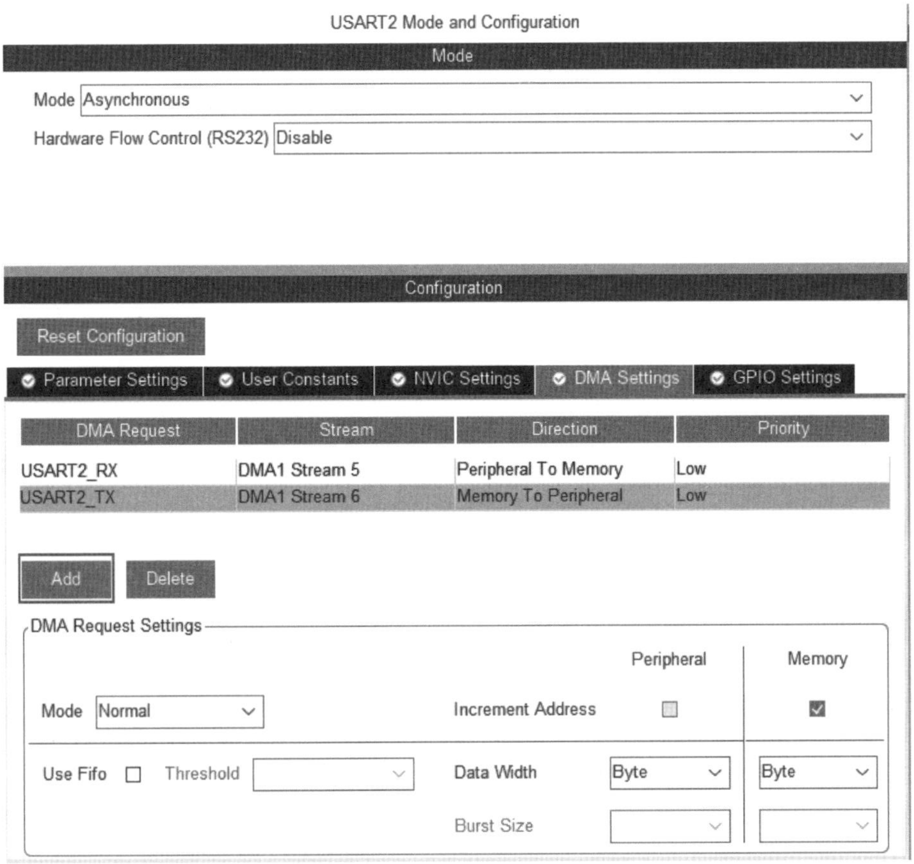

USART2 Mode and Configuration

Mode

Mode: Asynchronous

Hardware Flow Control (RS232): Disable

Configuration

Reset Configuration

Parameter Settings | User Constants | NVIC Settings | DMA Settings | GPIO Settings

| DMA Request | Stream | Direction | Priority |
| --- | --- | --- | --- |
| USART2_RX | DMA1 Stream 5 | Peripheral To Memory | Low |
| USART2_TX | DMA1 Stream 6 | Memory To Peripheral | Low |

Add　Delete

DMA Request Settings

| | | | Peripheral | Memory |
| --- | --- | --- | --- | --- |
| Mode: Normal | | Increment Address | ☐ | ☑ |
| Use Fifo ☐ | Threshold | Data Width | Byte | Byte |
| | | Burst Size | | |

圖13-23　UART DMA配置

**步驟4：專案設定**

點擊Project Manager，開啓專案設定介面，如圖13-24所示。在Project Name輸入專案名稱：UART_DMA，點選Browse選擇專案儲存的位置，在Toolchain/IDE選擇MDK-ARM V5，其他部分使用預設。

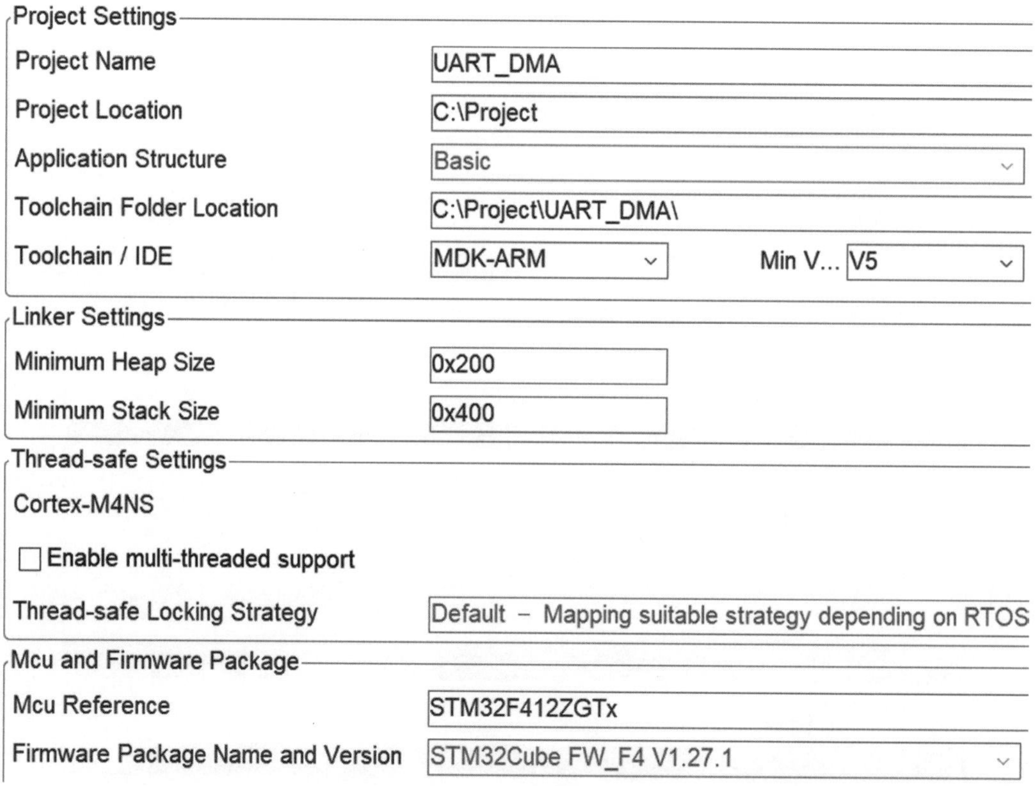

Project Settings

| | |
|---|---|
| Project Name | UART_DMA |
| Project Location | C:\Project |
| Application Structure | Basic |
| Toolchain Folder Location | C:\Project\UART_DMA\ |
| Toolchain / IDE | MDK-ARM　　Min V... V5 |

Linker Settings

| | |
|---|---|
| Minimum Heap Size | 0x200 |
| Minimum Stack Size | 0x400 |

Thread-safe Settings

Cortex-M4NS

☐ Enable multi-threaded support

| | |
|---|---|
| Thread-safe Locking Strategy | Default – Mapping suitable strategy depending on RTOS |

Mcu and Firmware Package

| | |
|---|---|
| Mcu Reference | STM32F412ZGTx |
| Firmware Package Name and Version | STM32Cube FW_F4 V1.27.1 |

圖13-24　專案設定介面

專案設定介面點選Code Generator，開啓程式碼生成的設定介面，如圖13-25所示。根據圖13-25，在STM32Cube Firmware Library Package的選項中點選Copy only the necessary library files，在Generated files的選項中點選第1、第3與第4個選項，設定完成後點擊OK。

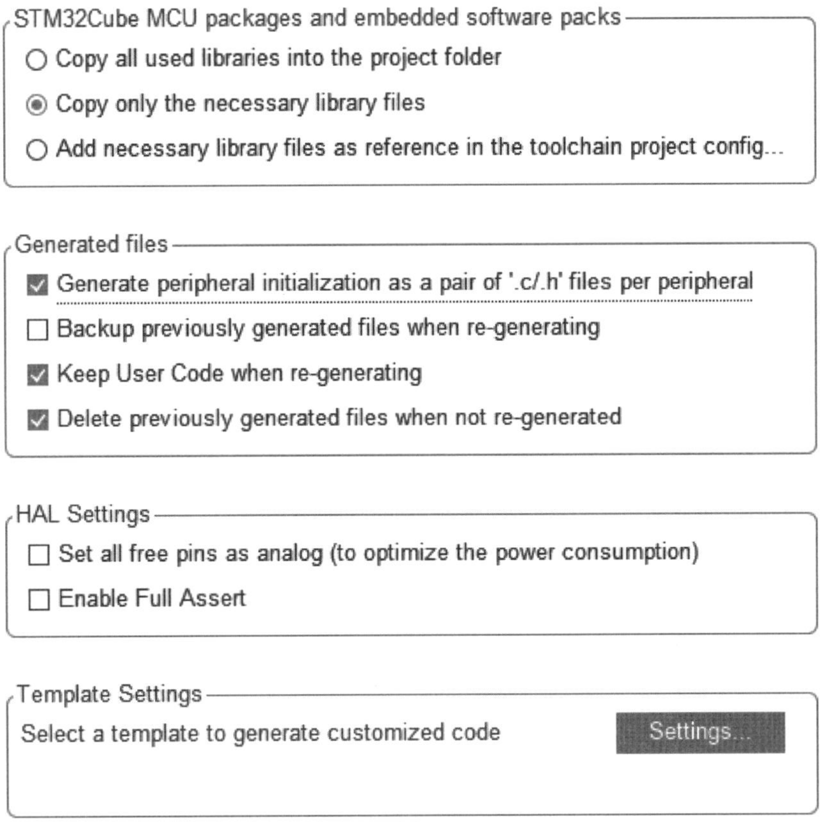

STM32Cube MCU packages and embedded software packs
- ○ Copy all used libraries into the project folder
- ◉ Copy only the necessary library files
- ○ Add necessary library files as reference in the toolchain project config...

Generated files
- ☑ Generate peripheral initialization as a pair of '.c/.h' files per peripheral
- ☐ Backup previously generated files when re-generating
- ☑ Keep User Code when re-generating
- ☑ Delete previously generated files when not re-generated

HAL Settings
- ☐ Set all free pins as analog (to optimize the power consumption)
- ☐ Enable Full Assert

Template Settings
Select a template to generate customized code  Settings...

圖13-25　程式碼生成的設定介面

**步驟5**：生成程式碼

點選Generate Code，將根據專案設定生成程式碼，STM32CubeMX生成程式碼後，將彈出程式碼生成成功對話框，點擊Open Project按鈕，將由Keil $\mu$ Vision5開啓UART_DMA專案。

**步驟6**：添加應用程式碼與執行

由於DMA的資料搬移程序是獨立於CPU的，因此DMA程序的執行結果仍必須由CPU執行指令讀取DMA狀態暫存器才能得知。大部分微處理器或微控制器的設計均提供輪詢式與中斷式兩種處理方式，可由CPU持續主動檢查DMA執行狀態，或是由DMA控制器在特定事件發生時產生中斷，讓CPU在中斷發生時再去執行對應的ISR（中斷處裡常式）來檢查DMA執行狀態。本節實驗即採用中斷的方式來處理DMA執行結果。主程式main()中所呼叫的函數MX_DMA_Init()（圖13-26），就是啓用對應到UART2 TX與UART2 RX的DMA1 Channel 5與Channel 6的中斷。

```
void MX_DMA_Init(void)
{

  /* DMA controller clock enable */
  __HAL_RCC_DMA1_CLK_ENABLE();

  /* DMA interrupt init */
  /* DMA1_Stream5_IRQn interrupt configuration */
  HAL_NVIC_SetPriority(DMA1_Stream5_IRQn, 0, 0);
  HAL_NVIC_EnableIRQ(DMA1_Stream5_IRQn);
  /* DMA1_Stream6_IRQn interrupt configuration */
  HAL_NVIC_SetPriority(DMA1_Stream6_IRQn, 0, 0);
  HAL_NVIC_EnableIRQ(DMA1_Stream6_IRQn);

}
```

圖13-26　函數MX_DMA_Init ()原始碼

DMA通道的初始化設定必須透過設定DMA通道組態設定暫存器（DMA Channel Configuration Register，簡稱DMA_CCR）來完成。在本節實驗的程式中，DMA通道初始化設定是在主程式做UART2的初始化的過程中（main.c: MX_USART2_UART_Init()），呼叫由STM32CubeMX所產生的HAL API函數：HAL_UART_MspInit()來完成（圖13-27）。DMA通道的主要初始化設定包括：

1. **Request**：此DMA通道所接收的要求編號。以本實驗所使用的UART來說，TX與RX皆對應到Request 2。
2. **Direction**：資料傳輸方向。有兩種選擇：由週邊到記憶體（Peripheral-to-Memory），或是由記憶體到週邊（Memory-to-Peripheral）。UART RX爲前者，TX爲後者。
3. **Memory Increment Mode**：記憶體位址自動遞增模式。啓用此模式將在每個單位資料（例如一個位元組）傳輸結束時，將讀取／寫入資料的記憶體位址自動遞增到下一個單位資料。以UART資料傳輸來說，因爲在記憶體中的待傳輸資料，或是用來接收資料的緩衝區，都是位址連續的記憶體空間，所以需要啓用此模式。

4. **Peripheral Increment Mode**：週邊位址自動遞增模式。同Memory Increment Mode，但作用於週邊資料的讀寫。以UART資料傳輸來說，其接收資料暫存器（RDR）與傳送資料暫存器（TDR）都對應到固定的位址，因此每次讀寫都在同一個位址，故不能啓用自動遞增位址模式。
5. **Memory Size**：（在函數HAL_UART_MspInit()內稱爲MemDataAlignment）每筆DMA存取記憶體的資料大小。有三個選擇：Byte（8 bits）、Half-word（16 bits）、Word（32 bits）。以本節實驗來說，因爲UART的資料長度設爲8位元，因此本項參數需選用Byte。
6. **Peripheral Size**：（在函數HAL_UART_MspInit()內稱爲PeriphDataAlignment）每筆DMA存取週邊的資料大小。有三個選擇：Byte（8 bits）、Half-word（16 bits）、Word（32 bits）。以本節實驗來說，因爲UART的資料長度設爲8位元，因此本項參數需選用Byte。

函數HAL_UART_MspInit()分別針對UART2所對應的DMA1 Channel 5與Channel 6做上述各項初始化設定。

**函數HAL_UART_MspInit()程式碼**

```
void HAL_UART_MspInit(UART_HandleTypeDef* uartHandle)
{

  GPIO_InitTypeDef GPIO_InitStruct = {0};
  if(uartHandle->Instance==USART2)
  {
  /* USER CODE BEGIN USART2_MspInit 0 */

  /* USER CODE END USART2_MspInit 0 */
    /* USART2 clock enable */
    __HAL_RCC_USART2_CLK_ENABLE();

    __HAL_RCC_GPIOA_CLK_ENABLE();
    /**USART2 GPIO Configuration
    PA2     ------> USART2_TX
```

```
PA3    ------> USART2_RX
*/
GPIO_InitStruct.Pin = GPIO_PIN_2|GPIO_PIN_3;
GPIO_InitStruct.Mode = GPIO_MODE_AF_PP;
GPIO_InitStruct.Pull = GPIO_NOPULL;
GPIO_InitStruct.Speed = GPIO_SPEED_FREQ_VERY_HIGH;
GPIO_InitStruct.Alternate = GPIO_AF7_USART2;
HAL_GPIO_Init(GPIOA, &GPIO_InitStruct);

/* USART2 DMA Init */
/* USART2_RX Init */
hdma_usart2_rx.Instance = DMA1_Stream5;
hdma_usart2_rx.Init.Channel = DMA_CHANNEL_4;
hdma_usart2_rx.Init.Direction = DMA_PERIPH_TO_MEMORY;
hdma_usart2_rx.Init.PeriphInc = DMA_PINC_DISABLE;
hdma_usart2_rx.Init.MemInc = DMA_MINC_ENABLE;
hdma_usart2_rx.Init.PeriphDataAlignment = DMA_PDATAALIGN_BYTE;
hdma_usart2_rx.Init.MemDataAlignment = DMA_MDATAALIGN_BYTE;
hdma_usart2_rx.Init.Mode = DMA_NORMAL;
hdma_usart2_rx.Init.Priority = DMA_PRIORITY_LOW;
hdma_usart2_rx.Init.FIFOMode = DMA_FIFOMODE_DISABLE;
if (HAL_DMA_Init(&hdma_usart2_rx) != HAL_OK)
{
  Error_Handler();
}

__HAL_LINKDMA(uartHandle,hdmarx,hdma_usart2_rx);

/* USART2_TX Init */
hdma_usart2_tx.Instance = DMA1_Stream6;
hdma_usart2_tx.Init.Channel = DMA_CHANNEL_4;
hdma_usart2_tx.Init.Direction = DMA_MEMORY_TO_PERIPH;
hdma_usart2_tx.Init.PeriphInc = DMA_PINC_DISABLE;
hdma_usart2_tx.Init.MemInc = DMA_MINC_ENABLE;
hdma_usart2_tx.Init.PeriphDataAlignment = DMA_PDATAALIGN_BYTE;
hdma_usart2_tx.Init.MemDataAlignment = DMA_MDATAALIGN_BYTE;
hdma_usart2_tx.Init.Mode = DMA_NORMAL;
hdma_usart2_tx.Init.Priority = DMA_PRIORITY_LOW;
hdma_usart2_tx.Init.FIFOMode = DMA_FIFOMODE_DISABLE;
if (HAL_DMA_Init(&hdma_usart2_tx) != HAL_OK)
```

```
    {
      Error_Handler();
    }

    __HAL_LINKDMA(uartHandle,hdmatx,hdma_usart2_tx);

    /* USART2 interrupt Init */
    HAL_NVIC_SetPriority(USART2_IRQn, 0, 0);
    HAL_NVIC_EnableIRQ(USART2_IRQn);
    /* USER CODE BEGIN USART2_MspInit 1 */

    /* USER CODE END USART2_MspInit 1 */
    }
}
```

圖13-27　函數HAL_UART_MspInit()程式碼

在main.c第48行/*USER CODE BEGIN PV*/與/*USER CODE BEGIN PV*/間新增全域性變數Buffer與指標p，如圖13-28所示。

```
45 /* Private variables ----------------
46
47 /* USER CODE BEGIN PV */
48 uint8_t Buffer[256];
49 uint8_t *p=Buffer;
50 /* USER CODE END PV */
51
52 /* Private function prototypes ------
53 void SystemClock_Config(void);
54 /* USER CODE BEGIN PFP */
55
56 /* USER CODE END PFP */
```

圖13-28

在main.c中，while迴圈前，MX_USART2_UART_Init()函式之後，新增HAL_UART_Receive_DMA()函式，用於在第一次接收到資料後才會觸發中斷，如圖13-29所示。

```
 82    /* Configure the system clock */
 83    SystemClock_Config();
 84
 85    /* USER CODE BEGIN SysInit */
 86
 87    /* USER CODE END SysInit */
 88
 89    /* Initialize all configured peripherals */
 90    MX_GPIO_Init();
 91    MX_DMA_Init();
 92    MX_USART2_UART_Init();
 93    /* USER CODE BEGIN 2 */
 94    HAL_UART_Receive_DMA(&huart2, (uint8_t *)p, 1);
 95    //p=Buffer;
 96    /* USER CODE END 2 */
 97
 98    /* Infinite loop */
 99    /* USER CODE BEGIN WHILE */
100    while (1)
101    {
102      /* USER CODE END WHILE */
103
104      /* USER CODE BEGIN 3 */
105    }
106    /* USER CODE END 3 */
107  }
```

圖13-29

在USER CODE BEGIN 4與USER CODE END 4中間添加以下程式碼，中斷接收回調函數HAL_UART_RxCpltCallback()，此函數以DMA的方式，每次從UART接收一個字元，並依序儲存到接收緩衝區Buffer陣列中，一直重複直到接收到的字元是CR (0x0D)為止時，馬上以DMA方式從TX線路送出字串「Echo:<*接收緩衝區內的字串*>」，使得putty可以顯示出此字串。主程式main.c的程式碼列於圖13-30。

```
void HAL_UART_RxCpltCallback(UART_HandleTypeDef *huart)
{
  uint8_t send_buf[256]="Echo : ";
  if(huart->Instance == USART2)
  {
          p++;
          HAL_UART_Receive_DMA(&huart2, (uint8_t *)p, 1);
          if(*(p-2)==0x0D)
          {
                memcpy(send_buf+7, Buffer, p-Buffer);
      HAL_UART_Transmit_DMA(&huart2, (uint8_t *) send_buf, p-Buffer+7);
                p=Buffer;
          }
   }
}
```

main.c程式碼

```
/* USER CODE BEGIN Header */
/**
******************************************************************************
  * @file          : main.c
  * @brief         : Main program body
******************************************************************************
  * @attention
  *
  * <h2><center>&copy; Copyright (c) 2022 STMicroelectronics.
  * All rights reserved.</center></h2>
  *
  * This software component is licensed by ST under BSD 3-Clause license,
  * the "License"; You may not use this file except in compliance with the
  * License. You may obtain a copy of the License at:
  *                        opensource.org/licenses/BSD-3-Clause
  *
******************************************************************************
```

```
 */
/* USER CODE END Header */
/* Includes ------------------------------------------------------------------*/
#include "main.h"
#include "dma.h"
#include "usart.h"
#include "gpio.h"

/* Private includes ----------------------------------------------------------*/
/* USER CODE BEGIN Includes */

/* USER CODE END Includes */

/* Private typedef -----------------------------------------------------------*/
/* USER CODE BEGIN PTD */

/* USER CODE END PTD */

/* Private define ------------------------------------------------------------*/
/* USER CODE BEGIN PD */
/* USER CODE END PD */

/* Private macro -------------------------------------------------------------*/
/* USER CODE BEGIN PM */

/* USER CODE END PM */

/* Private variables ---------------------------------------------------------*/

/* USER CODE BEGIN PV */
uint8_t Buffer[256];
uint8_t *p=Buffer;
/* USER CODE END PV */

/* Private function prototypes -----------------------------------------------*/
void SystemClock_Config(void);
/* USER CODE BEGIN PFP */

/* USER CODE END PFP */
```

```
/* Private user code ---------------------------------------------------------*/
/* USER CODE BEGIN 0 */

/* USER CODE END 0 */

/**
  * @brief  The application entry point.
  * @retval int
  */
int main(void)
{
  /* USER CODE BEGIN 1 */

  /* USER CODE END 1 */

  /* MCU Configuration--------------------------------------------------------*/

  /* Reset of all peripherals, Initializes the Flash interface and the Systick. */
  HAL_Init();

  /* USER CODE BEGIN Init */

  /* USER CODE END Init */

  /* Configure the system clock */
  SystemClock_Config();

  /* USER CODE BEGIN SysInit */

  /* USER CODE END SysInit */

  /* Initialize all configured peripherals */
  MX_GPIO_Init();
  MX_DMA_Init();
  MX_USART2_UART_Init();
  /* USER CODE BEGIN 2 */
  HAL_UART_Receive_DMA(&huart2, (uint8_t *)p, 1);
      //p=Buffer;
  /* USER CODE END 2 */
```

```
  /* Infinite loop */
  /* USER CODE BEGIN WHILE */
  while (1)
  {
    /* USER CODE END WHILE */

    /* USER CODE BEGIN 3 */
  }
  /* USER CODE END 3 */
}

/**
  * @brief System Clock Configuration
  * @retval None
  */
void SystemClock_Config(void)
{
  RCC_OscInitTypeDef RCC_OscInitStruct = {0};
  RCC_ClkInitTypeDef RCC_ClkInitStruct = {0};

  /** Configure the main internal regulator output voltage
  */
  __HAL_RCC_PWR_CLK_ENABLE();
  __HAL_PWR_VOLTAGESCALING_CONFIG(PWR_REGULATOR_VOLTAGE_SCALE1);
  /** Initializes the RCC Oscillators according to the specified parameters
  * in the RCC_OscInitTypeDef structure.
  */
  RCC_OscInitStruct.OscillatorType = RCC_OSCILLATORTYPE_HSI;
  RCC_OscInitStruct.HSIState = RCC_HSI_ON;
  RCC_OscInitStruct.HSICalibrationValue = RCC_HSICALIBRATION_DEFAULT;
  RCC_OscInitStruct.PLL.PLLState = RCC_PLL_NONE;
  if (HAL_RCC_OscConfig(&RCC_OscInitStruct) != HAL_OK)
  {
    Error_Handler();
  }
  /** Initializes the CPU, AHB and APB buses clocks
  */
  RCC_ClkInitStruct.ClockType =
RCC_CLOCKTYPE_HCLK|RCC_CLOCKTYPE_SYSCLK
```

```
|RCC_CLOCKTYPE_PCLK1|RCC_CLOCKTYPE_PCLK2;
 RCC_ClkInitStruct.SYSCLKSource = RCC_SYSCLKSOURCE_HSI;
 RCC_ClkInitStruct.AHBCLKDivider = RCC_SYSCLK_DIV1;
 RCC_ClkInitStruct.APB1CLKDivider = RCC_HCLK_DIV1;
 RCC_ClkInitStruct.APB2CLKDivider = RCC_HCLK_DIV1;

 if (HAL_RCC_ClockConfig(&RCC_ClkInitStruct, FLASH_LATENCY_0) != HAL_OK)
 {
  Error_Handler();
 }
}

/* USER CODE BEGIN 4 */
void HAL_UART_RxCpltCallback(UART_HandleTypeDef *huart)
{
   uint8_t send_buf[256]="Echo : ";
  if(huart->Instance == USART2)
  {
        p++;
        HAL_UART_Receive_DMA(&huart2, (uint8_t *)p, 1);

        if(*(p-2)==0x0D)
        {
            memcpy(send_buf+7, Buffer, p-Buffer);
    HAL_UART_Transmit_DMA(&huart2, (uint8_t *) send_buf, p-Buffer+7);
                        p=Buffer;
           }
  }
}
/* USER CODE END 4 */

/**
  * @brief  This function is executed in case of error occurrence.
  * @retval None
  */
void Error_Handler(void)
{
  /* USER CODE BEGIN Error_Handler_Debug */
  /* User can add his own implementation to report the HAL error return state */
  __disable_irq();
```

```
  while (1)
  {
  }
  /* USER CODE END Error_Handler_Debug */
}

#ifdef  USE_FULL_ASSERT
/**
  * @brief  Reports the name of the source file and the source line number
  *         where the assert_param error has occurred.
  * @param  file: pointer to the source file name
  * @param  line: assert_param error line source number
  * @retval None
  */
void assert_failed(uint8_t *file, uint32_t line)
{
  /* USER CODE BEGIN 6 */
  /* User can add his own implementation to report the file name and line number,
     ex: printf("Wrong parameters value: file %s on line %d\r\n", file, line) */
  /* USER CODE END 6 */

}
#endif /* USE_FULL_ASSERT */

/************************ (C) COPYRIGHT STMicroelectronics *****END OF FILE****/
```

圖13-30　main.c程式碼

本節實驗步驟與UART的相關設定前兩節相同，唯終端機軟體putty的設定稍有不同。因為本節實驗的情境為：當使用者在putty按下Enter鍵，即送出CR字元時，才會讓實驗板送回整行字串顯示，所以為了讓使用者在尚未按下Enter鍵之前，也能讓putty顯示出所輸入的字元，必須將putty的Local Echo功能強制啓用，如圖13-31所示。實驗結果如圖13-32所示，左圖為按下Enter鍵前的畫面，右圖為按下Enter鍵後的畫面，顯示實驗板送回前面加了「Echo :」的原字串。

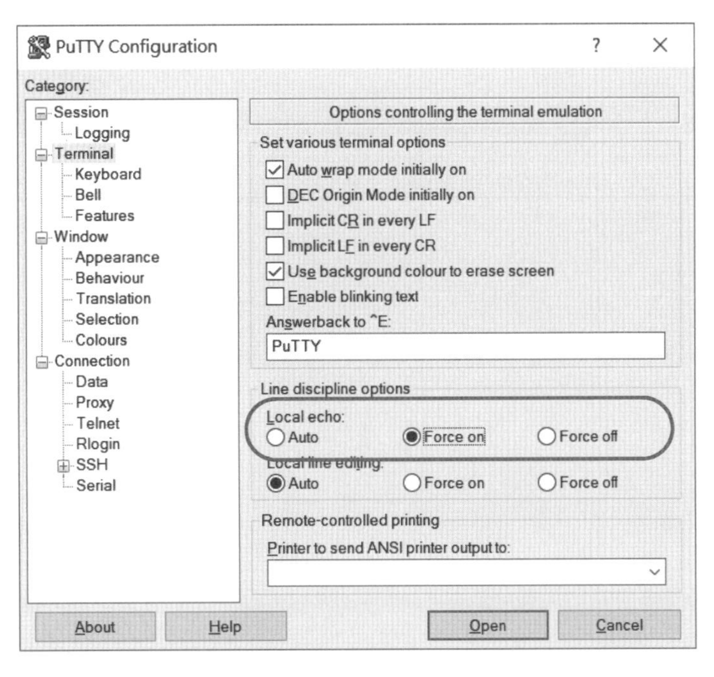


圖13-30　Putty的Local Echo設為強制開啓

圖13-31　實驗結果

# 音訊錄製與播放

CHAPTER 14

## 14-1 原理簡介

本章將簡介音訊的類比／數位轉換方式，並以STM32F412G-DISCO探索板進行錄放音的實驗。

音訊本身即為類比訊號，必須經由類比-數位轉換（Analog-Digital Conversion，簡稱ADC）的程序，將其轉成位元數值資料，才能交由微處理機進行進一步處理或是儲存。而數位化的音訊資料，經過數位-類比轉換程序（Digital-Analog Conversion）便可還原為原來的音訊，再經由放大電路便可由揚聲器或耳機輸出。在傳統音訊處理線路中（圖14-1），有麥克風、前置放大器、類比-數位轉換器ADC、數位信號處理器DSP、數位-類比轉換器DAC、輸出放大器，以及揚聲器等組件，其中麥克風、揚聲器、以及放大器屬於類比元件，其輸出入皆為類比信號；而ADC、DSP、與DAC則屬於數位元件，處理數位化後音訊資料。近年來由於數位電路與IC設計技術的進步，已有整個線路全部數位化的功能，將ADC、DAC與DSP整合在一起，搭配微機電（MEMS）數位麥克風，形成全數位音訊處理電路，如圖14-2所示。由於類比零件通常體積較大，不適合應用在手機等體積較小的消費性產品上，故目前此類產品多採用全數位音訊處理電路。

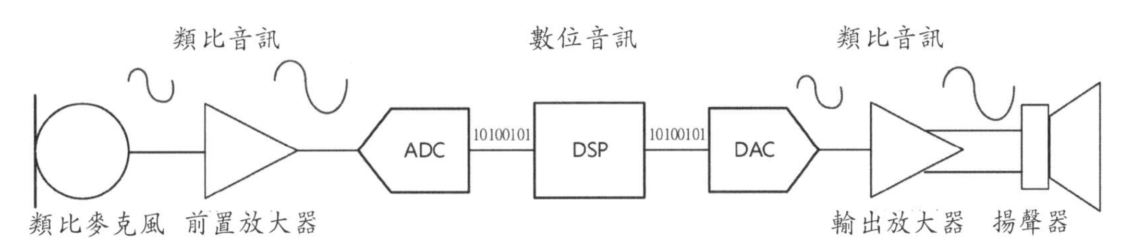


圖14-1　傳統音訊處理線路

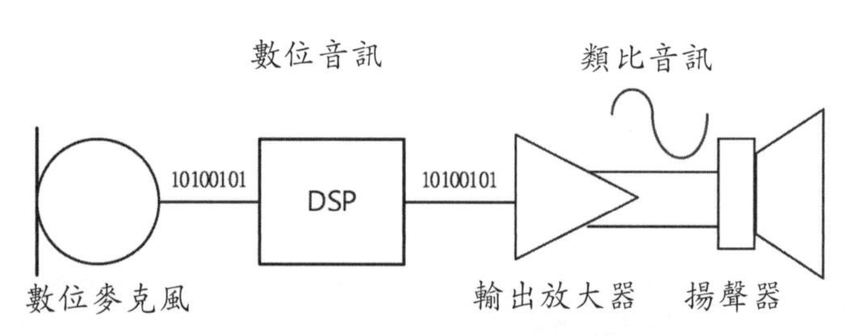


圖14-2 數位音訊處理線路

音訊數位化的技術主要分為兩種：脈衝編碼調變（Pulse-Code Modulation，簡稱PCM）以及脈衝密度調變（Pulse-Density Modulation，簡稱PDM）。PCM是最傳統的音訊數位化方式，其主要原理是先以固定頻率（例如44.1 KHz）對原始類比訊號進行取樣（Sampling），再將每個取樣點轉換成固定位元寬度（例如8位元、16位元、或32位元等）的數值，此步驟稱為量化（Quantization）。圖14-3為將類比訊號轉換成4位元PCM的取樣與量化。根據Nyquist–Shannon取樣定理，只要取樣頻率大於原始訊號內最高頻率的兩倍，便可以不失真地將原始信號重製出來。然而，由於在量化的過程中，取樣點與轉換數值的對應必定會有所誤差，位元寬度越低誤差就越大，導致於在還原為類比訊號時仍會有失真的現象。

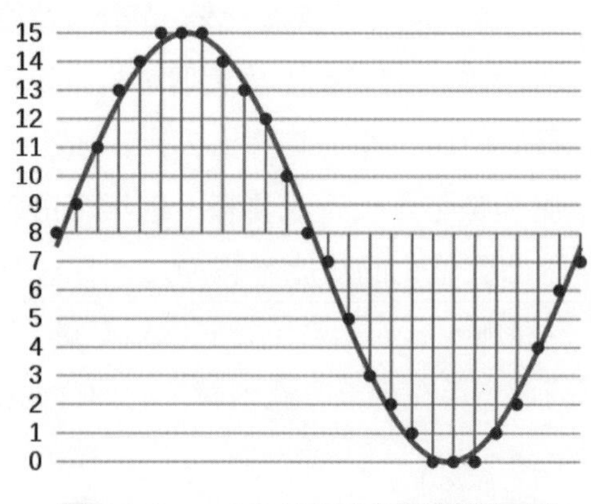


圖14-3 4-bit PCM之取樣與量化

PDM則是以遠高於PCM取樣的頻率對原始信號進行取樣，但每一次取樣都會和前面的差值做比較，若取樣值較大則輸出1，否則輸出-1（或0），其公式如下：

$$y[n] = f(x) = \begin{cases} +1, & x[n] \geq e[n-1] \\ -1, & x[n] \leq e[n-1] \end{cases}$$

$$e[n] = y[n] - x[n] + e[n-1]$$

圖14-4為將一個周期的正弦信號以上述公式做PDM轉換的結果。由於PDM的每次取樣都會產生一個位元，因此PDM位元串流資料速率相當於取樣頻率。若要將PDM資料串流轉換成原始訊號的PCM串流，只需要將PDM訊號導入低通數位濾波器（降採樣）即可做到。

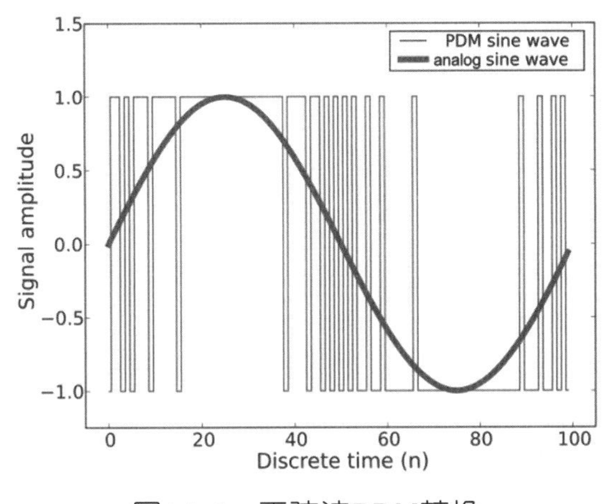


圖14-4　正弦波PDM轉換

STM32F41x系列的處理器皆有內建DFSDM（Digital filter for sigma delta modulators）數位濾波器，可以將輸入的PDM串流轉換成PCM資料儲存在記憶體中。也有內建I2S（Inter-IC Sound）數位音訊介面，支援多種音訊介面規格，可以連接音訊處理晶片，將在記憶體中音訊資料導到音訊處理晶片進行播放。

## 14-2　音訊錄製與播放之STM32CubeMX配置

本實驗是在STM32F412G-DISCO探索板上，使用探索板上的數位麥克風（MP-34DT05）擷取音訊並產生PDM串流，透過STM32F12ZG內建的DFSDM數位濾波器，將PDM串流轉換成44.1 KHz的PCM音訊數據，透過DMA機制自動儲存在我們指定的錄音緩衝區內。而我們將撰寫一個無窮迴圈程式，將錄音緩衝區內的音訊資料搬移到放音緩衝區中，並啓動STM32F412ZG內建的I2S序列音訊介面，讓I2S以DMA的方式，將放音緩衝區的音訊資料轉送到連接在I2S介面的音訊播放晶片

（WM8994ECS/R），透過WM8994ECS/R的解碼還原成類比音訊，在板上的耳機插孔播出，可插上耳機聽到聲音。整體實驗架構如圖14-5所示。

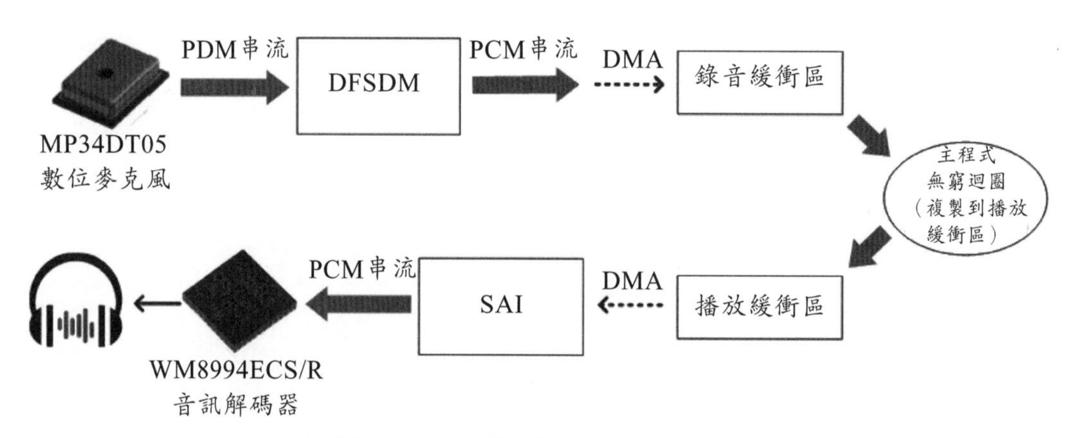


圖14-5　錄音／放音實驗架構圖

STM32F412G-DISCO探索板上的數位麥克風（MP34DT05）與音訊播放晶片（WM8994ECS/R）的電路圖如圖14-6與圖14-7所示。MP34DT05透過STM-32F412ZG的腳位PB1與PC2與DFSDM數位濾波器連接，其中PC2爲時脈輸入線，由DFSDM提供運作時脈；PB1爲音訊資料傳輸線，MP34DT05在此線輸出PDM串流給DFSDM。

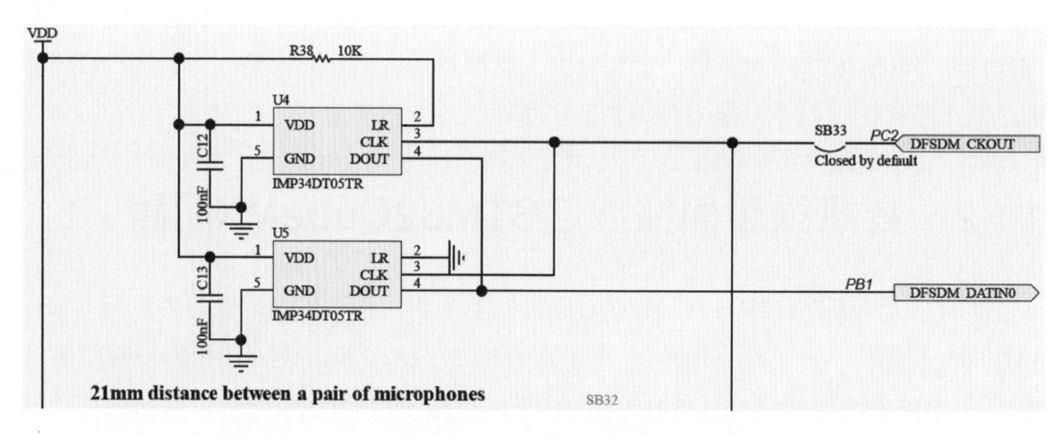


圖14-6　STM32F412G-DISCO探索板電路圖：數位麥克風MP34DT05

音訊播放晶片WM8994ECS/R則透過STM32F412ZGT6的腳位PB6以及PB7連接到處理器的I²C（Inter-Integrated Circuit）介面，讓處理器可以透過此介面傳送控制命令給WM8994ECS/R。至於音訊資料的傳遞則是透過腳位PA4、PB4、PB5、PB12、PC7、PG2與STM32F412ZGT6的I2S介面相連，從I2S介面獲得時脈訊號與音訊資料。

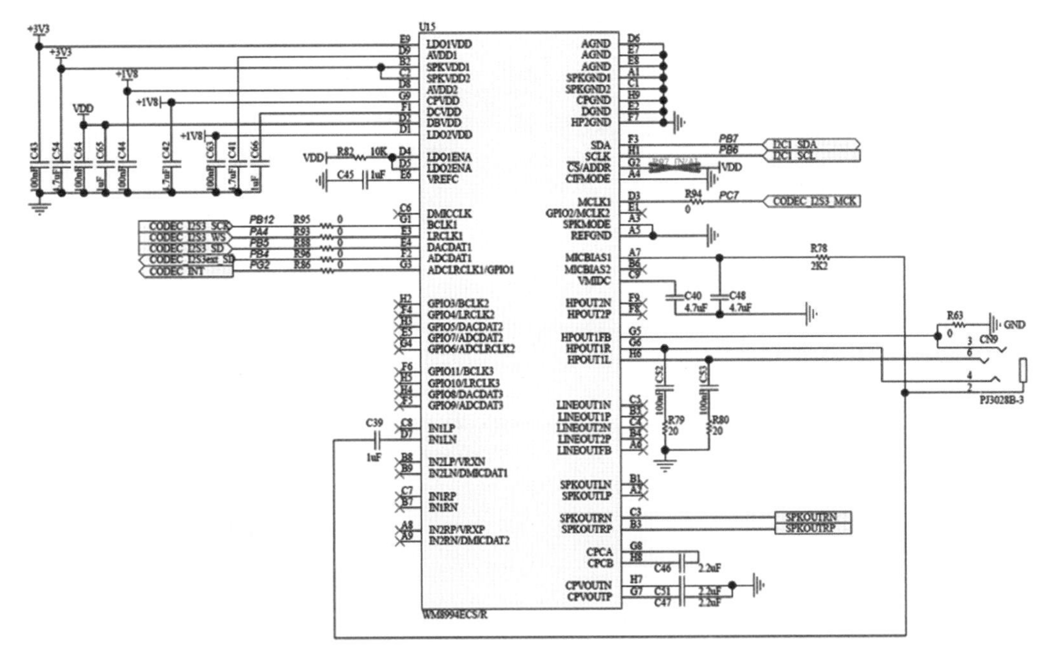

圖14-7　STM32F412G-DISCO探索板電路圖：音訊播放晶片WM8994ECS/R

利用STM32CubeMX創建AudioRecordPlay專案，步驟如下：

**步驟1**：新建專案

開啓STM32cubeMX軟體，點擊New Project。根據圖14-8，在Part Number Search輸入STM32F412ZG，在MCUs List item選擇STM32F412ZGTx，然後點選Start Project，將開啓如圖14-9的專案主畫面。

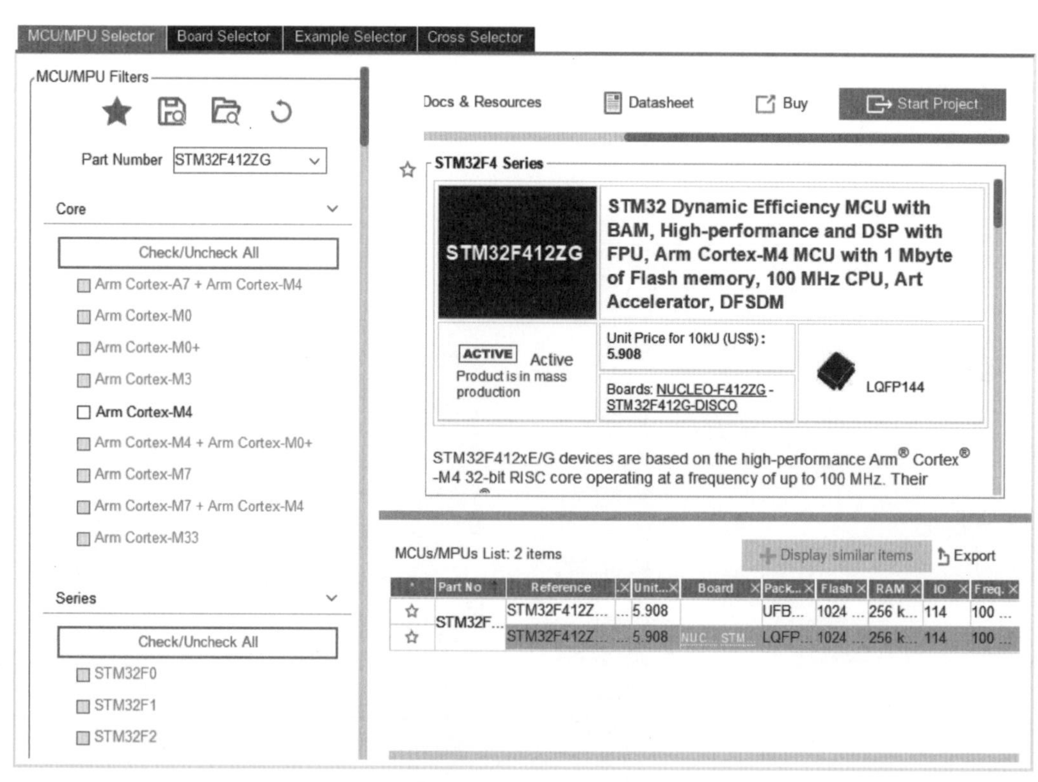


圖14-8　新建專案

圖14-9　專案主畫面

**步驟2**：啓用DFSDM通道

啓用DFSDM1的Channel0（左通道），將其模式設為PDM/SPI input from ch0 and internal clock，Channel3（右通道），將其模式設為PDM/SPI input from ch3 and internal clock，並選擇「CKOUT」，如圖14-10所示，並將PB1與PC2腳位做如圖14-11中的設定。

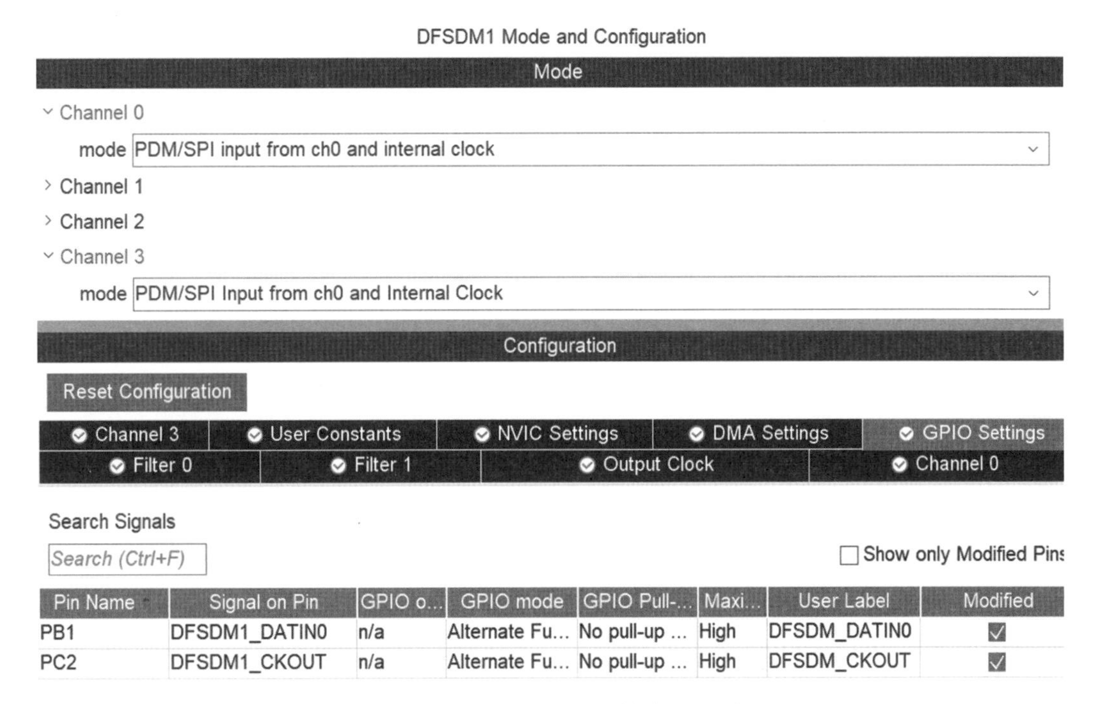


圖14-10　DFSDM通道啓用設定

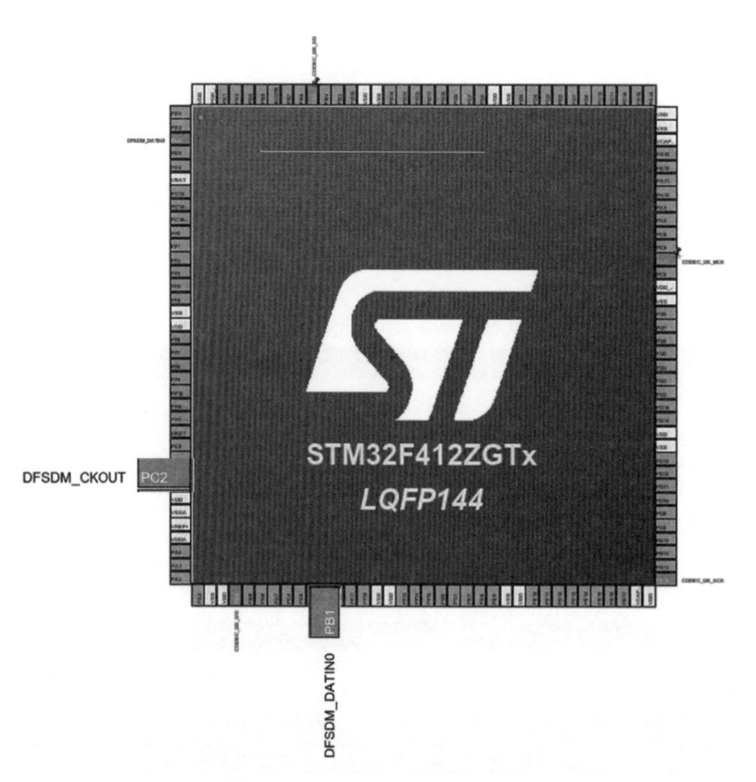


圖14-11　DFSDM腳位功能設定

**步驟3**：DFSDM通道組態配置

針對通道0和通道3進行配置。配置情況如圖14-12所示。

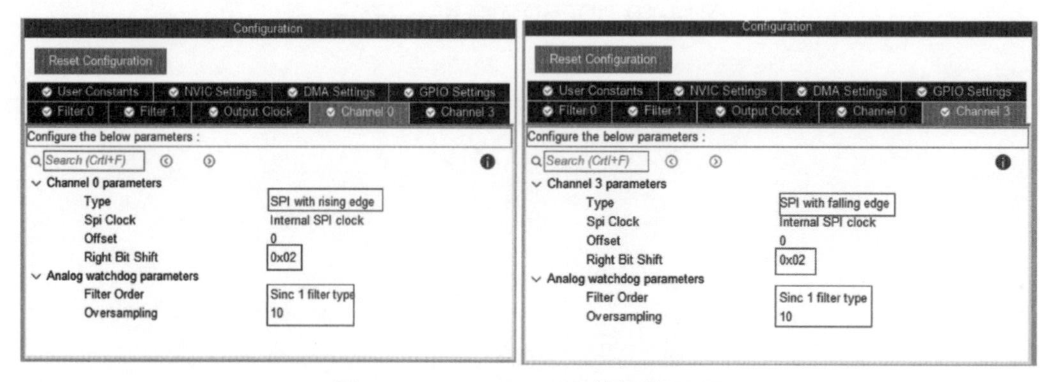


圖14-12　DFSDM通道組態配置

**步驟4：DFSDM濾波器配置**

點選「Filter0」/「Filter1」標籤頁，配置情況如圖14-13所示。

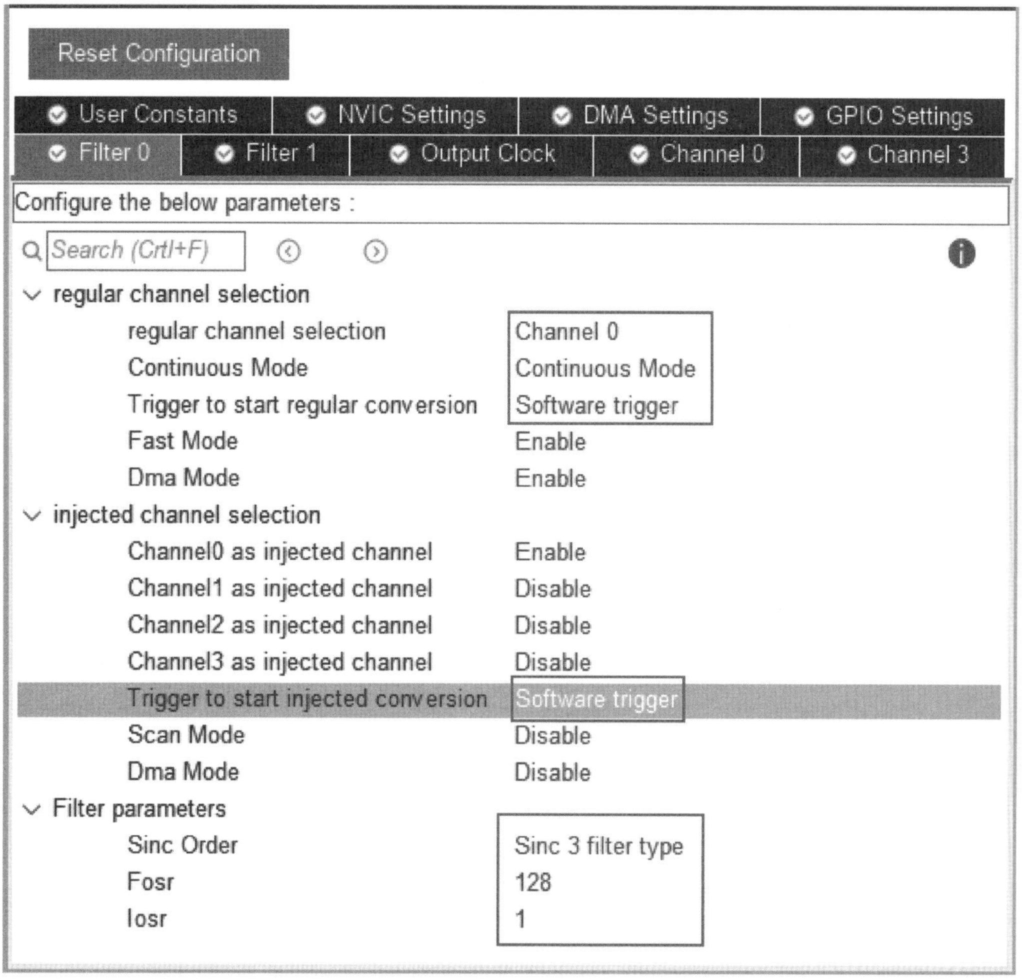

Reset Configuration

User Constants | NVIC Settings | DMA Settings | GPIO Settings

Filter 0 | Filter 1 | Output Clock | Channel 0 | Channel 3

Configure the below parameters :

Search (Crtl+F)

| | |
|---|---|
| **regular channel selection** | |
| regular channel selection | Channel 0 |
| Continuous Mode | Continuous Mode |
| Trigger to start regular conversion | Software trigger |
| Fast Mode | Enable |
| Dma Mode | Enable |
| **injected channel selection** | |
| Channel0 as injected channel | Enable |
| Channel1 as injected channel | Disable |
| Channel2 as injected channel | Disable |
| Channel3 as injected channel | Disable |
| Trigger to start injected conversion | Software trigger |
| Scan Mode | Disable |
| Dma Mode | Disable |
| **Filter parameters** | |
| Sinc Order | Sinc 3 filter type |
| Fosr | 128 |
| Iosr | 1 |

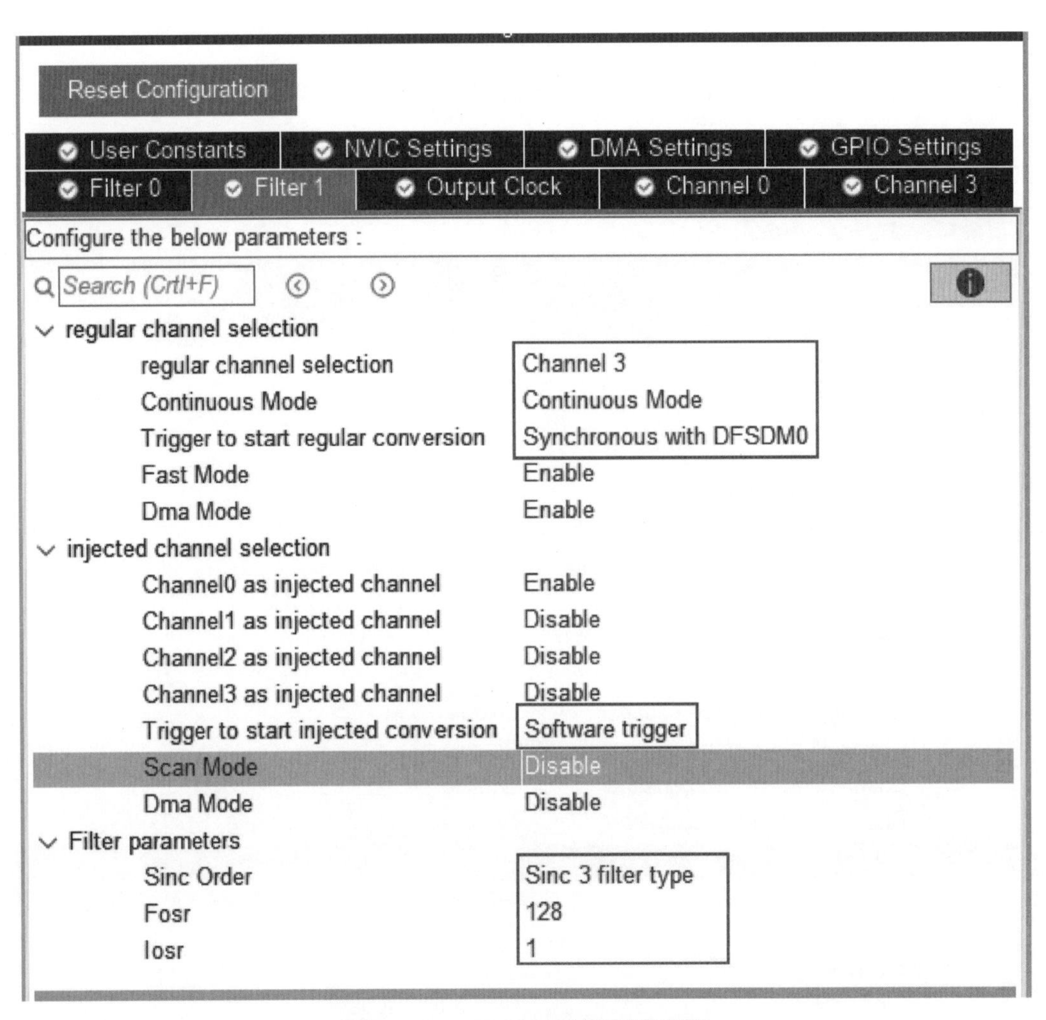


圖14-13　DFSDM濾波器配置

**步驟5**：DFSDM DMA配置

點選「DMA Settings」標籤頁，配置情況如圖14-14所示。

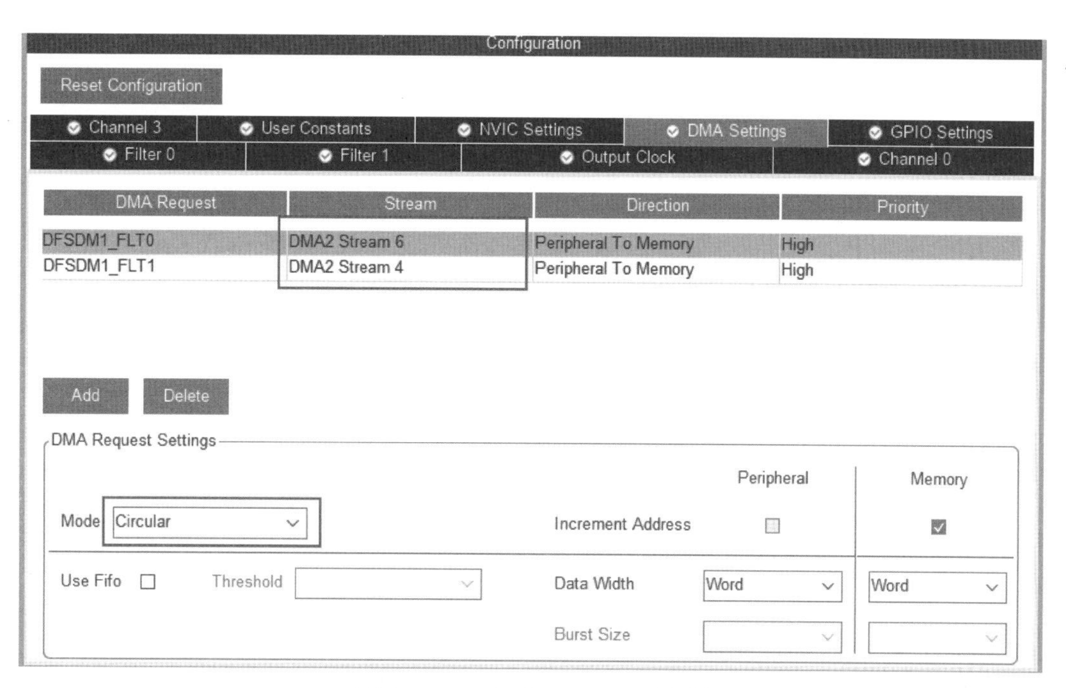


圖14-14　DFSDM DMA配置

步驟6：DFSDM輸出時鐘設置

點選「Output Clock」標籤頁，配置情況如圖14-15所示。

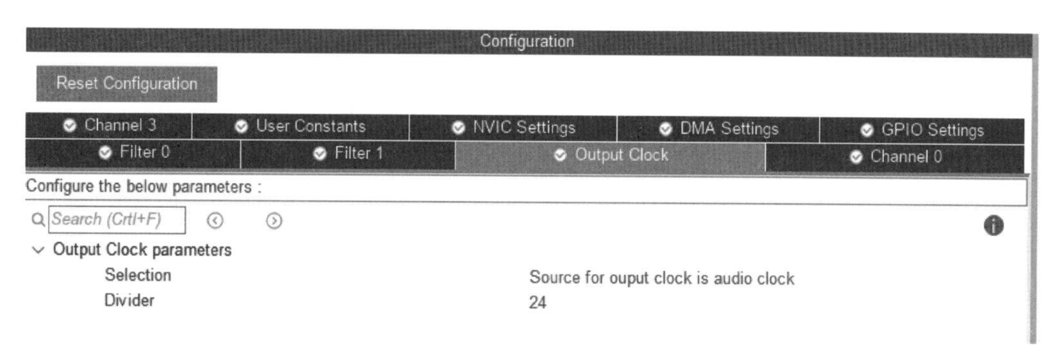


圖14-15　DFSDM輸出時鐘設置

步驟7：I2S3模式配置

啓用I2S3介面，將其模式設爲Full-Duplex Master，並選擇「Master Clock Output」，如圖14-16所示，並將PA4、PB4、PB5、PB12、與PC7腳位做如圖14-17中的設定。

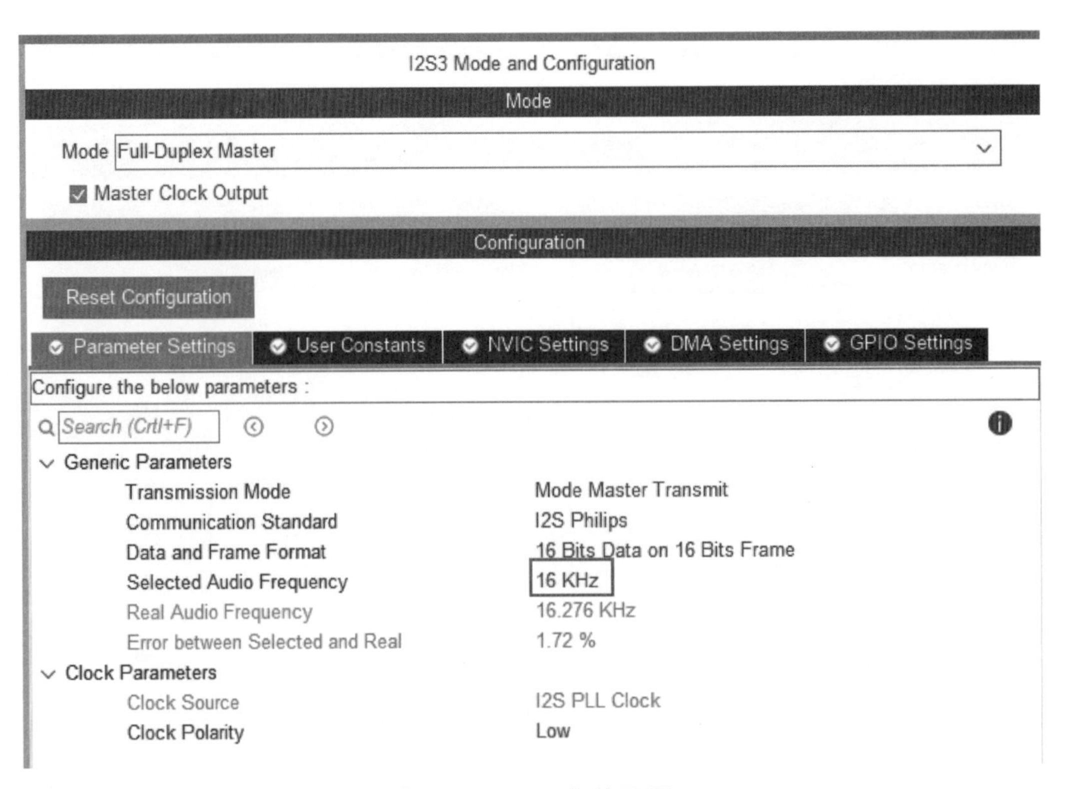


圖4-16　I2S3參數配置

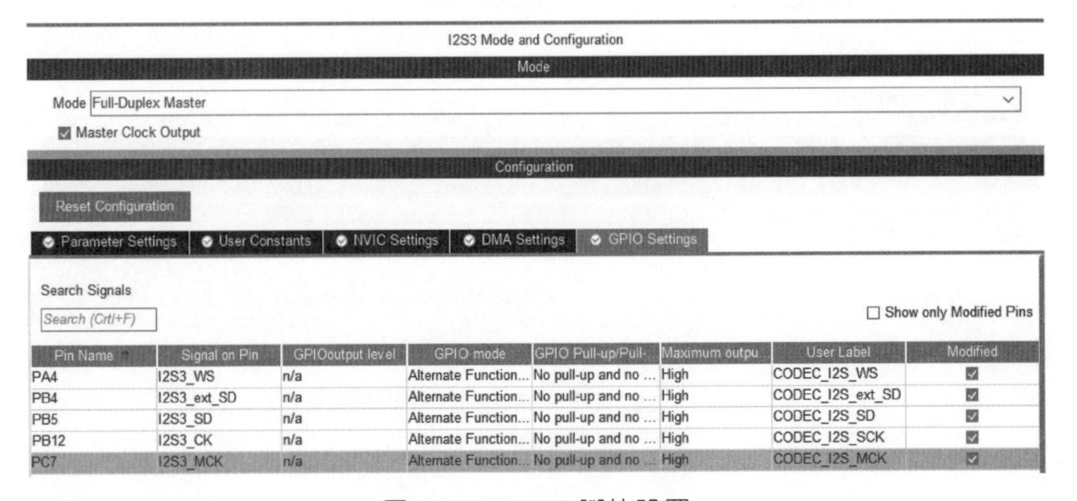


| Pin Name | Signal on Pin | GPIOoutput level | GPIO mode | GPIO Pull-up/Pull- | Maximum outpu | User Label | Modified |
|---|---|---|---|---|---|---|---|
| PA4 | I2S3_WS | n/a | Alternate Function... | No pull-up and no ... | High | CODEC_I2S_WS | ☑ |
| PB4 | I2S3_ext_SD | n/a | Alternate Function... | No pull-up and no ... | High | CODEC_I2S_ext_SD | ☑ |
| PB5 | I2S3_SD | n/a | Alternate Function... | No pull-up and no ... | High | CODEC_I2S_SD | ☑ |
| PB12 | I2S3_CK | n/a | Alternate Function... | No pull-up and no ... | High | CODEC_I2S_SCK | ☑ |
| PC7 | I2S3_MCK | n/a | Alternate Function... | No pull-up and no ... | High | CODEC_I2S_MCK | ☑ |

圖14-17　GPIO腳位設置

**步驟8**：I2S3 NVIC設置

點選「NVIC Settings」標籤頁，始能SPI3 global interrupt，配置情況如圖14-18所示。

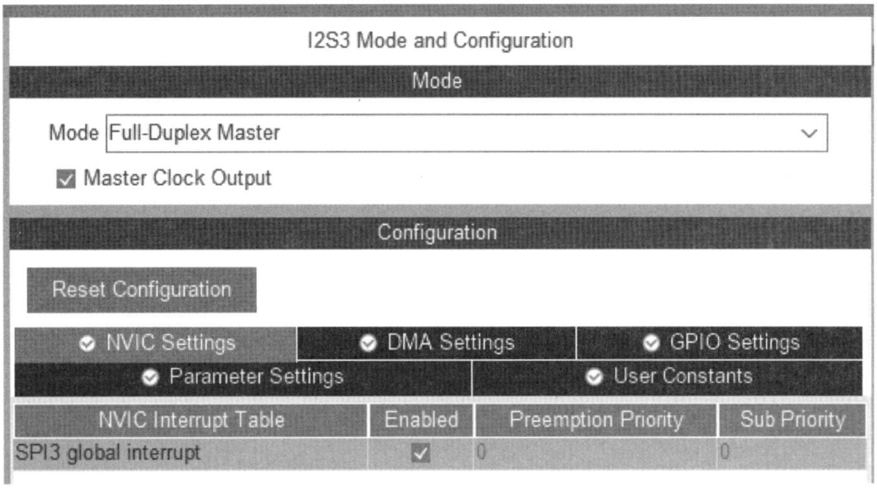

I2S3 Mode and Configuration

Mode

Mode Full-Duplex Master

Master Clock Output

Configuration

Reset Configuration

NVIC Settings | DMA Settings | GPIO Settings

Parameter Settings | User Constants

| NVIC Interrupt Table | Enabled | Preemption Priority | Sub Priority |
|---|---|---|---|
| SPI3 global interrupt | ☑ | 0 | 0 |

圖14-18　I2S3 NVIC設置

**步驟9**：I2S3 DMA設置

點選「DMA Settings」標籤頁，配置情況如圖14-19所示。

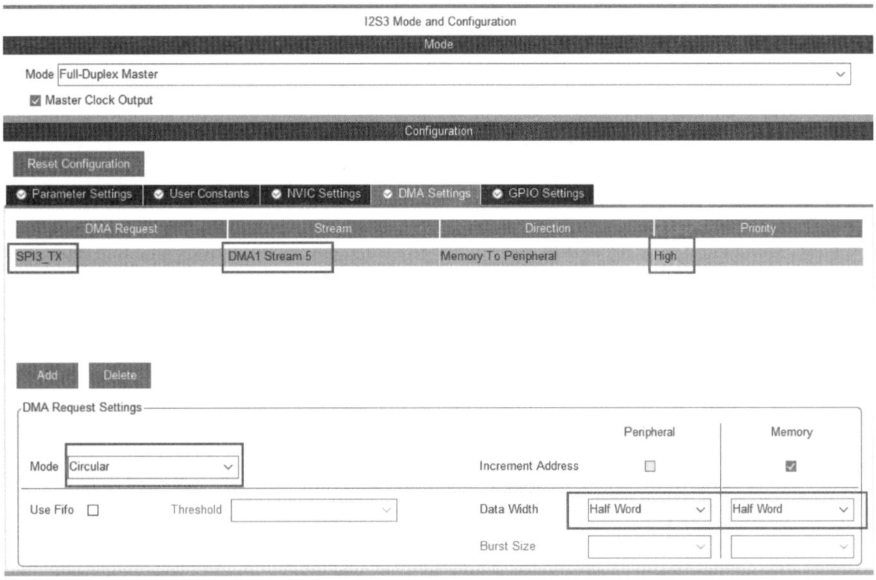

I2S3 Mode and Configuration

Mode

Mode Full-Duplex Master

Master Clock Output

Configuration

Reset Configuration

Parameter Settings | User Constants | NVIC Settings | DMA Settings | GPIO Settings

| DMA Request | Stream | Direction | Priority |
|---|---|---|---|
| SPI3_TX | DMA1 Stream 5 | Memory To Peripheral | High |

Add　Delete

DMA Request Settings

| | | | Peripheral | Memory |
|---|---|---|---|---|
| Mode | Circular | Increment Address | ☐ | ☑ |
| Use Fifo ☐ | Threshold | Data Width | Half Word | Half Word |
| | | Burst Size | | |

圖14-19　I2S3 DMA設置

**步驟10**：I2C1功能組態設置

啓用IC1，點選「GPIO Settings」標籤頁，配置情況如圖14-20所示。

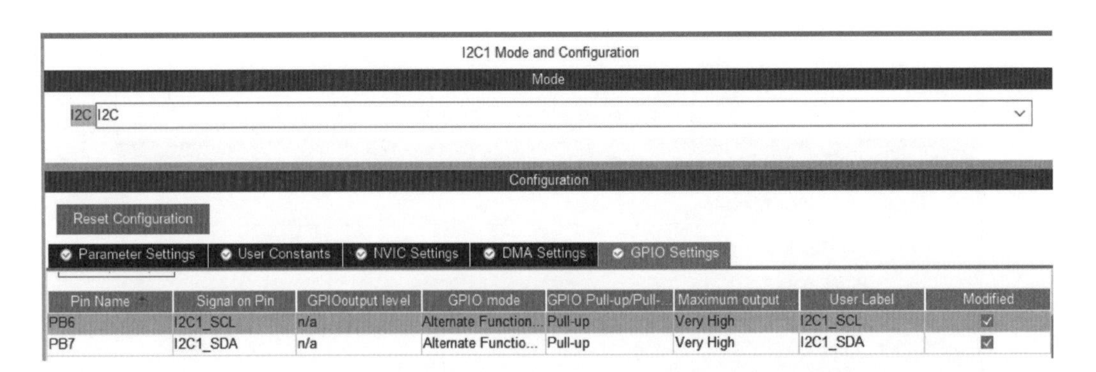


| Pin Name | Signal on Pin | GPIOoutput level | GPIO mode | GPIO Pull-up/Pull-... | Maximum output | User Label | Modified |
|---|---|---|---|---|---|---|---|
| PB6 | I2C1_SCL | n/a | Alternate Function... | Pull-up | Very High | I2C1_SCL | ☑ |
| PB7 | I2C1_SDA | n/a | Alternate Functio... | Pull-up | Very High | I2C1_SDA | ☑ |

圖14-20　I2C1功能組態設置

**步驟11**：專案設定

點擊Project Manager，開啓專案設定介面，如圖14-21所示。在Project Name輸入專案名稱：AudioRecordPlay，點選Browse選擇專案儲存的位置，在Toolchain/IDE選擇MDK-ARM V5，其他部分使用預設。

專案設定介面點選Code Generator，開啓程式碼生成的設定介面，如圖14-22所示。根據圖14-22，在STM32Cube Firmware Library Package的選項中點選Copy only the necessary library files，在Generated files的選項中點選第1、第3與第4個選項，設定完成後點擊OK。

**步驟12**：生成程式碼

點選Generate Code，將根據專案設定生成程式碼，STM32CubeMX生成程式碼後，將彈出程式碼生成成功對話框，點擊Open Project按鈕，將由Keil $\mu$ Vision5開啓AudioRecordPlay專案。

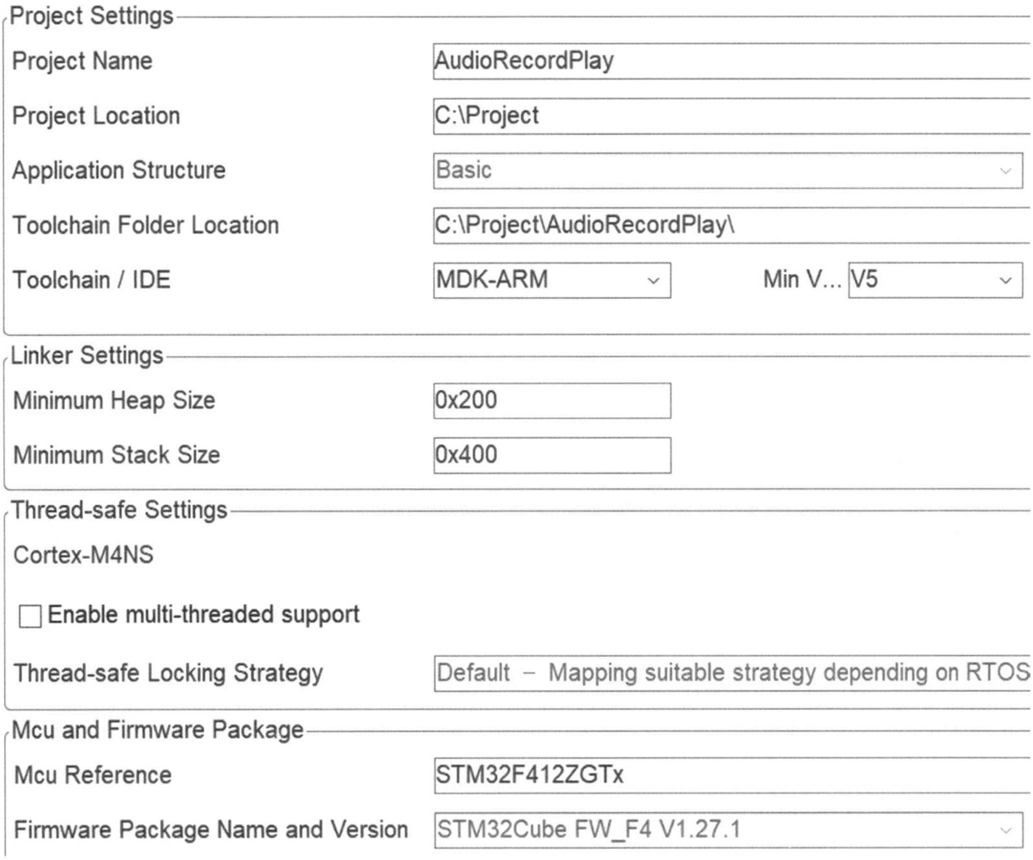

Project Settings

| | |
|---|---|
| Project Name | AudioRecordPlay |
| Project Location | C:\Project |
| Application Structure | Basic |
| Toolchain Folder Location | C:\Project\AudioRecordPlay\ |
| Toolchain / IDE | MDK-ARM　Min V... V5 |

Linker Settings

| | |
|---|---|
| Minimum Heap Size | 0x200 |
| Minimum Stack Size | 0x400 |

Thread-safe Settings

Cortex-M4NS

☐ Enable multi-threaded support

| | |
|---|---|
| Thread-safe Locking Strategy | Default – Mapping suitable strategy depending on RTOS |

Mcu and Firmware Package

| | |
|---|---|
| Mcu Reference | STM32F412ZGTx |
| Firmware Package Name and Version | STM32Cube FW_F4 V1.27.1 |

圖14-21　專案設定介面

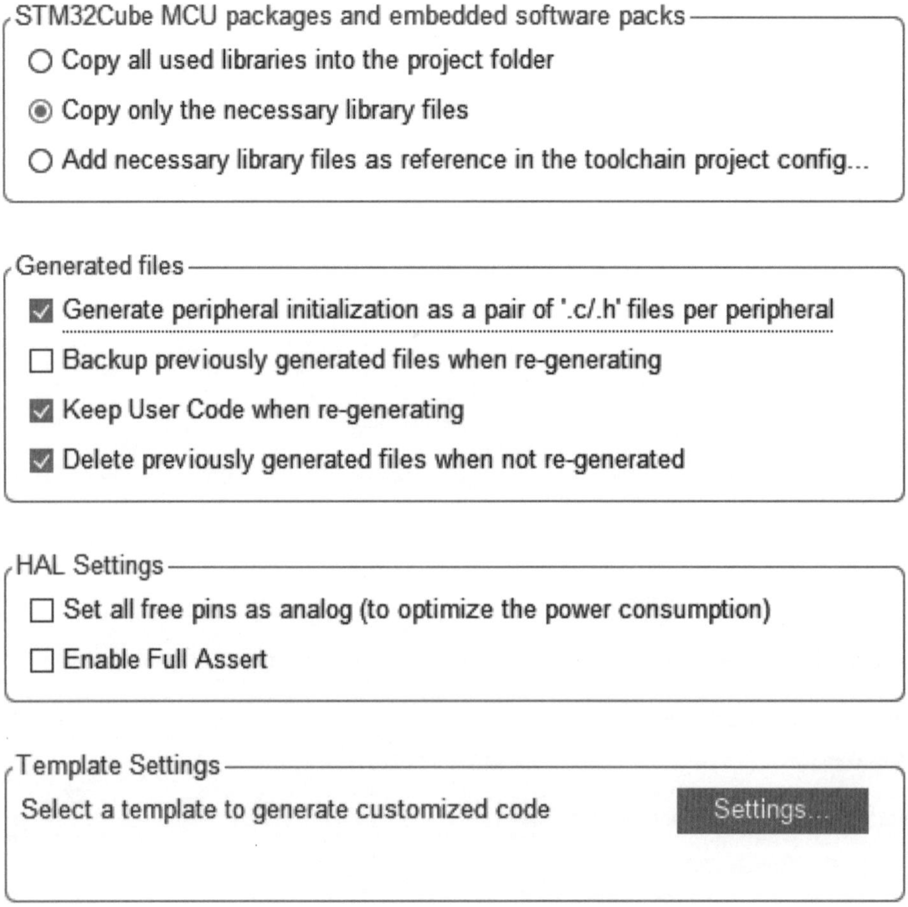

STM32Cube MCU packages and embedded software packs

○ Copy all used libraries into the project folder

◉ Copy only the necessary library files

○ Add necessary library files as reference in the toolchain project config...

Generated files

☑ Generate peripheral initialization as a pair of '.c/.h' files per peripheral

☐ Backup previously generated files when re-generating

☑ Keep User Code when re-generating

☑ Delete previously generated files when not re-generated

HAL Settings

☐ Set all free pins as analog (to optimize the power consumption)

☐ Enable Full Assert

Template Settings

Select a template to generate customized code　Settings...

圖14-22　程式碼生成的設定介面

# 14-3　音訊錄製與播放的軟體設計

因本實驗會用到STM32CubeF412G-DISCO探索板所提供的BSP函式庫，所以必須將必須的含括檔資料夾路徑加入本專案的C/C++編譯器的設定當中。這些檔案都位於STM32Cube_FW_F4_Vx.xx.x的Drivers資料夾中，該資料夾的路徑可在STM32CubeMX的Project Setting視窗中找到，即STMCubeMX的Project Setting視窗中「Use Default Firmware Location」項目下方所顯示的路徑。在Vision點選上方選單「Project」中的「Options for target 'AudioRecordPlay'」項目，會跳出設定視窗。點選該視窗中的C/C++標籤，然後在Include Paths欄位中，將下列資料夾路徑加在現有路徑的末端，如圖14-23：

- C:\Users\User\STM32Cube\Repository\STM32Cube_FW_F4_V1.27.1\Drivers\BSP\STM32412G-Discovery;
- C:\Users\User\STM32Cube\Repository\STM32Cube_FW_F4_V1.27.1\Drivers\STM32F4xx_HAL_Driver\Inc;
- C:\Users\User\STM32Cube\Repository\STM32Cube_FW_F4_V1.27.1\Drivers\BSP\Components\Common;
- C:\Users\User\STM32Cube\Repository\STM32Cube_FW_F4_V1.27.1\Drivers\BSP\Components\wm8994

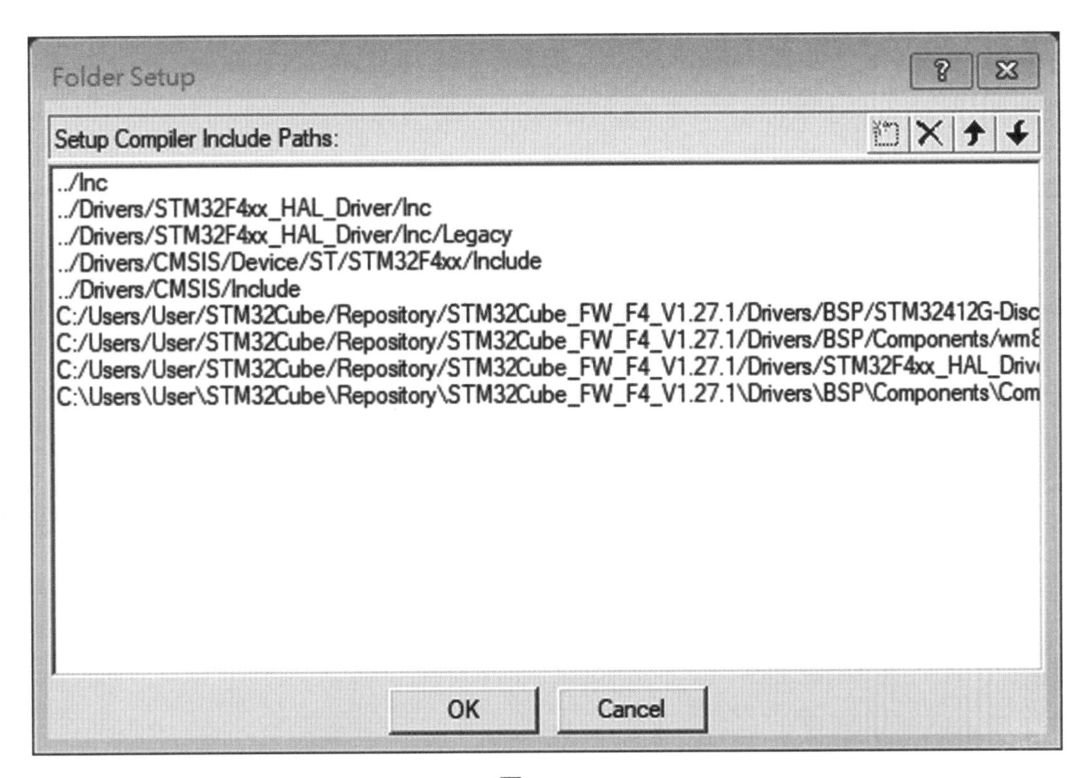


圖14-23

在本專案中加入必要的BSP原始碼：stm32412g_discovery.c以及wm8994.c。步驟如下：

1. 首先，使用滑鼠右鍵在本專案名稱上點擊，於下拉選單中選取「Add Group ...」，便會在本專案中新增一個程式碼群組，然後將此群組的名稱改爲「Drivers/BSP」。其結果如下圖所示。

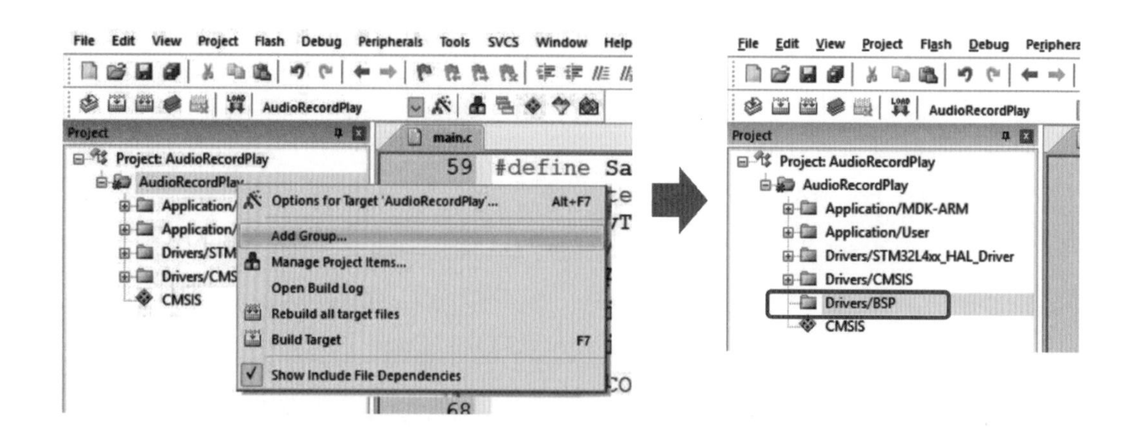


2. 用滑鼠雙擊Drivers/BSP群組，將C:\Users\User\STM32Cube\Repository \STM32Cube_FW_F4_V1.27.1\Drivers\BSP\STM32412G-Discovery\ stm32412g_discovery.c加入群組中。
3. 另產生名爲Drivers/Component群組，並將–C:\Users\User\ STM32Cube\Repository\STM32Cube_FW_F4_V1.27.1\Drivers\BSP\Components\wm8994\wm8994.c加入群組中。
4. 開啓main.c檔進行編輯：

在註解「/* USER CODE END Includes */」之下，加上如下的程式碼，引入必需的含括檔。

| 行號 | 程式碼 |
|---|---|
| 29 | /* USER CODE BEGIN Includes */ |
| 30 | #include “stm32412g_discovery.h” |
| 31 | #include “audio.h” |
| 32 | #include “wm8994.h” |
| 47 | /* USER CODE END Includes */ |

5. 在註解「/* USER CODE BEGIN PV */」之下，加上如下的程式碼，定義程式中會使用到的巨集SaturaLH(N, L, H)，以及宣告程式中會使用到的變數與資料結構。

| 行號 | 程式碼 |
|---|---|
| 45 | /* Private macro ---------------------------------------------------*/ |
| 46 | #define SaturaLH(N, L, H) (((N)<(L))?(L):(((N)>(H))?(H):(N))) |
| 47 | /* Private variables ----------------------------------------------*/ |
| 48 | extern DFSDM_Filter_HandleTypeDef hdfsdm1_filter0; |
| 49 | extern DFSDM_Filter_HandleTypeDef hdfsdm1_filter1; |
| 50 | I2S_HandleTypeDef          haudio_i2s; |
| 51 | AUDIO_DrvTypeDef           *audio_drv; |
| 52 | int32_t                    LeftRecBuff[2048]; //左錄音緩衝區 |
| 53 | int32_t                    RightRecBuff[2048]; //右錄音緩衝區 |
| 54 | int16_t                    PlayBuff[4096]; //播放緩衝區 |
| 55 | uint32_t                   DmaLeftRecHalfBuffCplt  = 0; |
| 56 | uint32_t                   DmaLeftRecBuffCplt      = 0; |
| 57 | uint32_t                   DmaRightRecHalfBuffCplt = 0; |
| 58 | uint32_t                   DmaRightRecBuffCplt     = 0; |
| 59 | uint32_t                   PlaybackStarted         = 0; |
| 60 | /* USER CODE END PV */ |
| 61 | |
| 62 | /* Private function prototypes -----------------------------------------------*/ |
| 63 | /* USER CODE BEGIN PFP */ |
| 64 | void SystemClock_Config(void); |
| 65 | static void Playback_Init(void); |
| 66 | /* USER CODE END PFP */ |

6. 在main()函式中的註解「/* USER CODE BEGIN 1 */」之下，加上32位元無符號整數（uint32_t）變數i的宣告。

| 行號 | 程式碼 |
|---|---|
| 82 | /* USER CODE BEGIN 1 */ |
| 83 | **uint32_t** i; |
| 84 | /* USER CODE END 1 */ |

7. 在main()函式中的註解「/* USER CODE BEGIN 2 */」之下，加上如下程式碼，呼叫函式Playback_Init()，初始化音訊編解碼器WM8994ECS/R，以及呼叫函式HAL_DFSDM_FilterRegularStart_DMA()，讓DFSDM的濾波器開始工作，把來自兩個數位麥克風的PDM串流轉化成PCM音訊資料，透過DMA機制直接存放到錄音緩衝區中。

| 行號 | 程式碼 |
|---|---|
| 108 | /* USER CODE BEGIN 2 */ |
| 109 | Playback_Init(); |
| 110 | /* Start DFSDM conversions */ |
| 111 | if(HAL_OK != HAL_DFSDM_FilterRegularStart_DMA(&hdfsdm1_filter1, RightRecBuff, 2048)) |
| 112 | { |
| 113 | Error_Handler(); |
| 114 | } |
| 115 | if(HAL_OK != HAL_DFSDM_FilterRegularStart_DMA(&hdfsdm1_filter0, LeftRecBuff, 2048)) |
| 116 | { |
| 117 | Error_Handler(); |
| 118 | } |
| 119 | /* USER CODE END 2 */ |

8. 將main()函式中空無一物的while(1)無窮迴圈，做如下的修改，使得每當錄音緩衝區半滿時，其內含的PCM音訊數據會被複製到播放緩衝區中，使得DMA機制可以自動將播放緩衝區內的音訊資料寫入I2S介面，再透過WM8994ECS/R音訊播放晶片轉成實際的聲音。

| 行號 | 程式碼 |
|---|---|
| 121 | /* Infinite loop */ |
| 122 | /* USER CODE BEGIN WHILE */ |
| 123 | **while** (1) |
| 124 | { |
| 125 | if((DmaLeftRecHalfBuffCplt == 1) && (DmaRightRecHalfBuffCplt == |
| 126 | 1)) |
| 127 | { |
| 128 | /* Store values on Play buff */ |
| 129 | for(i = 0; i < 1024; i++) |
| 130 | { |
| 131 | PlayBuff[2*i] = SaturaLH((LeftRecBuff[i] >> 8), -32768, 32767); |
| 132 | PlayBuff[(2*i)+1] = SaturaLH((RightRecBuff[i] >> 8), -32768, 32767); |
| 133 | } |
| 134 | if(PlaybackStarted == 1) |

```
135        {
             if(0 != audio_drv->Play(AUDIO_I2C_ADDRESS, (uint16_t *) &PlayBuff[0],
136  4096))
137          {
138            Error_Handler();
139          }
             if(HAL_OK != HAL_I2S_Transmit_DMA(&haudio_i2s, (uint16_t *) &Play-
140  Buff[0], 4096))
141          {
142            Error_Handler();
143          }
144          PlaybackStarted = 0;
145        }
146        DmaLeftRecHalfBuffCplt  = 0;
147        DmaRightRecHalfBuffCplt = 0;
148      }
149      if((DmaLeftRecBuffCplt == 1) && (DmaRightRecBuffCplt == 1))
150      {
151        /* Store values on Play buff */
152         for(i = 1024; i < 2048; i++)
153        {
             PlayBuff[2*i]     = SaturaLH((LeftRecBuff[i] >> 8), -32768,
154  32767);
           PlayBuff[(2*i)+1] = SaturaLH((RightRecBuff[i] >> 8), -32768,
155  32767);
156        }
157        DmaLeftRecBuffCplt  = 0;
158        DmaRightRecBuffCplt = 0;
159      }
     }
```

9. 在註解「/* USER CODE BEGIN 4 */」之下，加上函式Playback_init()進行WM8994ECS/R音訊晶片的初始化工作，Playback_init()程式碼如下。

**Playback_init()程式碼**

```
static void Playback_Init（void）
{
  uint16_t buffer_fake[16] = {0x00};
  /* I2C Init */
```

```
 AUDIO_IO_Init();

 /* Initialize audio driver */
 if（WM8994_ID != wm8994_drv.ReadID（AUDIO_I2C_ADDRESS））
 {
  Error_Handler();
 }

 audio_drv = &wm8994_drv;
 audio_drv->Reset（AUDIO_I2C_ADDRESS）;
 /* Send fake I2S data in order to generate MCLK needed by WM8994 to set its registers
 * MCLK is generated only when a data stream is sent on I2S */
 HAL_I2S_Transmit_DMA（&haudio_i2s, buffer_fake, 16）;

 if（0 != audio_drv->Init（AUDIO_I2C_ADDRESS, OUTPUT_DEVICE_ HEAD-
PHONE, 90, AUDIO_FREQUENCY_16K））
 {
  Error_Handler();
 }
 /* Stop sending fake I2S data */
 HAL_I2S_DMAStop（&haudio_i2s）;
}
```

10. 在Playback_Init()之下，加上兩個回呼函式（Callback）：HAL_DFSDM _FilterRegConvHalfCpltCallback()以及HAL_DFSDM_FilterRegConvCplt Callback()，程式碼如下所式。這兩個回呼函式是被DFSDM的DMA中斷處理常式來呼叫，當發生錄音緩衝區半滿或全滿事件時，就會分別呼叫這兩個函式，將變數DmaRightRecHalfBuffCplt、DmaLeftRecHalfBuffCpl、DmaRight-RecBuffCplt、DmaLeftRecBuffCplt的值設爲1，使得在main()主程式內的無窮迴圈可以開始進行將錄音緩衝區的資料複製到播放緩衝區的動作。

程式碼

```
/ * * @brief  Half regular conversion complete callback.
    * @param  hdfsdm_filter : DFSDM filter handle.
    * @retval None
    */
void
```

```
HAL_DFSDM_FilterRegConvHalfCpltCallback(DFSDM_Filter_HandleTypeDef
*hdfsdm_filter)
{
  if(hdfsdm_filter == &hdfsdm1_filter0)
  {
    DmaLeftRecHalfBuffCplt = 1;
  }
  else
  {
    DmaRightRecHalfBuffCplt = 1;
  }
}

/**
  * @brief  Regular conversion complete callback.
  * @note   In interrupt mode, user has to read conversion value in this function
            using HAL_DFSDM_FilterGetRegularValue.
  * @param  hdfsdm_filter: DFSDM filter handle.
  * @retval None
  */
void
HAL_DFSDM_FilterRegConvCpltCallback(DFSDM_Filter_HandleTypeDef
*hdfsdm_filter)
{
  if(hdfsdm_filter == &hdfsdm1_filter0)
  {
    DmaLeftRecBuffCplt = 1;
  }
  else
  {
    DmaRightRecBuffCplt = 1;
  }
        PlaybackStarted = 1;
}
/* USER CODE END 4 */
```

最後在main.c修改完成後，將程式完成編譯並上傳到探索板，便可聽到由數位麥克風所收到的聲音。

# FATFS 檔案系統與 SD 卡讀寫控制

CHAPTER 15 

本章介紹如何利用STM32CubeMX工具軟體規劃STM32F412ZGT6晶片的SD/SDIO MMC卡介面與FATFS檔案系統。透過FATFS檔案系統讀寫SD卡內部的檔案。

## 15-1 SD/SDIO MMC卡介面

SD/SDIO是Secure Digital/Secure Digital Input/Output（安全數位／安全數位輸入／輸出）的縮寫。STM32F412ZGT6晶片的SD/SDIO MMC卡介面提供APB2匯流排與多媒體卡（MMC）、SD卡、SDIO卡以及CE-ATA（Consumer Electronics-Advanced Technology Attachment）設備之間的介面。

SDIO具有以下特性：

1. 完全相容多媒體卡系統規範版本4.2。卡支援三種不同資料匯流排模式：1位（默認）、4位和8位
2. 完全相容先前版本的多媒體卡（向前相容性）
3. 完全相容SD存儲卡規範版本2.0
4. 完全相容SD I/O卡規範版本2.0：卡支援兩種不同資料匯流排模式：1位（默認）和4位
5. 完全支援CE-ATA功能（完全符合CE-ATA數位協定版本1.1）
6. 對於8位元模式，資料傳輸高達48 MHz
7. 資料和命令輸出使能信號，控制外部雙向驅動程式。

### 15-1-1 SDIO功能說明

SDIO由兩部分組成（圖15-1）：

1. SDIO Adapter（適配器）提供特定於MMC/SD/SD I/O卡的所有功能，如時鐘生成單元、命令和數據傳輸。
2. APB2介面SDIO適配器暫存器，並且生成中斷和DMA請求信號。

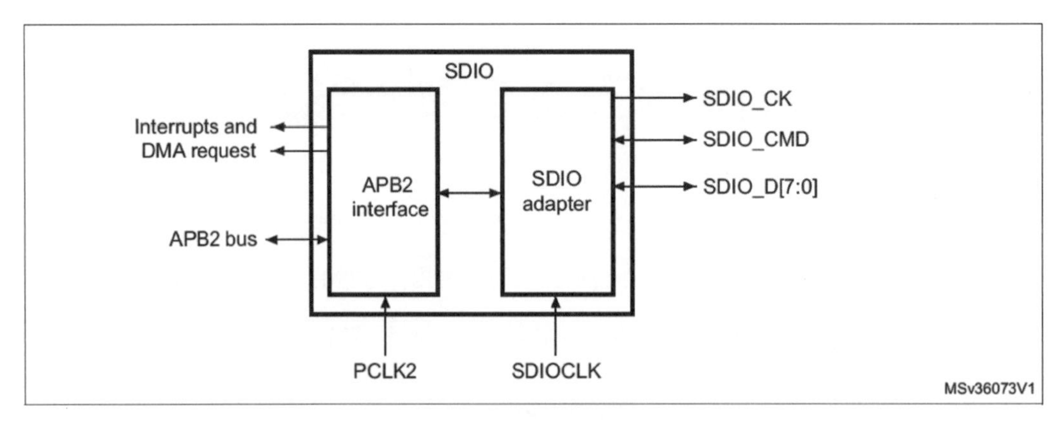


圖15-1　SDIO功能方塊圖（摘自STMicroelectronics公司文件）

在預設情況下，SDIO_D0用於資料傳輸。初始化後，主機可以更改資料匯流排寬度。如果多媒體卡連接到匯流排，則SDIO_D0、SDIO_D[3:0]或SDIO_D[7:0]可以用於資料傳輸。MMC V3.31或更低版本僅支援1位元資料，因此只能使用SDIO_D0。如果SD或SD I/O卡連接到匯流排，則主機可以將資料傳輸配置爲使用SDIO_D0或SDIO_D[3:0]。所有資料線均以推挽模式運行。

1. SDIO_CMD有兩種操作模式：
   (1) 開汲極（open drain）模式：用於初始化（僅限於MMC V3.31或更低版本）
   (2) 推挽式模式：用於命令傳輸（SD/SD I/O卡MMC4.2還將推挽驅動程式用於初始化）
2. SDIO_CK：是與卡相連的時鐘。
3. SDIO另有使用兩個時鐘信號：
   (1) SDIO適配器時鐘（SDIOCLK = 48 MHz）
   (3) APB2匯流排時鐘（PCLK2）

下表爲SDIO I/O接腳的定義

| Pin | Direction | Description |
|---|---|---|
| SDIO_CK | Output | MultiMediaCard/SD/SDIO card clock. This pin is the clock from host to card. |
| SDIO_CMD | Bidirectional | MultiMediaCard/SD/SDIO card command. This pin is the bidirectional command/response signal. |
| SDIO_D[7:0] | Bidirectional | MultiMediaCard/SD/SDIO card data. These pins are the bidirectional databus. |

SDIO適配器是一個多媒體卡／安全數位記憶卡匯流排主設備，提供與多媒體卡或安全數位記憶卡的介面。該適配器由五個子單元組成，如圖15-2所示：

1. 適配器暫存器模組：適配器暫存器模組包含所有系統暫存器。該模組還生成將多媒體卡中的靜態旗標清零的信號。當寫入1到SDIO清零暫存器中對應位的位置時，將生成清零信號
2. 控制單元：控制單元由電源管理單元和時鐘管理單元組成。電源管理單元會在斷電（power-off）階段和上電（power-up）階段中禁止卡匯流排輸出信號。時鐘管理子單元負責生成和控制SDIO_CK信號。SDIO_CK輸出可以使用時鐘分頻或時鐘旁路模式，如圖15-3所示。
3. 命令路徑單元：命令路徑單元向卡發送命令並從卡接收回應。
4. 資料路徑單元：資料路徑單元負責與卡相互傳輸資料。
5. 資料FIFO（先進先出）單元：資料FIFO單元是一個資料緩衝器，含發送FIFO和接收FIFO單元。

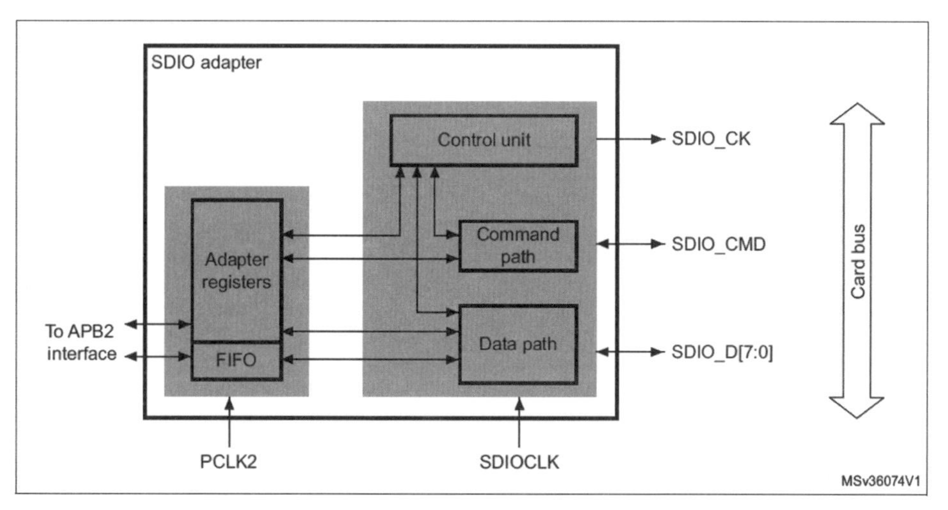


圖15-2　SDIO adapter功能方塊圖（摘自STMicroelectronics公司文件）

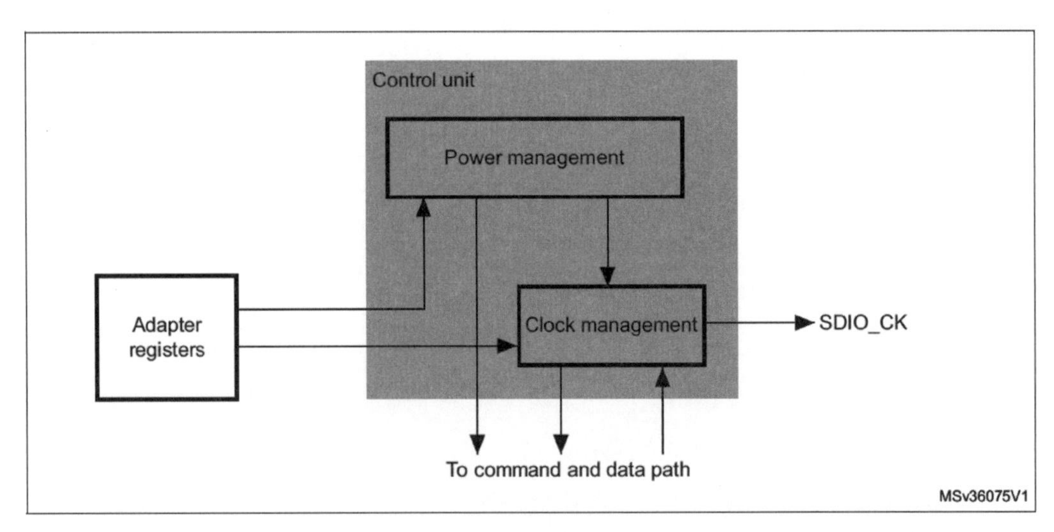


圖15-3　SDIO adapter控制單元（摘自STMicroelectronics公司文件）

## 15-1-2　命令傳輸

命令是用於啓動操作的標記。命令在SDIO_CMD信號線上以串列的方式傳輸。所以命令都爲固定長度48位元。命令路徑以半雙工模式運行，因此可以發送和接收命令以及接收回應，如下圖所示。

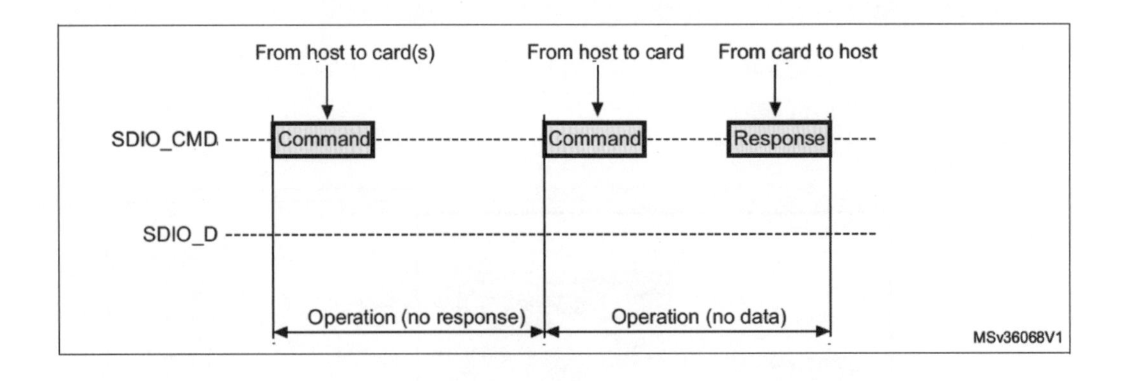


## 15-1-3　資料傳輸

SD卡資料傳輸是以區塊爲操作單位，分資料寫入與讀取兩種操作。在進行資料寫入操作時，由主機開始傳輸命令，SD卡收到命令後，發送回應給主機，然後主機開始傳輸資料區塊，傳輸完資料區塊緊接著傳輸CRC檢驗值。最後，主機傳送停止

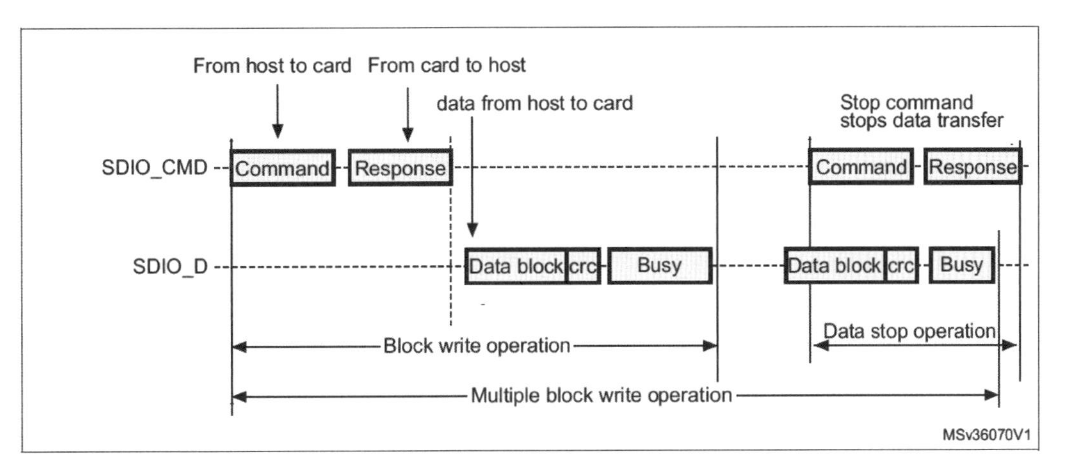


圖15-4　SDIO區塊寫入的操作（摘自STMicroelectronics公司文件）

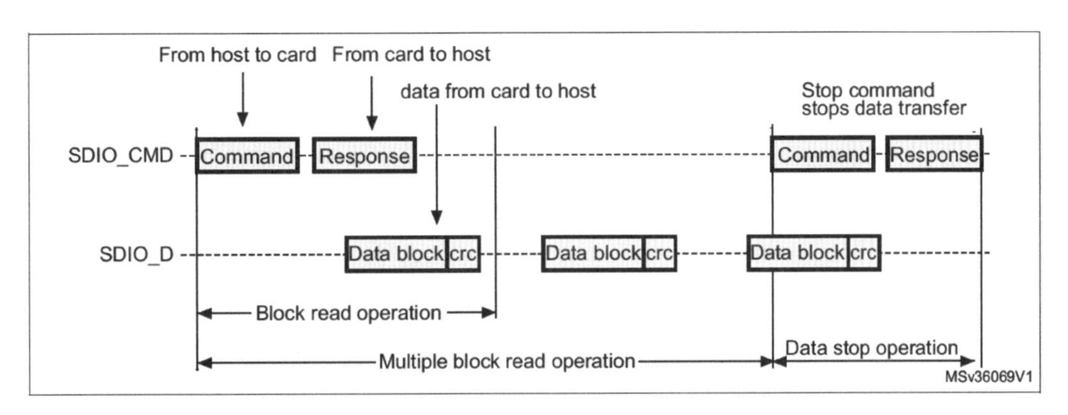


圖15-5　SDIO區塊讀取的操作（摘自STMicroelectronics公司文件）

命令，停止資料傳輸（如圖15-4）。在進行資料讀取操作時，由主機開始傳輸命令，SD卡收到命令後，發送回應給主機，然後SD卡開始傳輸資料區塊，傳輸完資料區塊緊接著傳輸CRC檢驗值。最後，主機傳送停止命令，停止資料傳輸（如圖15-5）。

## 15-1-4　Micro SD卡介面電路

STM32F412G_DISCO探索板之Micro SD卡介面是採用SD 4位元寬度資料匯流排，Micro SD卡介面電路圖如圖15-6所示。

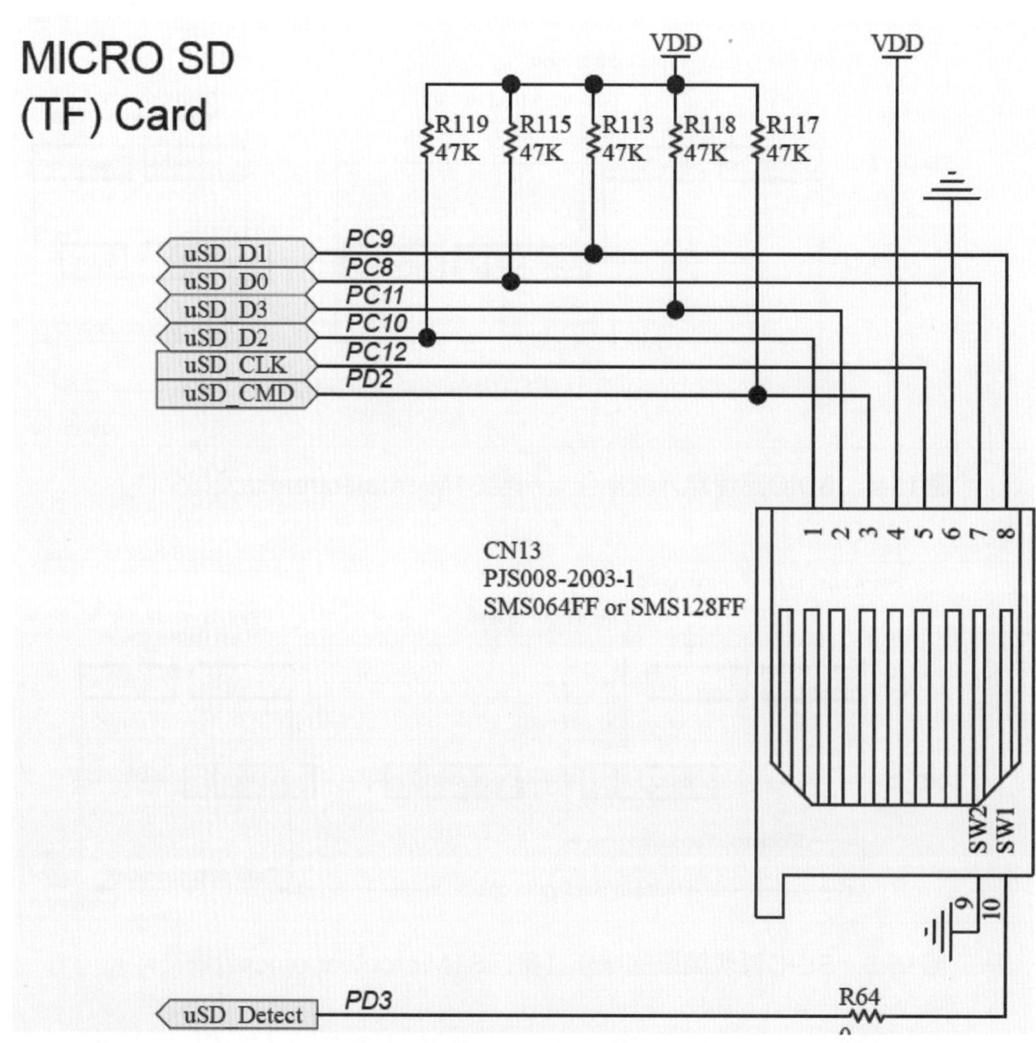


圖15-6 Micro SD卡介面電路圖（摘自STMicroelectronics公司文件）

## 15-2 FATFS簡介

FatFS是一種為小型嵌入式系統設計的FAT（File Allocation Table）檔案系統模組。FatFs檔案系統遵循ANSI C，相容Windows檔案系統。FatFs檔案系統完全與實體I/O層分開。它可以被嵌入到低成本的微控制器中，如ARM、8051、PIC、AVR等微控制器。

FatFs檔案系統提供下列API函數：

1.f_mount：在FatFs檔案系統掛載／卸載

```
FRESULT f_close (
  FIL* fp     /* [IN] Pointer to the file object */
);
```

2.f_open：創建／開啓一個用於存取的檔案

```
FRESULT f_open (
  FIL* fp,           /* [OUT] Pointer to the file object structure */
  const TCHAR* path, /* [IN] File name */
  BYTE mode          /* [IN] Mode flags */
);
```

3.f_close：關閉一個開啓的檔案

```
FRESULT f_close (
  FIL* FileObject          /* 檔案結構的指針 */
);
```

4.f_read：從一個檔案讀取數據

```
FRESULT f_read (
  FIL* FileObject,         /* 檔案結構的指針 */
  void* Buffer,            /* 讀取數據的緩衝區的指針 */
  UINT ByteToRead,         /* 要讀取的位元組數 */
  UINT* ByteRead           /* 返回已讀取位元組數的指針 */
);
```

5. f_write：寫入數據到一個檔案

```
FRESULT f_write (
  FIL* fp,              /* [IN] Pointer to the file object structure */
  const void* buff, /* [IN] Pointer to the data to be written */
  UINT btw,             /* [IN] Number of bytes to write */
  UINT* bw               /* [OUT] Pointer to the variable to return number of bytes
written */
);
```

6. f_lseek：移動一個開啓的檔案的檔案讀／寫指針。

```
FRESULT f_lseek (
  FIL*     fp,  /* [IN] File object */
  FSIZE_t ofs  /* [IN] File read/write pointer */
);
```

7. f_truncate：截斷檔案大小

```
FRESULT f_truncate (
  FIL* FileObject          /* 檔案結構指針 */
);
```

8. f_sync：刷新（flush）一個寫檔案的緩存區的資料

```
FRESULT f_sync (
  FIL* FileObject        /* 檔案結構的指針 */
);
```

9. f_opendir：開啓一個目錄

```
FRESULT f_opendir (
  DIR* DirObject,              /* 空白目錄結構的指針 */
  const XCHAR* DirName         /* 目錄名的指針 */
);
```

10. f_readdir：讀取目錄

```
FRESULT f_readdir (DIR* DirObject,    /* 指向開啓的目錄結構的指針 */
  FILINFO* FileInfo                   /* 指向檔案結構的指針 */
);
```

11. f_getfree：獲取空閒配置單位（cluster）的數目

```
FRESULT f_getfree (
  const TCHAR* Path,        /* 驅動器的根目錄 */
  DWORD* Clusters,          /* 存儲空閒配置單位數目的指針 */
  FATFS** FileSystemObject /* 檔案系統物件的指針 */
);
```

12. f_mkdir：創建一個目錄

```
FRESULT f_mkdir (
  const TCHAR* DirName /* 目錄名的指針 */
);
```

13. f_unlink：移除一個檔案

```
FRESULT f_unlink (
  const TCHAR* FileName  /* 檔案名的指針 */
);
```

14. f_chmod：修改一個檔案或目錄的屬性。

```
FRESULT f_chmod (
  const TCHAR* FileName, /* 檔案或目錄的指針 */
  BYTE Attribute,          /* 屬性旗標 */
  BYTE AttributeMask       /* 屬性遮罩 */
);
```

15. f_utime：修改一個檔案或目錄的時間戳。

```
FRESULT f_utime (
  const TCHAR* FileName,  /* 文檔案件或目錄路徑的指針 */
  const FILINFO* TimeDate /* 待設置的時間和日期 */
);
```

16. f_rename：重命名一個檔案。

```
FRESULT f_rename (
const TCHAR* OldName,    /* 原檔案名的指針 */
  const TCHAR* NewName /* 新檔案名的指針 */
);
```

17. f_mkfs：在驅動器上創建一個檔案系統

```
FRESULT f_mkfs (
 const TCHAR* path,
BYTE opt,
DWORD au,
void* work,
UINT len
);
```

18. f_forward：讀取檔案數據並將其轉發到數據流設備。

```
FRESULT f_forward (
 FIL* FileObject,                    /* 檔案物件 */
 UINT (*Func)(const BYTE*,UINT), /* 數據流函數 */
 UINT ByteToFwd,                   /* 要轉發的位元組數 */
 UINT* ByteFwd                     /* 已轉發的位元組數 */
);
```

19. f_chdir：改變一個驅動器的當前目錄。

```
FRESULT f_chdir (
 const TCHAR* Path /* 路徑名的指針 */
);
```

20. f_chdrive：改變當前驅動器

```
FRESULT f_chdrive (
 BYTE Drive /* 邏輯驅動器編號 */
);
```

21. f_gets：從檔案中讀取一個字串。

```
TCHAR* f_gets (
  TCHAR* Str,        /* 讀緩衝區 */
  int Size,          /* 讀緩衝區大小 */
  FIL* FileObject    /* 檔案物件 */
);
```

22. f_putc：向檔案中寫入一個字元

```
int f_putc (
  TCHAR Chr,         /* 字元 */
  FIL* FileObject    /* 檔案物件 */
);
```

23. f_puts：向檔案中寫入一個字串。

```
int f_puts (
  const TCHAR* Str,  /* 字串指針 */
  FIL* FileObject    /* 檔案物件指針 */
);
```

24. f_printf：向檔案中寫入一個格式化字串。

```
int f_printf (
  FIL* FileObject,          /* 檔案物件指針 */
  const TCHAR* Foramt,  /* 格式化字串指針 */
  ...
);
```

# 15-3 利用STM32CubeMX創建SD卡讀寫控制的專案

利用STM32CubeMX創建LCD_Display6-1專案，步驟如下：

**步驟1**：新建專案

開啓STM32cubeMX軟體，點擊New Project。根據圖15-7，在Part Number Search輸入STM32F412ZG，在MCUs List item選擇STM32F412ZGTx，然後點選Start Project，將開啓新建專案的主畫面。

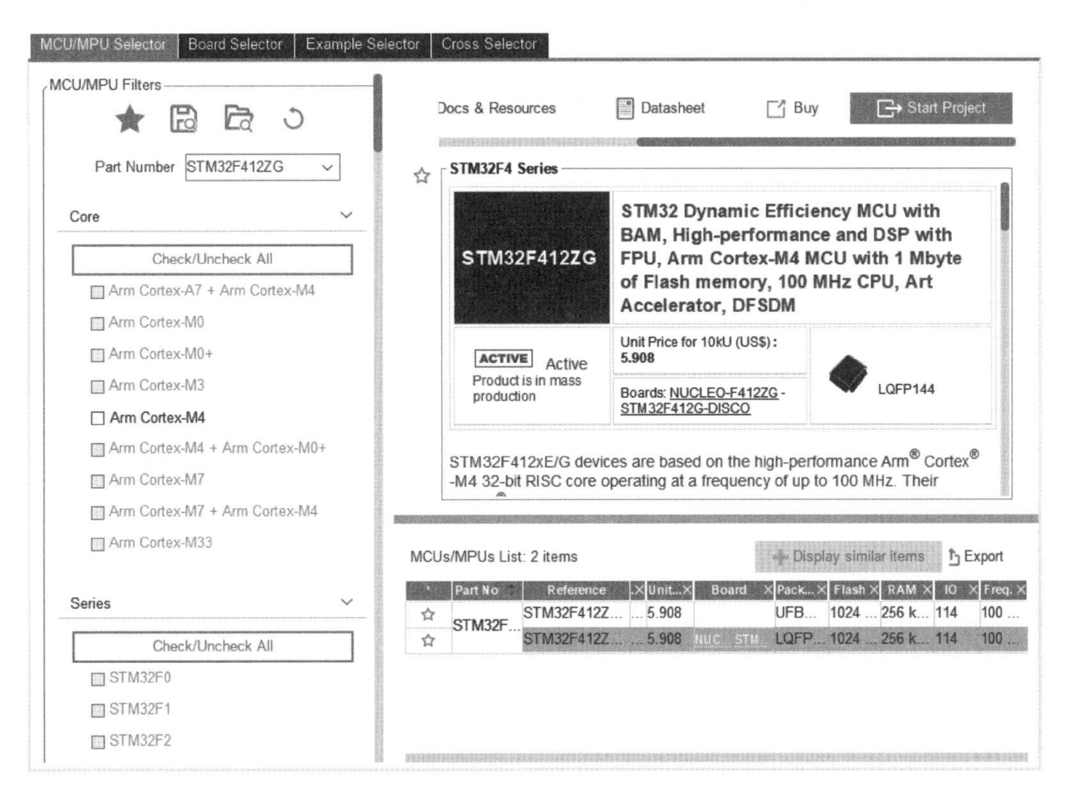


圖15-7 新建專案

**步驟2**：配置SDIO介面

根據圖15-6電路圖的腳位連接方式配置SDIO介面，首先點選SDIO，在SDIO Mode and Configuration視窗中，將Mode設為MMC 4 bits Wide bus，其他選項使用預設，如圖15-8所示。

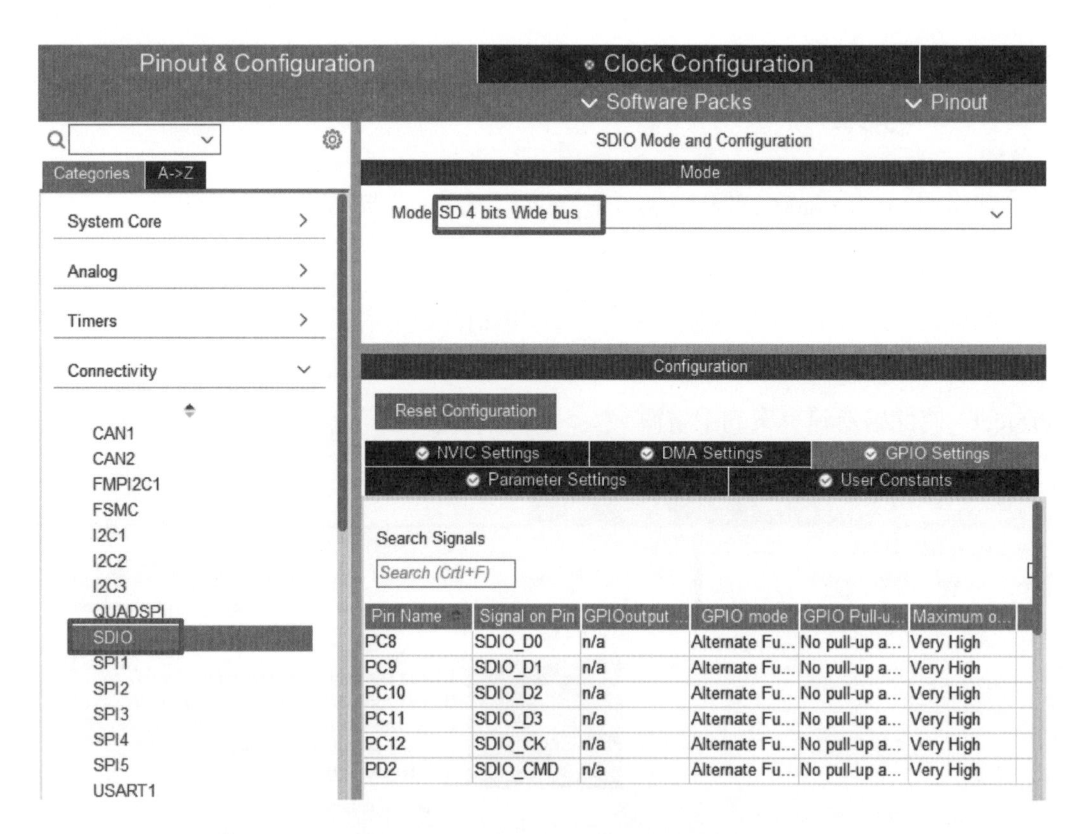


圖15-8 SDIO模式與組態設定

在完成SDIO模式與組態設定之後，由STM32CubeMX生成的預設腳位跟圖15-6的電路圖的腳位接方式有一些不同，需要對以下接腳以手動方式作修正。另須設定PD3爲GPIO_Input，修正User Label名稱爲uSD_DETECT。完成設定後的腳位圖如圖15-9所示。

1. PC10 → SDIO_D2
2. PC12 → SDIO_CK
3. PD2 → SDIO_CMD
4. PD3 → uSD_DETECT(GPIO INPUT)

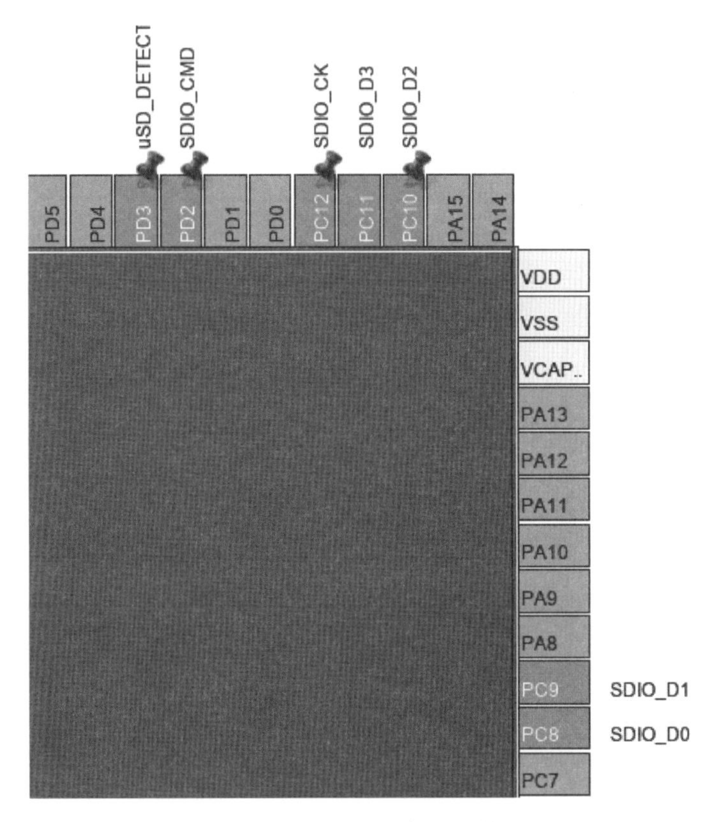


圖15-9　SDIO介面接腳功能配置

**步驟3**：SDIO時鐘配置

配置SDIO的時鐘爲48 MHz，如圖15-10所示。

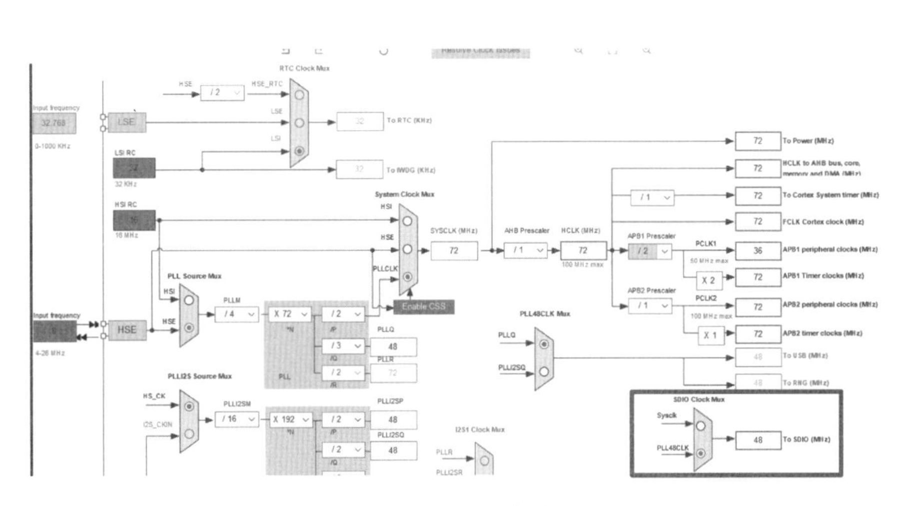

圖15-10　SDIO時鐘配置

**步驟4**：FatFS檔案系統設定

在中介軟體（Middleware）中選擇FATFS，在FATFS Mode and Configuration視窗中，選擇SD Card，在SD卡上建立檔案系統，其他選項使用預設，如圖15-11所示。

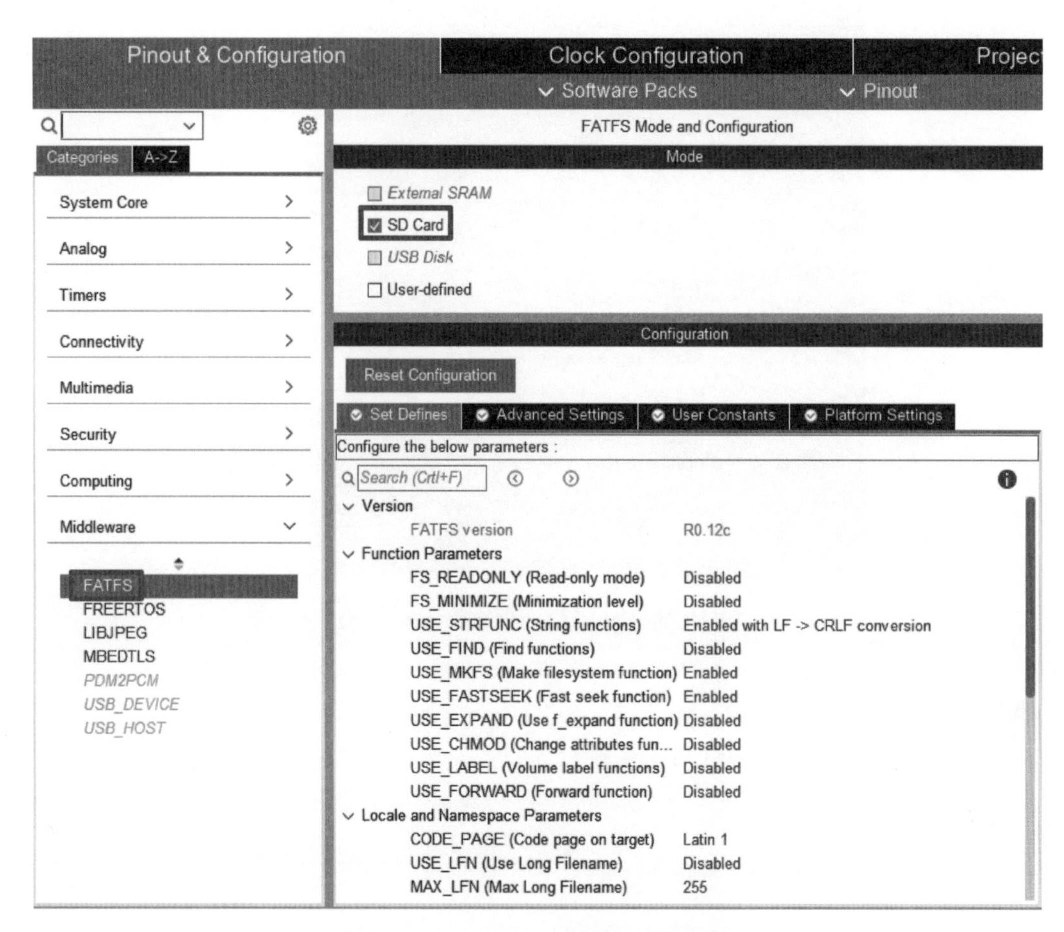


圖15-11 FATFS檔案系統配置

**步驟5**：UART功能組態配置

在Connectivity中選擇USART2，在USART2 Mode and Configuration視窗中，Mode選擇Asynchronous，其他選項使用預設，如圖15-12所示。

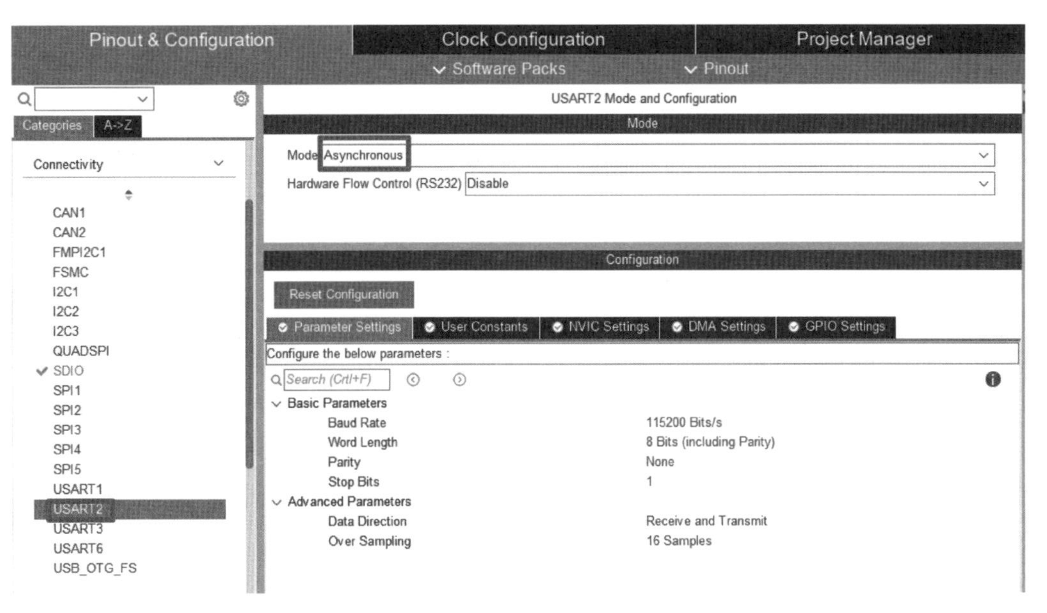


圖15-12　UART功能組態配置

**步驟6：**專案設定

點擊Project Manager，開啓專案設定介面，如圖15-13所示。在Project Name輸入專案名稱：FatFS_SD_Card，點選Browse選擇專案儲存的位置，在Application Structure選擇Advanced，在Toolchain/IDE選擇MDK-ARM V5，在Linker Settings修改堆疊的大小，堆疊大小設置爲0x1000，其他部分使用預設。

專案設定介面點選Code Generator，開啓程式碼生成的設定介面，如圖15-14。根據圖15-14，在STM32Cube Firmware Library Package的選項中點選Copy only the necessary library files，在Generated files的選項中點選第1、第3與第4個選項，設定完成後點擊OK。

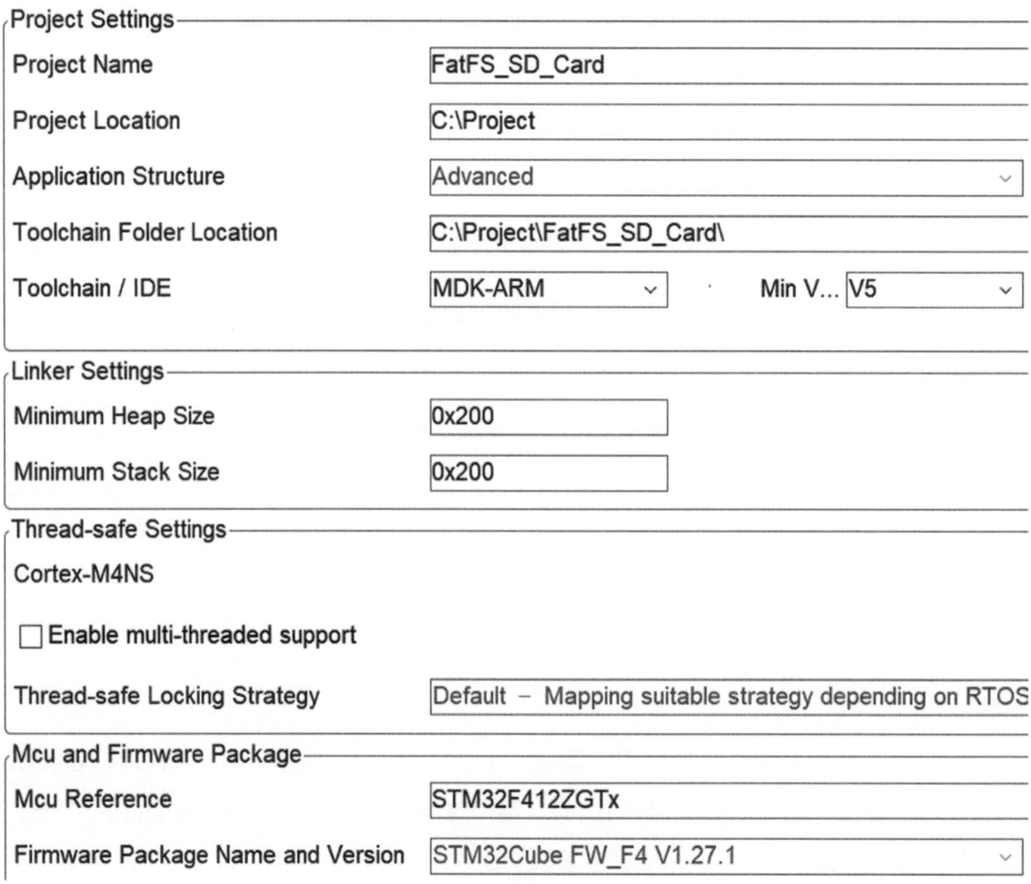

Project Settings

| | |
|---|---|
| Project Name | FatFS_SD_Card |
| Project Location | C:\Project |
| Application Structure | Advanced |
| Toolchain Folder Location | C:\Project\FatFS_SD_Card\ |
| Toolchain / IDE | MDK-ARM　Min V... V5 |

Linker Settings

| | |
|---|---|
| Minimum Heap Size | 0x200 |
| Minimum Stack Size | 0x200 |

Thread-safe Settings

Cortex-M4NS

☐ Enable multi-threaded support

| | |
|---|---|
| Thread-safe Locking Strategy | Default – Mapping suitable strategy depending on RTOS |

Mcu and Firmware Package

| | |
|---|---|
| Mcu Reference | STM32F412ZGTx |
| Firmware Package Name and Version | STM32Cube FW_F4 V1.27.1 |

圖15-13　專案設定介面

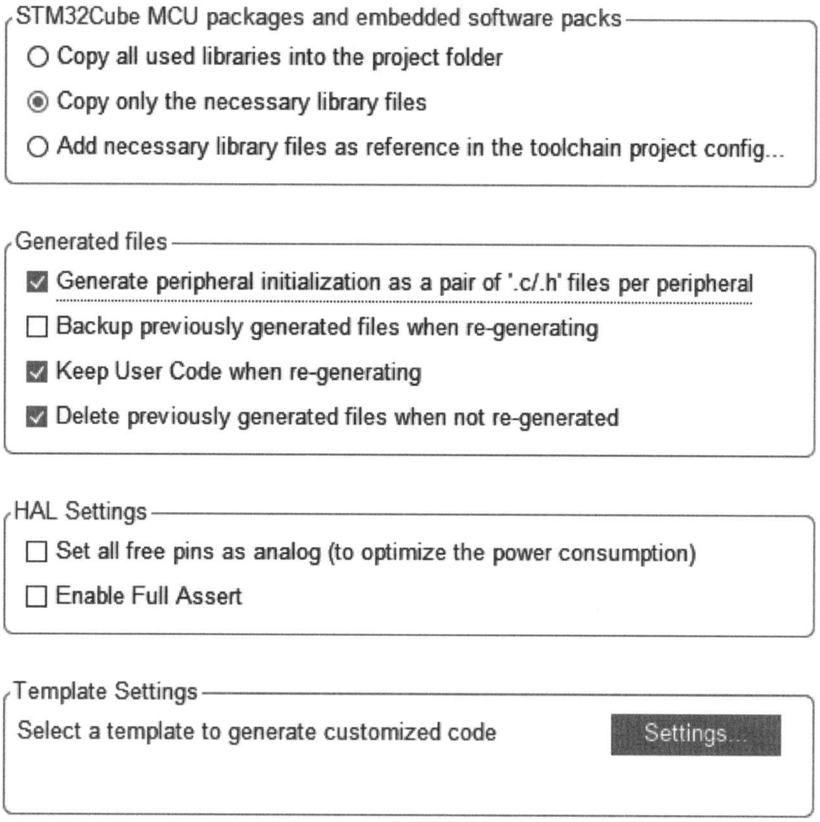

STM32Cube MCU packages and embedded software packs

○ Copy all used libraries into the project folder

◉ Copy only the necessary library files

○ Add necessary library files as reference in the toolchain project config...

Generated files

☑ Generate peripheral initialization as a pair of '.c/.h' files per peripheral

☐ Backup previously generated files when re-generating

☑ Keep User Code when re-generating

☑ Delete previously generated files when not re-generated

HAL Settings

☐ Set all free pins as analog (to optimize the power consumption)

☐ Enable Full Assert

Template Settings

Select a template to generate customized code　　Settings...

圖15-14　程式碼生成的設定介面

**步驟7：**生成程式碼

點選Generate Code，將根據專案設定生成程式碼，STM32CubeMX生成程式碼後，將彈出程式碼生成成功對話框，點擊Open Project按鈕，將由Keil μ Vision5開啓FatFS_SD_Card專案。

# 15-4　SD卡讀寫控制的實驗

本節以BSP函數庫說明如何進行SD卡讀寫的控制。首先，由Keil μ Vision5開啓15-3小節所創建的專案，在本專案中加入必要的BSP原始碼：stm32412g_discovery.c以及stm32412g_discovery_sd.c。步驟如下：

1. 首先，使用滑鼠右鍵在本專案名稱上點擊，於下拉選單中選取「Add Group ...」，便會在本專案中新增一個程式碼群組，然後將此群組的名稱改爲「Drivers/BSP」。其結果如下圖所示。

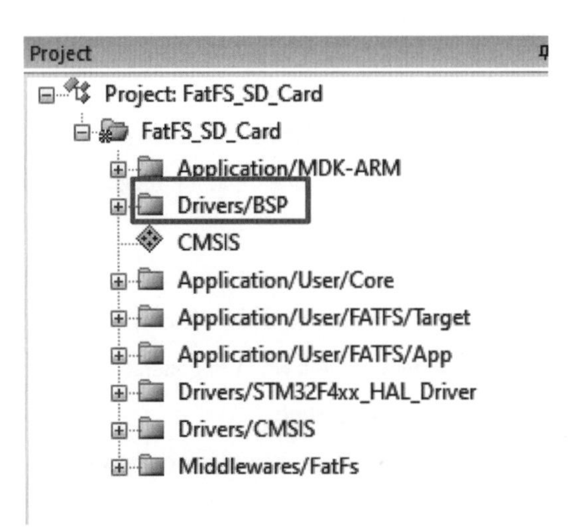


2. 用滑鼠雙擊Drivers/BSP群組，將C:\Users\User\STM32Cube\Repository \ STM32Cube_FW_F4_V1.27.1\Drivers\BSP\STM32412G-Discovery目錄下的stm32412g_discovery.c與stm32412g_discovery_sd.c兩個檔案加入群組中。其結果如下圖所示。

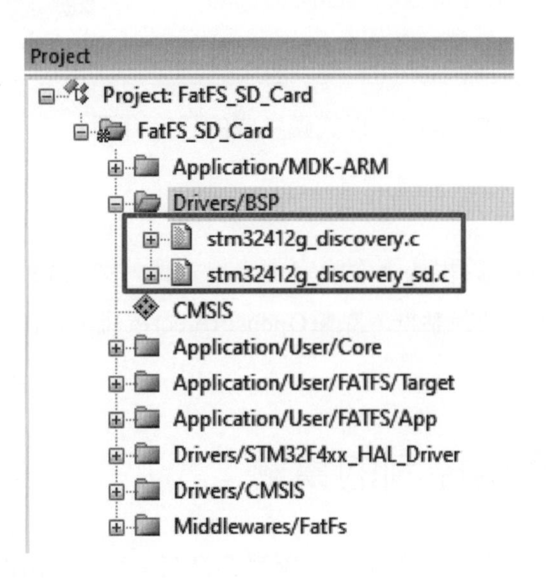


3. 刪除在Application/User/FATFS/Target群組中的檔案bsp_driver_sd.c，如下圖所示。

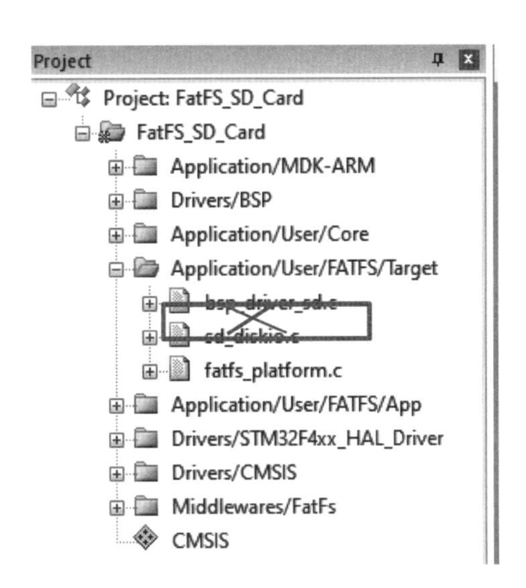


4. 修改stm32f4xx_hal_conf.h的內容來啓用I2C與SRAM介面，如圖15-15所示，將第52行、第55行的註解拿掉來啓用I2C與SRAM介面。

```
49 /* #define HAL_NAND_MODULE_ENABLED   */
50 /* #define HAL_NOR_MODULE_ENABLED   */
51 /* #define HAL_PCCARD_MODULE_ENABLED   */
52 #define HAL_SRAM_MODULE_ENABLED
53 /* #define HAL_SDRAM_MODULE_ENABLED   */
54 /* #define HAL_HASH_MODULE_ENABLED   */
55 #define HAL_I2C_MODULE_ENABLED
56 /* #define HAL_I2S_MODULE_ENABLED   */
57 /* #define HAL_IWDG_MODULE_ENABLED   */
58 /* #define HAL_LTDC_MODULE_ENABLED   */
59 /* #define HAL_RNG_MODULE_ENABLED   */
60 /* #define HAL_RTC_MODULE_ENABLED   */
61 /* #define HAL_SAI_MODULE_ENABLED   */
62 #define HAL_SD_MODULE_ENABLED
63 /* #define HAL_MMC_MODULE_ENABLED   */
64 /* #define HAL_SPI_MODULE_ENABLED   */
65 /* #define HAL_TIM_MODULE_ENABLED   */
66 #define HAL_UART_MODULE_ENABLED
67 /* #define HAL_USART_MODULE_ENABLED   */
68 /* #define HAL_IRDA_MODULE_ENABLED   */
69 /* #define HAL_SMARTCARD_MODULE_ENABLED   */
70 /* #define HAL_SMBUS_MODULE_ENABLED   */
71 /* #define HAL_WWDG_MODULE_ENABLED   */
72 /* #define HAL_PCD_MODULE_ENABLED   */
73 /* #define HAL_HCD_MODULE_ENABLED   */
```

圖15-15　修改stm32f4xx_hal_conf.h的內容

5. 用滑鼠雙擊Drivers/STM32F4xx_HAL_Driver群組，將C:\Users\User\STM32Cube\Repository\STM32Cube_FW_F4_V1.27.1\Drivers.2\Drivers\STM32F4xx_HAL_Driver\Src目錄下的stm32f4xx_hal_i2c.c、stm32f4xx_hal_sram.c、stm32f4xx_ll_fsmc.c與stm32f4xx_ll_fmc.c四個檔案加入群組中。其結果如下圖所示。

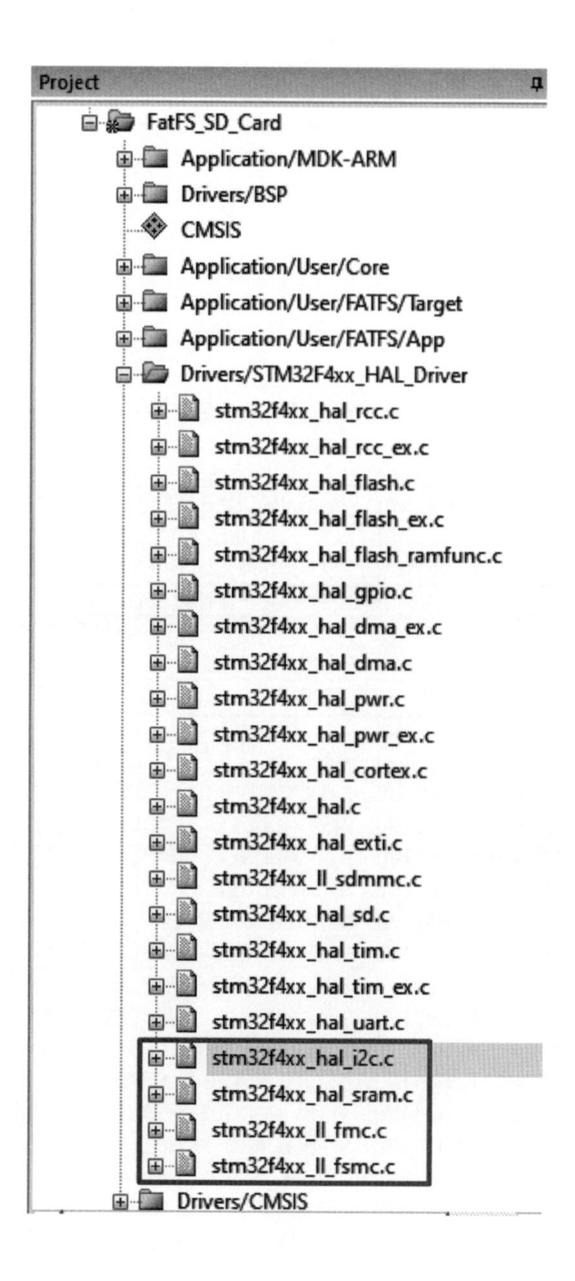

6. 將必須的含括檔資料夾路徑加入本專案的C/C++編譯器的設定當中。這些檔案都位於STM32Cube_FW_F4_Vx.xx.x的Drivers資料夾中，該資料夾的路徑可在STM32CubeMX的Project Setting視窗中找到，即STMCubeMX的Project Setting視窗中「Use Default Firmware Location」項目下方所顯示的路徑。在Vision點選上方選單「Project」中的「Options for target 'FatFS_SD_Card'」項目，會跳出設定視窗。點選該視窗中的C/C++標籤，然後在Include Paths欄位中，將下列資料夾路徑加在現有路徑的末端，如圖15-16：

   –C:\Users\User\STM32Cube\Repository\STM32Cube_FW_F4_V1.27.1\Drivers\BSP\STM32412G-Discovery;

   –C:\Users\User\STM32Cube\Repository\STM32Cube_FW_F4_V1.27.1\Drivers\STM32F4xx_HAL_Driver\Inc;

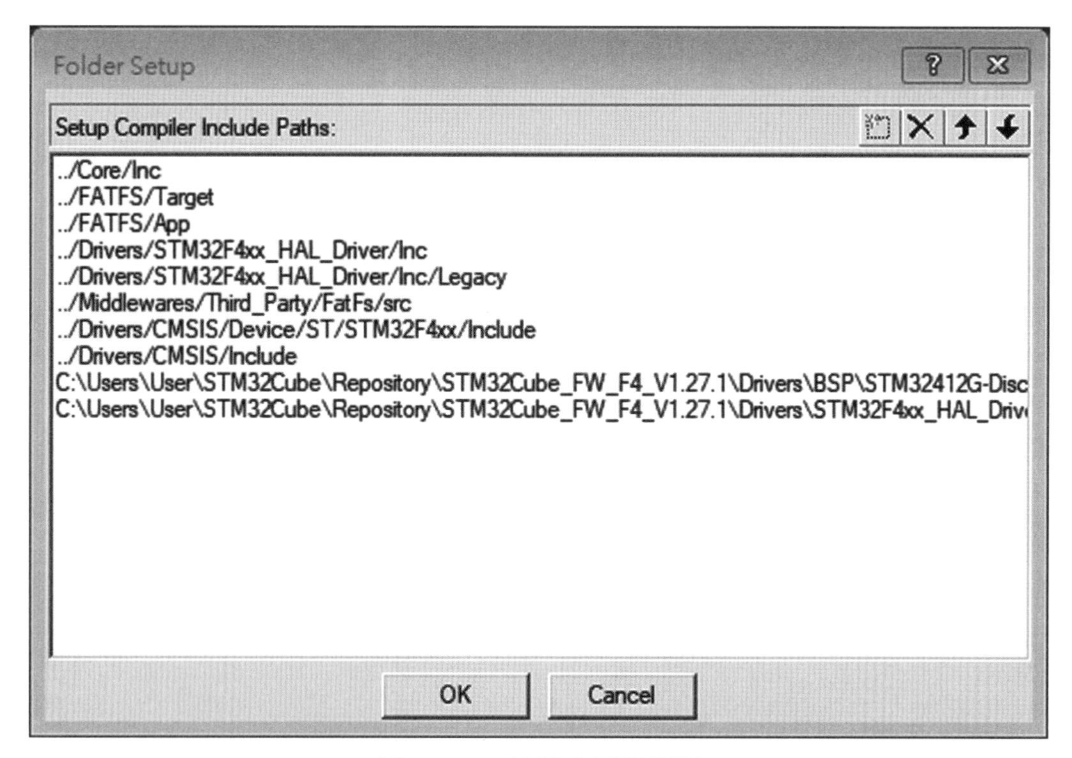


圖15-16　新增含括檔路徑

7. 開啓main.c檔進行編輯：

   在註解「/* USER CODE END Includes */」之下，加上如下的程式碼，引入必需的含括檔。

| 行號 | main.c程式碼 |
|---|---|
| 28 | /* USER CODE BEGIN Includes */ |
| 29 | #include <stdio.h> |
| 30 | #include <string.h> |
| 31 | #include "stm32412g_discovery.h" |
| 32 | /* USER CODE END Includes */ |

在註解「/* USER CODE BEGIN PM */」之下，加上如下的程式碼，定義巨集PUTCHAR_PROTOTYPELCD爲int fputc（int ch, FILE *f）函數，用於將printf輸出指向串列埠（重定向）。

| 行號 | main.c程式碼 |
|---|---|
| 44 | /* USER CODE BEGIN PD */ |
| 45 | #define PUTCHAR_PROTOTYPE int fputc(int ch, FILE *f) |
| 46 | /* USER CODE END PD */ |

在註解「/* USER CODE BEGIN PV */」之下，加上如下的添加變數，SDFatFS爲檔案系統物件變數，SDFile爲檔案物件結構的指標，SDPath爲SD卡邏輯儲存區路徑，buffer爲f_mkfs()函數緩存。

| 行號 | main.c程式碼 |
|---|---|
| 50 | /* USER CODE BEGIN PV */ |
| 51 | FATFS SDFatFs; /* File system object for SD card logical drive */ |
| 52 | extern FIL SDFile; /* File object */ |
| 53 | extern char SDPath[4]; /* SD card logical drive path */ |
| 54 | static uint8_t buffer[_MAX_SS]; /* a work buffer for the f_mkfs() */ |
| 55 | /* USER CODE END PV */ |

在註解「/* USER CODE BEGIN 1 */」之下，加上如下的添加變數，res爲存放FatFs函數回傳碼的變數，rtext/wtext分別爲讀寫緩存，bytesread /byteswritten分別儲存讀寫的位元組數。

| 行號 | main.c程式碼 |
|---|---|
| 74 | /* USER CODE BEGIN 1 */ |
| 75 | FRESULT res;                    /* FatFs function common result code */ |
| 76 | uint32_t byteswritten, bytesread;     /* File write/read counts */ |
| 77 | uint8_t wtext[] = "This is SD card testing with FatFs"; |
| 78 | uint8_t rtext[100];                 /* File read buffer */ |
| 79 | /* USER CODE END 1 */ |



在main()函式中的第98行呼叫函式MX_GPIO_Init()，用於初始化SD_DECTED訊號接腳。在第99行呼叫函式MX_SDIO_SD_Init()，用於初始化Micro SD卡介面。在第100行呼叫函式MX_USART2_UART_Init()，用於初始化虛擬串列埠。在第101行呼叫函式MX_FATFS_Init()，用於連結Micro SD卡I/O驅動器。在註解「/* USER CODE BEGIN 2 */」之下，加上如下的程式碼。首先利用f_mount()函數掛載SD卡，之後利用f_mkfs()函數建立一個FAT檔案系統，若FAT檔案系統建立成功，則利用f_open()函數開啓一個新的文字檔（SD_Test.txt），如果開啓一個新的文字檔成功，則利用f_write()函數寫資料到文字檔，然後利用f_close()函數關閉文字檔。接下來重新開啓文字檔，利用f_read()函數讀文字檔內容，與寫入內容比對是否相同，若相同，則SD卡讀寫操作的實驗成功，在虛擬串列埠顯示「Success of SD card write and read demo: no error occurrence」訊息，同時綠色LED等被點亮，否則在虛擬串列埠顯示各式錯誤訊息。

```
/* USER CODE BEGIN 2 */
  /* Configure LED1 and LED3 */
  BSP_LED_Init(LED1);
  BSP_LED_Init(LED3);
  //1- Register the file system object to the FatFs module
  if(f_mount(&SDFatFs, (TCHAR const*)SDPath, 0) != FR_OK)
    {
      /* FatFs Initialization Error */
      printf("FatFs Initialization Error\r\n");
      Error_Handler();
    }
    else
    {
      //2- Create a FAT file system (format) on the logical drive
```

```
/* WARNING: Formatting the uSD card will delete all content on the device */
if(f_mkfs((TCHAR const*)SDPath, FM_ANY, 0, buffer, sizeof(buffer)) != FR_OK)
{
  /* FatFs Format Error */
   printf("FatFs Format Error\r\n");
  Error_Handler();
}
else
{
  //3- Create and Open a new text file object with write access
  if(f_open(&SDFile, "SD_Test.txt", FA_CREATE_ALWAYS | FA_WRITE) != FR_OK)
  {
    /* 'SD_Test.txt' file Open for write Error */
    printf("File Open for write Error\r\n");
    Error_Handler();
  }
  else
  {
    //4- Write data to the text file
    res = f_write(&SDFile, wtext, sizeof(wtext), (void *)&byteswritten);
    //5- Close the open text file
    if (f_close(&SDFile) != FR_OK )
    {
    printf("File close Error\r\n");
     Error_Handler();
    }
   if((byteswritten == 0) || (res != FR_OK))
   {
     /* 'SD_Test.txt' file Write or EOF Error */
     printf("File Write or EOF Error\r\n");
     Error_Handler();
   }
   else
   {
     //6- Open the text file object with read access
     if(f_open(&SDFile, "SD_Test.txt", FA_READ) != FR_OK)
     {
       /* 'SD_Test.txt' file Open for read Error */
       printf("File Open for read Error\r\n");
       Error_Handler();
```

```
        }
        else
        {
          //-8- Read data from the text file
          res = f_read(&SDFile, rtext, sizeof(rtext), (UINT*)&bytesread);

          if((bytesread == 0) || (res != FR_OK))
          {
            /* 'SD_Test.txt' file Read or EOF Error */
             printf("File Read or EOF Error\r\n");
            Error_Handler();
          }
          else
          {
            //-9- Close the open text file
            f_close(&SDFile);
            //-10- Compare read data with the expected data
            if((bytesread != byteswritten))
            {
              /* Read data is different from the expected data */
                  printf("Read data is different from the expected data\r\n");
              Error_Handler();
            }
            else
            {
              /* Success of the demo: no error occurrence */
              printf("Success of SD card write and read demo: no error occurrence\r\n");
              BSP_LED_On(LED1);
            }
          }
        }
      }
    }
  }
}
//-11- Unlink the RAM disk I/O driver
FATFS_UnLinkDriver(SDPath);
/* USER CODE END 2 */
```

# 圖像播放器

CHAPTER 16 

本章將整合TFT LCD顯示介面、SD卡介面、FatFS檔案系統、JoyStick介面的功能設計一個圖像播放器。

## 16-1 利用STM32cubeMX創建圖像播放器

利用STM32cubeMX創建圖像播放器步驟如下：

**步驟1**：配置TFT LCD顯示介面

TFT LCD顯示介面的配置如下圖所示：

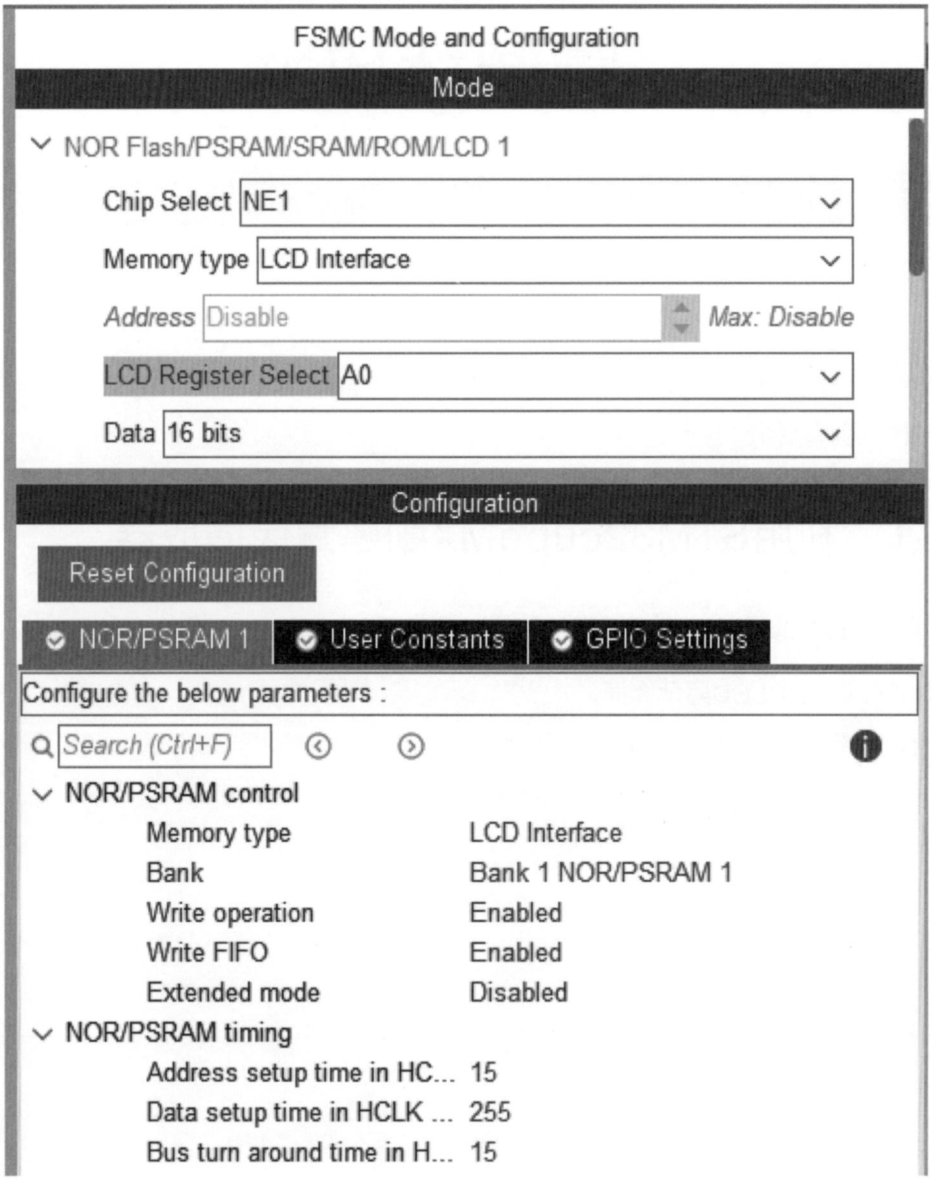

FSMC Mode and Configuration

Mode

NOR Flash/PSRAM/SRAM/ROM/LCD 1

Chip Select NE1

Memory type LCD Interface

Address Disable Max: Disable

LCD Register Select A0

Data 16 bits

Configuration

Reset Configuration

NOR/PSRAM 1 | User Constants | GPIO Settings

Configure the below parameters :

Search (Ctrl+F)

NOR/PSRAM control

| | |
|---|---|
| Memory type | LCD Interface |
| Bank | Bank 1 NOR/PSRAM 1 |
| Write operation | Enabled |
| Write FIFO | Enabled |
| Extended mode | Disabled |

NOR/PSRAM timing

| | |
|---|---|
| Address setup time in HC... | 15 |
| Data setup time in HCLK ... | 255 |
| Bus turn around time in H... | 15 |

**步驟2**：配置SD卡介面

SD卡介面的配置如下圖所示：

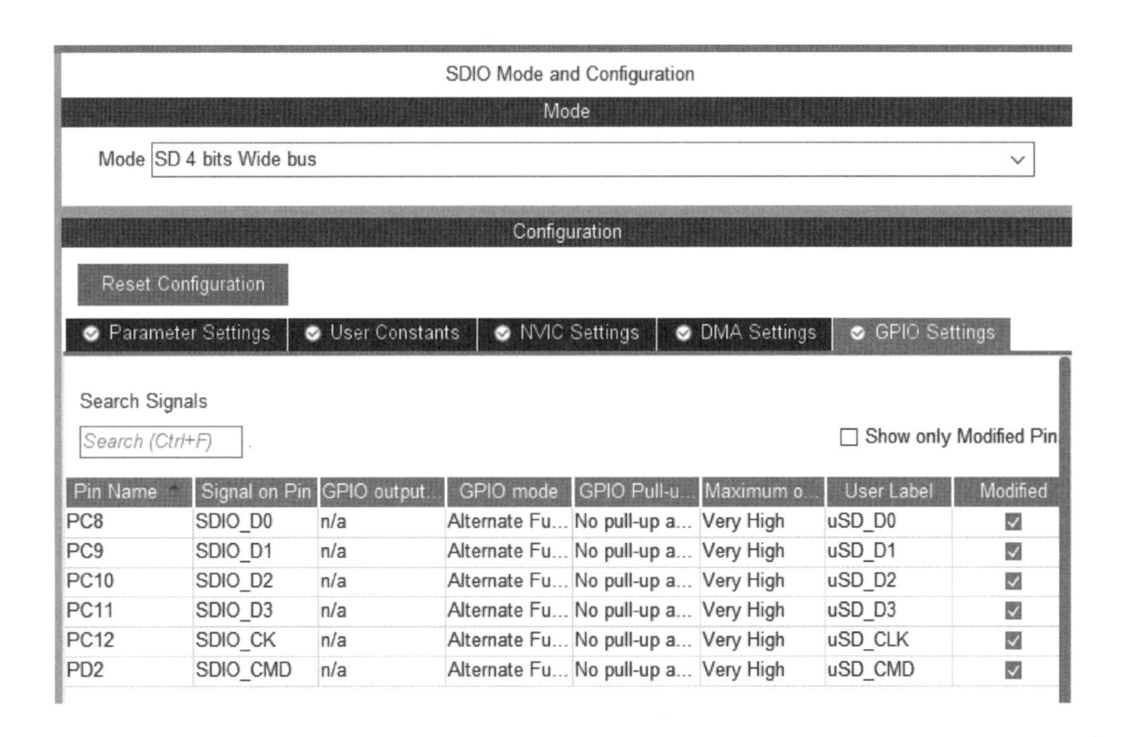


**步驟3**：配置FatFS檔案系統

FatFS檔案系統的配置如下圖所示：

FATFS Mode and Configuration

Mode

- [ ] External SRAM
- [x] SD Card
- [ ] *USB Disk*
- [ ] User-defined

Configuration

Reset Configuration

Set Defines | Advanced Settings | User Constants | Platform Settings

Configure the below parameters :

Search (Ctrl+F)

| Parameter | Value |
|---|---|
| **Version** | |
| FATFS version | R0.12c |
| **Function Parameters** | |
| FS_READONLY (Read-only mode) | Disabled |
| FS_MINIMIZE (Minimization level) | Disabled |
| USE_STRFUNC (String functions) | Enabled with LF -> CRLF conversion |
| USE_FIND (Find functions) | Disabled |
| USE_MKFS (Make filesystem function) | Enabled |
| USE_FASTSEEK (Fast seek function) | Enabled |
| USE_EXPAND (Use f_expand function) | Disabled |
| USE_CHMOD (Change attributes function) | Disabled |
| USE_LABEL (Volume label functions) | Disabled |
| USE_FORWARD (Forward function) | Disabled |
| **Locale and Namespace Parameters** | |
| CODE_PAGE (Code page on target) | Latin 1 |
| USE_LFN (Use Long Filename) | Disabled |
| MAX_LFN (Max Long Filename) | 255 |
| LFN_UNICODE (Enable Unicode) | ANSI/OEM |

**步驟4**：配置JoyStick與LED介面

JoyStick與LED介面的配置如下圖所示：

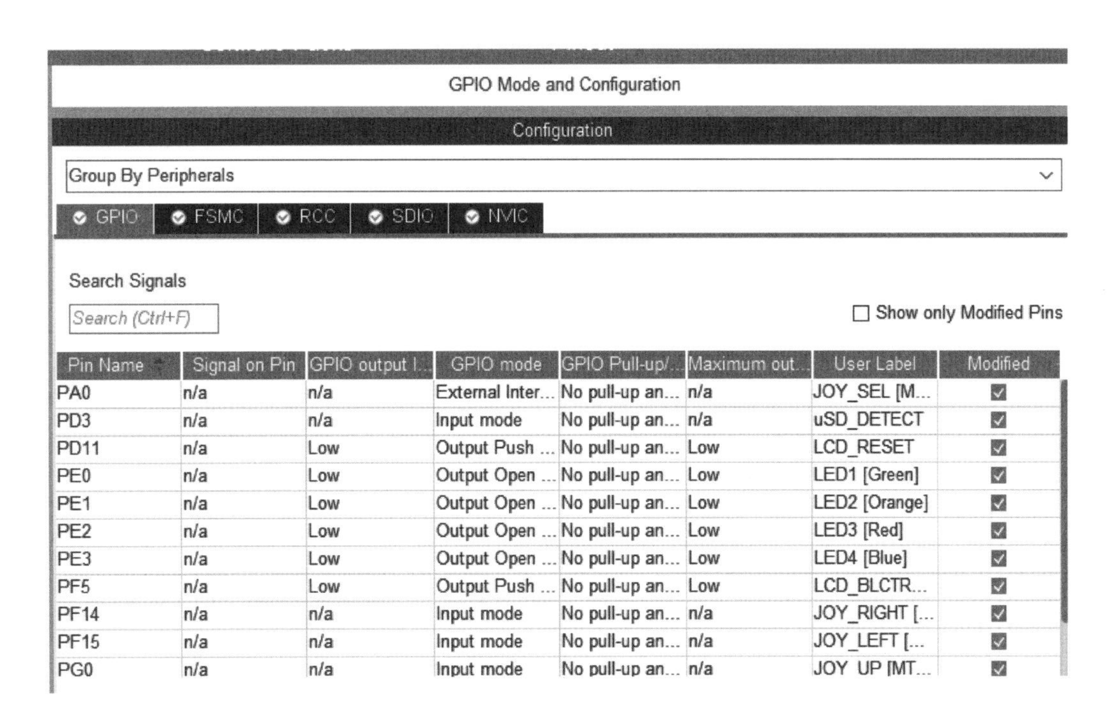

GPIO Mode and Configuration

Configuration

Group By Peripherals

GPIO | FSMC | RCC | SDIO | NVIC

Search Signals

Search (Ctrl+F)

☐ Show only Modified Pins

| Pin Name | Signal on Pin | GPIO output l... | GPIO mode | GPIO Pull-up/... | Maximum out... | User Label | Modified |
|---|---|---|---|---|---|---|---|
| PA0 | n/a | n/a | External Inter... | No pull-up an... | n/a | JOY_SEL [M... | ☑ |
| PD3 | n/a | n/a | Input mode | No pull-up an... | n/a | uSD_DETECT | ☑ |
| PD11 | n/a | Low | Output Push ... | No pull-up an... | Low | LCD_RESET | ☑ |
| PE0 | n/a | Low | Output Open ... | No pull-up an... | Low | LED1 [Green] | ☑ |
| PE1 | n/a | Low | Output Open ... | No pull-up an... | Low | LED2 [Orange] | ☑ |
| PE2 | n/a | Low | Output Open ... | No pull-up an... | Low | LED3 [Red] | ☑ |
| PE3 | n/a | Low | Output Open ... | No pull-up an... | Low | LED4 [Blue] | ☑ |
| PF5 | n/a | Low | Output Push ... | No pull-up an... | Low | LCD_BLCTR... | ☑ |
| PF14 | n/a | n/a | Input mode | No pull-up an... | n/a | JOY_RIGHT [... | ☑ |
| PF15 | n/a | n/a | Input mode | No pull-up an... | n/a | JOY_LEFT [... | ☑ |
| PG0 | n/a | n/a | Input mode | No pull-up an... | n/a | JOY_UP [MT... | ☑ |

**步驟5**：配置時鐘

時鐘的配置如下圖所示：

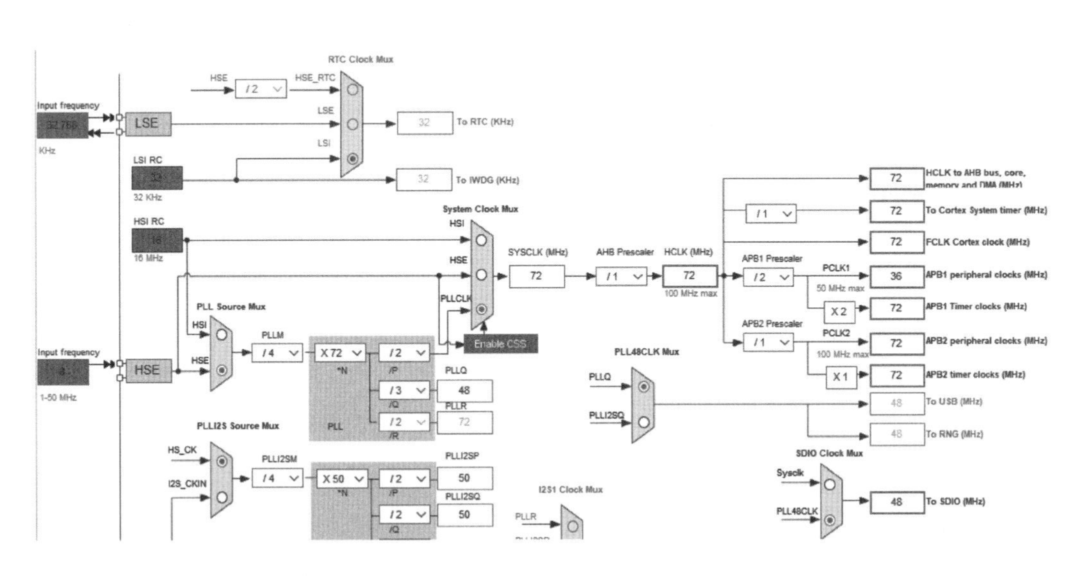


配置完成後，STM32F412ZGT6接腳組態圖如下圖所示，而接腳功能如下表所示：

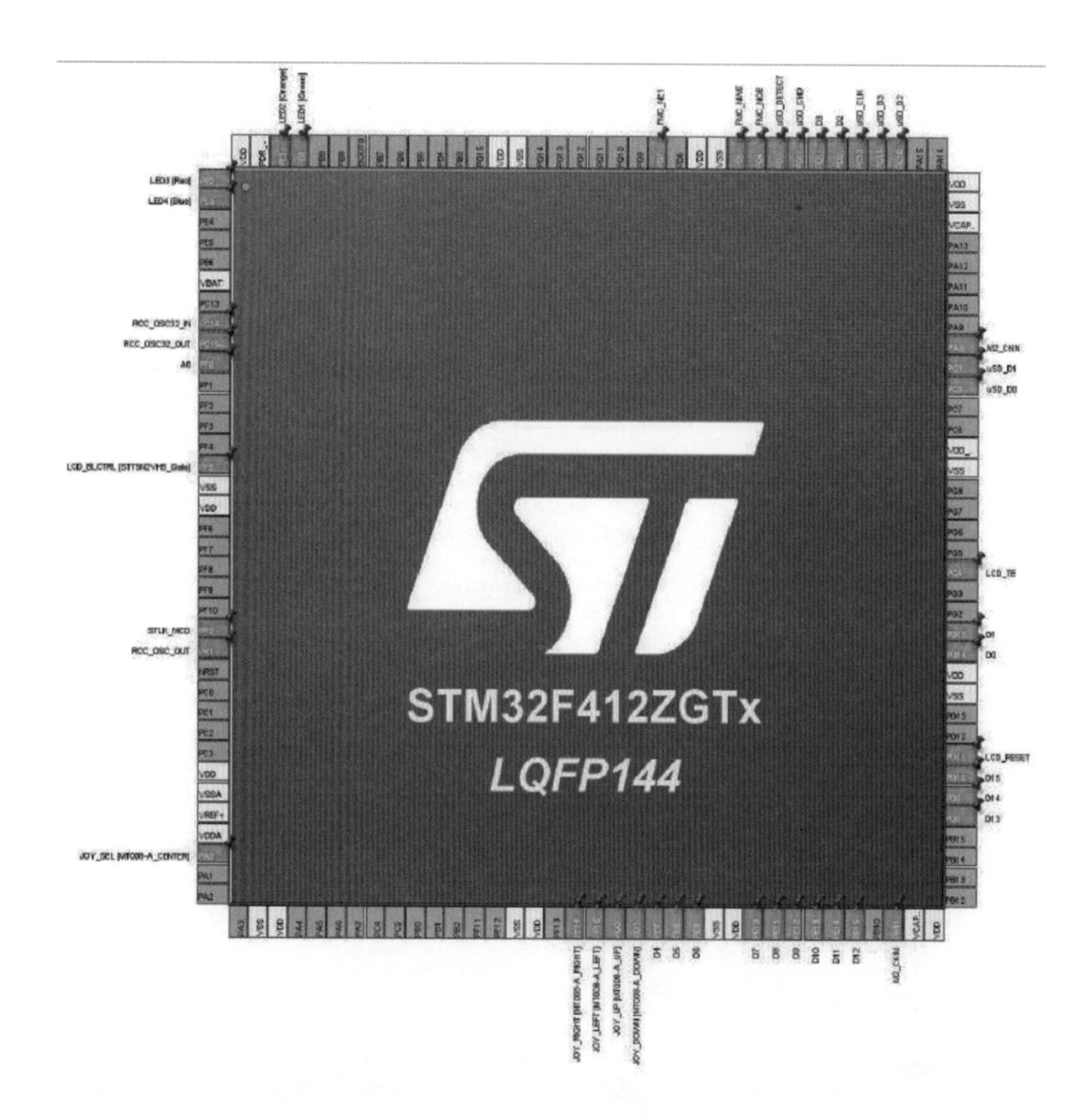


| IP | Pin | Signal | GPIO mode | GPIO pull/up down | Max Speed | User Lavel |
|---|---|---|---|---|---|---|
| FSMC | PF0 | FSMC_A0 | Altemate Function Push Pull | No pull-up and no pull-down | Very High | A0 |
| | PE7 | FSMC_D4 | Altemate Function Push Pull | No pull-up and no pull-down | Very High | D4 |
| | PE8 | FSMC_D5 | Altemate Function Push Pull | No pull-up and no pull-down | Very High | D5 |
| | PE9 | FSMC_D6 | Altemate Function Push Pull | No pull-up and no pull-down | Very High | D6 |
| | PE10 | FSMC_D7 | Altemate Function Push Pull | No pull-up and no pull-down | Very High | D7 |
| | PE11 | FSMC_D8 | Altemate Function Push Pull | No pull-up and no pull-down | Very High | D8 |
| | PE12 | FSMC_D9 | Altemate Function Push Pull | No pull-up and no pull-down | Very High | D9 |
| | PE13 | FSMC_D10 | Altemate Function Push Pull | No pull-up and no pull-down | Very High | D10 |
| | PE14 | FSMC_D11 | Altemate Function Push Pull | No pull-up and no pull-down | Very High | D11 |
| | PE15 | FSMC_D12 | Altemate Function Push Pull | No pull-up and no pull-down | Very High | D12 |

| IP | Pin | Signal | GPIO mode | GPIO pull/up down | Max Speed | User Lavel |
|---|---|---|---|---|---|---|
| | PD8 | FSMC_D13 | Altemate Function Push Pull | No pull-up and no pull-down | Very High | D13 |
| | PD9 | FSMC_D14 | Altemate Function Push Pull | No pull-up and no pull-down | Very High | D14 |
| | PD10 | FSMC_D15 | Altemate Function Push Pull | No pull-up and no pull-down | Very High | D15 |
| | PD14 | FSMC_D16 | Altemate Function Push Pull | No pull-up and no pull-down | Very High | D0 |
| | PD15 | FSMC_D1 | Altemate Function Push Pull | No pull-up and no pull-down | Very High | D1 |
| | PD0 | FSMC_D2 | Altemate Function Push Pull | No pull-up and no pull-down | Very High | D2 |
| | PD1 | FSMC_D3 | Altemate Function Push Pull | No pull-up and no pull-down | Very High | D3 |
| | PD4 | FSMC_NOE | Altemate Function Push Pull | No pull-up and no pull-down | Very High | FMC_NOE |
| | PD5 | FSMC_NWE | Altemate Function Push Pull | No pull-up and no pull-down | Very High | FMC_NWE |
| | PD7 | FSMC_NE1 | Altemate Function Push Pull | No pull-up and no pull-down | Very High | FMC_NE1 |
| RCC | PC14-OSC32_IN | RCC_OSC32_IN | n/a | n/a | n/a | |
| | PC15-OSC32_OUT | RCC_OSC32_OUT | n/a | n/a | n/a | |
| | PH0-OSC_IN | RCC_OSC_IN | n/a | n/a | n/a | STLK_MCO |
| | PH1-OSC_IN | RCC_OSC_OUT | n/a | n/a | n/a | |
| | PB11 | I2S_CKIN | Altemate Function Push Pull | No pull-up and no pull-down | Low | M2_CKIN |
| | PA8 | RCC_MCO_1 | Altemate Function Push Pull | No pull-up and no pull-down | Low | M2_CKIN |
| SDIO | PC8 | SDIO_D0 | Altemate Function Push Pull | No pull-up and no pull-down | Very High | uSD_D0 |
| | PC9 | SDIO_D1 | Altemate Function Push Pull | No pull-up and no pull-down | Very High | uSD_D1 |
| | PC10 | SDIO_D2 | Altemate Function Push Pull | No pull-up and no pull-down | Very High | uSD_D2 |
| | PC11 | SDIO_D3 | Altemate Function Push Pull | No pull-up and no pull-down | Very High | uSD_D3 |
| | PC12 | SDIO_CK | Altemate Function Push Pull | No pull-up and no pull-down | Very High | uSD_CLK |
| | PD2 | SDIO_CMD | Altemate Function Push Pull | No pull-up and no pull-down | Very High | uSD_CMD |
| GPIO | PE2 | GPIO_Output | Output Open Drain* | No pull-up and no pull-down | Low | LED3 [Red] |
| | PE3 | GPIO_Output | Output Open Drain* | No pull-up and no pull-down | Low | LED4 [Blue] |
| | PF5 | GPIO_Output | Output Push Pull | No pull-up and no pull-down | Low | LCD_BLCTRL [STT5N2VH5_Gate] |
| | PA0 | GPIO_EXTIO | Extemal Interrupt Mode with Rising edge trigger detection | No pull-up and no pull-down | n/a | JOY_SEL [MT008-A_CENTER] |
| | PF14 | GPIO_Input | Input mode | No pull-up and no pull-down | n/a | JOY_SEL [MT008-A_RIGHT] |
| | PF15 | GPIO_Output | Input mode | No pull-up and no pull-down | n/a | JOY_SEL [MT008-A_LEFT] |
| | PG0 | GPIO_Input | Input mode | No pull-up and no pull-down | n/a | JOY_UP [MT008-A_UP] |
| | PG1 | GPIO_Input | Input mode | No pull-up and no pull-down | n/a | JOY_DOWN [MT008-A_DOWN] |
| | PD11 | GPIO_Output | Output Push Pull | No pull-up and no pull-down | Low | LCD_RESET |
| | PG4 | GPIO_Input | Input mode | No pull-up and no pull-down | n/a | LCD_TE |
| | PD3 | GPIO_Input | Input mode | No pull-up and no pull-down | n/a | uSe_DETECT |
| | PE0 | GPIO_Output | Output Open Drain* | No pull-up and no pull-down | Low | LED1 [Green] |
| | PE1 | GPIO_Output | Output Open Drain* | No pull-up and no pull-down | Low | LED2 [Orange] |

## 16-2 圖像播放的軟體設計

本實驗是參考STM32Cube Firmware所附的LCD_PicturesFromSDCard專案進行開發。使用者要在micro SD卡根目錄下創建一個「Media」目錄，在其中儲存240 x 240像素，副檔名爲bmp的圖像。

在本專案中，加入必要的原始碼：stm32412g_discovery.c、stm32412g_discovery_lcd.c、stm32412g_discovery_sd.c、st7789h2.c、ls016b8uy.c以及_fatfs_storage.c。軟體設計的步驟如下：

1. 使用滑鼠右鍵在本專案名稱上點擊，於下拉選單中選取「Add Group ...」，便會在本專案中新增一個程式碼群組，然後將此群組的名稱改爲「Drivers/BSP」。
2. 用滑鼠雙擊Drivers/BSP群組，將C:\Users\User\STM32Cube\Repository\STM32Cube_FW_F4_V1.27.1\Drivers\BSP\STM32412G-Discovery目錄下的stm32412g_discovery.c、stm32412g_discovery_lcd.c與stm32412g_discovery_sd.c三個檔案加入群組中。
3. 另產生名爲Drivers/Component群組，並將C:\Users\User\STM32Cube\Repository\STM32Cube_FW_F4_V1.27.1\Drivers\BSP\Components\st7789h2\st7789h2.c以及C:\Users\User\STM32Cube\Repository\STM32Cube_FW_F4_V1.27.1\Drivers\BSP\Components\ls016b8uy\ls016b8uy.c加入群組中。
4. 用滑鼠雙擊Application/User/Core群組，將C:\STM32Cube_FW_F4_V1.27.1\Projects\STM32F412G-Discovery\Applications\Display\LCD_PicturesFromSDCard\Src目錄下的fatfs_storage.c檔案加入群組中。
5. 將以下的含括檔資料夾路徑加入本專案的C/C++編譯器的設定當中：

   –C:\Users\User\STM32Cube\Repository\STM32Cube_FW_F4_V1.27.1\Drivers\BSP\STM32412G-Discovery;

   –C:\Users\User\STM32Cube\Repository\STM32Cube_FW_F4_V1.27.1\Drivers\STM32F4xx_HAL_Driver\Inc;

   –C:\Users\User\STM32Cube\Repository\STM32Cube_FW_F4_V1.27.1\Drivers\BSP\Components\Common;

   –C:\Users\User\STM32Cube\Repository\STM32Cube_FW_F4_V1.27.1\Drivers\BSP\Components\st7789h2

–C:\Users\User\STM32Cube\Repository\STM32Cube_FW_F4_V1.27.1\Drivers\BSP\Components\ls016b8uy

–C:\STM32Cube_FW_F4_V1.27.1\Projects\STM32F412G-Discovery\Applications\Display\LCD_PicturesFromSDCard\Inc

5. 開啓main.c檔進行編輯：

在註解「/*USER CODE END Includes */」之下，加上如下的程式碼，引入必需的含括檔。

```
/* USER CODE BEGIN Includes */
#include <stdio.h>
#include <string.h>
#include "stm32412g_discovery.h"
/* USER CODE END Includes */
```

在註解「/*USER CODE BEGIN PD */」之下，加上如下的程式碼，定義LCD螢幕寬度、LCD螢幕高度、每個像素占用的位元組數、最大的圖像檔案數目、圖像檔檔名最長長度。

```
/* USER CODE BEGIN PD */
#define LCD_SCREEN_WIDTH          240
#define LCD_SCREEN_HEIGHT         240
#define RGB565_BYTE_PER_PIXEL     2
#define MAX_BMP_FILES             25
#define MAX_BMP_FILE_NAME         11
/* USER CODE END PD */
```

在註解「/* USER CODE BEGIN PV */」之下，加上如下的添加變數，SD_FatFS爲檔案系統物件變數，pDirectoryFiles爲檔案的指標，SD_Path爲SD卡邏輯儲存區路徑，ubNumberOfFiles爲在/Media目錄中的圖像檔數目，uwBmplen維圖像檔長度，readBuffer爲圖像檔緩存。

```
/* USER CODE BEGIN PV */
FATFS SD_FatFs;    /* File system object for SD card logical drive */
char SD_Path[4];   /* SD card logical drive path */
char* pDirectoryFiles[MAX_BMP_FILES];
uint8_t ubNumberOfFiles = 0;
uint32_t uwBmplen = 0;
uint8_t readBuffer[LCD_SCREEN_WIDTH*LCD_SCREEN_HEIGHT*RGB565_BYTE_
PER_PIXEL];
/* USER CODE END PV */
```

在註解「/* USER CODE BEGIN 2 */」之下，加上如下的程式碼。初始化和配置LCD、SD卡和文件系統後，檢查是否有插入SD卡，如果未插入SD卡，LCD上會顯示警告信息：「請插入SD卡。」如果有插入SD卡，則連結SD卡I/O驅動器，掛載SD卡，檢查「/Media」目錄，如果「/Media」目錄無BMP圖像檔，則會顯示警告消息LCD：「沒有BMP圖像檔...」，如果「/Media」目錄有BMP圖像檔，則計算「.BMP」檔案的數量。

```
/* Configure LED3 */
  BSP_LED_Init(LED3);
  /*##-1- Configure LCD ######################################################*/
  /* LCD Initialization */
  BSP_LCD_Init();
  /* Clear the LCD */
  BSP_LCD_Clear(LCD_COLOR_BLACK);
  /* Configure Key Button */
  BSP_PB_Init(BUTTON_WAKEUP, BUTTON_MODE_GPIO);
  /* SD Initialization */
  BSP_SD_Init();
  while(BSP_SD_IsDetected() != SD_PRESENT)
  {
   BSP_LCD_DisplayStringAt(0, 112, (uint8_t*)"Please insert SD Card", CENTER_MODE);
  }
   /*##-2- Initialize the Directory Files pointers (heap) ###################*/
   for (counter = 0; counter < MAX_BMP_FILES; counter++)
   {
     pDirectoryFiles[counter] = malloc(MAX_BMP_FILE_NAME);
     if(pDirectoryFiles[counter] == NULL)
```

```
    {
    BSP_LCD_DisplayStringAt(0, 112, (uint8_t*)"Cannot allocate memory", CENTER_
MODE);
      Error_Handler();
    }
  }
  /* Get the BMP file names on root directory */
  ubNumberOfFiles = Storage_GetDirectoryBitmapFiles("/Media", pDirectoryFiles);
  if (ubNumberOfFiles == 0)
  {
   for (counter = 0; counter < MAX_BMP_FILES; counter++)
   {
    free(pDirectoryFiles[counter]);
   }
   BSP_LCD_DisplayStringAt(0, 112, (uint8_t*)"No Bitmap files...", CENTER_MODE);
   Error_Handler();
  }
```

將main()函式中的while(1)無窮迴圈，做如下的修改。此段程式碼從SD卡讀取圖像檔到內部SRAM，然後顯示在LCD上。當按下JoyStick中間SEL按鈕，將顯示下一個圖像。最後在main.c修改完成後，將程式完成編譯並上傳到探索板，便可看見LCD螢幕顯示240 x 240像素的圖像，按JoyStick中間的按鈕顯示下一張圖像。

```
/* Infinite loop */
/* USER CODE BEGIN WHILE */
while (1)
{
   counter = 0;
   while (counter < ubNumberOfFiles)
   {
      /* Format the string */
      sprintf ((char*)str, "Media/%-11.11s", pDirectoryFiles[counter]);
      if (Storage_CheckBitmapFile((const char*)str, &uwBmplen) == 0)
      {
       /* Open a file and copy its content to an internal buffer */
       Storage_OpenReadFile(readBuffer, (const char*)str);
       /* Write bmp file on LCD frame buffer */
       BSP_LCD_DrawBitmap(0, 0, readBuffer);
```

CHAPTER 16

```
        /* Wait for Key button pressed */
        while (BSP_PB_GetState(BUTTON_WAKEUP) == RESET)
        {
        }
        /* Wait for Key button released */
        while (BSP_PB_GetState(BUTTON_WAKEUP) == SET)
        {
        }
        /* Clear the LCD */
        BSP_LCD_Clear(LCD_COLOR_BLACK);
        /* Jump to the next image */
        counter++;
      }
    }
}
```

國家圖書館出版品預行編目資料

微控制器原理與應用：基於STM32 ARM Cortex-M4F處理器／張國清，陳延華，柯松源，廖冠雄作．——二版．——臺北市：五南圖書出版股份有限公司，2022.10
面；　公分
ISBN 978-9626-343-236-9(平裝)

1.CST：微處理機

471.516　　　111012953

5R27

# 微控制器原理與應用：
## 基於STM32 ARM Cortex-M4F處理器

作　　者— 張國清（207.7）、陳延華、柯松源、廖冠雄
發 行 人— 楊榮川
總 經 理— 楊士清
總 編 輯— 楊秀麗
副總編輯— 王正華
責任編輯— 張維文
封面設計— 王麗娟
出 版 者— 五南圖書出版股份有限公司
地　　址：106台北市大安區和平東路二段339號4樓
電　　話：(02)2705-5066　　傳　　真：(02)2706-6100
網　　址：https://www.wunan.com.tw
電子郵件：wunan@wunan.com.tw
劃撥帳號：01068953
戶　　名：五南圖書出版股份有限公司

法律顧問　林勝安律師事務所　林勝安律師

出版日期　2019年9月初版一刷
　　　　　2022年10月二版一刷

定　　價　新臺幣550元

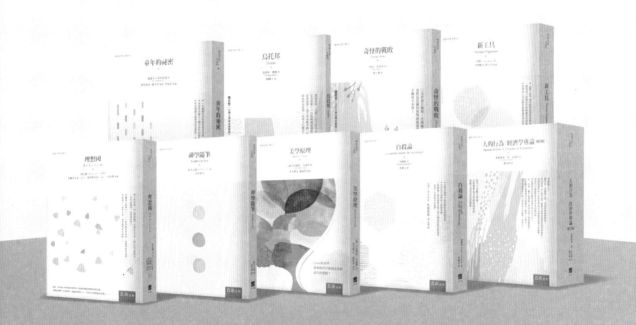